大学物理

(第三版)上册

罗圆圆
吴　评　原著

刘　崧
卢　敏
古金霞　修订

1　计算机访问http://abook.hep.com.cn/12440419，或手机扫描二维码、下载并安装Abook应用。

2　注册并登录，进入“我的课程”。

3　输入封底数字课程账号（20位密码，刮开涂层可见），或通过Abook应用扫描封底数字课程账号二维码，完成课程绑定。

4　单击“进入课程”按钮，开始本数字课程的学习。

课程绑定后一年为数字课程使用有效期。受硬件限制，部分内容无法在手机端显示，请按提示通过计算机访问学习。

如有使用问题，请发邮件至abook@hep.com.cn。

物理学家简介　　阅读材料　　演示实验

http://abook.hep.com.cn/12440419

第三版前言

《大学物理》自2010年出版以来，经过两次修订，深得广大师生厚爱，被全国多所高校选作教材，同时被列为教育部普通高等教育“十一五”国家级规划教材。

本书是在2014年第二版基础上修订而成的，根据教学形势的发展，修订时保持了原有风格和特色，即突出基本概念、基本规律，力求物理图像清晰，便于教，便于学，注重提高和培养学生的科学素质和思考能力。在此基础上，对全书教学内容、例题设置、习题安排、图片选择以及教育技术的运用等均重新进行了审视和调整，从而紧跟我国高等教育日新月异的发展形势。具体做法如下：

1. 参照教育部高等学校物理学与天文学教学指导委员会编制的《理工科类大学物理课程教学基本要求》（2010年版）修订编写，切实保证教学基本要求的核心内容，同时也选取了一些拓展的内容作为知识的扩展和延伸，并冠以“*”号。

2. 突出基本概念、基本规律，突出物理思路与方法以及应用原理与途径，注意联系生活实际，联系工程实际，力求给出清晰的物理图像，使修订后教材容易教、容易学。

3. 保持原教材大的框架基本不变，进一步修改了原书中出现的印刷错误及个别欠妥的内容和词句，力求科学、准确、严谨，对文字作了进一步润色，并根据长期从事教学的经验、体会，对部分内容进行了改写，从而使全书更加文句通畅、通俗易懂。

4. 在教育技术应用上，在有关章节中适当地设置了二维码，让学生自主扫描获得动画、视频、物理演示实验等资源，从而拓展了大学物理的教学内容，有利于提高学生的自学能力。

5. 在版式设计上，本书用双色印刷，并以图文并茂、赏心悦目的效果展示于读者，从而进一步激发学生学习和阅读的兴趣。

此次参与教材修订的有：南昌大学刘崧、罗圆圆、胡爱荣、辛勇、刘笑兰、廖清华，天津城建大学古金霞、田维、易静，江西理工大学卢敏、陈秀洪、刘维清，井冈山大学余晓光。其中第一章、第二章、第三章、第四章、第五章由天津城建大学老师负责修订，第六章由井冈山大学老师负责修订，第十一章、第十二章由江西理工大学老师负责修订，第七章、第八章、第九章、第十章、第十三章、第十四章、第十五章、第十六章由南昌大学老师负责修订。刘崧对全书进行了修改和统稿，最后定稿。

本书的修订得到高等教育出版社物理分社的支持，责任编辑程福平为本书的出版付出了诸多心血，在此一并表示衷心的感谢！

由于编者学识水平和教学经验所限，虽经多次审校，书中不当之处仍在所难免，敬请广大教师、读者不吝指正。

编　者

2018年10月于南昌

第二版前言

《大学物理》第一版自2010年出版以来，已经过3年多的试用，现根据教学形势发展的需要，进行了必要的修订。此次修订保持了原有的风格和特点，即突出基本概念、基本规律，力求物理图像清晰，便于教，便于学，注重提高和培养读者的科学素质和能力。在此基础上，对教学内容作了部分调整，并在不过多增加教学负担的情况下，多介绍一些新知识，扩大读者视野，提高读者综合科学素质。具体做法如下：

1. 参照《理工科非物理类大学物理课程教学基本要求》(2010年版)编写，切实保证教学基本要求的核心内容，同时也选取了一些拓展的内容作为知识的扩展和延伸，并冠以“*”号；

2. 突出基本概念、基本规律，突出物理思路与方法以及应用原理与途径，注意联系生活实际，联系工程实际，力求给出清晰的物理图像，使修订后的教材好教、好学；

3. 保持原教材大的框架基本不变，修改原教材有错或不妥之处，力求科学、准确、严谨，并根据长期从事教学的经验、体会，对部分内容进行了改写，以使教材更加好教好学；

4. 尽可能使例题更典型，注重结合实际，力求图文并茂；

5. 精选习题，题型基本不变，对于紧扣基本内容的一般习题，同一类型一般多选2~3题，以供选择，便于复习，也便于考查。对于偏一点，弯多一点，或有些属于数学运算技巧题目，一般予以删除；

6. 把下册中相对论部分安排到上册。

此次参与教材修订的有：南昌大学罗圆圆、吴评、骆成洪、胡爱荣、辛勇、何菊生，南昌航空大学龚勇清、肖文波、易江林，天津城建大学古金霞、田维、易静，江西理工大学卢敏、陈秀洪、刘维清，景德镇陶瓷学院胡跃辉、曾庆明，井冈山大学余晓光。其中第一章、第二章、第三章、第四章、第五章由天津城建大学老师负责修订，第六章由井冈山大学老师负责修订，第七章、第八章、第九章、第十章由南昌大学老师负责修订，第十一章、第十二章由江西理工大学老师修订，第十三章、第十四章、第十五章由南昌航空大学修订，第十六章由景德镇陶瓷学院老师负责修订。

由于编写水平和教学经验有限，书中不当之处和错误在所难免，敬请读者批评指正，不胜感激！

罗圆圆

2013年10月

第一版前言

物理学是研究物质的基本结构、相互作用和物质最基本最普遍的运动形式及其相互转化规律的学科。物理学研究的对象具有极大的普遍性，研究的内容极其广泛，它是自然科学中最具有活力的带头学科，是整个自然科学和工程技术的基础，也是高新技术发展的源泉和先导。

随着科学技术的发展，不同学科间相互渗透和融合的趋势日益明显，科学技术正在更高层次走向综合化和整体化。近代物理学的概念，研究方法和实验技术在许多自然科学领域和工程技术中得到了广泛的应用，促使新型的交叉学科不断出现，形成了一系列高新技术部门，迅速地影响着人类对自然的基本认识和人类的社会生活。因此，物理学是各类人才所必须具备的基础知识。

大学物理是低年级学生的一门重要基础课，它的作用一方面是为学生打好必要的物理基础；另一方面是使学生初步学习科学的思维方式和研究问题的方法，这些都起着增强学生适应能力、开阔思路、激发探索和创新精神、提高科学素质的重要作用。打好物理基础，不仅对学生在校学习起着十分重要的作用，而且会对学生毕业后的工作和在工作中进一步学习新理论、新知识、新技术，不断更新知识产生深远的影响，本书参照《理工科非物理类大学物理课程教学基本要求》(2008年版)编写的，切实保证了教学基本要求的核心内容，同时也选取了一些拓展的内容作为知识的扩展或延伸，并冠以“ * ”号。

我们力求使基本概念、基本规律突出，物理图像清晰，便于教学，有利于学生打下必要的物理基础。同时我们用现代观点审视和取舍传统教学内容，加强了近代物理内容，加强了训练和培养学生的科学思维方式，提高学生分析问题和解决问题的能力以及独立获取知识的能力，注意了联系生活实际、联系工程实际、突出物理思想和方法，使之利于扩大学生知识面，开阔视野，激发创新精神，培养和提高学生的科学素质和能力。

本书对例题和习题进行了精选，并注意了题型的多样化，以及对插图的更新，使之更能与教材内容配合。全书统一采用国际单位制(SI)。

本书分上、下两册，上册内容包括力学、电磁学。下册内容包括热学、振动与波、波动光学，狭义相对论、量子力学。

参加本书编写工作的有：罗圆圆、骆成洪、吴评、辛勇、刘笑兰、卢敏、陈秀洪、龚勇清、易江林、任才贵、邱万英、陆俊发、饶瑞昌、胡跃辉、李萍、王锋，由罗圆圆任主编。

在本书编写工作中，得到了北京交通大学佘守宪教授、林铁生教授，西安交通大学吴百诗教授和东南大学马文蔚教授的大力支持和帮助。林铁生教授为本教材的编写提出了许多宝贵的意见，并认真审阅了全部书稿，给予了许多具体修改建议，为提高本书质量起了极大作用，使编者深受感动。

本书在编写过程中还参考了大量兄弟院校的教材以及其他相关书籍和文献，在此对相关的作者致以深深的感谢。

最后感谢南昌大学和高等教育出版社在本书出版过程中给予的大力支持。

由于编者学识和教学经验有限,书中不当之处和错误在所难免,敬请读者批评指正,不胜感激!

罗圆圆

2009年11月

物理量的名称、符号和单位(SI)一览表

物理量名称	物理量符号	单位名称	单位符号
长度	l,L	米	m
面积	S,A	平方米	m^2
体积,容积	V	立方米	m^3
时间	t	秒	s
[平面]角	$\alpha,\beta,\gamma,\theta,\varphi$	弧度	rad
立体角	Ω	球面度	sr
角速度	ω	弧度每秒	$rad\cdot s^{-1}$
角加速度	α	弧度每二次方秒	$rad\cdot s^{-2}$
速度	v,u,c	米每秒	$m\cdot s^{-1}$
加速度	a	米每二次方秒	$m\cdot s^{-2}$
周期	T	秒	s
旋转频率	n	每秒	s^{-1}
频率	ν,f	赫[兹]	Hz($1\ Hz=1\ s^{-1}$)
角频率	ω	弧度每秒	$rad\cdot s^{-1}$
波长	λ	米	m
波数	σ	每米	m^{-1}
振幅	A	米	m
质量	m	千克(公斤)	kg
[质量]密度	ρ	千克每立方米	$kg\cdot m^{-3}$
面密度	ρ_S,ρ_A	千克每平方米	$kg\cdot m^{-2}$
线密度	ρ_l	千克每米	$kg\cdot m^{-1}$
动量 冲量	p I	千克米每秒	$kg\cdot m\cdot s^{-1}$
动量矩,角动量	L	千克二次方米每秒	$kg\cdot m^2\cdot s^{-1}$
转动惯量	J	千克二次方米	$kg\cdot m^2$

续表

物理量名称	物理量符号	单位名称	单位符号
力	F	牛顿	N(1 N=1 kg·m·s^{-2})
力矩	M	牛[顿]米	N·m
压力,压强	p	帕[斯卡]	Pa
相[位]	φ	弧度	rad
功 能[量] 动能 势能	W,A E E_k,T E_p,V	焦[耳] 电子伏	J eV
功率	P	瓦[特]	W
热力学温度	T,Θ	开[尔文]	K
摄氏温度	t,θ	摄氏度	℃
热量	Q	焦[耳]	J
热导率(导热系数)	λ,κ	瓦[特]每米开[尔文]	W·m^{-1}·K^{-1}
热容	C	焦[耳]每开[尔文]	J·K^{-1}
比热容	c	焦[耳]每千克开[尔文]	J·kg^{-1}·K^{-1}
摩尔质量	M	千克每摩[尔]	kg·mol^{-1}
摩尔定压热容 摩尔定容热容	$C_{p,m}$ $C_{V,m}$	焦[耳]每摩[尔]开[尔文]	J·mol^{-1}·K^{-1}
内能(热力学能)	U	焦[耳]	J
熵	S	焦[耳]每开[尔文]	J·K^{-1}
平均自由程	$\bar{\lambda}$	米	m
扩散系数	D	二次方米每秒	m^2·s^{-1}
电荷[量]	Q,q	库[仑]	C
电流	I	安[培]	A
电荷[体]密度	ρ	库[仑]每立方米	C·m^{-3}
电荷面密度	σ	库[仑]每平方米	C·m^{-2}
电荷线密度	λ	库[仑]每米	C·m^{-1}
电场强度	E	伏[特]每米	V·m^{-1}
电势 电势差,电压 电动势	V U $\mathscr{E}$	伏[特]	V

续表

物理量名称	物理量符号	单位名称	单位符号
电位移	D	库[仑]每平方米	$C \cdot m^{-2}$
电位移通量	Ψ	库[仑]	C
电容	C	法[拉]	$F(1\ F=1\ C \cdot V^{-1})$
电容率(介电常数)	ε	法[拉]每米	$F \cdot m^{-1}$
相对电容率(相对介电常数)	ε_r	—	1
电偶极矩	p, p_e	库[仑]米	$C \cdot m$
电流密度	J, S	安[培]每平方米	$A \cdot m^{-2}$
磁场强度	H	安[培]每米	$A \cdot m^{-1}$
磁感应强度	B	特[斯拉]	$T(1\ T=1\ Wb \cdot m^{-2})$
磁通量	Φ	韦[伯]	$Wb(1\ Wb=1\ V \cdot s)$
自感 互感	L M	} 亨[利]	$H(1\ H=1\ Wb \cdot A^{-1})$
磁导率	μ	亨[利]每米	$H \cdot m^{-1}$
相对磁导率	μ_r	—	1
磁矩	m	安[培]平方米	$A \cdot m^2$
电磁能密度	w	焦[耳]每立方米	$J \cdot m^{-3}$
坡印廷矢量	S	瓦[特]每平方米	$W \cdot m^{-2}$
[直流]电阻	R	欧[姆]	$\Omega(1\ \Omega=1\ V \cdot A^{-1})$
电阻率	ρ	欧[姆]米	$\Omega \cdot m$
折射率	n	—	1
发光强度	I	坎[德拉]	cd
辐[射]出[射]度 辐[射]照度	M I	} 瓦[特]每平方米	$W \cdot m^{-2}$
声强级	L_I	分贝①	dB
核的结合能	E_B	焦[耳]	J
半衰期	$T_{1/2}$	秒	s

① 分贝是可与SI单位并用的我国的法定计量单位.

目 录

第一章

质点运动学

力学是研究机械运动规律及其应用的学科. 机械运动是指物体在空间的位置随时间变化,或者一个物体内部各部分之间的相对位置随时间变化的运动,它是物质运动的最简单、最基本和最普遍的运动形式. 由于物质运动的所有形式中都包含机械运动,因而力学成为物理学和许多工程技术学科的基础.

本书的力学部分首先讨论质点运动学和动力学,然后讨论刚体的平动和绕定轴转动的运动学和动力学.

从几何角度研究物体在空间位置随时间变化的规律而不涉及引起这种变化的原因,力学中的这一部分内容称为运动学. 本章首先介绍质点、参考系和坐标系的概念,进而定义描述质点机械运动的物理量——位置矢量、位移、速度和加速度,并简单介绍相对运动.

§1.1 质点空间位置的描述

一、质点

任何物体都有一定形状和大小,一般物体在运动时,其上各点的运动状态也各不相同,例如物体运动时可以旋转或形变,因此,要精确地描述实际物体的运动状态不是一件容易的事. 但在一定条件下,物体上各点运动状态的差异对于所研究的问题影响甚微,以致可以忽略不计. 我们可以把这样的**物体抽象为不计形状和大小,而仅具有一定质量的几何点**,即**质点**.

事实上在某些问题中,我们把研究的物体抽象为质点,与实际情况相差无几. 当一个物体的线度远小于它运动的空间范围时,它的转动和形变在所研究的问题中就完全不重要,可将物体视为质点. 例如,研究地球绕太阳公转时,日地之间的距离(约 1.5×10^8 km),远远大于地球的半径,如图 1.1 所示,地球上任意两点的距离与地球到太阳的距离相比是微不足道的,所以在研究地球绕太阳公转中,完全不必考虑地球上各点运动状态的差别,而将地球视为质点. 但在研究地球自转或潮汐问题时,就不能把地球视为质点. 即使物体很小,如分子、原子等,如果研究问题涉及它的内部结构,也不能把它视为质点. 另外,物体做平动时,其上各点运动情况完全相同,可用物体上任一点(一般取物体的质心)的运动表示物体的运动,将平动物体视为质点. 由上可见,质点模型是在一定条件下实际物体的抽象,一个物体能否被视为质点是有条件的、相对的,应根据研究问题的性质来决定.

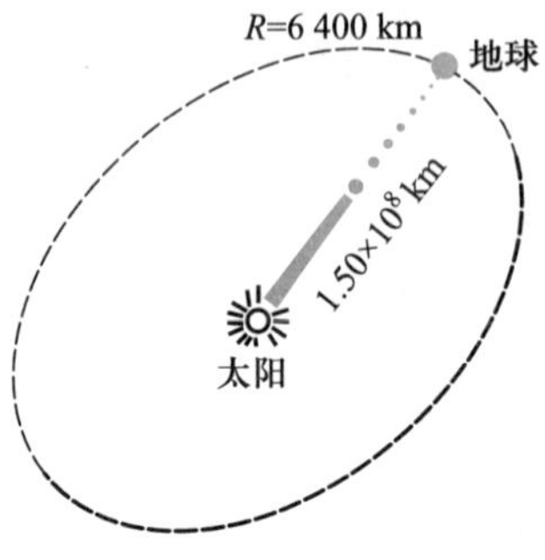

图 1.1

我们将物体视为质点,对实际问题进行抽象化处理,突出问题的本质因素,忽略次要因素,从而使所研究的问题简化,以便从理论上去研究它,找出其遵循的规律. 这种被抽象了的模型称为**理想模型**,质点就是实际物体的理想模型,后面我们还会建立刚体、理想流体、点电荷、理想气体等理想模型，建立理想模型在处理实际问题中是很有意义的科学方法.

二、参考系和坐标系

自然界中一切物质都处在永不停息地运动变化之中，大到天体，如地球、太阳、星系等，小到分子、原子、电子等微观粒子. 这一切说明，运动作为物质存在的形式，也和物质本身一样是客观存在的. 这就是运动的绝对性或普遍性.

物质运动是绝对的，但运动的描述是相对的，在描述一个具体物体运动时，必须选定另外一个物体或几个相对静止的物体系作为参考，被选作参考的物体或物体系称为参考系，物体的运动就是相对参考系的运动，对于同一个物体的运动，选择不同的参考系，描述的运动图像和结果就不同，例如在匀速行驶的车上的物体的自由落体运动，在车上的观察者看到的是直线运动，而在地面上看是抛物线运动，这就是运动描述的相对性.

在运动学中，要描述物体的运动，参考系是必需的，然而参考系的选择，原则上可以是任意的，主要根据问题的性质和研究问题的方便而定. 例如研究地面上物体的运动，一般以地面或相对地面静止的物体作参考系时处理问题较为方便；而在描述太阳系中行星运动时，选择太阳作参考系比较方便.

为了定量描述物体相对于参考系的运动，还需要建立固定在参考系中的坐标系. 因此，坐标系是参考系的数学抽象. 常用的是固定在参考系上的直角坐标系，根据问题的需要，也可选用其他坐标系，如自然坐标系、极坐标系、球面坐标系或柱面坐标系等.

三、确定质点空间位置的方法

为了描述质点在空间的运动，首先要确定质点在任一时刻的位置，通常有以下几种方法.

1. 坐标法

在选取的参考系上建立如图 1.2 所示的三维直角坐标系 $Oxyz$，设某时刻质点运动到 P 点，这样，P 点在空间的位置就可用直角坐标 (x,y,z) 来表示.

如果质点从 P 点沿某一平面运动，则可在该平面建立二维直角坐标系 Oxy，质点位置只需两个坐标 (x,y) 来确定，如果质点仅沿某一直线运动，取该直线为 Ox 轴，质点位置只需一个坐标 x 就可确定了.

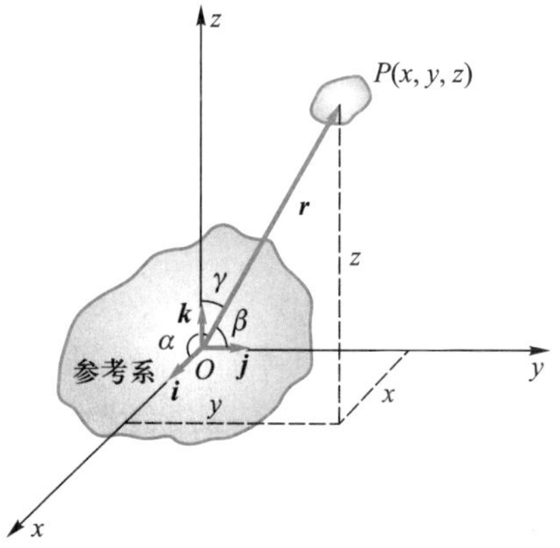

图 1.2

2. 位矢法

质点的位置还可以用一个矢量来确定，由

原点 O 到 P 点作有向线段$\overrightarrow{OP}$,如图 1.2 所示,有向线段的长度为质点到原点的距离,方向规定为由坐标原点指向质点所在位置 P 点,$\overrightarrow{OP}$被称质点的位置矢量,简称位矢,记为 $\boldsymbol{r}$,显然 $\boldsymbol{r}=\overrightarrow{OP}$,且有

$$\boldsymbol{r}=x\boldsymbol{i}+y\boldsymbol{j}+z\boldsymbol{k}. \tag{1.1}$$

式中 $\boldsymbol{i}$、$\boldsymbol{j}$、$\boldsymbol{k}$ 分别为 x、y、z 轴上的单位矢量.

$\boldsymbol{r}$ 的大小为

$$|\boldsymbol{r}|=r=\sqrt{x^2+y^2+z^2} \tag{1.2}$$

$\boldsymbol{r}$ 的方向余弦为

$$\cos\alpha=\frac{x}{r},\ \cos\beta=\frac{y}{r},\ \cos\gamma=\frac{z}{r} \tag{1.3}$$

位置矢量有三个基本特性:(1) 矢量性,$\boldsymbol{r}$ 是矢量,既有大小,又有方向;(2) 瞬时性,质点空间位置随时间变化,质点不同时刻的位置对应不同时刻的位矢;(3) 相对性,选择不同的坐标系,描述质点的位矢也不同,可见质点的位矢与坐标系的选择有关.

3. 自然法

如果质点相对参考系的运动轨迹是已知的,例如,火车(视为质点)相对于地面的轨迹(路轨)是已知的,这种情况下,采用下述自然法描述其运动状态较方便.

在运动质点的轨迹曲线上任取一点作为坐标原点 O(见图 1.3),规定从 O 点起沿轨迹的某一方向(例如向右)量得轨迹的长度 s 取正值,这个方向称为自然坐标的正向,反之为负向,s 取负值. 这样,曲线长度 s(s 为标量)可唯一确定质点在空间的位置,并称 s 为质点 P 的自然坐标. 任一时刻,在质点所在处,取两个互相垂直的位置矢量 $\boldsymbol{e}_t$ 和 $\boldsymbol{e}_n$,$\boldsymbol{e}_t$ 沿轨迹的切线,其指向与自然坐标 s 的正向一致;$\boldsymbol{e}_n$ 沿轨迹法线与 $\boldsymbol{e}_t$ 垂直,指向轨迹凹的一侧,$\boldsymbol{e}_t$ 与 $\boldsymbol{e}_n$ 的大小恒等于 1,但它们的方向随质点在轨迹上位置变化而变化,$\boldsymbol{e}_t$ 称为切向单位矢量,$\boldsymbol{e}_n$ 称为法向单位矢量.

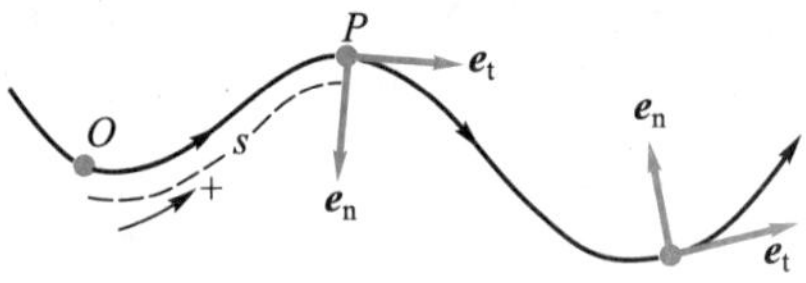

图 1.3

四、质点的运动学方程

当质点相对于参考系运动时,用来确定质点位置的位矢 $\boldsymbol{r}$,或直角坐标(x,y,z),或自然坐标 s 等都将随时间 t 变化,都是 t 的单值连续函数,即

$$\boldsymbol{r}=\boldsymbol{r}(t) \tag{1.4}$$

或

$$\begin{cases} x=x(t) \\ y=y(t) \\ z=z(t) \end{cases} \tag{1.5}$$

或
$$s=s(t) \tag{1.6}$$

(1.4)式、(1.5)式和(1.6)式详尽地描述了质点相对于参考系的运动情况. 它们都包含质点运动的全部信息,被称为质点的运动学方程. 已知质点的运动学方程,就能确定任一时刻质点的位置和速度,从而确定质点的运动状态. 所以说,运动学方程详尽地描述了质点相对于参考系的运动情况. 质点运动学的一个重要任务就是根据具体的已知条件,建立质点的运动学方程.

运动质点在空间所经过的路径称为质点的轨迹,即位矢的矢端在空间移动的曲线,从(1.5)式中消去时间 t,可得轨迹方程
$$f(x,y,z)=0$$

[例 1.1] 一质点做半径为 r 的匀速率圆周运动,角速度为 ω,如图 1.4 所示,试分别写出用直角坐标、位矢、自然坐标表示的质点运动学方程.

[解] 以圆心 O 为原点建立直角坐标系 Oxy,取质点经过 x 轴上 O' 点的时刻为计时起始时刻,即 $t=0$,设 t 时刻质点位于 P 点,P 点的直角坐标为 (x,y),如图 1.4 所示. 由题设条件,质点做匀速率圆周运动,$\angle O'OP=\omega t$,用直角坐标表示的质点运动学方程为
$$x=r\cos\omega t$$
$$y=r\sin\omega t$$

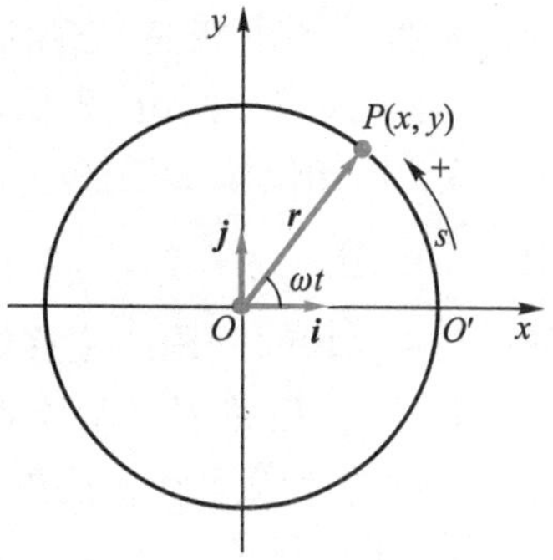

图 1.4

从圆心 O 向 P 点作位矢 $\boldsymbol{r}$,用位矢表示的质点运动学方程为
$$\boldsymbol{r}=x\boldsymbol{i}+y\boldsymbol{j}=r\cos\omega t\boldsymbol{i}+r\sin\omega t\boldsymbol{j}$$

取轨迹与 x 轴的交点 O' 为自然坐标原点,以逆时针方向为自然坐标的正向,用自然法表示的质点运动学方程为
$$s=r\omega t$$

可见,为了正确地写出质点运动学方程,必须首先选定参考系,并建立坐标系,根据题设条件,找出质点坐标随时间变化的函数关系即可.

复习思考题

1.1 有人说人造地球卫星的轨道形状近似圆形,他是以什么为参考系?若以日心为参考系,人造地球卫星的运动轨道又是怎样的?

1.2 什么是质点的运动学方程?你学过几种形式的质点运动学方程?

1.3 一质点做匀速率圆周运动,圆半径为 R,角速度为 ω,试分别写出用直角坐标、位矢、自然坐标表示的质点运动学方程,并写出直角坐标系下质点的轨迹方程.

1.4 质点的轨迹方程与它的运动学方程有何区别?

§1.2 位移 速度

一、位移

质点运动时，其位置将随时间变化. 为了描述质点的位置变化，我们引入一个新的物理量——位移. 如图 1.5 所示，设曲线 LM 是质点运动轨道的一部分，在时刻 t，质点位于 P 点，位矢为$\boldsymbol{r}(t)$；而经时间 Δt 后，质点到达 Q 点，位矢为 $\boldsymbol{r}(t+\Delta t)$. 在这 Δt 时间内，质点位置的变化可用从起点 P 到终点 Q 的有向线段$\overrightarrow{PQ}$来表示，称为质点在该 Δt 时间内的位移.

显然，位移是矢量，它反映在一段时间内质点始末位置的变化. 以位移 $\Delta\boldsymbol{r}$ 为例，它既有大小，由$|\Delta\boldsymbol{r}|$表示 PQ 间的距离；又有方向，表示 Q 点相对于 P 点的方位. 由图 1.5 可知位移 $\Delta\boldsymbol{r}$ 与位矢 $\boldsymbol{r}$ 的关系是

$$\overrightarrow{PQ}=\boldsymbol{r}(t+\Delta t)-\boldsymbol{r}(t)=\Delta\boldsymbol{r} \tag{1.7}$$

即质点在某段时间内的位移等于同一时间内位矢的增量. 而路程表示质点在一段时间内实际经过的那段运动轨迹的路径长度，是标量. 在图 1.5 中，质点在 $t-t+\Delta t$ 时间内，质点从 P 点运动到 Q 点的过程中走过路程即为弧线$\overset{\frown}{PQ}$的长度 Δs，一般$|\Delta\boldsymbol{r}|\neq\Delta s$. 例如质点沿圆周运动一圈回到原处时，它在这段时间的位移为零，而经过的路程是这个圆的周长. 但当 $\Delta t\to 0$，$|\Delta\boldsymbol{r}|\to 0$ 时，则$|\Delta\boldsymbol{r}|=\Delta s$，而 $\Delta\boldsymbol{r}$ 的方向趋近于 P 点的切线方向.

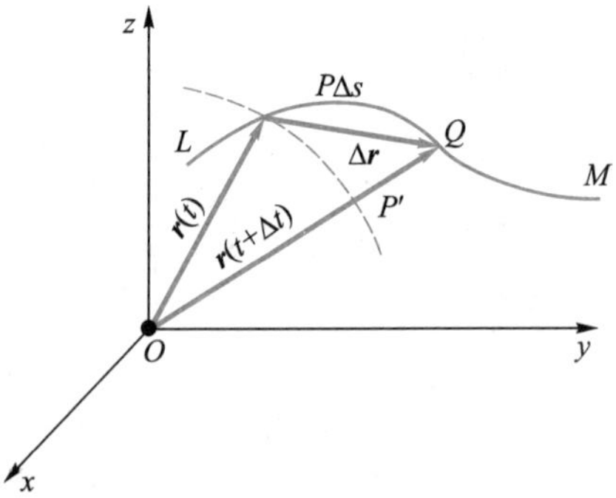

图 1.5

在图 1.5 中 P、Q 两点的位置矢量分别为

$$\boldsymbol{r}(t)=x_1\boldsymbol{i}+y_1\boldsymbol{j}+z_1\boldsymbol{k}$$

$$\boldsymbol{r}(t+\Delta t)=x_2\boldsymbol{i}+y_2\boldsymbol{j}+z_2\boldsymbol{k}$$

因此，质点由 P 运动到 Q 的位移 $\Delta\boldsymbol{r}$ 为

$$\Delta\boldsymbol{r}=\boldsymbol{r}(t+\Delta t)-\boldsymbol{r}(t)=(x_2-x_1)\boldsymbol{i}+(y_2-y_1)\boldsymbol{j}+(z_2-z_1)\boldsymbol{k} \tag{1.8}$$

位移的大小为

$$|\Delta\boldsymbol{r}|=\sqrt{(x_2-x_1)^2+(y_2-y_1)^2+(z_2-z_1)^2} \tag{1.9}$$

其方向可由方向余弦表示为

$$\cos\alpha=\frac{x_2-x_1}{|\Delta\boldsymbol{r}|},\quad \cos\beta=\frac{y_2-y_1}{|\Delta\boldsymbol{r}|},\quad \cos\gamma=\frac{z_2-z_1}{|\Delta\boldsymbol{r}|} \tag{1.10}$$

二、速度

研究质点的运动，不仅需要知道质点的位矢和位移，还有必要知道位置变化的快慢程度和变化的方向，速度就是用来描述质点运动快慢和方向的物理量.

1. 平均速度

如图 1.5 所示，设质点沿轨道 LM 做曲线运动，它在 t 到 $t+\Delta t$ 这段时间内的位移是 $\Delta \boldsymbol{r}$，那么，位移 $\Delta \boldsymbol{r}$ 与发生这段位移所经历的时间 Δt 的比值，称为质点在这段时间内的平均速度，用 $\overline{\boldsymbol{v}}$ 表示. 即

$$\overline{\boldsymbol{v}}=\frac{\Delta \boldsymbol{r}}{\Delta t}=\frac{\boldsymbol{r}(t+\Delta t)-\boldsymbol{r}(t)}{\Delta t}$$

显然，平均速度是矢量，它的方向与位移 $\Delta \boldsymbol{r}$ 的方向相同，而且与所取的时间间隔有关. 用 $\overline{\boldsymbol{v}}$ 来描写 t 时刻附近质点运动的快慢和方向只能是近似的，比较粗糙的. 因为 $\Delta \boldsymbol{r}$ 与所取时刻 t 及时间间隔 Δt 有关，$\overline{\boldsymbol{v}}$ 给出的只是平均变化率.

在描述质点运动时，也常采用“速率”这个物理量. 我们把路程 Δs 与经历这段路程的时间 Δt 的比值 $\frac{\Delta s}{\Delta t}$ 称为质点在这段时间内的平均速率. 平均速率是标量，等于质点在单位时间内所通过的路程，它并不给出运动的方向，也不能把平均速率与平均速度的大小等同起来. 例如，质点经过某一段时间又回到起始位置，显然质点的位移为零，所以平均速度也为零，但平均速率却不为零.

2. 瞬时速度

由 $\overline{\boldsymbol{v}}$ 的定义可知，Δt 取得越短，它的近似程度就越好，$\frac{\Delta \boldsymbol{r}}{\Delta t}$ 就越能比较精确地反映出 t 时刻的真实运动情况，为了要精确地描述质点在某一时刻 t（或某一位置）的运动情况，我们应该用极限的概念，使 Δt 趋近于零，这时 $\frac{\Delta \boldsymbol{r}}{\Delta t}$ 便趋近一个确定的极限矢量，这个极限矢量精确地描述了质点在 t 时刻运动的快慢和方向. 因此，我们把 $\Delta t\to 0$ 时平均速度 $\frac{\Delta \boldsymbol{r}}{\Delta t}$ 的极限定义为质点在 t 时刻的瞬时速度，简称速度. 即

$$\boldsymbol{v}=\lim_{\Delta t\to 0}\frac{\Delta \boldsymbol{r}}{\Delta t}=\frac{\mathrm{d}\boldsymbol{r}}{\mathrm{d}t} \qquad (1.11)$$

由(1.11)式可见，质点在 t 时刻的速度 $\boldsymbol{v}$ 等于该时刻质点的位矢对时间的一阶导数.

显然，速度是矢量，速度的方向是当 Δt 趋于零时的平均速度 $\frac{\Delta \boldsymbol{r}}{\Delta t}$ 的方向或位移 $\Delta \boldsymbol{r}$ 的方向. 如图 1.6 所示质点在曲线轨道上运动时，某段时间 Δt 内的位移 $\Delta \boldsymbol{r}=\overrightarrow{AB}$ 沿割线 AB 的方向，当 Δt 趋近于零时，B 点逐渐趋近 A 点，相应地，割线 AB 趋近于 A 点的切线. 所以，质点在任一时刻的速度的方向总是沿该时刻质点所在处的轨道的切线，并指向运动的一侧. 瞬时速度的方向反映了质点在该时刻的运动方向.

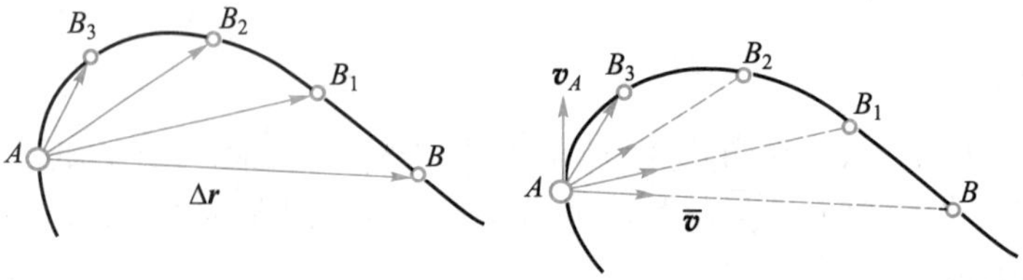

图 1.6

3. **速度的直角坐标表示**

在直角坐标系中,由于

$$\boldsymbol{r}=x\boldsymbol{i}+y\boldsymbol{j}+z\boldsymbol{k}$$

根据(1.11)式,速度可表示为

$$\begin{aligned}\boldsymbol{v}&=\frac{\mathrm{d}\boldsymbol{r}}{\mathrm{d}t}=\frac{\mathrm{d}x}{\mathrm{d}t}\boldsymbol{i}+\frac{\mathrm{d}y}{\mathrm{d}t}\boldsymbol{j}+\frac{\mathrm{d}z}{\mathrm{d}t}\boldsymbol{k}\\&=v_x\boldsymbol{i}+v_y\boldsymbol{j}+v_z\boldsymbol{k}\end{aligned}\tag{1.12}$$

其中

$$v_x=\frac{\mathrm{d}x}{\mathrm{d}t},\quad v_y=\frac{\mathrm{d}y}{\mathrm{d}t},\quad v_z=\frac{\mathrm{d}z}{\mathrm{d}t}$$

分别为 $\boldsymbol{v}$ 沿三个坐标轴的投影.

速度的大小,常称速率 v,是标量,恒取正值,在直角坐标系中,有

$$v=|\boldsymbol{v}|=\sqrt{v_x^2+v_y^2+v_z^2}$$

而速度的方向,则由三个方向余弦来确定

$$\cos\alpha=\frac{v_x}{|\boldsymbol{v}|},\quad \cos\beta=\frac{v_y}{|\boldsymbol{v}|},\quad \cos\gamma=\frac{v_z}{|\boldsymbol{v}|}$$

α、β、γ 分别是速度 $\boldsymbol{v}$ 与 x、y、z 三个坐标轴的夹角.

4. **速度的自然坐标表示**

在自然坐标系中,设质点的运动学方程为

$$s=s(t)$$

则在 t 到 $t+\Delta t$ 这段时间内,质点的位移为 $\Delta\boldsymbol{r}$,自然坐标 s 的增量为

$$\Delta s=s(t+\Delta t)-s(t)$$

需要指出,Δs 是代数量,要与路程相区别,同时由图 1.5 可知,$|\Delta\boldsymbol{r}|\neq|\Delta s|$,只有当 $\Delta t\to 0$ 时才有$\overline{PQ}$与$\widehat{PQ}$趋于重合,即

$$\lim_{\Delta t\to 0}\left|\frac{\Delta\boldsymbol{r}}{\Delta s}\right|=1$$

这样,根据速度的定义

$$\begin{aligned}\boldsymbol{v}&=\lim_{\Delta t\to 0}\frac{\Delta\boldsymbol{r}}{\Delta t}=\lim_{\substack{\Delta t\to 0\\ \Delta s\to 0}}\left(\frac{\Delta\boldsymbol{r}}{\Delta s}\cdot\frac{\Delta s}{\Delta t}\right)\\&=\left(\lim_{\Delta t\to 0}\frac{\Delta s}{\Delta t}\right)\left(\lim_{\Delta s\to 0}\frac{\Delta\boldsymbol{r}}{\Delta s}\right)=\frac{\mathrm{d}s}{\mathrm{d}t}\left(\lim_{\Delta s\to 0}\frac{\Delta\boldsymbol{r}}{\Delta s}\right)\end{aligned}$$

当 $\Delta s\to 0$ 时,$\Delta\boldsymbol{r}$ 趋近于 P 点处轨迹曲线的切线方向,即切向单位矢量 $\boldsymbol{e}_\mathrm{t}$ 的方向,而

上式右边的第二部分大小等于 1,故可写成

$$\lim_{\Delta s\to 0}\frac{\Delta \boldsymbol{r}}{\Delta s}=\boldsymbol{e}_{\mathrm{t}} \tag{1.13}$$

从而可得速度 $\boldsymbol{v}$ 的自然坐标表示

$$\boldsymbol{v}=\frac{\mathrm{d}s}{\mathrm{d}t}\boldsymbol{e}_{\mathrm{t}} \tag{1.14}$$

由(1.14)式可知,质点速度的大小由自然坐标 s 对时间的一阶导数决定,方向沿着质点所在处轨迹的切线,指向则由$\frac{\mathrm{d}s}{\mathrm{d}t}$的正负决定,当$\frac{\mathrm{d}s}{\mathrm{d}t}>0$ 时,速度指向切线的正方向,即 $\boldsymbol{e}_{\mathrm{t}}$ 的方向,反之,指向切线的负方向. $v=\frac{\mathrm{d}s}{\mathrm{d}t}$是速度矢量沿切线方向的投影,它是一个代数量.

综上所述,只要已知质点的运动学方程 $s=f(t)$,用求导的方法就可求得质点在任意时刻速度的大小和方向.

[例 1.2] 已知质点的运动学方程

$$x=2t,y=6-2t^2 \quad (\text{SI 单位})$$

试求:

(1) 轨迹方程,并画出轨迹曲线;

(2) $t_1=1$ s 到 $t_2=2$ s 内的 $\Delta\boldsymbol{r}$, Δr 和 $\bar{\boldsymbol{v}}$;

(3) $t_1=1$ s 和 $t_2=2$ s 两时刻的速度 $\boldsymbol{v}_1$ 和 $\boldsymbol{v}_2$.(在 SI 单位中,时间以 s 为单位,长度以 m 为单位,以下同,以后不再一一说明.)

[解] 从运动学方程中消去参量 t,得轨迹方程为

$$y=6-\frac{1}{2}x^2 \quad (\text{SI 单位})$$

轨迹为抛物线,如图 1.7 所示.

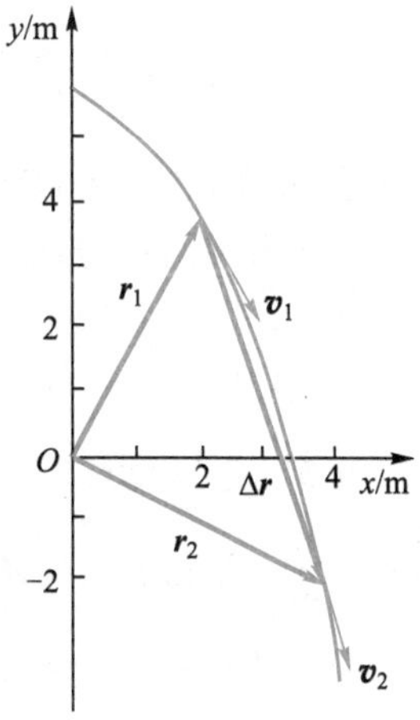

图 1.7

质点的位矢

$$\begin{aligned}\boldsymbol{r}&=x\boldsymbol{i}+y\boldsymbol{j}\\&=2t\boldsymbol{i}+(6-2t^2)\boldsymbol{j} \quad (\text{SI 单位})\end{aligned}$$

分别令 $t=t_1$ 和 t_2,得

$$\boldsymbol{r}_1=(2\boldsymbol{i}+4\boldsymbol{j})\text{ m}$$

$$\boldsymbol{r}_2=(4\boldsymbol{i}-2\boldsymbol{j})\text{ m}$$

所以

$$\begin{aligned}\Delta\boldsymbol{r}&=\boldsymbol{r}_2-\boldsymbol{r}_1\\&=(x_2-x_1)\boldsymbol{i}+(y_2-y_1)\boldsymbol{j}\\&=(2\boldsymbol{i}-6\boldsymbol{j})\text{ m}\end{aligned}$$

$$\begin{aligned}\Delta r&=r_2-r_1\\&=\sqrt{4^2+(-2)^2}\text{ m}-\sqrt{2^2+4^2}\text{ m}=0\end{aligned}$$

$$\bar{\boldsymbol{v}}=\frac{\Delta \boldsymbol{r}}{\Delta t}=\frac{(2\boldsymbol{i}-6\boldsymbol{j})\text{ m}}{1\text{ s}}=(2\boldsymbol{i}-6\boldsymbol{j})\text{ m}\cdot\text{s}^{-1}$$

又由 $\boldsymbol{v}=\frac{\mathrm{d}\boldsymbol{r}}{\mathrm{d}t}=(2\boldsymbol{i}-4t\boldsymbol{j})\text{ m}\cdot\text{s}^{-1}$

代入 t 的值,得

$$\boldsymbol{v}_1=(2\boldsymbol{i}-4\boldsymbol{j})\text{ m}\cdot\text{s}^{-1}$$

$$\boldsymbol{v}_2=(2\boldsymbol{i}-8\boldsymbol{j})\text{ m}\cdot\text{s}^{-1}$$

［**例 1.3**］ 一质点沿圆周运动,其运动学方程为

$$s=t^3-3t^2 \qquad (\text{SI 单位})$$

s 为沿圆弧的自然坐标,O'点为自然坐标原点,逆时针方向运动为正方向,试求质点在 $t=1$ s,2 s,3 s 时刻的位置和速度.

［**解**］ 如图 1.8 所示,根据题意有

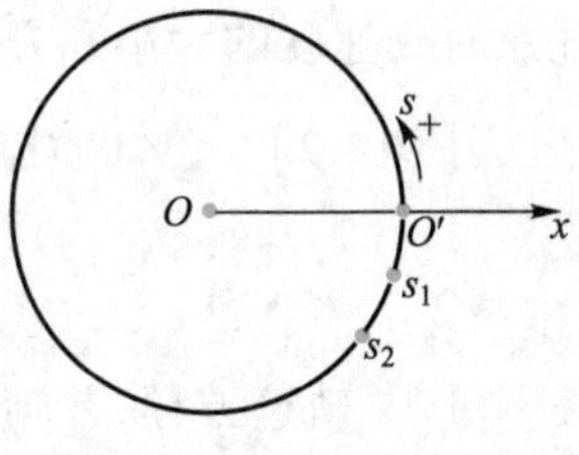

图 1.8

$$v=\frac{\mathrm{d}s}{\mathrm{d}t}=3t^2-6t \quad (\text{SI 单位})$$

于是当

$t=1$ s 时,

$s_1=1\text{ m}-3\text{ m}=-2\text{ m}$

$v_1=3\times1^2\text{ m}\cdot\text{s}^{-1}-6\times1\text{ m}\cdot\text{s}^{-1}=-3\text{ m}\cdot\text{s}^{-1}$

$t=2$ s 时,

$$s_2=2^3\text{ m}-3\times2^2\text{ m}=-4\text{ m}$$

$$v_2=3\times2^2\text{ m}\cdot\text{s}^{-1}-6\times2\text{ m}\cdot\text{s}^{-1}=0$$

$t=3$ s 时,

$$s_3=3^3\text{ m}-3\times3^2\text{ m}=0$$

$$v_3=3\times3^2\text{ m}\cdot\text{s}^{-1}-6\times3\text{ m}\cdot\text{s}^{-1}=9\text{ m}\cdot\text{s}^{-1}$$

可见,此质点在 $t=0$ 到 $t=2$ s 时间内沿圆周顺时针方向运动,在时刻 $t=2$ s 后,$v>0$,反向沿逆时针方向运动,并在 $t=3$ s 时通过 O'点.

复习思考题

1.5 已知质点的位置坐标与时间的关系为 $x=R\cos\omega t, y=R\sin\omega t$. 求解质点速率时,有人根据 $\boldsymbol{r}=x\boldsymbol{i}+y\boldsymbol{j}$ 计算出 $r=\sqrt{x^2+y^2}=R=$常量,并由此得出 $v=\frac{\mathrm{d}r}{\mathrm{d}t}=0$ 这个错误结论. 请指出错误的原因.

1.6 $|\Delta\boldsymbol{r}|$与 Δr 有无不同,$\left|\frac{\mathrm{d}\boldsymbol{r}}{\mathrm{d}t}\right|$和$\left|\frac{\mathrm{d}r}{\mathrm{d}t}\right|$有无不同,为什么？瞬时速度与平均速度的区别和联系是什么？是否在任何运动中平均速度都只是运动的近似描述？

§ 1.3 加速度

质点做曲线运动时，质点运动速度的方向随时间而变化，速度的大小一般也随时间而变化. 加速度就是用来描述速度的大小和方向变化情况的物理量.

一、平均加速度和瞬时加速度

与速度的定义相类似，我们引入平均加速度和瞬时加速度来分别对速度变化情况作粗糙的和精确的描述.

如图 1.9 所示，设质点沿轨道 LM 运动，t 时刻，质点位于 P 点，速度为 $\boldsymbol{v}(t)$，$t+\Delta t$ 时刻，质点在 Q 点，速度为 $\boldsymbol{v}(t+\Delta t)$. 于是，质点在 Δt 时间内的速度增量为 $\Delta\boldsymbol{v}=\boldsymbol{v}(t+\Delta t)-\boldsymbol{v}(t)$. 质点在 Δt 时间内的平均加速度 $\overline{\boldsymbol{a}}$ 定义为

$$\overline{\boldsymbol{a}}=\frac{\Delta\boldsymbol{v}}{\Delta t}$$

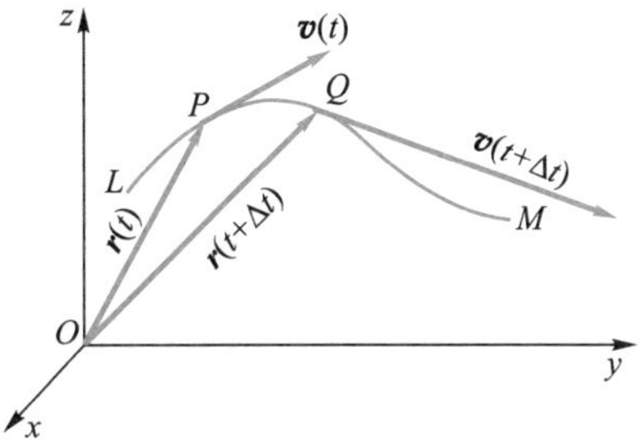

图 1.9

平均加速度是矢量，其方向与该段时间间隔内速度增量 $\Delta\boldsymbol{v}$ 的方向相同. 显然，平均加速度只给出了在 Δt 时间内速度的平均变化率，所以平均加速度只是对速度变化情况的粗糙描述.

为了精确地描述质点在某一时刻 t 的速度变化率，就必须引入瞬时加速度的概念.

质点在某一时刻或某位置的瞬时加速度（简称加速度）定义为当时间 Δt 趋近于零时平均加速度的极限，即

$$\boldsymbol{a}=\lim_{\Delta t\to 0}\frac{\Delta\boldsymbol{v}}{\Delta t}=\frac{\mathrm{d}\boldsymbol{v}}{\mathrm{d}t}=\frac{\mathrm{d}^2\boldsymbol{r}}{\mathrm{d}t^2} \tag{1.15}$$

加速度等于速度对时间的一阶导数，或位矢对时间的二阶导数.

显然，加速度也是矢量，其方向就是当 Δt 趋近于零时平均加速度 $\frac{\Delta\boldsymbol{v}}{\Delta t}$ 的极限方向或速度增量 $\Delta\boldsymbol{v}$ 的极限方向. 应该特别指出的是：$\Delta\boldsymbol{v}$ 的方向及其极限方向一般不同于速度 $\boldsymbol{v}$ 的方向，因而加速度的方向一般与同一时刻速度的方向也是不同的. 在直线运动的情况下，加速度 $\boldsymbol{a}$ 与速度 $\boldsymbol{v}$ 在同一直线上，可有同向和反向两种可能，例如自由落体运动和竖直上抛运动. 在曲线运动中，因为速度是沿轨道曲线的切线方向，故在时间 Δt 内速度的增量 $\Delta\boldsymbol{v}$ 是指向曲线凹的一侧，如图 1.10 所示. 取 Δt 趋近于零时的极限，可知加速度 $\boldsymbol{a}$ 总是指向曲线凹的一侧，它与速度的方向可以成锐角、钝角和直角，如图 1.11 所示.

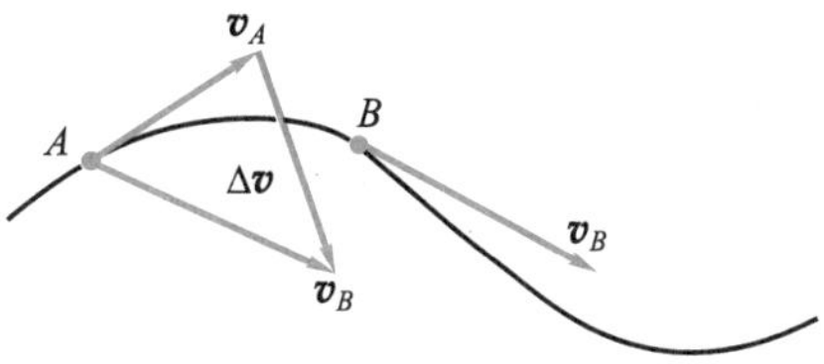

图 1.10

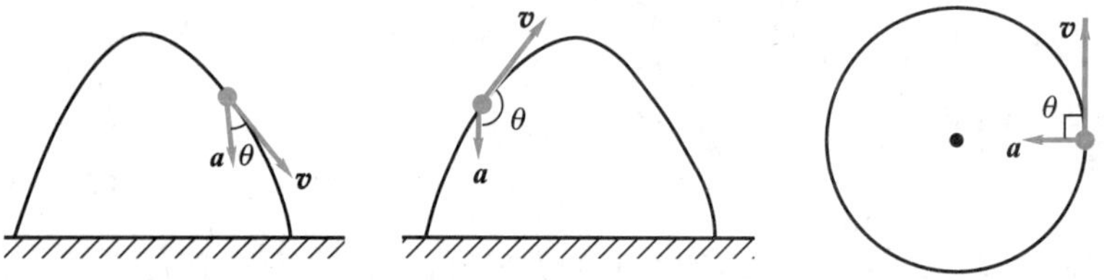

(a) $\boldsymbol{a}$与$\boldsymbol{v}$成锐角 (b) $\boldsymbol{a}$与$\boldsymbol{v}$成钝角 (c) $\boldsymbol{a}$与$\boldsymbol{v}$成直角

图 1.11

在直角坐标系中,将 $\boldsymbol{v}=v_x\boldsymbol{i}+v_y\boldsymbol{j}+v_z\boldsymbol{k}$ 代入(1.15)式,加速度可表示为

$$\boldsymbol{a}=\frac{\mathrm{d}v_x}{\mathrm{d}t}\boldsymbol{i}+\frac{\mathrm{d}v_y}{\mathrm{d}t}\boldsymbol{j}+\frac{\mathrm{d}v_z}{\mathrm{d}t}\boldsymbol{k}$$

可见,加速度 $\boldsymbol{a}$ 在各坐标轴方向的分量为

$$\left.\begin{aligned}a_x&=\frac{\mathrm{d}v_x}{\mathrm{d}t}=\frac{\mathrm{d}^2x}{\mathrm{d}t^2}\\a_y&=\frac{\mathrm{d}v_y}{\mathrm{d}t}=\frac{\mathrm{d}^2y}{\mathrm{d}t^2}\\a_z&=\frac{\mathrm{d}v_z}{\mathrm{d}t}=\frac{\mathrm{d}^2z}{\mathrm{d}t^2}\end{aligned}\right\}\tag{1.16}$$

加速度 $\boldsymbol{a}$ 的大小为

$$a=\sqrt{a_x^2+a_y^2+a_z^2}$$

$\boldsymbol{a}$ 的方向由三个方向余弦

$$\cos\alpha=\frac{a_x}{a},\quad \cos\beta=\frac{a_y}{a},\quad \cos\gamma=\frac{a_z}{a}$$

来确定,式中 α、β、γ 分别表示加速度 $\boldsymbol{a}$ 与 x、y、z 三个坐标轴的夹角.

二、质点运动学的两类基本问题

从前面的讨论可知,已知质点的运动学方程,不仅可以知道质点在任意时刻的位置,而且还可以运用微分法确定质点在任意时刻的速度和加速度. 因此,根据已知条件建立质点的运动学方程,是质点运动学的一个重要任务. 倘若已知质点的速度或加速度随时间变化的规律,则根据初始条件,通过积分法就可以建立质点的运动学方程. 这就是常说的运动学的两类基本问题,现归纳如下:

(1) 已知质点的运动学方程,求速度和加速度. 这类问题只需按定义

$$\boldsymbol{v}=\frac{\mathrm{d}\boldsymbol{r}}{\mathrm{d}t},\quad \boldsymbol{a}=\frac{\mathrm{d}\boldsymbol{v}}{\mathrm{d}t}=\frac{\mathrm{d}^2\boldsymbol{r}}{\mathrm{d}t^2}$$

将已知的 $\boldsymbol{r}(t)$ 函数对时间 t 求导数即可求解.

(2) 已知速度 $\boldsymbol{v}(t)$(附以初始条件)求运动学方程,或已知加速度 $\boldsymbol{a}(t)$(附以初始条件)求速度和运动学方程. 这类问题要应用积分法,在计算上较为复杂.

下面将用具体例子来说明以上两类问题的计算方法.

1. 第一类问题　已知 $\boldsymbol{r}(t)$，求 $\boldsymbol{v}$ 和 $\boldsymbol{a}$.

［例 1.4］ 静水中的小船，在停止划桨之后，继续向前滑行. 以岸为参考系来研究小船的运动，取固定于岸的坐标轴：原点在停桨时小船的位置上，以小船滑行方向为正指向. 已知其运动学方程为

$$x(t)=l(1-e^{-kt})$$

其中 l、k 为正的常量，试分析船的运动情况.

［解］ 根据 v 和 a 的定义

$$v(t)=\frac{dx}{dt}=lke^{-kt}$$

$$a(t)=\frac{dv}{dt}=-lk^2e^{-kt}$$

可见小船的滑行是一种变加速运动. 其运动情况分析如下：

（1）$v(t)$ 始终为正，永不为零，这意味着小船总是沿着原方向继续前进，永不停止.

（2）$a(t)$ 始终为负，这表示小船滑行的速度不断减小.

（3）$\lim\limits_{t\to\infty}v(t)=0$，这意味着由于小船滑行速度不断减小而趋于停止.

（4）$\lim\limits_{t\to\infty}x(t)=l$，即小船无限地趋近 $x=l$，这是滑行的总距离. 因为 $(l-x)/l=e^{-kt}$，可以看出，只要 $kt\geqslant 5$，即 $t\geqslant 5/k$，则小船已滑行的距离和总距离之差 $|l-x|$ 与 l 之比 $\frac{l-x}{l}\leqslant e^{-5}=6.7\times10^{-3}$，不到 0.7%，这时已可认为小船几乎走完了全程，可见 k 值越大，停止滑行所需时间就越短.

求解这种类型的问题，经常遇到的困难是：不直接给出 $\boldsymbol{r}=\boldsymbol{r}(t)$ 的函数式，而只告诉质点具体运动情况（例如某运动机构上的一点）. 这就需要按题意把 $\boldsymbol{r}=\boldsymbol{r}(t)$ 的函数式先找出来.

［例 1.5］ 在离水面高为 h 的岸上，有人用绳跨过一滑轮拉船靠岸，当绳子以速度 v_0（常量）通过滑轮时，如图 1.12 所示，试求船在任意位置的速度和加速度.

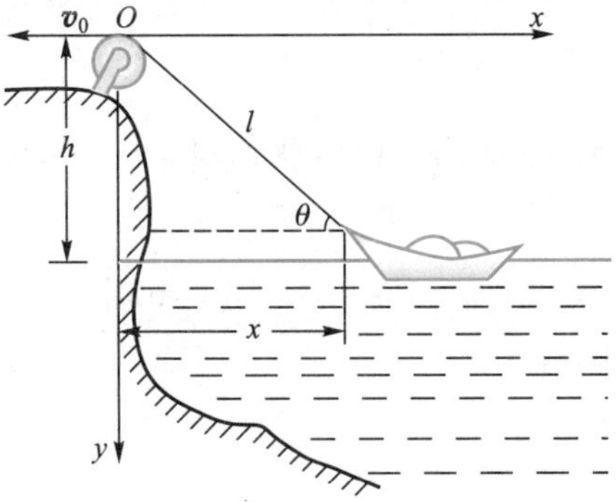

图 1.12

［解］ 分析:问题给出的已知条件是人收绳的速度 v_0,需要求解的是船在任意位置的速度和加速度,我们可以从确定船的位置的关系式即船的运动学方程入手,根据问题本身的性质从几何角度找出船的位置和其他有关变量的关系,进而求出船的速度和加速度.

选船为研究对象,并视为质点.

以岸为参考系,建立二维直角坐标,滑轮处为坐标原点 O,x 轴沿水平方向向右,y 轴竖直向下,如图 1.12 所示. 任一时刻船的坐标为

$$x=\sqrt{l^2-h^2}$$

$$y=h(\text{常量})$$

这里 l 为这一时刻的绳长. 在人拉船靠岸的过程中,l 随时间变短,因而是时间 t 的函数. 式中 x 也是时间的函数. 由速度的定义

$$v_y=\frac{\mathrm{d}y}{\mathrm{d}t}=0$$

$$v_x=\frac{\mathrm{d}x}{\mathrm{d}t}=\frac{l}{\sqrt{l^2-h^2}}\frac{\mathrm{d}l}{\mathrm{d}t}$$

因为收绳过程中 l 随时间减小,所以$\frac{\mathrm{d}l}{\mathrm{d}t}=-v_0$,代入上式,得

$$v_x=\frac{-l}{\sqrt{l^2-h^2}}v_0=-\frac{\sqrt{x^2+h^2}}{x}v_0$$

因为 $x>0$,可见 $v_x<0$,这表明船的速度方向与选定的 x 轴正方向相反.

又由加速度的定义

$$a_y=\frac{\mathrm{d}v_y}{\mathrm{d}t}=0$$

$$a_x=\frac{\mathrm{d}v_x}{\mathrm{d}t}=-v_0^2\frac{h^2}{x^3}$$

同理,$a_x<0$,船的加速度方向也和 x 轴正方向相反. v、a 同方向,表示船做变加速直线运动. 由已得结果可知,船的速率和加速度的大小均随水平距离 x 的减小而增大.

2. 第二类问题　已知 $\boldsymbol{v}(t)$,求 $\boldsymbol{r}(t)$,或已知 $\boldsymbol{a}(t)$ 求 $\boldsymbol{v}(t)$ 和 $\boldsymbol{r}(t)$(附以初始条件).

［**例 1.6**］ 质点的加速度 $\boldsymbol{a}=16\boldsymbol{j}\ \mathrm{m/s^2}$,当 $t=0$ 时,$\boldsymbol{v}_0=6\boldsymbol{i}\ \mathrm{m/s}$,$\boldsymbol{r}_0=8\boldsymbol{k}\ \mathrm{m}$. 试求质点的速度 $\boldsymbol{v}$ 及运动学方程.

［解］ 根据 $\boldsymbol{a}=\frac{\mathrm{d}\boldsymbol{v}}{\mathrm{d}t}$,得

$$\mathrm{d}\boldsymbol{v}=\boldsymbol{a}\mathrm{d}t$$

方程两边积分

$$\int_{v_0}^{v}\mathrm{d}\boldsymbol{v}=\int_0^t\boldsymbol{a}\mathrm{d}t.$$

当 $t=0$ 时，$\boldsymbol{v}_0=6\boldsymbol{i}$ m/s，则

$$\boldsymbol{v}-6\boldsymbol{i}=16t\boldsymbol{j}\quad(\text{SI 单位})$$

得质点的速度

$$\boldsymbol{v}=6\boldsymbol{i}+16t\boldsymbol{j}\quad(\text{SI 单位})$$

又根据 $\boldsymbol{v}=\dfrac{\mathrm{d}\boldsymbol{r}}{\mathrm{d}t}$，$\mathrm{d}\boldsymbol{r}=\boldsymbol{v}\mathrm{d}t$，有

$$\int_{8\boldsymbol{k}}^{\boldsymbol{r}}\mathrm{d}\boldsymbol{r}=\int_0^t(6\boldsymbol{i}+16t\boldsymbol{j})\mathrm{d}t\quad(\text{SI 单位})$$

得质点运动学方程：

$$\boldsymbol{r}=6t\boldsymbol{i}+8t^2\boldsymbol{j}+8\boldsymbol{k}\quad(\text{SI 单位})$$

［**例 1.7**］ 一小球在黏性的油液中由静止开始下落，已知其加速度 $a=A-Bv$，式中 A，B 为常量，试求小球的速度和运动学方程.

［**解**］ 选小球下落方向为 x 轴正方向，小球下落的起点为坐标原点和计时起点，因而小球运动的初始条件为 $t=0$ 时，$x_0=0$，$v_0=0$. 根据加速度的定义

$$a=\frac{\mathrm{d}v}{\mathrm{d}t}=A-Bv$$

分离变量后得

$$\frac{\mathrm{d}v}{A-Bv}=\mathrm{d}t$$

对上式两边积分

$$\int_0^v\frac{\mathrm{d}v}{A-Bv}=\int_0^t\mathrm{d}t$$

应用初始条件得

$$v=\frac{A}{B}(1-\mathrm{e}^{-Bt})$$

这就是小球下落速度随时间 t 的变化规律. 由此式可知，当 $t\to\infty$ 时，$v\to A/B$（常量），小球将达到最大速度，如图 1.13 所示. 我们常称之为终极速度. 事实上，只要 B 足够大，小球在一个不太长的时间$\left(\text{为}\dfrac{1}{B}\text{的 3~5 倍}\right)$之后，就接近以$\dfrac{A}{B}$的速度做匀速运动了. 如小钢球在蓖麻油中或细沙粒在水中的沉降，就是两个实例. 由此可见，在物理学中 $t\to\infty$ 是可以有其实际意义的.

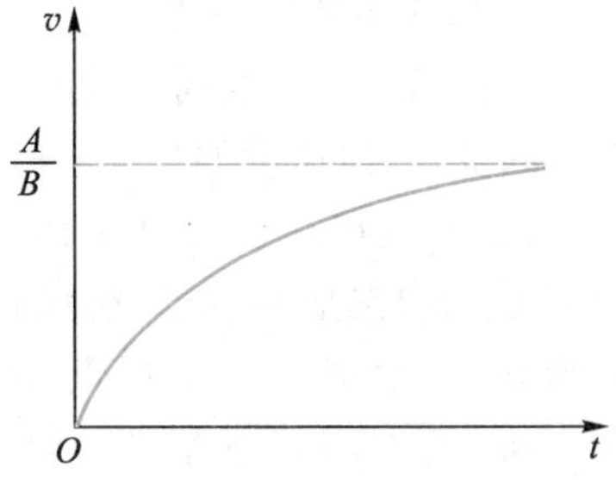

图 1.13

为求小球的运动学方程，可由速度的定义出发，因为

$$v=\frac{\mathrm{d}x}{\mathrm{d}t}=\frac{A}{B}(1-\mathrm{e}^{-Bt})$$

所以有

$$\mathrm{d}x=\frac{A}{B}(1-\mathrm{e}^{-Bt})\mathrm{d}t$$

积分上式，并应用初始条件确定积分上下限，于是

$$\int_0^x \mathrm{d}x=\int_0^t \frac{A}{B}(1-\mathrm{e}^{-Bt})\mathrm{d}t$$

$$x=\frac{A}{B}t+\frac{A}{B^2}(\mathrm{e}^{-Bt}-1)$$

这就是小球下落的运动学方程.

复习思考题

1.7 回答下列问题：

(1) 有人说："物体的加速度越大，物体的速率也越大"，你认为对不对？

(2) 有人说："直线运动的物体前进时，如果物体向前的加速度减小了，物体前进的速度也就减小了"，你认为对不对？

§1.4 圆周运动

一、切向加速度和法向加速度

如果已知质点在平面上沿曲线运动的轨迹，常采用自然坐标系描述质点的运动. 在用自然坐标系研究质点的平面曲线运动时，常将加速度分解为自然坐标的切向分量和法向分量，分别称为切向加速度和法向加速度. 下面先研究质点在圆周运动中的加速度，然后再讨论一般的平面曲线运动.

1. 匀速率圆周运动

质点做匀速率圆周运动时，虽然其速度大小不随时间变化，但速度的方向在不断变化. 如图 1.14 所示，设质点在圆心为 O 半径为 r 的圆周上运动，以 O' 点为自然坐标原点，质点 t 时刻位于 P 点，速度为 $\boldsymbol{v}_P$，$t+\Delta t$ 时刻位于 Q 点，速度为 $\boldsymbol{v}_Q$，且 $|\boldsymbol{v}_P|=|\boldsymbol{v}_Q|=v$. 在时间间隔 Δt 内，质点位移为 $\Delta\boldsymbol{r}$，自然坐标的增量为 Δs，将速度矢量平移至 Q 点，速度的增量为

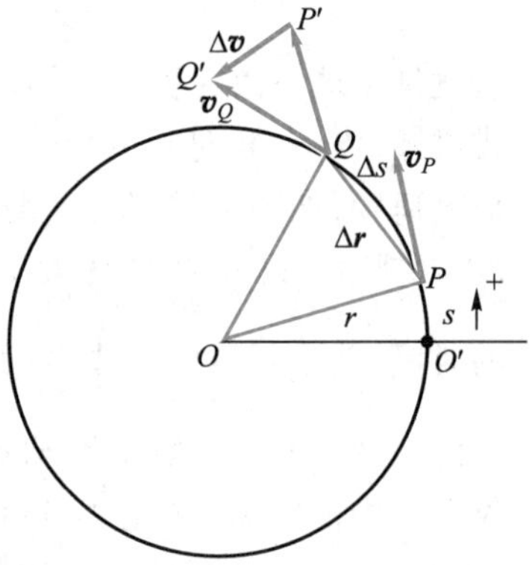

图 1.14

$$\Delta \boldsymbol{v}=\boldsymbol{v}_Q-\boldsymbol{v}_P$$

根据加速度定义,有

$$\boldsymbol{a}=\lim_{\Delta t\to 0}\frac{\Delta \boldsymbol{v}}{\Delta t}$$

由于等腰三角形 OPQ 和 $QP'Q'$相似,有

$$\frac{|\Delta \boldsymbol{v}|}{v}=\frac{|\Delta \boldsymbol{r}|}{r}$$

两边除以 Δt,当 $\Delta t\to 0$ 时,有 $\left|\frac{\Delta \boldsymbol{r}}{\Delta s}\right|\to 1$,故 $\boldsymbol{a}$ 的大小

$$|\boldsymbol{a}|=\lim_{\Delta t\to 0}\frac{|\Delta \boldsymbol{v}|}{\Delta t}=\frac{v}{r}\lim_{\Delta t\to 0}\frac{|\Delta \boldsymbol{s}|}{\Delta t}=\frac{v^2}{r} \tag{1.17}$$

$\boldsymbol{a}$ 的方向为当 $\Delta t\to 0$ 时,$\Delta \boldsymbol{v}$ 的极限方向. $\Delta t\to 0$ 时,Q 点趋近 P 点,等腰三角形顶角趋近于零,底角为$\frac{\pi}{2}$,所以 $\Delta \boldsymbol{v}$ 的极限方向与 $\boldsymbol{v}_P$垂直指向圆心 O,即 $\boldsymbol{a}$ 的方向沿该处轨迹的法线并指向圆心,称为法向加速度,或向心加速度,它反映了速度方向改变的快慢.

2. 变速(率)圆周运动

如图 1.15 所示,质点在时刻 t 和 $t+\Delta t$ 分别位于 P 点和 Q 点,速度为 $\boldsymbol{v}_P$ 和 $\boldsymbol{v}_Q$. 两点的速度除方向不同外,大小也不相同,$|\boldsymbol{v}_P|\neq|\boldsymbol{v}_Q|$. 平移速度矢量$\boldsymbol{v}_P$到 Q 点,速度增量

$$\Delta \boldsymbol{v}=\boldsymbol{v}_Q-\boldsymbol{v}_P$$

作 $QE=QP'$,将速度增量 $\Delta \boldsymbol{v}$ 分解为 $\Delta \boldsymbol{v}_{\rm n}$(即$\overrightarrow{P'E}$)和 $\Delta \boldsymbol{v}_{\rm t}$(即$\overrightarrow{EQ'}$)两部分

$$\Delta \boldsymbol{v}=\Delta \boldsymbol{v}_{\rm n}+\Delta \boldsymbol{v}_{\rm t}$$

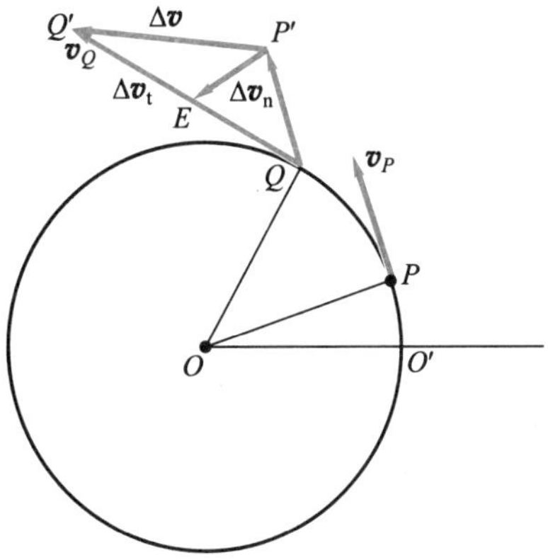

图 1.15

由加速度定义

$$\boldsymbol{a}=\lim_{\Delta t\to 0}\frac{\Delta \boldsymbol{v}}{\Delta t}=\lim_{\Delta t\to 0}\frac{\Delta \boldsymbol{v}_{\rm n}}{\Delta t}+\lim_{\Delta t\to 0}\frac{\Delta \boldsymbol{v}_{\rm t}}{\Delta t}$$

令
$$\lim_{\Delta t\to 0}\frac{\Delta \boldsymbol{v}_{\rm n}}{\Delta t}=\boldsymbol{a}_{\rm n},\ \lim_{\Delta t\to 0}\frac{\Delta \boldsymbol{v}_{\rm t}}{\Delta t}=\boldsymbol{a}_{\rm t}.$$

前面已证明 $\boldsymbol{a}_{\rm n}$ 的大小为$\frac{v_P^2}{r}$,方向沿该点法线方向. 规定圆的法线方向沿半径指向圆心,法线方向的单位矢量为 $\boldsymbol{e}_{\rm n}$,而 P 点可以是圆上任意一点,故省去 v_P的下标,则法向加速度为

$$\boldsymbol{a}_{\rm n}=a_{\rm n}\boldsymbol{e}_{\rm n}=\frac{v^2}{r}\boldsymbol{e}_{\rm n} \tag{1.18a}$$

由图 1.15 可知,$|\Delta \boldsymbol{v}_{\rm t}|=|v_Q-v_P|=|\Delta v|$,则 $\boldsymbol{a}_{\rm t}$ 的大小为

$$|\boldsymbol{a}_{\mathrm{t}}|=\lim_{\Delta t\to 0}\frac{|\Delta\boldsymbol{v}_{\mathrm{t}}|}{\Delta t}=\lim_{\Delta t\to 0}\frac{|\Delta v|}{\Delta t}=\left|\frac{\mathrm{d}v}{\mathrm{d}t}\right|=\left|\frac{\mathrm{d}^2 s}{\mathrm{d}t^2}\right|$$

可见 $\boldsymbol{a}_{\mathrm{t}}$ 的大小等于速度矢量在切线方向的投影随时间变化率的绝对值，$\boldsymbol{a}_{\mathrm{t}}$ 的方向是当 $\Delta t\to 0$ 时 $\Delta\boldsymbol{v}_{\mathrm{t}}$ 的极限方向，即沿切线方位，故将 $\boldsymbol{a}_{\mathrm{t}}$ 称为切向加速度. 设 $\boldsymbol{e}_{\mathrm{t}}$ 为自然坐标系切线方向的单位矢量，当 $\frac{\mathrm{d}v}{\mathrm{d}t}>0$ 时，$\boldsymbol{a}_{\mathrm{t}}$ 与 $\boldsymbol{e}_{\mathrm{t}}$ 方向相同；当 $\frac{\mathrm{d}v}{\mathrm{d}t}<0$ 时，$\boldsymbol{a}_{\mathrm{t}}$ 与 $\boldsymbol{e}_{\mathrm{t}}$ 方向相反. $a_{\mathrm{t}}=\frac{\mathrm{d}v}{\mathrm{d}t}$ 是加速度 $\boldsymbol{a}$ 在切线方向的投影，则切向加速度为

$$\boldsymbol{a}_{\mathrm{t}}=a_{\mathrm{t}}\boldsymbol{e}_{\mathrm{t}}=\frac{\mathrm{d}v}{\mathrm{d}t}\boldsymbol{e}_{\mathrm{t}} \tag{1.18b}$$

由以上讨论可得质点做变速率圆周运动的加速度为

$$\boldsymbol{a}=a_{\mathrm{n}}\boldsymbol{e}_{\mathrm{n}}+a_{\mathrm{t}}\boldsymbol{e}_{\mathrm{t}}=\frac{v^2}{r}\boldsymbol{e}_{\mathrm{n}}+\frac{\mathrm{d}v}{\mathrm{d}t}\boldsymbol{e}_{\mathrm{t}} \tag{1.19}$$

加速度大小为

$$|\boldsymbol{a}|=\sqrt{a_{\mathrm{n}}^2+a_{\mathrm{t}}^2}=\sqrt{\left(\frac{v^2}{r}\right)^2+\left(\frac{\mathrm{d}v}{\mathrm{d}t}\right)^2} \tag{1.20a}$$

加速度方向由下式确定

$$\tan\theta=\frac{a_{\mathrm{n}}}{a_{\mathrm{t}}} \tag{1.20b}$$

其中 θ 是 $\boldsymbol{a}$ 与 $\boldsymbol{e}_{\mathrm{t}}$ 之间夹角，如图 1.16 所示.

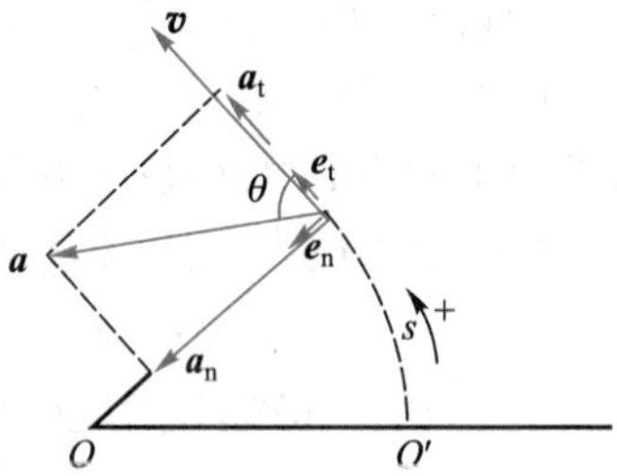

图 1.16

当质点做圆周运动时，若已知自然坐标表示的运动方程 $s=f(t)$，可用微分的方法由 $v=\frac{\mathrm{d}s}{\mathrm{d}t}$，$a_{\mathrm{t}}=\frac{\mathrm{d}v}{\mathrm{d}t}$，$a_{\mathrm{n}}=\frac{v^2}{r}$ 等关系式求出质点的速度和加速度；另一方面，若已知 a_{t}（a_{t} 为时间或自然坐标等的函数）和必要的初始条件或其他辅助条件，也可通过积分方法求出质点的速度以及用自然坐标表示的运动方程.

如果质点沿轨迹 MM' 做一般平面曲线运动，如图 1.17 所示，可将轨迹曲线视为由许多微小弧长所组成，每一段微小弧长对应不同的曲率半径，所以质点在任意位置 M 点的加速度 $\boldsymbol{a}$ 可分解为两个分量：法向加速度 $\boldsymbol{a}_{\mathrm{n}}$ 和切向加速度 $\boldsymbol{a}_{\mathrm{t}}$，且有

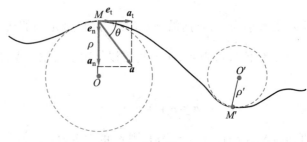

图 1.17

$$\boldsymbol{a}_n = a_n \boldsymbol{e}_n = \frac{v^2}{\rho}\boldsymbol{e}_n \tag{1.21}$$

$$\boldsymbol{a}_t = a_t \boldsymbol{e}_t = \frac{dv}{dt}\boldsymbol{e}_t \tag{1.22}$$

$$\boldsymbol{a} = \boldsymbol{a}_n + \boldsymbol{a}_t = \frac{v^2}{\rho}\boldsymbol{e}_n + \frac{dv}{dt}\boldsymbol{e}_t \tag{1.23}$$

式中 $\boldsymbol{e}_n$ 和 $\boldsymbol{e}_t$ 分别为沿轨迹曲线上 M 的法线和切线正方向的单位矢量，ρ 为轨迹在 M 点的曲率半径. 曲线上不同的点，对应不同的曲率半径，对应不同位置的曲率中心.

$\boldsymbol{a}$ 的大小和方向为

$$|\boldsymbol{a}| = \sqrt{a_n^2 + a_t^2} = \sqrt{\left(\frac{v^2}{\rho}\right)^2 + \left(\frac{dv}{dt}\right)^2} \tag{1.24}$$

$$\tan\theta = \frac{a_n}{a_t} \tag{1.25}$$

如果已知直角坐标表示的运动学方程，$x=f_1(t)$，$y=f_2(t)$，求出 a、v、$\frac{dv}{dt}$，从而由 $\rho = \frac{v^2}{\sqrt{a^2-\left(\frac{dv}{dt}\right)^2}}$ 可求出曲率半径.

二、圆周运动的角量描述

质点做平面曲线运动时，我们也可采用平面极坐标系来描述. 在参考系上建立起一个平面极坐标，如图 1.18 所示，O 点称为极点，Ox 轴称为极轴，质点任一时刻的位置可用它离 O 点的距离 r（称为极径）以及 r 与 Ox 轴的夹角 θ 来表示. (r,θ) 就是质点位置的平面极坐标. 对于质点平面曲线运动的极坐标描述，我们不作一般性讨论，只考虑将它用于描述圆周运动的特殊情况.

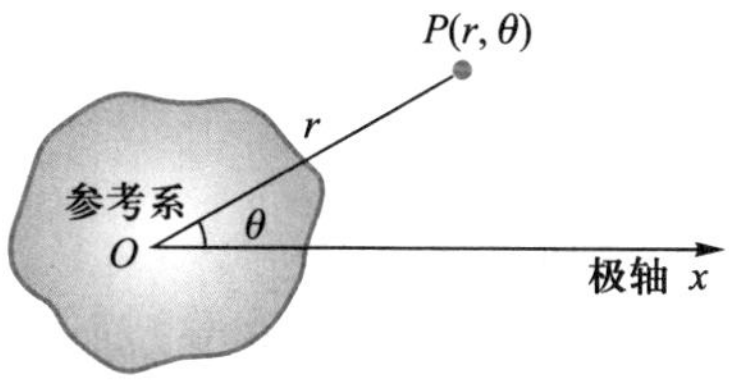

图 1.18

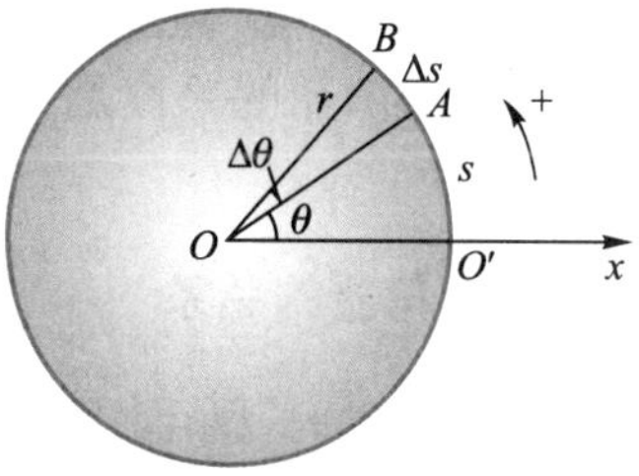

图 1.19

当质点沿半径为 r 的圆周运动时，以圆心 O 为原点建立极坐标，如图 1.19 所示. 这时质点的极径 r 是一个常量，任一时刻 t，质点在圆周上的位置可由角 θ 完全确定，角 θ 就称为质点的**角坐标**或**角位置**. 通常规定从极轴沿逆时针方向量得的 θ 角为正值. 当质点在圆周上运动时，角坐标 θ 随时间 t 而变化，是时间 t 的函数：

$$\theta = \theta(t) \tag{1.26}$$

(1.26)式就是质点做圆周运动时以角坐标表示的运动学方程.

设任一时刻 t,质点位于 A 点,角坐标为 θ,经过一段时间 Δt,运动到 B 点,角坐标为 $\theta+\Delta\theta$,则角坐标的改变量 $\Delta\theta$ 就称为该 Δt 时间内质点对 O 点的角位移,如图 1.19 所示. 角位移是标量,其正负取决于角坐标变化的方向是与规定的正方向相同还是相反.

角位移 $\Delta\theta$ 与发生这一角位移所经历的时间 Δt 的比值,称为该 Δt 时间内质点对 O 点的平均角速度,用 $\overline{\omega}$ 表示,即

$$\overline{\omega}=\frac{\Delta\theta}{\Delta t}$$

当 Δt 趋近于零时,平均角速度 $\overline{\omega}$ 的极限值就称为质点在 t 时刻对 O 点的瞬时角速度(简称角速度),即

$$\omega=\lim_{\Delta t\to 0}\frac{\Delta\theta}{\Delta t}=\frac{\mathrm{d}\theta}{\mathrm{d}t} \tag{1.27}$$

设质点在 t 时刻的角速度为 ω_0,经过 Δt 时间后,角速度为 ω. 因此,在这段时间 Δt 内角速度的增量

$$\Delta\omega=\omega-\omega_0$$

角速度的增量与产生这一增量所经历的时间 Δt 的比值称为该段时间内质点对 O 点的平均角加速度,用 $\overline{\alpha}$ 表示,即

$$\overline{\alpha}=\frac{\Delta\omega}{\Delta t}=\frac{\omega-\omega_0}{\Delta t}$$

当 Δt 趋近于零时,平均角加速度的极限值 α 称为 t 时刻质点对 O 点的瞬时角加速度(简称角加速度),即

$$\alpha=\lim_{\Delta t\to 0}\frac{\Delta\omega}{\Delta t}=\frac{\mathrm{d}\omega}{\mathrm{d}t}=\frac{\mathrm{d}^2\theta}{\mathrm{d}t^2} \tag{1.28}$$

质点做匀速圆周运动时,角速度 ω 是常量,角加速度 α 为零;质点做变速圆周运动时,角速度 ω 不是常量,角加速度 α 一般也不是常量. 如果角加速度 α 为常量,这就是匀变速圆周运动. 国际单位制中,θ、$\Delta\theta$ 的单位是 rad(弧度),ω 的单位是 $\mathrm{rad\cdot s^{-1}}$(弧度每秒),α 的单位是 $\mathrm{rad\cdot s^{-2}}$(弧度每二次方秒)(弧度是量纲为 1 的量).

三、线量与角量的关系

质点做圆周运动时,既可用线量(自然坐标 s,速度 $\boldsymbol{v}$,加速度 $\boldsymbol{a}$ 等)描述,也可用角量(角位置 θ,角速度 ω,角加速度 α 等)描述,因而,线量和角量之间一定存在着某种联系. 由图 1.19 可得

$$\Delta s=r\Delta\theta$$

Δs 就是做圆周运动质点在 Δt 时间内沿轨迹自然坐标的增量,因而,质点的速度沿切线方向的投影 v 可以表示为

$$v=\lim_{\Delta t\to 0}\frac{\Delta s}{\Delta t}=r\lim_{\Delta t\to 0}\frac{\Delta\theta}{\Delta t}=r\frac{\mathrm{d}\theta}{\mathrm{d}t}=r\omega \tag{1.29}$$

又由切向加速度和法向加速度的大小,可得到

$$a_t=\frac{dv}{dt}=r\frac{d\omega}{dt}=r\alpha \tag{1.30}$$

$$a_n=\frac{v^2}{r}=r\omega^2 \tag{1.31}$$

(1.29)式、(1.30)式和(1.31)式表述了质点做圆周运动的线量 v、a_t、a_n 与角量 ω、α 的关系.

当质点以角加速度 α 做匀变速圆周运动时,角坐标 θ、角位移 $\Delta\theta$、角速度 ω、角加速度 α 和时间 t 之间的关系,与匀变速直线运动中相应线量间的关系相似,即

$$\left.\begin{aligned}&\theta=\theta_0+\omega t+\frac{1}{2}\alpha t^2\\&\omega=\omega_0+\alpha t\\&\omega^2-\omega_0^2=2\alpha(\theta-\theta_0)\end{aligned}\right\} \tag{1.32}$$

式中 θ_0、ω_0 分别是 $t=0$ 时刻质点的角坐标和角速度,θ、ω 则为 t 时刻的相应值.

当飞轮等刚体(形状和大小都不变的物体)绕固定轴转动时,刚体内任一点都在垂直于转轴的各个平面内绕轴做圆周运动. 在同一时间间隔 Δt 内,各点的角位移 $\Delta\theta$ 都相同,从而角速度 ω 和角加速度 α 的数值都相同. 故也把 $\Delta\theta$、ω、α 分别称为刚体绕定轴转动的角位移、角速度和角加速度. 在以后学习刚体绕定轴转动时,还要用到本节讲述的各个有关公式.

[例 1.8] 一质点沿半径 $r=0.10$ m 的圆周运动,其角位置可用下式表示

$$\theta=-t^2+4t \qquad \text{(SI 单位)}$$

试求 $t=1$ s 时质点的速度和加速度的大小.

[解] 根据 ω、α 的定义和线量与角量的关系,有

$$\omega=\frac{d\theta}{dt}=-2t+4 \quad \text{(SI 单位)}$$

$$\alpha=\frac{d\omega}{dt}=-2\ \text{rad}\cdot\text{s}^{-2}$$

当 $t=1$ s 时,质点的速度 v、切向加速度 a_t 和法向加速度 a_n 分别为

$$\begin{aligned}v&=r\omega=r\cdot(-2t+4) \quad \text{(SI 单位)}\\&=0.10\times(-2\times1+4)\ \text{m}\cdot\text{s}^{-1}=0.20\ \text{m}\cdot\text{s}^{-1}\end{aligned}$$

$$a_t=r\alpha=0.10\times(-2)\ \text{m}\cdot\text{s}^{-2}=-0.20\ \text{m}\cdot\text{s}^{-2}$$

$$a_n=r\omega^2=0.10\times2^2\ \text{m}\cdot\text{s}^{-2}=0.40\ \text{m}\cdot\text{s}^{-2}$$

所以,质点的加速度的大小

$$\begin{aligned}a&=\sqrt{a_t^2+a_n^2}\\&=\sqrt{(-0.20)^2+(0.40)^2}\ \text{m}\cdot\text{s}^{-2}\approx0.45\ \text{m}\cdot\text{s}^{-2}\end{aligned}$$

从以上计算可知,质点的 α、a_t 均为常量,所以质点做匀变速圆周运动. 在 0

到 2 s 内,$\alpha<0$,$a_t<0$,$v>0$,故质点做匀减速圆周运动;当 $t>2$ s 时,质点沿相反的方向做匀加速圆周运动.

复习思考题

1.8 切向加速度 $\boldsymbol{a}_t$ 沿轨道切线的投影 a_t 为负的含义是什么?有人说:"某时刻 a_t 为负说明该时刻质点的运动是减速的."你认为这种说法对吗?如何判断质点的曲线运动是加速的还是减速的?

1.9 已知质点沿平面螺旋线自外向内运动,如思考题图 1.9 所示,质点的自然坐标与时间的一次方成正比. 试问该质点加速度的大小是越来越大,还是越来越小?

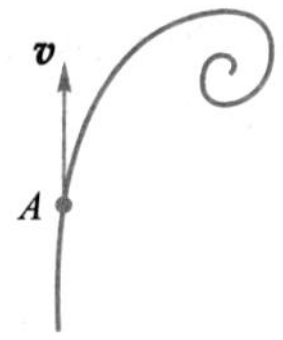

思考题 1.9 图

1.10 你能通过作图说明质点做曲线运动时加速度总是指向轨道曲线凹的一侧吗?

§ 1.5 相对运动

如前所述,由于运动描述的相对性,在不同的参考系中对同一质点的运动情况的描述所得结论是不同的. 现在,我们讨论在两个做相对运动的参考系中描述同一质点运动的物理量,如位矢、位移、速度和加速度之间将有怎样的关系. 在这里,我们只讨论两个参考系相对平动,即一个参考系上的各点相对于另一参考系有相同的速度的情形. 这时,可以说整个参考系以某一速度相对于另一参考系运动.

为简单起见,考虑质点在平面上运动. 设有代表各自参考系的两个坐标系 S 和 S′,如图 1.20 所示. 已知 S′系相对 S 系以速度 $\boldsymbol{u}$ 运动,由于平动,S′和 S 系的坐标轴间的相对取向保持不变. 现在,让我们分别从 S 和 S′系考察质点 P 的运动.

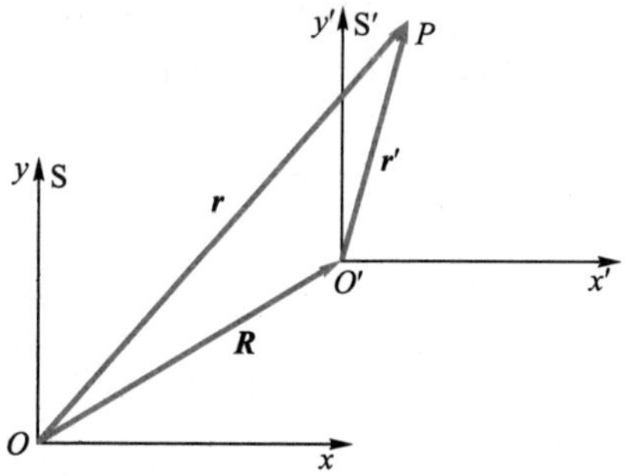

图 1.20

设质点 P 某时刻 t 在 S 和 S′系中的位矢、速度和加速度分别为 $\boldsymbol{r}$、$\boldsymbol{v}$、$\boldsymbol{a}$(S 系)和 $\boldsymbol{r}'$、$\boldsymbol{v}'$、$\boldsymbol{a}'$(S′系),而此时 S′系的坐标原点 O' 对 S 系原点 O 的位矢为 $\boldsymbol{R}$,由图 1.20 可知

$$\left.\begin{aligned}\boldsymbol{r}&=\boldsymbol{R}+\boldsymbol{r}'\\ \boldsymbol{r}'&=\boldsymbol{r}-\boldsymbol{R}\end{aligned}\right\} \tag{1.33}$$

现在讨论质点在 S 和 S′系中的速度间的关系. 将(1.33)式对时间 t 求微分,得

$$\frac{\mathrm{d}\boldsymbol{r}}{\mathrm{d}t}=\frac{\mathrm{d}\boldsymbol{R}}{\mathrm{d}t}+\frac{\mathrm{d}\boldsymbol{r}'}{\mathrm{d}t}$$

式中$\frac{\mathrm{d}\boldsymbol{r}}{\mathrm{d}t}$就是 S 系中的观测者测出的运动质点的速度 $\boldsymbol{v}$，称为**绝对速度**，$\frac{\mathrm{d}\boldsymbol{R}}{\mathrm{d}t}$是 S′系相对于 S 系的运动速度 $\boldsymbol{u}$，常称**牵连速度**，而$\frac{\mathrm{d}\boldsymbol{r}'}{\mathrm{d}t}$是 S′系测得的质点的速度 $\boldsymbol{v}'$，习惯上称为**相对速度**，于是上式可写成

$$\boldsymbol{v}=\boldsymbol{u}+\boldsymbol{v}' \tag{1.34}$$

(1.34)式就是常用的相对平动的参考系中速度变换公式.

根据加速度的定义，不难由(1.34)式导出运动质点在两个相对平动的坐标系中的加速度变换公式

$$\frac{\mathrm{d}\boldsymbol{v}}{\mathrm{d}t}=\frac{\mathrm{d}\boldsymbol{u}}{\mathrm{d}t}+\frac{\mathrm{d}\boldsymbol{v}'}{\mathrm{d}t}$$

即

$$\boldsymbol{a}=\boldsymbol{a}_0+\boldsymbol{a}' \tag{1.35}$$

其中 $\boldsymbol{a}_0$ 是 S′系相对于 S 系的加速度，常称**牵连加速度**，$\boldsymbol{a}'$是质点相对于 S′系的加速度，习惯上称为**相对加速度**，而 $\boldsymbol{a}$ 是质点相对于 S 系的加速度，称为**绝对加速度**.

需要指出的是，上面得到的速度变换公式和加速度变换公式，只适用于相互间做平动的两个坐标系，对动坐标系(S′系)相对定坐标系(S 系)做转动的情况它们将不再适用. 还应当指出，(1.33)式至(1.35)式都是在认为长度和时间的测量与参考系无关的前提下得出的. 这个观点在经典力学中是毋庸置疑的，然而，在狭义相对论中将会看到，当相对运动的速度大到可与光速相比时，在有相对运动的不同参考系中，同一过程中的长度、时间的测量都不可忽略的和参考系有关，这时(1.33)式到(1.35)式这些变换式都不再成立.

[例 1.9] 一辆在雨中行驶的带篷卡车，篷高 $h=2$ m，当它停在路旁时，雨滴可落入车内距车厢后缘 $d=1$ m 远处，如图 1.21 所示. 当它以 $u=18\ \mathrm{km\cdot h^{-1}}$的速率沿平直马路行驶时，雨滴恰好不能落入车内，求雨滴的速度大小.

演示实验：运动小车

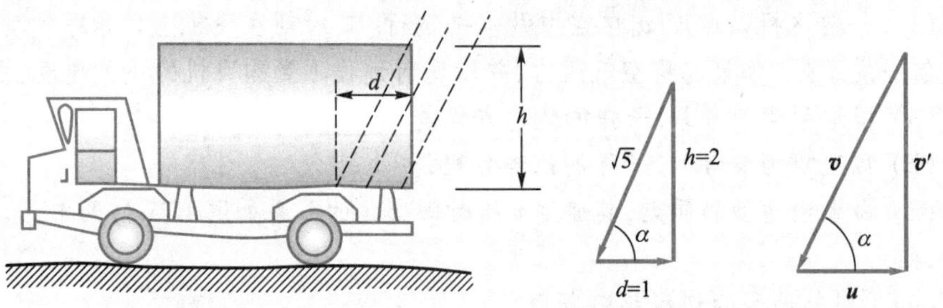

图 1.21

[解] 设地面参考系为 S 系，卡车参考系为 S′系，且雨滴在 S 和 S′系中的速度分别为 $\boldsymbol{v}$ 和 $\boldsymbol{v}'$，车对地的速度为 $\boldsymbol{u}$，则有

$$\boldsymbol{v}=\boldsymbol{v}'+\boldsymbol{u}$$

依题意，$\boldsymbol{v}$ 的方向与地面的夹角

$$\alpha=\arctan(h/d)=63.4°$$

当车行驶时，$\boldsymbol{v}'$应恰与$\boldsymbol{u}$垂直，三个速度间的关系如图 1.21. 故雨滴（相对于地面的）速度大小

$$v=\frac{|\boldsymbol{u}|}{\cos\alpha}=\frac{18}{1/\sqrt{5}}\ \mathrm{km\cdot h^{-1}}=40.2\ \mathrm{km\cdot h^{-1}}$$

习题

1.1 选择题

（1）一质点做直线运动，某时刻的瞬时速度$v=2\ \mathrm{m\cdot s^{-1}}$，瞬时加速度$a=-2\ \mathrm{m\cdot s^{-2}}$，则 1 s 后质点的速度等于 [ ]

（A）0； （B）$2\ \mathrm{m\cdot s^{-1}}$；

（C）$-2\ \mathrm{m\cdot s^{-1}}$； （D）不能确定.

（2）一质点做一般平面曲线运动，其瞬时速度为$\boldsymbol{v}$，速率为v，平均速度为$\overline{\boldsymbol{v}}$，则这些量之间的关系必定是 [ ]

（A）$|\boldsymbol{v}|=v$，$|\overline{\boldsymbol{v}}|=\overline{v}$； （B）$|\boldsymbol{v}|\neq v$，$|\overline{\boldsymbol{v}}|=\overline{v}$；

（C）$|\boldsymbol{v}|\neq v$，$|\overline{\boldsymbol{v}}|\neq\overline{v}$； （D）$|\boldsymbol{v}|=v$，$|\overline{\boldsymbol{v}}|\neq\overline{v}$.

（3）一质点做平面曲线运动，某一瞬时的位矢为$\boldsymbol{r}(x,y)$，则它该时刻的速度大小为 [ ]

（A）$\dfrac{\mathrm{d}\boldsymbol{r}}{\mathrm{d}t}$； （B）$\dfrac{\mathrm{d}r}{\mathrm{d}t}$；

（C）$\dfrac{\mathrm{d}|\boldsymbol{r}|}{\mathrm{d}t}$； （D）$\left[\left(\dfrac{\mathrm{d}x}{\mathrm{d}t}\right)^2+\left(\dfrac{\mathrm{d}y}{\mathrm{d}t}\right)^2\right]^{1/2}$.

1.2 填空题

（1）一架飞机以速度$\boldsymbol{v}_0$在空中做水平飞行. 某时刻在飞机上以水平速度$\boldsymbol{u}$向前发射一发子弹. 如果忽略空气阻力，并设发射过程不影响飞机的飞行速度，则

（a）以地面为参考系，子弹的轨迹方程是__________；

（b）以飞机为参考系，子弹的轨迹方程是__________；

（2）做直线运动的质点，其速度v随时间变化的关系如题 1.2(2) 图中$v-t$曲线所示，则

（a）t_1时刻曲线的切线斜率表示________；

（b）t_1与t_2之间曲线的割线的斜率表示________；

（c）从$t=0$到t_3时间内，质点的位移可由________表示；

（d）从$t=0$到t_3时间内，质点的路程又可由________表示.

（3）一质点做如题 1.2(3) 图所示的斜抛运动，测得它在轨道A点处的速度大小为v，方向与水平方向成 30°角，则该质点在A点的切向加速度$a_t=$________；轨道该点的曲率半径$\rho=$________.

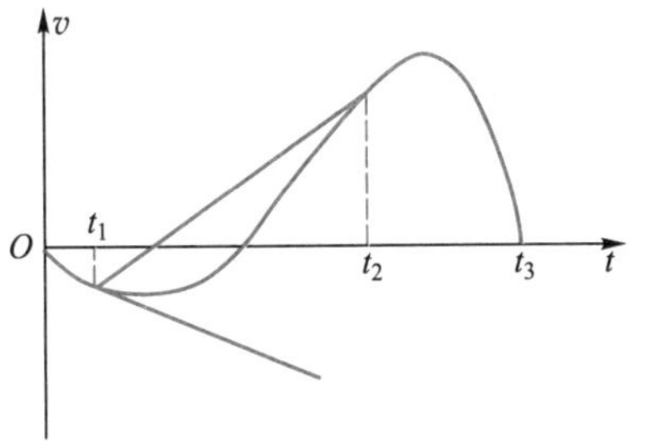

题 1.2(2)图

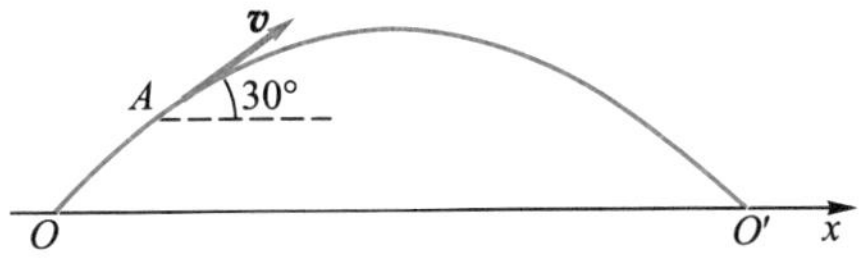

题 1.2(3)图

1.3 一只军舰停在距河岸(河岸为直线)500 m 处,舰上的探照灯以转速 $n=1\ \mathrm{r\cdot min^{-1}}$ 转动. 当光束与河岸成 60°角时,光束打在河岸上的光点移动的速度是多少?

1.4 一只小船自原点出发,在 25 s 内向东航行了30 m,又在 10 s 内向南行驶了 10 m,再在 15 s 内向正西北航行了 18 m,求这 50 s 内

(1) 小船的平均速度;

(2) 小船的平均速率.

1.5 一质点 P 从 O 点出发以匀速率 $0.1\ \mathrm{m\cdot s^{-1}}$ 作半径为 1 m 的圆周运动,如题 1.5 图所示. 当它走完2/3圆周时,它走过的路程是多少? 这段时间内的平均速度如何?

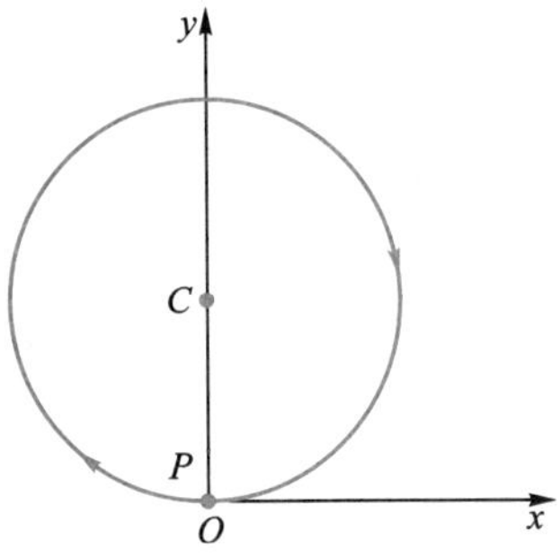

题 1.5 图

1.6 已知一质点做平面曲线运动,运动学方程为

$$\boldsymbol{r}=2t\boldsymbol{i}+(2-t^2)\boldsymbol{j}\quad(\text{SI 单位})$$

试求:

(1) 质点在第 2 s 内的位移;

(2) 质点在 $t=2$ s 时的速度和加速度;

(3) 质点的轨迹方程;

(4) 在 Oxy 平面内画出质点的运动轨迹,并在图上标出 $t=2$ s 时质点的位矢 $\boldsymbol{r}$,速度 $\boldsymbol{v}$ 和加速度 $\boldsymbol{a}$.

1.7 一运动质点的位置与时间的关系为 $x=10t^2-5t$(SI 单位),试求:

(1) 质点的速度和加速度与时间的关系,以及初速度的大小和方向;

(2) 质点在原点左边最远处的位置;

(3) 何时 $x=0$,此时质点的速度是多少?

1.8 一质点在 Oxy 平面内运动,运动学方程为

$$x=2t,y=19-2t^2\quad(\text{SI 单位})$$

(1) 计算并图示质点的运动轨迹;

(2) 写出 $t=1$ s 和 $t=2$ s 时刻质点的位矢,并计算这一秒内质点的平均速度;

(3) 计算 $t=1$ s 和 $t=2$ s 时刻的速度和加速度;

(4) 在什么时刻质点的位矢与其速度恰好垂直?

(5) 在什么时刻,质点离原点最近? 距离是多少?

1.9 一质点以初速度 v_0 沿与水平地面成 θ 角的方向上抛，并落回到同一水平地面上，求该质点在 t 时刻的切向加速度和法向加速度，以及该抛体运动轨道的最大和最小曲率半径.

1.10 一质点沿半径为 0.1 m 的圆周运动，其角位置

$$\theta=2+4t^3 \quad (\text{SI 单位})$$

求：

(1) $t=2$ s 时的切向加速度 a_t 和法向加速度 a_n；

(2) 当 $a_t=a/2$ 时，θ 等于多少？

(3) 何时质点的加速度与半径的夹角为 45°.

1.11 一质点沿 x 轴运动，其加速度 a 与位置坐标 x 的关系为 $a=2+6x^2$(SI 单位). 如果质点在 $x=0$ 处的速度 $v=0$，试求其在任意位置的速度.

1.12 一飞轮从静止开始以恒角加速度 2 rad · s^{-2} 转动，经过某一段时间后开始计时，在 5 s 内飞轮转过 75 rad. 问开始计时以前，飞轮转动了多长时间？

1.13 一质点沿 x 轴运动，其加速度 $a=4t$(SI 单位)，已知 $t=0$ 时，质点位于 $x=$ 10 m 处，初速度 $v_0=0$，求质点的运动学方程.

1.14 一质点在竖直方向上做一维振动，其加速度与坐标的关系为 $a=-ky$，式中 k 为常量，y 为以平衡位置为原点测得的坐标. 已知质点在 $y=y_0$ 处的速度为 v_0，求质点的速度与坐标 y 的函数关系.

1.15 一辆直线行驶的摩托车，关闭发动机后其加速度方向与速度方向相反，大小与速率平方成正比，即 $a=-kv^2$，式中 k 为正的常量. 试证明：摩托车在关机后又行驶 x 距离时的速度为

$$v=v_0\mathrm{e}^{-kx}$$

其中 v_0 是发动机关闭时的速度.

1.16 一条南北走向的大河，河宽为 l，河水自北向南流，河中心水流速度为 u_0，靠两岸流速为零. 在垂直河宽方向上任一点的水流速度与 u_0 之差和该点到河中心的距离的平方成正比. 今有一汽船由西岸出发，以相对于水流的速度 v_0 向东偏北 45°方向航行，试求：汽船航线的轨迹方程及它到达东岸的地点.

1.17 坐在匀加速直线运动（加速度为 a）的平板车上的小孩，沿车前进的斜上方抛出一苹果. 抛出时，苹果相对于车的速率为 u，此时平板车的速率为 v_0. 设苹果抛出过程对平板车的加速度 a 无影响，试问：若要使小孩保持在车上的位置不变就能接住落下的苹果，则苹果在车上被抛出的方向与竖直方向的夹角 θ 应为多少？

1.18 一只轮船在河中航行，相对于河水的速度为 20 km · h^{-1}，相对于流水的航向为北偏西 30°，河水自西向东流，速度为 10 km · h^{-1}. 此时有正西风，风速为 10 km · h^{-1}. 试求在船上观测到烟囱冒出的烟缕的飘行方向.（设烟离开烟囱后很快就获得与风相同的速度.）

1.19 如题 1.19 图所示,汽车以速度 $\boldsymbol{v}_1$ 在雨中行驶,雨滴落下的速度 $\boldsymbol{v}_2$ 偏离竖直方向 θ 角,问在什么情况下车后的一卷行李不会被打湿?

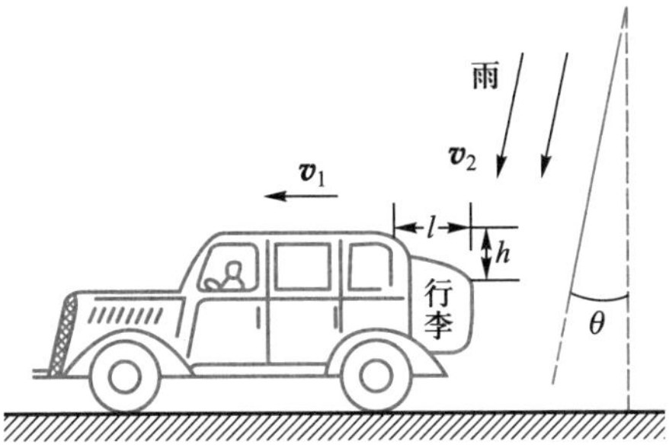

题 1.19 图

第 1 章习题参考答案

第二章

牛顿运动定律

运动学研究的是对物体运动状态的描述，没有涉及引起运动状态变化的原因，在本章及以后的几章中，我们将研究物体间的相互作用以及由此引起的物体运动状态变化的内在规律性，力学的这一部分内容称为动力学.

§ 2.1 牛顿运动定律

在人类探索自然界奥秘的漫长历史中，曾经有一个基本问题，长达几千年都未解决，那就是物体运动的原因. 人们凭直觉认为，运动是与推、拉、提等动作相联系的，经验使人们深信，要使一个物体运动得更快，必须用更大的力推它，当推动物体的力不再作用时，原来运动的物体便静止下来. “凡运动着的事物必然都有推动者在推动着它运动”，古希腊哲学家亚里士多德的这个论断，在两千多年的时间里一直被认为是毋庸置疑的金科玉律. 直到三百多年前，伽利略在观察与实验的基础上，运用科学的推理方法向亚里士多德的这一论断提出了挑战，开创了探索自然奥秘的系统方法.

文档：伽利略简介

伽利略注意到，当一个球沿斜面向下滚动时，其速度越来越快，向上滚时速度越来越慢，由此他推论，当球沿水平面滚动时，其速度应不增加也不减少. 在实验中球之所以会越滚越慢直至最终停下来，他认为这并非球的“自然本性”，而是由于摩擦力作用的缘故. 伽利略观察到，表面越光滑，球便会滚得越远. 于是他进一步推论，若是没有摩擦力，球会永远滚下去.

伽利略探索运动问题的方法，在物理学上称为**理想实验**的方法. 它是在细心观察和认真分析实验事实的基础上，大胆地运用假设，构造一个理想的实验环境，进行科学推理的一种研究方法. 爱因斯坦曾赞扬说，伽利略的发现以及他所用的科学推理方法是人类思想史上最伟大的成就之一，并且标志着物理学的真正开端.

在伽利略工作的基础上，经过许多科学家的努力，特别是牛顿的卓越工作，经典力学的理论体系被建立起来. 1687 年牛顿发表了《自然哲学的数学原理》，全面总结了经典力学的伟大成果.

一、牛顿第一定律

牛顿第一定律叙述如下：**任何物体都要保持其静止或匀速直线运动状态，直到其他物体作用的力迫使它改变这种状态为止**.

牛顿第一定律提出了两个重要的概念. 一是惯性的概念，牛顿第一定律指出一切物体在不受任何外力作用时，都具有保持自己原有运动状态（静止或匀速直线运动）不变的属性，物体保持原有的运动状态不变的属性称为**惯性**，所以牛顿第一定律也称为惯性定律. 二是该定律还提出了力的概念，力是一个物体对另一个物体的作用，作用效果是使物体改变运动状态. 因此，一切物体都具有惯性，保持自己原有运动状态不变，不需要力来维持，而外力是改变物体运动状态的原因.

因为自然界中不受力的作用的物体是不存在的，由此可见，惯性定律是不能直接用实验来严格验证的,它是理想化的抽象思维的产物. 我们确信它的正确性,是因为由它导出的其他结果都和实验事实相符合. 这种通过理想实验研究问题的方法,在科学发展史上也是屡见不鲜的.

观测表明,当物体所受的合外力为零时,物体将保持静止或匀速直线运动状态不变,称物体处于平衡状态,如果物体所受合外力在某一方向的分量为零,则物体在该方向的运动状态将保持不变.

我们讨论的牛顿第一定律中的物体是指质点,故运动仅涉及平动.

由前面讨论可知,要描述运动必须选择确定的参考系,选择不同的参考系对物体运动的描述是不同的. 那么,牛顿第一定律中提到的静止和匀速直线运动,是否对任何参考系都适用呢?

下面我们以大家熟知的现象为例进行分析.

如图 2.1 所示,地面上放一物体 A,站在地面上静止的观察者(即以地面为参考系),看到物体 A 是静止不动的;站在水平向右匀速直线运动的车上的观察者(即以水平向右匀速直线运动的车为参考系),看到物体 A 以大小相同的速率,水平向左做匀速直线运动;站在水平向右做加速运动的车上的观察者(即以水平向右做加速直线运动的车为参考系),看到物体 A 是在做水平向左的加速运动.

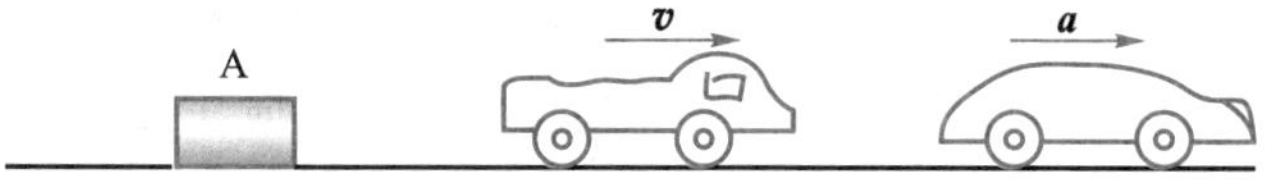

图 2.1

可见,采用不同参考系,观测同一事物,所得结果是不同的,以地面为参考系或以相对于地面做匀速直线运动的车为参考系,所观察到的现象,都符合牛顿第一定律. 而以相对于地面做加速运动的车为参考系观察到的现象不符合牛顿第一定律.

因此,牛顿第一定律不是对任何参考系都成立的. **符合牛顿第一定律的参考系,称为惯性系**. 可见,牛顿第一定律只适用于惯性系. 一个参考系是不是惯性系,只能靠实验来确定,考察牛顿第一定律在该参考系是否成立. 观测和实验表明,以太阳和恒星为参考系时,牛顿第一定律可以比较好地成立,所以太阳和恒星可被近似认为是惯性系. 当然相对于惯性系做匀速直线运动的参考系也是惯性系,相对于惯性系做加速运动的参考系都是非惯性系. 牛顿第一定律在非惯性系中不成立.

二、牛顿第二定律

人们在研究打击、碰撞的问题时,把质量和速度联系起来描述物体的机械运动量,提出了**动量**的概念. 动量被定义为物体的质量和速度的乘积,它是一个矢量,方向与速度的方向相同. 动量是衡量物体平动运动量大小的,是描写物体机械运动状态的物理量.

虽然速度和动量都是描写机械运动状态的物理量,但动量比速度的内涵更深刻. 我们用 $\boldsymbol{p}$ 来表示动量,则

$$\boldsymbol{p}=m\boldsymbol{v}$$

牛顿第二定律表述为:物体任意时刻的动量对时间的变化率$\frac{\mathrm{d}\boldsymbol{p}}{\mathrm{d}t}$等于该时刻作用于物体的合外力$\boldsymbol{F}(=\sum \boldsymbol{F}_i)$,其方向与合外力方向相同. 即

$$\boldsymbol{F}=\frac{\mathrm{d}\boldsymbol{p}}{\mathrm{d}t}=\frac{\mathrm{d}(m\boldsymbol{v})}{\mathrm{d}t} \tag{2.1}$$

(2.1)式是牛顿第二定律的数学表达式——质点运动微分方程,又称为牛顿力学的质点动力学方程,它给出了力和动量变化率之间的定量关系.

当物体质量可以看作常量时,上式可写为

$$\boldsymbol{F}=m\frac{\mathrm{d}\boldsymbol{v}}{\mathrm{d}t}=m\boldsymbol{a} \tag{2.2}$$

牛顿第二定律定量给出了力的效果,力是产生加速度的原因,物体的加速度随合外力产生、变化、消失而产生、变化、消失,所以牛顿第二定律是力的瞬时作用规律. (2.2)式是合外力与加速度的瞬时数值关系,等式两边物理意义是不同的. 牛顿第二定律还定量地度量了物体惯性的大小. 当物体所受合外力一定时,质量大的物体获得的加速度较小,说明其运动状态不易改变,即物体保持自己原有运动状态不变的本领大,即惯性大;而质量小的物体获得的加速度较大,说明物体的运动状态容易改变,物体保持自己原有运动状态不变的本领小,即惯性小. 由此可见,质量从改变物体运动状态的难易程度的角度定量地度量了平动惯性的大小.

牛顿第二定律的数学表达式是矢量式,将质点运动微分方程(2.1)式投影到直角坐标各坐标轴上,有

$$\left.\begin{aligned}F_x&=m\frac{\mathrm{d}v_x}{\mathrm{d}t}=m\frac{\mathrm{d}^2x}{\mathrm{d}t^2}\\F_y&=m\frac{\mathrm{d}v_y}{\mathrm{d}t}=m\frac{\mathrm{d}^2y}{\mathrm{d}t^2}\\F_z&=m\frac{\mathrm{d}v_z}{\mathrm{d}t}=m\frac{\mathrm{d}^2z}{\mathrm{d}t^2}\end{aligned}\right\} \tag{2.3}$$

研究质点平面曲线运动时,可以采用自然坐标系,将合外力投影到轨迹的切向和法向上,得

$$\left.\begin{aligned}F_{\mathrm{t}}&=ma_{\mathrm{t}}=m\frac{\mathrm{d}v}{\mathrm{d}t}\\F_{\mathrm{n}}&=ma_{\mathrm{n}}=m\frac{v^2}{\rho}\end{aligned}\right\} \tag{2.4}$$

可见合外力在任一方向的分量,产生该方向的加速度. 当n个外力同时作用于物体时,其合外力$\boldsymbol{F}$所产生的加速度$\boldsymbol{a}$,与每个外力$\boldsymbol{F}_i$所产生的加速度$\boldsymbol{a}_i$的矢量和是一样的,这就是力的叠加原理.

当物体运动速度可以与光速相比拟时,物体的质量不再是常量,而将随速率变化发生明显的变化,此时(2.2)式将不再成立,而(2.1)式仍然成立. 可见由(2.1)式表示的牛顿第二定律更具普适性.

需要注意的是牛顿第二定律也和牛顿第一定律一样,只适用于质点或可视为质点的物体,同样只在惯性系中成立.

三、牛顿第三定律

牛顿第三定律表述如下:当物体 A 以力 $\boldsymbol{F}_1$ 作用在物体 B 上时,物体 B 也必定同时以力 $\boldsymbol{F}_2$ 作用在物体 A 上,$\boldsymbol{F}_1$ 和 $\boldsymbol{F}_2$ 在同一条直线上,大小相等、方向相反,如图 2.2 所示,其数学表达式为

$$\boldsymbol{F}_1=-\boldsymbol{F}_2 \tag{2.5}$$

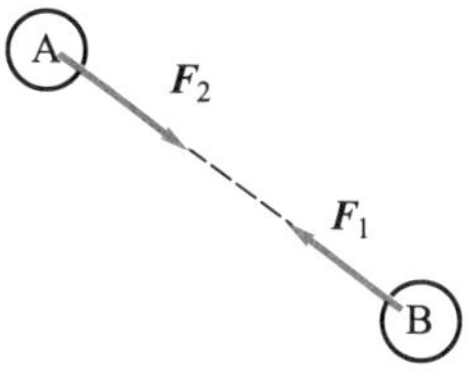

图 2.2

牛顿第三定律说明力是两个物体间的相互作用,只有一个物体是无法产生力的. 作用力与反作用力在同一直线上,大小相等、方向相反,分别作用在两个不同的物体上. 作用力、反作用力没有主从、先后之分,它们是同时产生、同时存在、同时消失,是一对同性质的力. 牛顿第三定律仅描述物体间的相互作用力,并不涉及物体的运动,所以它对任何参考系都成立.

文档:牛顿与《自然哲学的数学原理》

四、牛顿运动定律的适用范围

牛顿运动定律也和其他一切物理定律一样,都是人类逐步认识自然界过程中发现的相对真理. 科学的发展表明,以牛顿运动定律为基础的经典力学理论有一定的适用范围.

从 19 世纪末到 20 世纪初,物理学的研究领域从宏观世界深入到了微观世界,从低速运动扩展到了高速(与光速相比拟)运动. 在这些研究领域里,实验发现了许多用经典力学概念无法解释的新现象,从而显示了经典力学理论的局限性. 这些局限性具体表现在以下四个方面:

(1) 牛顿运动定律仅适用于惯性系. 在像地面这样的近似惯性系中,将牛顿运动定律应用于某些力学问题时是存在误差的.

(2) 牛顿运动定律仅适用于物体速度 v 比光速 c 低得多的情况,而不适用于接近光速的高速运动物体. 物体的高速运动遵循相对论规律,经典力学是相对论力学的低速近似.

(3) 牛顿运动定律一般仅适用于宏观物体,在微观领域中,微观粒子的运动遵循量子力学的规律,而经典力学则是量子力学的宏观近似.

(4) 经典力学仅适用于实物,不完全适用于场. 例如,经典力学认为力的作用是超距作用,可以超越空间瞬时地传递,但现代理论认为,两物体间的相互作用实际上是依靠场来传递的,而场的传递速度是有限的,因而两个物体间的相互作用的传递需要时间. 当施力物体的作用已经发出,而受力物体尚未接受到这种作用之前,受力物体并未受到力,这时施力物体和受力物体的相互作用显然不遵守牛顿第三定律. 因此在电磁学中,两个运动电荷之间的电磁力一般并不遵守牛顿第三定律. 在这种情况下,要考虑以更普适的动量守恒定律来替代牛顿第三定律.

但是应该指出,数百年来,以牛顿运动定律为基础的力学已发展成具有许多分

支的庞大且严密的理论体系,无论是日常生活、工程建设,还是探索宇宙,都离不开牛顿力学的指导,它仍然是一般技术科学的理论基础和解决实际工程问题的重要工具.

§ 2.2 力学中常见的几种力

力学中常见的力包括万有引力、弹性力和摩擦力.

一、万有引力 重力

文档:万有引力定律的建立

宇宙中任何有质量的物体与物体之间都存在着相互吸引的力,这种力称为**万有引力**. 牛顿在继承前人研究成果基础上,通过深入研究,提出了著名的万有引力定律,表述如下:在两个相距为 r,质量分别为 m_1 和 m_2 的质点之间有万有引力,其方向沿着它们的连线,其大小与它们的质量乘积成正比、与它们之间的距离 r 的二次方成反比,即

$$F=G\frac{m_1m_2}{r^2} \tag{2.6}$$

式中 G 为引力常量,$G=6.674\times10^{-11}\ \mathrm{N\cdot m^2\cdot kg^{-2}}$.

用矢量形式表示,万有引力定律的数学表达式为

$$\boldsymbol{F}=-G\frac{m_1m_2}{r^2}\boldsymbol{e}_r \tag{2.7}$$

若以 m_1 指向 m_2 的有向线段为 m_2 的位置矢量 $\boldsymbol{r}$,如图 2.3 所示,那么沿位矢方向的单位矢量 $\boldsymbol{e}_r=\frac{\boldsymbol{r}}{r}$,而上式中的负号则表示 m_1 施于 m_2 的万有引力的方向始终与位矢方向相反,表现为吸引力.

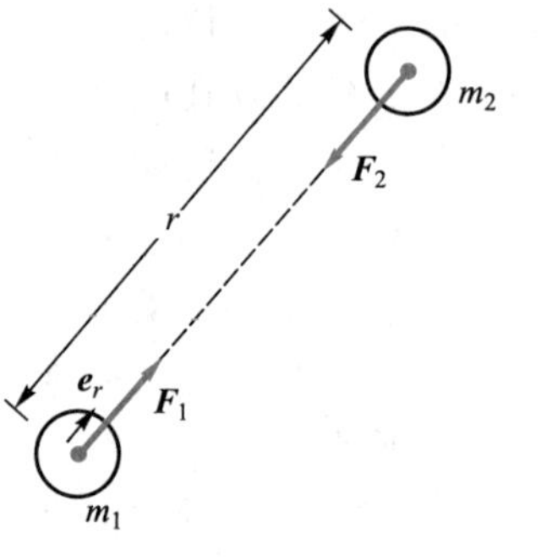

图 2.3

万有引力定律适用于两个质点间的相互作用. 如果是两个物体,则可把这两个物体视为由许多质点组成,然后应用万有引力定律,用积分的方法求出所有这些质点间的相互作用力. 通过积分计算可以证明,两个质量均匀分布的球体或质量分布是球对称的物体之间的万有引力,也可以用万有引力定律来计算,这时应把球体的全部质量视为集中于球心,r 理解为两球心之间的距离,例如计算地球卫星受到地球的万有引力.

在地球表面附近的物体受到地球的万有引力表现为**重力**. 质量为 m 的物体的重量 P 近似可写为

$$P=G\frac{m_Em}{R^2}$$

令 $G\dfrac{m_E}{R^2}=g$（g 为重力加速度），有

$$P=mg \tag{2.8}$$

重力的方向竖直向下，其中 $g\approx 9.8\ \mathrm{m\cdot s^{-2}}$. 由于地球不是一个质量均匀分布的球体以及地球自转的影响，地球表面不同的地方的重力加速度 g 的值略有差别，但在一般工程问题中可忽略不计.

二、弹性力

相互接触的物体因拉伸或挤压而产生形变，形变物体内部将产生恢复形变的力，称为**弹性力**. 例如弹簧被拉伸或压缩，在弹性限度内，弹簧遵守胡克定律

$$F=-kx \tag{2.9}$$

式中 k 为弹簧的劲度系数. x 为形变量（位移），负号表示弹性力与形变方向相反. 平时说的张力、拉力、压力、支持力等都是弹性力. 弹性力的方向垂直于接触面的公切面，与形变方向相反.

文档：胡克简介

三、摩擦力

两个互相接触的物体有相对运动时，在相互接触的两个面上产生一对阻碍相对运动的力，称为**滑动摩擦力**.

实验表明，滑动摩擦力 F_f 的方向与物体相对运动的速度方向相反，大小与接触面上的正压力 F_N 成正比，即

$$F_f=\mu F_N \tag{2.10}$$

式中 μ 称为滑动摩擦因数，其值取决于接触面的材料及粗糙程度等，另外与相对滑动速度的大小也有关. 通常 μ 随相对速度的增加而稍有减小，当相对速度不太大时，则 μ 可近似看作常量.

当两个物体相互接触，彼此之间保持相对静止，但有相对运动的趋势时，在接触面上产生一对阻碍相对运动趋势的力，称为**静摩擦力**.

静摩擦力的方向总是与物体的相对运动趋势的方向相反. 假定静摩擦力消失，物体将发生相对运动的方向即为相对滑动趋势的方向.

静摩擦力 F_f 的大小，根据物体受力情况而定，其变化范围可以从零变化到最大，即 $0\leqslant F_f\leqslant F_{fmax}$. 实验表明，作用在物体上的最大静摩擦力的大小 F_{fmax} 与物体受到的正压力 F_N 成正比，即

$$F_{fmax}=\mu_0 F_N \tag{2.11}$$

式中 μ_0 为静摩擦因数，取决于互相接触物体表面的材料及状况，一般情况下 $\mu_0>\mu$.

§2.3 牛顿运动定律的应用

牛顿运动定律定量地反映了物体所受合外力、（惯性）质量和运动之间的关系，

因此应用牛顿运动定律可以解决的具体问题，大致包含三个方面：一是已知物体的运动情况，求其他物体作用于该物体上的力；二是已知其他物体施于物体上的力，求该物体的运动情况；三是已知物体运动及受力情况的某些方面，求物体运动及受力情况的未知方面.

第一类问题包括了力学的归纳性和探索性的应用，是发现新定律的一个重要途径. 例如牛顿从开普勒的行星运动规律导出了万有引力定律；第二类和第三类问题是对物理学和工程力学问题作出成功的分析和设计的基础. 我们将通过一些简单的问题，帮助大家初步掌握基本的方法和步骤.

文档：牛顿力学的完善与分析力学的创立

在解决具体问题时，是不能脱离定律本身的含义的，对于牛顿第二定律的数学表达式 $\boldsymbol{F}=m\boldsymbol{a}$，我们应进一步明确它的物理意义. 方程的左端表示的是研究对象所受的合外力 $\boldsymbol{F}=\sum \boldsymbol{F}_i$. 研究一个问题，必须明确研究对象，它可以是一个物体，并且可以视为质点，也可以是几个物体组成的物体系（质点组），合外力是其他物体对研究对象作用力的矢量和. 外力是相对内力而言的，研究对象内部各部分间的相互作用力是内力，内力不会改变研究对象的整体运动状态，只有外力才能改变研究对象的运动整体状态.

方程式的右端表示的是研究对象的状态变化，方程式中间的等号只表明了两边的量值相等.

明确了定律的物理意义，研究问题的方法和步骤就很明确了.

第一，确定研究对象. 主要是根据问题的要求和计算的方便，把所确定的研究对象从其周围环境中单独分离出来，从而对它作进一步具体分析，这就是力学中常采用的隔离体法.

第二，分析研究对象的受力情况，首先分析重力，再分析弹性力，最后分析摩擦力，并画出受力图.

第三，描写研究对象运动状态的变化，即研究对象的加速度.

第四，建立坐标系或规定正方向，列出方程求解. 如果根据牛顿运动定律列出的方程数少于未知量的数目，则可由运动学和几何学的知识列出补充方程.

[例 2.1] 质量为 m_A 的楔块 A，置于光滑水平面上，质量为 m_B 的物体 B 沿楔块的光滑斜面自由下滑，见图 2.4. 试求楔块 A 相对地面的加速度和物体 B 相对楔块的加速度.

[解] 分别选 A、B 为研究对象，受力分析见图 2.4(b)，图中 $\boldsymbol{a}$ 为楔 A 相对地面的加速度. $\boldsymbol{a}_1$ 是物体 B 相对于楔 A 的加速度. 根据牛顿第二定律的分量式(2.3)式，并应用两个相互作平动运动的参考系间的加速度变换定理

对 A 有
$$F'_N \sin\theta = m_A a$$
$$F_{NA} - m_A g - F'_N \cos\theta = 0$$

对 B 有
$$-F_N \sin\theta = m_B(-a_1\cos\theta + a)$$
$$F_N \cos\theta - m_B g = m_B(-a_1 \sin\theta)$$

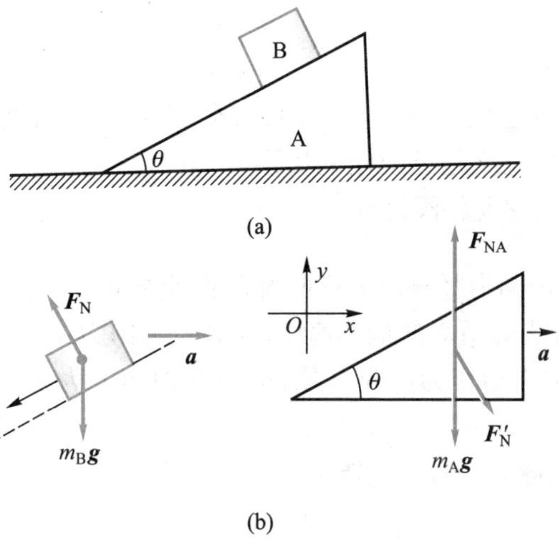

图 2.4

解以上方程组,并注意到 $F_N = F_N'$ 可得

$$a = \frac{m_B \cos\theta \sin\theta}{m_A + m_B \sin^2\theta} g$$

$$a_1 = \frac{(m_A + m_B)\sin\theta}{m_A + m_B \sin^2\theta} g$$

读者可以自行求出物体 B 相对于地面的加速度以及 A、B 间相互作用的法向力等.

本例中物体 B 相对 A 以 $\boldsymbol{a}_1$ 运动,而 A 又相对地面以 $\boldsymbol{a}$ 运动. 这里 A 是非惯性系,故应先应用加速度变换公式求出 B 相对惯性系(地面)的加速度,再根据牛顿运动定律列方程求解.

[**例 2.2**] 用一根长为 L 的绳子把一质量为 m 的小球 A 挂在固定点 O 上,使小球绕铅垂线以角速度 ω 转动,使绳子与铅垂线成 α 角. 这个装置叫做圆锥摆. 试求锥角 α 与摆球转速 ω 的关系.

[**解**] 小球 A 绕铅垂线 OC 运动,轨迹为半径 $r = L\sin\alpha$ 的圆,如图 2.5 所示. 作用在小球上的力有重力 $P = mg$ 和绳的张力 F_T,它们的合力 F 就是使小球沿这圆周运动所需的向心力,于是

$$F = m\omega^2 r = m\omega^2 L\sin\alpha$$

由图可知

$$\tan\alpha = \frac{F}{P} = \frac{\omega^2 L\sin\alpha}{g}$$

所以

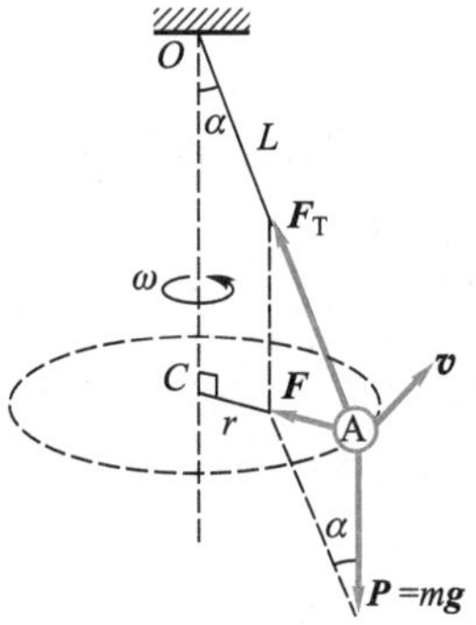

图 2.5

$$\cos\alpha=\frac{g}{\omega^2 L}$$

由此可见,角速度 ω 越大,角 α 越大. 因此,在蒸汽机中,长期以来都采用圆锥摆作为速度调节器,当速度超过规定的极限时,它就将蒸汽进气阀关闭,而当速度低于规定的极限时,它就将阀打开.

[**例 2.3**] 由地面沿竖直向上方向发射质量为 m 的宇宙飞船,见图 2.6. 试求宇宙飞船脱离地球引力所需的最小速度(不计空气阻力及其他作用力).

[**解**] 选宇宙飞船作为研究对象,取坐标轴向上为正,如图 2.6 所示.

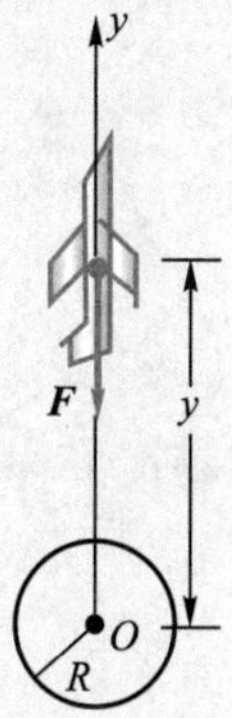

图 2.6

飞船只受到地球的万有引力作用

$$F=G\frac{mm_E}{y^2} \tag{1}$$

用 R 表示地球半径. 将 $G=\frac{gR^2}{m_E}$ 代入(1)式,得

$$F=\frac{mgR^2}{y^2} \tag{2}$$

根据牛顿第二定律,有

$$\frac{-mgR^2}{y^2}=m\frac{dv}{dt}$$

$$\frac{dv}{dt}=-gR^2\frac{1}{y^2} \tag{3}$$

将 $\frac{dv}{dt}$ 改写为

$$\frac{dv}{dt}=\frac{dv}{dy}\cdot\frac{dy}{dt}=v\frac{dv}{dy}$$

代入(3)式并分离变量得

$$vdv=-gR^2\frac{dy}{y^2}$$

设飞船在地面附近($y_0\approx R$)发射时的初速度为 v_0,在 y' 处的速度为 v',将上式积分,有

$$\int_{v_0}^{v'} vdv=\int_R^{y'}-gR^2\frac{dy}{y^2}$$

$$v'^2=v_0^2-2gR^2\left(\frac{1}{R}-\frac{1}{y'}\right)$$

飞船要脱离地球引力作用的最小速度,意味着飞船末位置 y' 趋于无穷大时速度 $v'\geqslant 0$. 将 $y'\to\infty$ 时,$v'=0$,$R=6\ 370$ km 代入.

$$v_0=\sqrt{2gR}=11.2\ \text{km}\cdot\text{s}^{-1}$$

这个速度被称为第二宇宙速度.

理论计算表明,在地表卫星沿竖直方向发射,若 $v_0=\sqrt{gR}=7.9\ \text{km}\cdot\text{s}^{-1}$,它将沿地表绕地球做圆周运动,这个速度称为第一宇宙速度,而物体从地球表面附近以 $v_0=16.7\ \text{km}\cdot\text{s}^{-1}$的速度发射时,物体不仅能脱离地球引力,还能脱离太阳的引力(即逃出太阳系),此速度称为第三宇宙速度.

[例 2.4]　质量为 m 的快艇以速率 v_0 行驶,发动机关闭后,受到的摩擦阻力的大小与速度的大小成正比,比例系数为 $k(k>0)$,求发动机关闭后

(1) 快艇速率随时间的变化规律;

(2) 快艇的位移随时间变化规律.

[解]　(1) 取快艇为研究对象,建立如图 2.7 所示的坐标系,快艇在水平方向受阻力为

$$F_\text{f}=-kv$$

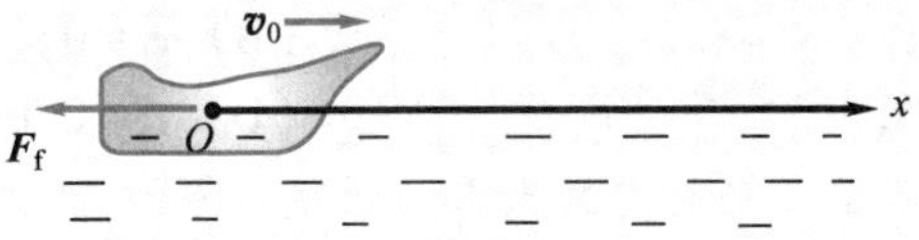

图 2.7

设加速度为$\dfrac{\mathrm{d}v}{\mathrm{d}t}$,由牛顿第二定律列出方程

$$-kv=m\frac{\mathrm{d}v}{\mathrm{d}t}$$

分离变量

$$\frac{\mathrm{d}v}{v}=-\frac{k}{m}\mathrm{d}t$$

对等式两边积分,当 $t=0$ 时初速为 v_0,任意时刻 t 时速度为 v

$$\int_{v_0}^{v}\frac{\mathrm{d}v}{v}=-\int_0^t\frac{k}{m}\mathrm{d}t$$

$$\ln\frac{v}{v_0}=-\frac{k}{m}t$$

$$v=v_0\mathrm{e}^{-\frac{k}{m}t}$$

(2)
$$v=\frac{\mathrm{d}x}{\mathrm{d}t}\qquad \mathrm{d}x=v\mathrm{d}t$$

$$\mathrm{d}x=v_0\mathrm{e}^{-\frac{k}{m}t}\mathrm{d}t$$

对等式两边积分

$$\int_0^x \mathrm{d}x = \int_0^t v_0 \mathrm{e}^{-\frac{k}{m}t}\mathrm{d}t$$

$$x = \frac{m}{k}v_0(1-\mathrm{e}^{-\frac{k}{m}t})$$

当 $t\to\infty$ 时,可求得快艇关闭发动机后的最大位移

$$x_{\max} = \frac{m}{k}v_0$$

习题

2.1 选择题

(1) 一根轻弹簧的两端与两个质量相等的小球相连,再用细绳把它们悬挂起来,整个系统处于静止,如题 2.1(1) 图所示. 问将绳剪断的瞬间,球 1 和球 2 的加速度分别为 [ ]

(A) $a_1=g, a_2=g$; (B) $a_1=0, a_2=g$;

(C) $a_1=2g, a_2=0$; (D) $a_1=0, a_2=2g$.

(2) 倘若使物体沿竖直平面内的光滑圆弧轨道下滑,如题 2.1(2) 图所示. 在从 A 点至 C 点的过程中,下列说法中正确的是 [ ]

(A) 物体的加速度方向永远指向圆心;

(B) 物体的合外力大小变化,方向总是指向圆心;

(C) 物体的合外力大小不变;

(D) 轨道对物体的支持力的大小不断增加.

(3) 一只猴子,质量为 m,抓住一用绳吊在天花板上的直杆(质量为 m_0),如题 2.1(3) 图所示. 绳子突然断开时,小猴则沿杆竖直向上爬以保持它离地面的高度不变. 此时直杆下落的加速度为 [ ]

(A) g; (B) $\frac{mg}{m_0}$; (C) $\frac{m_0+m}{m_0}g$;

(D) $\frac{m_0-m}{m_0}g$; (E) $\frac{m_0+m}{m_0-m}g$.

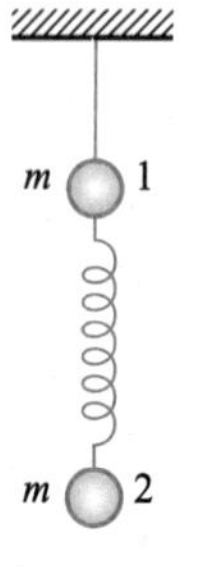

题 2.1(1) 图

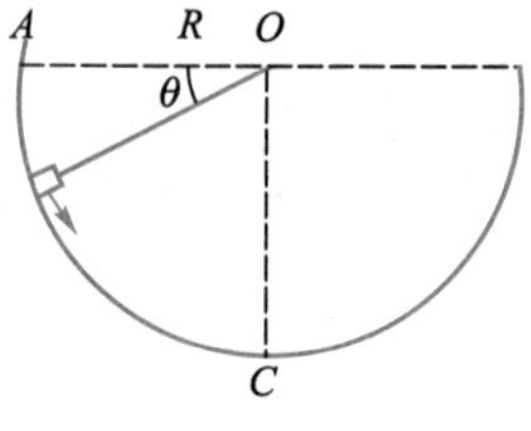

题 2.1(2) 图

题 2.1(3) 图

2.2 填空题

(1) 质量为 m 的小球,被轻绳 AB、BC 拉着,处于静止,如题 2.2(1) 图所示. 问剪断绳 AB 前后的瞬间,BC 中的张力之比 $F_T : F'_T =$ ________.

(2) 一小珠可在半径为 R 的竖直圆环上做无摩擦的滑动,如题 2.2(2) 图所示. 当圆环以角速度 ω 绕圆环竖直直径转动时,要使小珠离开环的底部而停在环上某一点,则角速度 ω 最小应等于________.

当圆环以恒定角速度 ω 转动时,小珠相对圆环静止处的环半径偏离竖直方向的角度 θ 为________.

(3) 一水平木板上放一质量为 $m=0.2$ kg 的物块,手水平地托着木板使之在竖直平面内做半径为 $R=0.5$ m 的匀速率圆周运动,速率 $v=1\ \text{m}\cdot\text{s}^{-1}$,当物块与木板一起运动到题 2.2(3) 图所示的位置时,物块受到的摩擦力为________;木板对物块的支持力为________.

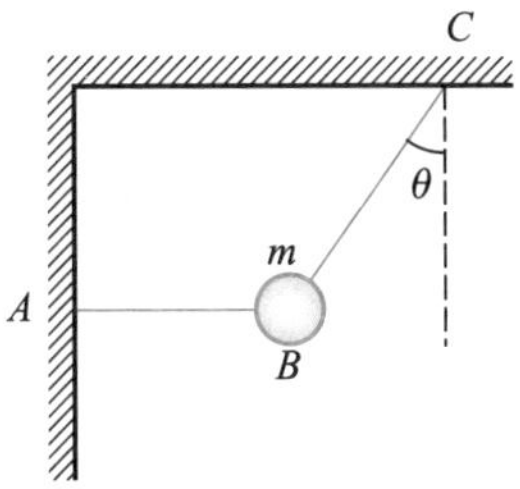

题 2.2(1) 图

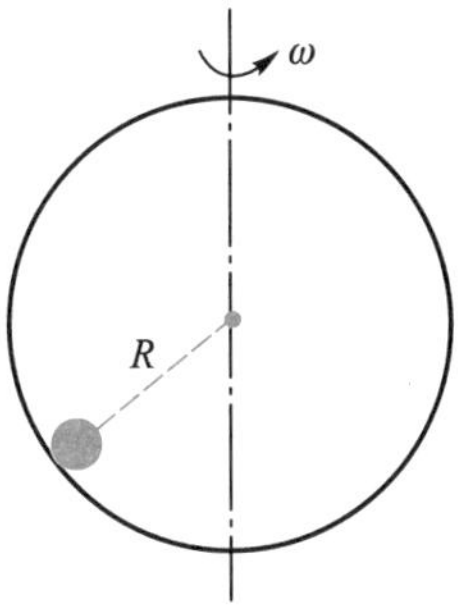

题 2.2(2) 图

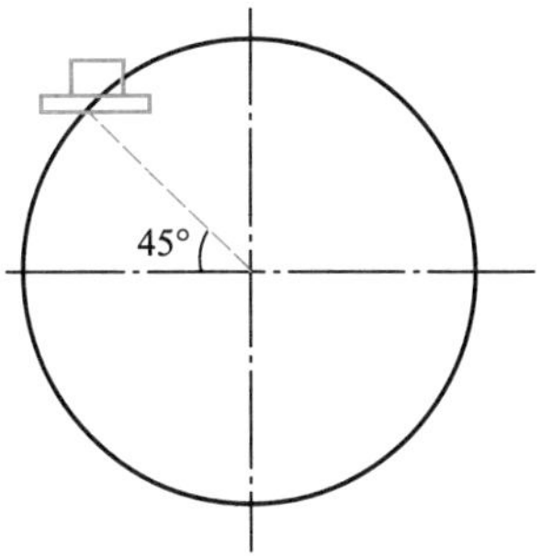

题 2.2(3) 图

2.3 长为 $L=1.0$ m、质量 $m=2.0$ kg 的匀质绳,两端分别与物体 A、B 相连,如题 2.3 图所示,已知 $m_A=8.0$ kg,$m_B=5.0$ kg. 今在对物体 B 施以大小为 $F=180$ N 的竖直向上的拉力,使绳和物体向上运动,求距离绳的下端 x 处的绳中的张力 $F_T(x)$.

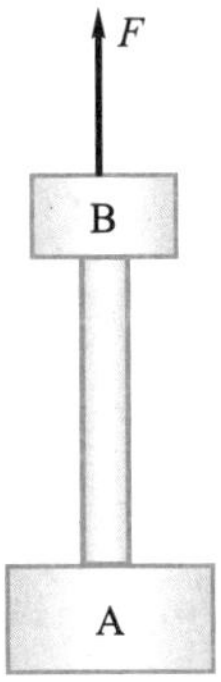

题 2.3 图

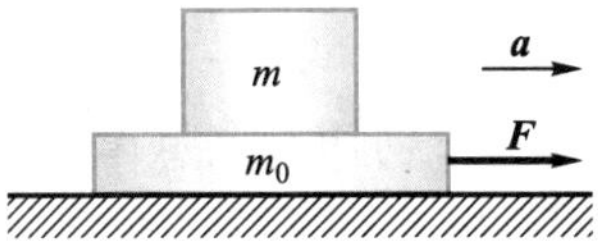

题 2.4 图

2.4 桌上有一质量 $m_0=1$ kg 的木板,板上放一质量 $m=2$ kg 的物体,物体和板之间,板和桌面之间的滑动摩擦因数均为 $\mu=0.25$,最大静摩擦因数均为 $\mu_0=0.30$. 以水平力 $\boldsymbol{F}$ 作用于板上,如题 2.4 图所示.

(1) 若物体与木板一起以 $a=1\ \text{m}\cdot\text{s}^{-2}$ 的加速度运动,试求物体与板以及板与桌面之间相互作用的摩擦力；

(2) 若欲使板从物体下抽出，问力 F 至少要多大？

2.5 如题 2.5 图所示，一细绳跨过定滑轮，绳的一端悬有一质量为 m_1 的物体，另一端穿在质量为 m_2 的圆柱体的竖直细孔中，圆柱体可沿绳子滑动，今看到绳子从圆柱细孔中加速上升，圆柱对于绳子以匀加速 a 下降（忽略绳和滑轮的质量以及滑轮的转动摩擦），求：

(1) m_1、m_2 相对于地面的加速度；

(2) 绳中的张力，以及圆柱与绳子间的摩擦力.

2.6 一个质量为 m 的质点只受到指向原点的引力的作用沿 x 轴运动. 引力的大小与质点离原点的距离 x 的平方成反比即 $F=-k/x^2$（k 为比例系数），设质点在 $x=a$ 时速度为零，求 $x=a/4$ 处的速度的大小.

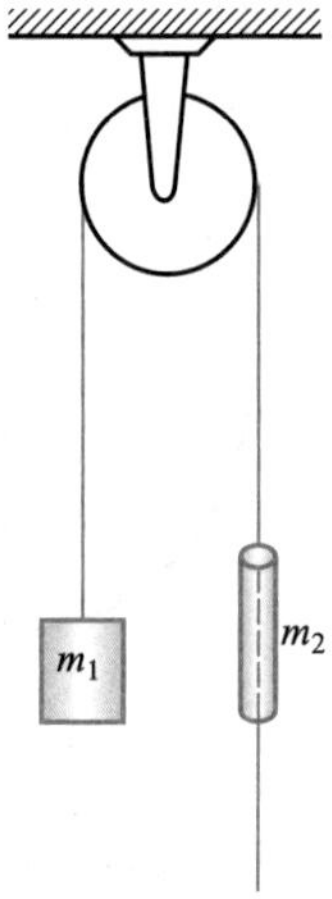

题 2.5 图

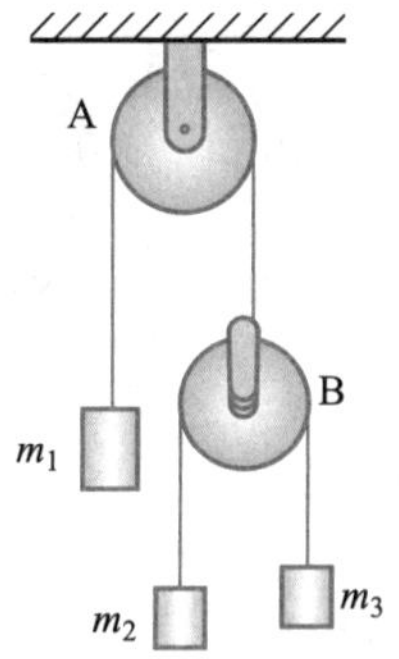

题 2.7 图

2.7 如题 2.7 图所示，A 为定滑轮，B 为动滑轮，$m_1=0.4$ kg，$m_2=0.2$ kg，$m_3=0.1$ kg，滑轮和绳的质量以及摩擦阻力都忽略不计，求：

(1) 质量为 m_1 的物体的加速度；

(2) 两根绳子中的张力的大小.

2.8 质量为 m 的快艇正以速率 v_0 行驶，发动机关闭后，受到的摩擦阻力的大小与速度大小的平方成正比，而方向与速度方向相反，即 $F_f=-kv^2$，k 为比例系数. 求发动机关闭后

(1) 快艇速率随时间的变化规律；

(2) 快艇路程 s 随时间的变化规律；

(3) 证明：快艇行驶距离 x 时的速度为

$$v=v_0 e^{-\frac{k}{m}x}.$$

2.9 质量为 m 的火车，以速率 v 沿水平的半径为 R 的一段圆弧轨道匀速前进. 试问：

(1) 作用在铁轨上的侧压力等于零时，路面的坡度 θ_0 等于多少？

第 2 章习题参考答案

（2）当 $\theta>\theta_0$ 及 $\theta<\theta_0$ 时，内轨和外轨所受的力各等于多少？

2.10 一段半径为 200 m 的圆弧形公路弯道，其内外坡度是按 60 $km\cdot h^{-1}$ 的车速设计的，以该速度行驶于该弯道的汽车的轮胎不受路面的侧向力. 在路面结冰的日子里，若汽车以 40 $km\cdot h^{-1}$ 的速度在该弯道上行驶，问车胎与路面间的摩擦因数至少多大才能保证汽车在转弯时不至滑出公路？

2.11 人造卫星被发射到地球赤道平面内的圆形轨道上. 当轨道半径 r 适当时，卫星具有和地球自转完全一样的角速度，因此相对地面固定不动，即所谓同步卫星，如题 2.11 图所示. 试求赤道正上方的地球同步卫星距地面的高度.

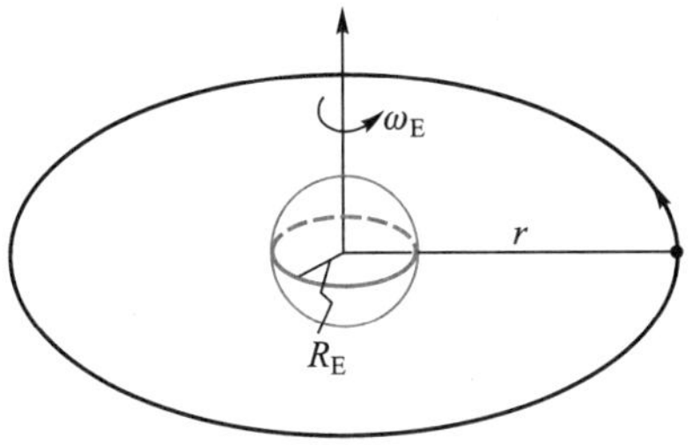

题 2.11 图

第三章

动量守恒

牛顿第二定律指出在外力作用下,质点的动量随时间的变化率不为零,力对质点作用时间越长,质点动量变化会越大. 本章将介绍力对时间累积作用规律——动量定理,以及动量守恒定律.

§3.1 冲量 质点动量定理

牛顿第二定律是力的瞬时作用规律,而实际上物体受到的往往不是力的瞬时作用,而是在一段时间内持续受到力的作用,实验证明,力的作用时间越长,作用效果越显著;当然力越大,作用效果也越显著. 我们用冲量这个概念来表示力对时间的累积作用.

牛顿第二定律的表达式为

$$\boldsymbol{F}=\frac{\mathrm{d}(m\boldsymbol{v})}{\mathrm{d}t}$$

式中 $\boldsymbol{F}$ 为质点受到的合外力,将上式改写为

$$\boldsymbol{F}\mathrm{d}t=\mathrm{d}\boldsymbol{p}=\mathrm{d}(m\boldsymbol{v}) \tag{3.1}$$

式中 $\boldsymbol{F}\mathrm{d}t$ 为质点所受合外力 $\boldsymbol{F}$ 在一个微小时间间隔 $\mathrm{d}t$ 内的积累,称为合外力的元冲量,其效果使质点的动量发生变化——$\mathrm{d}(m\boldsymbol{v})$. (3.1)式称为质点动量定理的微分式,可表述为

质点动量的微分等于作用在质点上合外力的元冲量. 可见质点动量发生变化,不仅需要力,而且需要力持续作用一段时间. 对(3.1)式两边积分,得

$$\int_{t_1}^{t_2}\boldsymbol{F}\mathrm{d}t=\boldsymbol{p}_2-\boldsymbol{p}_1=m\boldsymbol{v}_2-m\boldsymbol{v}_1 \tag{3.2}$$

上式左端是元冲量在 t_1 到 t_2 时间间隔内的矢量和,我们用 $\boldsymbol{I}$ 来表示,即

$$\boldsymbol{I}=\int_{t_1}^{t_2}\boldsymbol{F}\mathrm{d}t \tag{3.3}$$

称为在该时间间隔内合外力作用在质点上的冲量,它描述的是在一段时间间隔内合外力对质点的持续作用的累积效果,在国际单位制中,冲量的单位为 N · s. (3.2)式称为质点动量定理,可用文字表述如下:

在某段时间内质点动量的增量,等于此时间间隔内合外力作用在该质点上的冲量.

动量定理是矢量式,它表明作用在质点上的冲量 $\boldsymbol{I}$ 的方向与该质点动量增量 $\Delta\boldsymbol{p}$ 的方向相同,而一般不在动量 $\boldsymbol{p}$ 的方向上.

在实际应用中,常可将动量定理写成直角坐标系中沿各个坐标轴的分量式:

$$\left.\begin{aligned}I_x&=\int_{t_1}^{t_2}F_x\mathrm{d}t=mv_{2x}-mv_{1x}\\I_y&=\int_{t_1}^{t_2}F_y\mathrm{d}t=mv_{2y}-mv_{1y}\\I_z&=\int_{t_1}^{t_2}F_z\mathrm{d}t=mv_{2z}-mv_{1z}\end{aligned}\right\} \tag{3.4}$$

这些分量式说明：在一段时间内，质点在某方向所受的冲量，等于质点在该方向上动量的增量；任何冲量分量只能改变它自己方向上的动量分量，不能改变与它垂直方向上的动量分量.

动量定理表明冲量 $\boldsymbol{I}$ 的大小和方向总是等于质点在始末状态的动量的矢量差，而无须考虑质点在运动过程中动量变化的细节，也没有必要了解外力随时间变化的详细情况. 正因为如此，积分形式的动量定理在研究碰撞、冲击之类问题中比较方便，相反，这时若直接利用牛顿第二定律却往往是困难的. 因为在这种情况下，物体间的相互作用力的量值很大，变化很快，作用时间又极短，一般称之为冲力. 冲力随时间的变化关系极为复杂，难以测定，如图 3.1 所示. 这时牛顿第二定律无法直接应用，但动量定理无需考虑冲力的变化细节，只要测定质点在碰撞前后的动量变化，再测定相互作用的时间间隔 t_2-t_1，就可估算出平均冲力 $\overline{\boldsymbol{F}}$ 的大小，平均冲力 $\overline{\boldsymbol{F}}$ 对时间的累积效果与冲力 $\boldsymbol{F}$ 对时间的累积效果相等，都等于冲量 $\boldsymbol{I}$，即

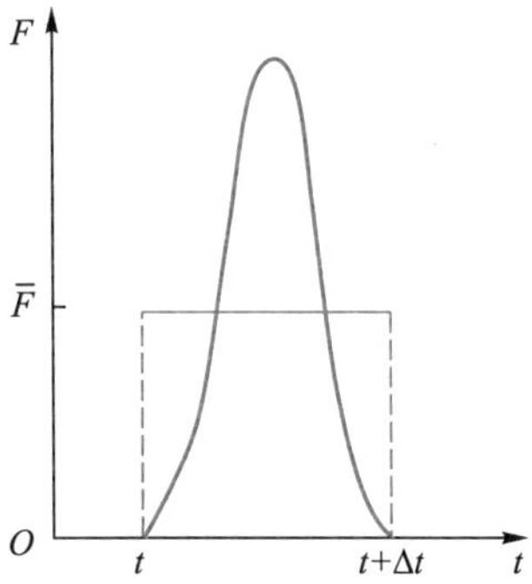

图 3.1

$$\overline{\boldsymbol{F}}=\frac{\int_{t_1}^{t_2}\boldsymbol{F}\mathrm{d}t}{t_2-t_1}=\frac{\boldsymbol{p}_2-\boldsymbol{p}_1}{t_2-t_1}$$

另外，正如大家所知，牛顿力学选用惯性系描述物体的运动，对速度描述具有相对性，所以，对于不同的惯性系，同一质点的动量是不同的，这就是动量的相对性. 但是，对于不同的惯性系，同一质点的动量增量是相同的. 又因为力 $\boldsymbol{F}$ 和时间都与参考系无关，所以，在不同的惯性系，作用在同一质点上的冲量也是相同的. 由此可知，对于不同的惯性系，动量定理的形式保持不变，这就是动量定理的不变性. 也就是说，**动量定理对所有惯性系都是成立的**.

［例 3.1］ 质量为 200 g 的小球以 $v_0=10\ \mathrm{m\cdot s^{-1}}$ 的速度沿与地面上的法线成 $\alpha=30°$ 角的方向射向光滑的地面，然后沿与法线成 $\beta=60°$ 角的方向弹起. 设碰撞时间 $\Delta t=0.01\ \mathrm{s}$，地面水平，试计算小球对地面的平均冲力.

［解］ 选小球为研究对象，设其质量为 m，弹起时速度为 $\boldsymbol{v}$. 因地面光滑，地面对球的冲力沿地面的法线向上，设平均冲力为 $\boldsymbol{F}$. 小球受力及始、末动量如图 3.2(a) 所示.

由动量定理，有

$$(\boldsymbol{F}+m\boldsymbol{g})\Delta t=m\boldsymbol{v}-m\boldsymbol{v}_0$$

解法一 由矢量作图法求解，如图 3.2(b)，因 $\alpha+\beta=90°$，故由图可知

$$|(\boldsymbol{F}+m\boldsymbol{g})\Delta t|=(F-mg)\Delta t=\frac{mv_0}{\cos\alpha}$$

解出

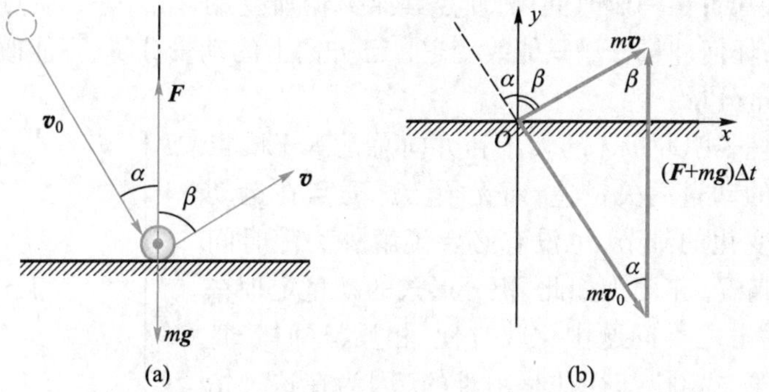

图 3.2

$$
\begin{aligned}
F &= \frac{mv_0}{\Delta t\cos\alpha}+mg \\
&= \frac{0.2\times 10}{0.01\times\cos 30^\circ}\ \mathrm{N}+0.2\times 9.8\ \mathrm{N} \\
&= 231\ \mathrm{N}+1.96\ \mathrm{N}\approx 233\ \mathrm{N}
\end{aligned}
$$

由牛顿第三定律,小球给地面的平均冲力与 $\boldsymbol{F}$ 大小相等,方向相反.

从解的数值计算可以看出,如果作用时间 Δt 很短,重力 mg 与 F 相比很小,忽略重力,引起的误差也很小,不足 1%.

解法二 用分量式求解,选图示二维直角坐标系 Oxy,写出动量定理的分量式:

x 方向 $0=mv\sin\beta-mv_0\sin\alpha$

y 方向 $(F-mg)\Delta t=mv\cos\beta-(-mv_0\cos\alpha)$

两式联立,消去 v 得

$$(F-mg)\Delta t=\frac{mv_0}{\sin\beta}\sin(\alpha+\beta)$$

因为 $\alpha+\beta=90^\circ$,故解得

$$F=\frac{mv_0}{\Delta t\cos\alpha}+mg$$

结果与解法一相同.

[**例 3.2**] 长度为 L 的匀质柔绳,单位长度的质量为 ρ_l,上端悬挂,下端刚好和地面接触,现令绳自由下落,如图 3.3 所示. 求当绳落到地上的长度为 l 时绳作用于地面的力.

[**解**] 由于绳做自由落体运动,任一时刻,绳上下落的各点具有相同的瞬时速率 v,当绳落下长度为 l 时,$v=\sqrt{2gl}$,在随后的 $\mathrm{d}t$ 时间内将有长度为 $\mathrm{d}l=v\mathrm{d}t$ 的一微小段绳子继续落到地上,在地面冲量的作用下其速率由 v 变为零. 取竖直向下为坐标轴的正方向,则这一微小段绳子的质量 $\mathrm{d}m=\rho_l\mathrm{d}l$,动量的改变量为

$$dp=0-\rho_l v dl=-\rho_l v^2 dt$$

设地面作用于该微小段绳上的平均冲力为 $\boldsymbol{F}'$，竖直向上，对这一微段绳子应用质点动量定理，忽略其所受重力，有

$$-F' dt=dp=-\rho_l v^2 dt$$

所以这微小段绳子受到地面的平均冲力 $\boldsymbol{F}'$ 的大小为

$$F'=\rho_l v^2=\rho_l\cdot 2gl=2\rho_l lg$$

由牛顿第三定律，此时地面受到同样大小的向下的冲力

$$F=F'=2\rho_l lg$$

考虑已经落地的绳（长度为 l）对地面的正压力

$$F_N=\rho_l lg$$

则此时地面受到绳子的总的作用力大小应为

$$F+F_N=2\rho_l lg+\rho_l lg=3\rho_l lg$$

其中 $\rho_l lg$ 为落地绳长为 l 时的重力.

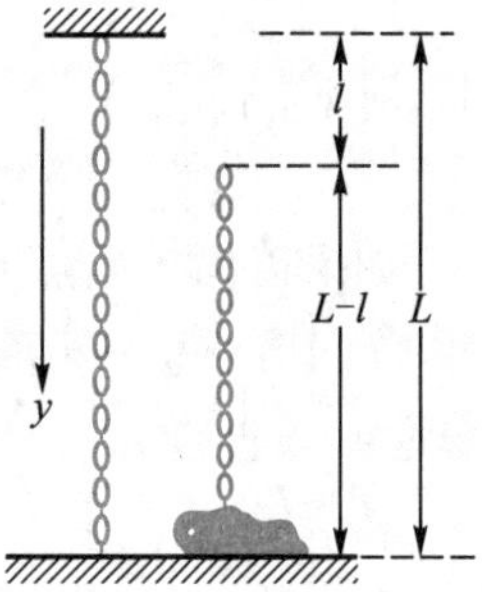

图 3.3

复习思考题

3.1 质量为 m 的小球以速率 v 水平地射向垂直的光滑大平板，碰后又以相同速率沿水平方向弹回，在此碰撞过程中小球动量的增量是多少？小球施于平板的冲量是多少？

3.2 质量为 m 的质点，做斜抛运动，如思考题 3.2 图所示，空气阻力忽略不计. 已知初速度 v_0 与水平方向的夹角 $\alpha=45°$，试求质点从抛出到落地的过程中作用于质点上的合力的冲量.

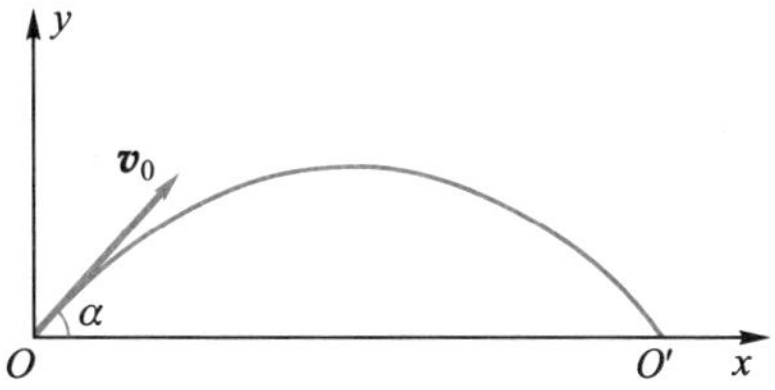

思考题 3.2 图

§ 3.2 质点系动量定理

两个或两个以上有相互作用的质点组成的系统称为质点系. 为方便起见，我们先以两个质点组成的系统为研究对象进行讨论. 如图 3.4 所示，质量为 m_1 和 m_2 的两个质点组成一个系统. 两个质点受到系统外的物体的作用力的合力称为外力，分别为 $\boldsymbol{F}_1$ 和 $\boldsymbol{F}_2$，两个质点彼此相互作用的一对作用力与反作用力称为内力，分别为 $\boldsymbol{F}_{12}$ 和 $\boldsymbol{F}_{21}$. 设质点 m_1 和 m_2 在 t_0 时刻的速度分别为 $\boldsymbol{v}_{10}$ 和 $\boldsymbol{v}_{20}$，在 t 时刻的速度分别为 $\boldsymbol{v}_1$ 和 $\boldsymbol{v}_2$.

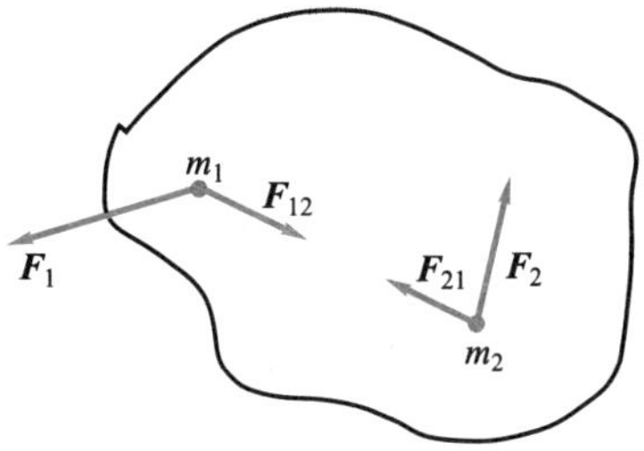

图 3.4

取 m_1 为研究对象，根据质点动量定理，得

$$(\boldsymbol{F}_1+\boldsymbol{F}_{12})\mathrm{d}t=\mathrm{d}(m_1\boldsymbol{v}_1)$$

同理对 m_2 有

$$(\boldsymbol{F}_2+\boldsymbol{F}_{21})\mathrm{d}t=\mathrm{d}(m_2\boldsymbol{v}_2)$$

如果以两个质点 m_1 和 m_2 组成的质点系为研究对象，将上述两式相加得

$$(\boldsymbol{F}_1+\boldsymbol{F}_{12})\mathrm{d}t+(\boldsymbol{F}_2+\boldsymbol{F}_{21})\mathrm{d}t=\mathrm{d}(m_1\boldsymbol{v}_1)+\mathrm{d}(m_2\boldsymbol{v}_2)$$

整理为

$$(\boldsymbol{F}_1+\boldsymbol{F}_2)\mathrm{d}t+(\boldsymbol{F}_{12}+\boldsymbol{F}_{21})\mathrm{d}t=\mathrm{d}(m_1\boldsymbol{v}_1+m_2\boldsymbol{v}_2)$$

对于多个质点组成的质点系，上述方程改写为

$$\left(\sum \boldsymbol{F}_{外}+\sum \boldsymbol{F}_{内}\right)\mathrm{d}t=\mathrm{d}\left(\sum_i m_i\boldsymbol{v}_i\right)$$

由于质点系内所有内力都是成对出现的作用力与反作用力，所以每一对内力都是大小相等、方向相反，所有内力的矢量和都应当等于零，即 $\sum \boldsymbol{F}_{内}=0$，则上述方程可写为

$$\sum \boldsymbol{F}_{外}\mathrm{d}t=\mathrm{d}\left(\sum_i m_i\boldsymbol{v}_i\right)=\mathrm{d}\boldsymbol{p} \tag{3.5}$$

式中 $\mathrm{d}\boldsymbol{p}$ 是整个系统各个质点动量的矢量和的微分，即为质点系的动量定理的微分形式，可表述为：作用于质点系上所有外力元冲量的矢量和，等于质点系动量的微分.

对(3.5)式在时间 t_0-t 内积分，得

$$\int_{t_0}^{t}\sum \boldsymbol{F}_{外}\mathrm{d}t=\sum_i m_i\boldsymbol{v}_i-\sum_i m_i\boldsymbol{v}_{i0} \tag{3.6a}$$

或写成

$$\sum_i \boldsymbol{I}_i=\boldsymbol{p}-\boldsymbol{p}_0 \tag{3.6b}$$

即作用在质点系上所有外力在某段时间内的冲量的矢量和，等于在同一时间内质点系动量的增量. 这就是质点系的动量定理的积分形式.

由此可见，质点系动量定理同样是矢量式，其分量式为

$$\left.\begin{aligned}\sum I_{ix}&=p_x-p_{0x}\\ \sum I_{iy}&=p_y-p_{0y}\\ \sum I_{iz}&=p_z-p_{0z}\end{aligned}\right\} \tag{3.7}$$

(3.7)式表明，在某段时间内，质点系动量沿某一坐标轴投影的增量，等于作用在质点系上所有外力在同一时间内的冲量在该坐标轴上投影的代数和.

如果外力均为恒力，则由(3.6)式可得

$$\sum \boldsymbol{F}_{外}(t-t_0)=\sum_i m_i\boldsymbol{v}_i-\sum_i m_i\boldsymbol{v}_{i0}$$

质点系动量定理表明，由于内力成对出现，$\sum \boldsymbol{F}_{内}=0$，所有内力的冲量对质点系总的动量的变化贡献为零，即内力的冲量不能改变质点系的总动量，只有外力的冲量才能改变质点系的动量. 内力的冲量可以改变质点系内单个质点的动量，然而当一个作用力(内力)的冲量使系统内某一质点获得动量增量时，其反作用力的冲量

必定使系统内另一质点获得大小相等、方向相反的动量增量.

［例 3.3］ 速度为 $\boldsymbol{v}$ 的水流沿两平面间的狭缝流出，遇到一光滑平面挡板后分为左右两路支流，支流速率仍为 v；水从两平面间流出的总流量（单位时间流过横截面的水的质量）为 $q=\mathrm{d}m/\mathrm{d}t$，水流与挡板法线的夹角为 θ，如图 3.5 所示. 求：

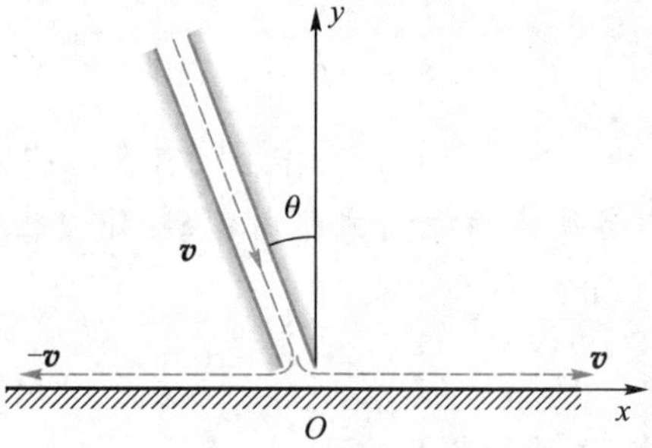

图 3.5

（1）水流对挡板的作用力；

（2）两支流各自的流量.

［解］ （1）考虑在 $\mathrm{d}t$ 时间内发生的过程. 设在 $\mathrm{d}t$ 时间内有质量为 $\mathrm{d}m$ 的水冲击挡板，并选这 $\mathrm{d}m$ 的水流组成的质点系作为研究对象，建立平面直角坐标系如图 3.5 所示. 水流与挡板碰撞，受到挡板的作用力 $\boldsymbol{F}$，由于挡板光滑，$\boldsymbol{F}$ 的方向垂直于挡板平面向上，即沿 y 轴方向，除此以外，水流还受重力，但与 $\boldsymbol{F}$ 比较，可以忽略不计. 所以，使水流在 y 方向的动量分量变为零的就是 $\boldsymbol{F}$ 的冲量. 应用动量定理的分量式得

$$F\mathrm{d}t=0-(-\mathrm{d}mv\cos\,\theta)$$

$$F=\frac{\mathrm{d}m}{\mathrm{d}t}v\cos\,\theta=qv\cos\,\theta$$

由牛顿第三定律，水流作用于挡板的力即为 $\boldsymbol{F}$ 的反作用力.

（2）水流在水平方向不受外力，故其水平方向的动量分量保持不变，因而有

$$-\mathrm{d}m_{\mathrm{L}}v+\mathrm{d}m_{\mathrm{R}}v=\mathrm{d}mv_x=\mathrm{d}mv\sin\,\theta$$

式中 $\mathrm{d}m_{\mathrm{L}}$ 和 $\mathrm{d}m_{\mathrm{R}}$ 分别是 $\mathrm{d}t$ 时间内左右支流的水流质量，将上式整理后得

$$\mathrm{d}m_{\mathrm{R}}-\mathrm{d}m_{\mathrm{L}}=\mathrm{d}m\sin\,\theta=q\mathrm{d}t\sin\,\theta$$

又由质量守恒，有

$$\mathrm{d}m_{\mathrm{R}}+\mathrm{d}m_{\mathrm{L}}=\mathrm{d}m=q\mathrm{d}t$$

由此解得

$$\mathrm{d}m_{\mathrm{R}}=\frac{1}{2}(1+\sin\,\theta)q\mathrm{d}t$$

$$\mathrm{d}m_{\mathrm{L}}=\frac{1}{2}(1-\sin\,\theta)q\mathrm{d}t$$

所以左右支流的流量分别为

$$q_R=\frac{dm_R}{dt}=\frac{1}{2}q(1+\sin\theta)$$

$$q_L=\frac{dm_L}{dt}=\frac{1}{2}q(1-\sin\theta)$$

复习思考题

3.3 在系统的动量变化中内力起什么作用？有人说："因为内力不改变系统的总动量，所以不论系统内各质点有无内力作用，只要外力相同，则各质点的运动情况就相同."你对此有何评论？

§3.3 质点系动量守恒定律

对于质点系而言，当质点系所受的合外力为零，即

$$\sum \boldsymbol{F}_{外}=0$$

则由(3.5)式可知

$$d\left(\sum_i m_i\boldsymbol{v}_i\right)=0$$

则

$$\sum_i m_i\boldsymbol{v}_i=常矢量 \tag{3.8}$$

文档：动量守恒定律的形成

(3.8)式表明：如果作用在质点系上所有外力的矢量和为零，则该质点系的总动量保持不变. 此为质点系动量守恒定律.

应当指出，质点系动量守恒是有条件的，由(3.8)式可知，当$\sum \boldsymbol{F}_{外}=0$时，质点系$\sum_i m_i\boldsymbol{v}_i=$常矢量；当$F_{外}\ll F_{内}$时，这时质点系所受的有限外力可忽略不计，同样可以导出$\sum_i m_i\boldsymbol{v}_i=$常矢量. 由此可见，质点系动量守恒条件是：质点系所受合外力等于零.

动量是矢量，质点系满足动量守恒条件，则总动量为常矢量，是指质点系内各个质点动量的矢量和不变，而不是指质点系中各个质点的动量保持不变. 例如一颗定时炸弹，原来是静止不动的，显然它的总动量为零，爆炸过程是炸弹内部作用，合外力等于零，爆炸瞬间炸弹的碎片和火药气体等向各个方向飞出，虽然它们都有各自的动量，但矢量和仍为零.

同样，动量守恒定律也是矢量式，当研究对象所受合外力不等于零，但合外力在某一方向的分量为零时，研究对象在该方向的动量是常量，即研究对象的总动量在该方向的分量是守恒的.

特别需要指出的是：在质点系动量守恒定律的推导过程中，曾借助了牛顿运动定律，但绝不能认为动量守恒定律是牛顿运动定律的推论，实际上动量守恒定律是独立于牛顿运动定律的自然界中更普适的定律之一. 实践证明，在有些问题中，牛

顿运动定律不成立，但动量守恒定律仍适用. 动量守恒定律不仅适用于宏观物体的机械运动过程，而且适用于分子、原子以及其他微观粒子的运动过程.

［**例 3.4**］　一长为 l、质量为 m_0 的小车，静止在光滑的水平路轨上，今有一质量为 m 的人从小车的一头走到另一头，如图 3.6 所示. 求人和小车相对于地面的位移.

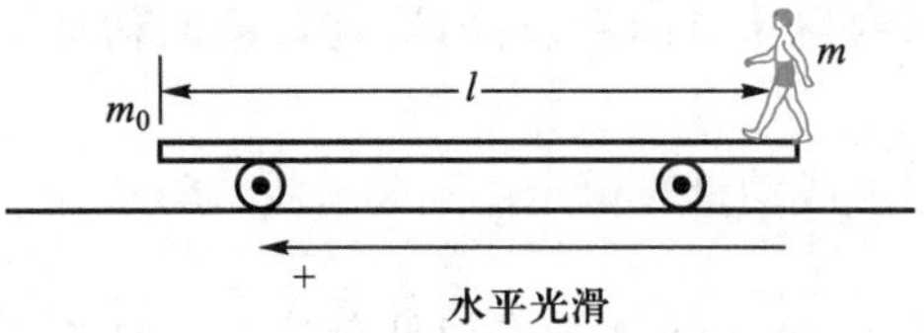

图 3.6

［**解**］　选人和小车组成的系统为研究对象，由于路轨水平光滑，故系统在水平方向上不受外力作用，因此水平方向动量守恒.

取水平向左为坐标轴的正方向，设人相对于地面的速度为 $\boldsymbol{v}_{人对地}$，方向向左，小车相对地面的速度为 $\boldsymbol{v}_{车对地}$，由动量守恒定律，有

$$m\boldsymbol{v}_{人对地}+m_0\boldsymbol{v}_{车对地}=0$$

设人对车的速度为 $\boldsymbol{v}_{人对车}$，方向向左. 由速度变换公式得

$$\boldsymbol{v}_{人对地}=\boldsymbol{v}_{人对车}+\boldsymbol{v}_{车对地}$$

将此式代入上式，有

$$m(\boldsymbol{v}_{人对车}+\boldsymbol{v}_{车对地})+m_0\boldsymbol{v}_{车对地}=0$$

$$\boldsymbol{v}_{车对地}=-\frac{m}{m+m_0}\boldsymbol{v}_{人对车}$$

可见，车对地的速度方向与人对车的方向相反. 对上式两边乘 $\mathrm{d}t$ 并积分

$$\int\boldsymbol{v}_{车对地}\mathrm{d}t=-\frac{m}{m+m_0}\int\boldsymbol{v}_{人对车}\mathrm{d}t$$

当人从车的一头向左走到车的另一头，即

$$\int\boldsymbol{v}_{人对车}\mathrm{d}t=\boldsymbol{l}$$

而车对地的位移 $\Delta\boldsymbol{r}_2$ 为

$$\Delta\boldsymbol{r}_2=\int\boldsymbol{v}_{车对地}\mathrm{d}t=-\frac{m}{m+m_0}\boldsymbol{l}$$

则人对地的位移为 $\Delta\boldsymbol{r}_1$ 为

$$\Delta\boldsymbol{r}_1=\int\boldsymbol{v}_{人对地}\mathrm{d}t=-\frac{m_0}{m}\int\boldsymbol{v}_{车对地}\mathrm{d}t=-\frac{m_0}{m}\left(-\frac{m}{m+m_0}\boldsymbol{l}\right)$$

$$=\frac{m_0}{m+m_0}\boldsymbol{l}$$

根据前面例题分析，可以得到应用动量定理和动量守恒定律求解力学问题，

一般可按以下步骤进行：

（1）根据问题的要求和计算的方便，确定研究对象.

（2）对研究对象进行受力分析，求出合外力. 若合外力不为零或其分量不为零，就应用动量定理或其他有关定理、定律求解；若研究对象所受的合外力或其分量为零，或所受外力远小于内力，则可应用动量守恒定律求解.

（3）规定正方向或建立坐标系，写出研究对象的初动量（一般已知）和末动量（一般未知）.

（4）根据动量定理或动量守恒定律列出方程，求解.

［**例 3.5**］ 放在水平地面上的炮车以仰角 θ 发射炮弹，如图 3.7 所示，炮弹的出膛速度相对于炮车为 $\boldsymbol{u}$，炮车和炮弹的质量分别为 m_0 和 m，不计地面摩擦. (1) 求炮弹刚出膛时炮车的反冲速度；(2) 若炮筒长 l，求发射过程中炮车移动的距离.

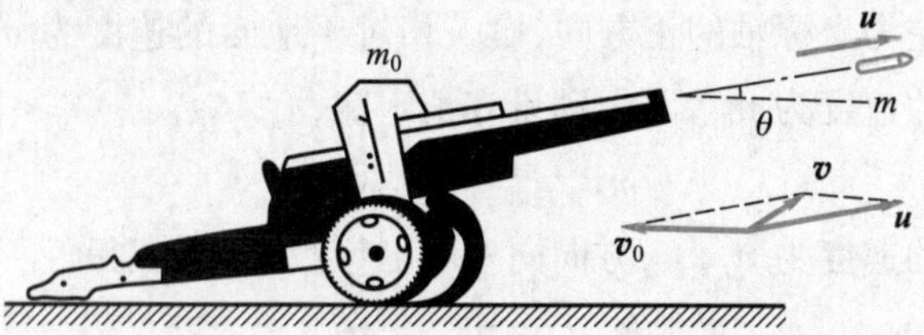

图 3.7

［**解**］ (1) 因发射过程中炮弹与炮车的相互作用力未知，选炮弹与炮车为质点系. 在发炮过程中，对所选系统，外力为重力、地面支持力，它们都沿竖直方向，水平方向不受外力作用，因而系统在水平方向的分动量守恒（想一想，系统的总动量是否守恒，为什么）.

以水平向右为 x 轴的正方向，设炮车沿水平方向运动的速度为 $\boldsymbol{v}_0$，炮弹相对地的速度为 $\boldsymbol{v}$，则由速度变换公式

$$\boldsymbol{v}=\boldsymbol{v}_0+\boldsymbol{u} \quad ①$$

①式在 x 方向的分量式为

$$v_x=v_0+u\cos\theta \quad ②$$

按水平方向的分动量守恒，得

$$m_0v_0+mv_x=0 \quad ③$$

②式代入③式，得

$$m(u\cos\theta+v_0)+m_0v_0=0 \quad ④$$

于是由④式求得炮车的反冲速度

$$v_0=-\frac{m}{m_0+m}u\cos\theta \quad ⑤$$

$v_0<0$ 表示沿 x 轴负方向，即水平向左.

（2）若以 $u(t)$ 表示发炮过程中任一瞬时炮弹相对于炮车的速度，由⑤式可

得炮车的速度 v_0 随时间的变化关系为

$$v_0(t) = -\frac{m}{m_0+m}u(t)\cos\theta$$

则在发炮时间 t_1 内,炮车沿路面的位移

$$\Delta x = \int_0^{t_1} v_0(t)\,\mathrm{d}t = -\frac{m}{m_0+m}\int_0^{t_1} u(t)\cos\theta\,\mathrm{d}t$$

式中 $\int_0^{t_1} u(t)\cos\theta\,\mathrm{d}t$ 正是炮弹相对于炮车的位移在水平方向的投影,即

$$\int_0^{t_1} u(t)\cos\theta\,\mathrm{d}t = l\cos\theta$$

因而得到

$$\Delta x = -\frac{m}{m_0+m}l\cos\theta$$

$\Delta x<0$,表明炮车后退了 $\frac{m}{m_0+m}l\cos\theta$ 的距离.

[例 3.6] 试解释火箭的飞行原理.

[解] 所有航天器的发射都依靠火箭技术. 在当今的宇航时代,火箭恐怕算得上是动量守恒定律的重要应用之一了. 火箭是靠其燃烧室内燃料燃烧时喷出的气体物质的持续反冲作用来推动其前进的,如图 3.8 所示. 由于火箭不依靠空气提供推力,因而可以在没有空气的外层空间飞行.

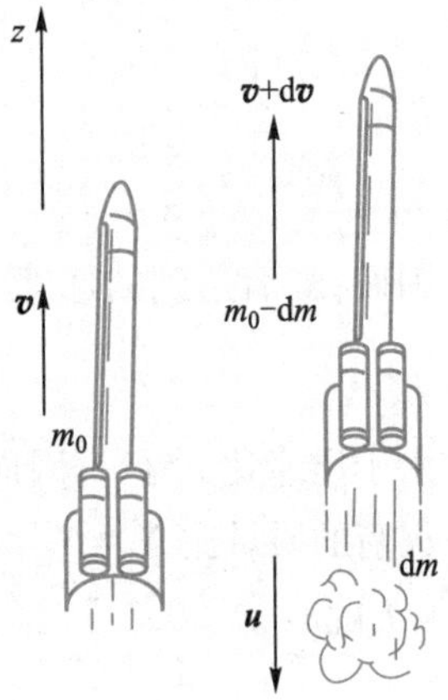

图 3.8

设在某一时刻 t,火箭体和燃料的总质量为 m_0,它们对地面参考系的速度为 $\boldsymbol{v}$,沿 z 轴正方向. 在 t 到 $t+\mathrm{d}t$ 的时间间隔内,火箭喷出了质量为 $\mathrm{d}m$ 的气体,它相对于火箭体的喷射速度为 $\boldsymbol{u}$,于是在 $t+\mathrm{d}t$ 时刻,火箭体对地的速度增加到 $\boldsymbol{v}+\mathrm{d}\boldsymbol{v}$. 对于火箭和燃气所组成的系统. 喷气前它们的总动量为 $m_0\boldsymbol{v}$,喷气后,系统总动量的大小为

$$\mathrm{d}m(v-u)+(m_0-\mathrm{d}m)(v+\mathrm{d}v)$$

为简单起见,考虑火箭在外层空间运动,重力和空气阻力可以忽略不计,火箭和燃气组成的系统可视为孤立系统,于是,应用动量守恒定律有

$$\mathrm{d}m(v-u)+(m_0-\mathrm{d}m)(v+\mathrm{d}v)=m_0v$$

由于所喷出气体的质量 $\mathrm{d}m$ 等于火箭质量的减少,即 $\mathrm{d}m=-\mathrm{d}m_0$,代入上式,得

$$-\mathrm{d}m_0(v-u)+(m_0+\mathrm{d}m_0)(v+\mathrm{d}v)=m_0v$$

化简并略去二阶无穷小量,可得

$$u\mathrm{d}m_0+m_0\mathrm{d}v=0,\mathrm{d}v=-u\frac{\mathrm{d}m_0}{m_0} \quad ①$$

此式表示火箭每喷出质量为$-\mathrm{d}m_0$的气体时它的速度就增加 $\mathrm{d}v$. 若燃气相对于火箭的喷气速度 u 恒定,火箭点火时的质量为 $m_{总}$,初速度为 v_0,燃料燃尽后火箭剩下的质量为 m_0'(称为火箭的有效载荷),此时所能达到的末速度为 v,对①式积分可得

$$\Delta v=v-v_0=\int_{m_{总}}^{m_0'}-u\frac{\mathrm{d}m_0}{m_0}=u\ln\frac{m_{总}}{m_0'} \quad ②$$

由此可见,火箭所能达到的速度 v 与两个因素有关,一是喷气速度 u,二是质量比 $m_{总}/m_0'$. 然而,目前化学燃料实际所能达到的最大喷气速度约为 2 500 $\mathrm{m\cdot s^{-1}}$,而 $m_{总}/m_0'$也只能做到约等于 10,由②式可以算出,Δv 的值最多不过约5.8 $\mathrm{km\cdot s^{-1}}$,达不到发射人造地球卫星的要求,为了克服技术上的困难,一般均采用多级火箭技术. 多级火箭是由几个火箭首尾连接而成,当第一级火箭燃料耗尽时,其壳体自动脱落,第二级接着点火,如此下去,直至最后一级,从而使被运载的卫星进入轨道. 设 $N_1,N_2,N_3,\cdots$为各级火箭的质量比,则各级火箭达到的速度为

$$v_1=u\ln N_1$$
$$v_2-v_1=u\ln N_2$$
$$v_3-v_2=u\ln N_3$$
$$\cdots\cdots\cdots\cdots$$

因而,最后达到的速度

$$v=\sum_i u\ln N_i=u\ln(N_1N_2N_3\cdots).$$

由于质量比大于 1,因而当火箭级数增加时就可获得较高的速度. 例如一个三级火箭的质量比 $N_1=N_2=N_3=5$,$u=2\ 000\ \mathrm{m\cdot s^{-1}}$,则火箭最终可达到速度 $v=u\ln N_1^3=9.7\ \mathrm{km\cdot s^{-1}}$.

复习思考题

3.4 为什么在碰撞、爆炸、打击等过程中可以近似地应用动量守恒定律?

*§3.4 质心 质心运动定理

当我们应用牛顿运动定律来研究质点系的动力学问题时,由于质点间的相互作用力往往随质点运动情况变化,要得到各个质点运动的详细情况是很困难的. 这时,把质点系看作一个整体来了解其整体运动情况就具有更加现实的意义了. 例如,在开山填沟的定向爆破问题中,我们不必知道也无法知道每块石块抛落的细

节,只需要推估大部分石块的坠落位置. 又例如,将一团绳子或是一个手榴弹斜抛向空中,尽管绳上每个质点的运动纷繁复杂,手榴弹会在空中翻转,但从整体上看,这团绳子和手榴弹都沿抛物线轨道运动,就和一块抛出去的小石子一样,如图 3.9 所示. 引入质点系质量中心(简称质心)的概念,有助于我们深入理解和研究质点系和实际物体(可视为质点系)的运动. 下面我们将详细讨论这个问题.

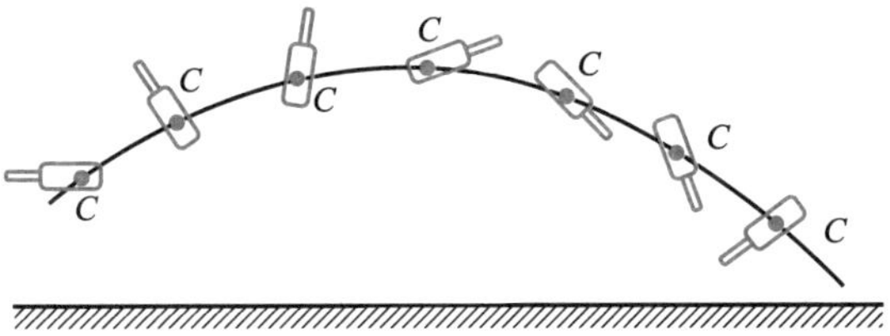

图 3.9

一、质心 质心运动定理

考虑 N 个质点组成的质点系,将第 i 个质点所受外力记作 $\boldsymbol{F}_i$,又将第 k 个质点施于第 i 个质点的内力记作 $\boldsymbol{F}_{ik}$,应用牛顿第二定律,分别写出质点系内各个质点的运动方程式

$$\left.\begin{aligned} m_1\frac{\mathrm{d}^2\boldsymbol{r}_1}{\mathrm{d}t^2}&=\boldsymbol{F}_1+\boldsymbol{F}_{12}+\boldsymbol{F}_{13}+\cdots+\boldsymbol{F}_{1N}\\ m_2\frac{\mathrm{d}^2\boldsymbol{r}_2}{\mathrm{d}t^2}&=\boldsymbol{F}_2+\boldsymbol{F}_{21}+\boldsymbol{F}_{23}+\cdots+\boldsymbol{F}_{2N}\\ &\cdots\cdots\cdots\cdots\\ m_N\frac{\mathrm{d}^2\boldsymbol{r}_N}{\mathrm{d}t^2}&=\boldsymbol{F}_N+\boldsymbol{F}_{N1}+\boldsymbol{F}_{N2}+\cdots+\boldsymbol{F}_{N,N-1} \end{aligned}\right\} \tag{3.9}$$

将(3.9)式中各个等式的两边分别相加. 由于质点系中的内力以作用力和反作用力的形式成对地存在. 其矢量和为零,于是

$$\frac{\mathrm{d}^2}{\mathrm{d}t^2}(m_1\boldsymbol{r}_1+m_2\boldsymbol{r}_2+\cdots+m_N\boldsymbol{r}_N)=\boldsymbol{F}_1+\boldsymbol{F}_2+\cdots+\boldsymbol{F}_N \tag{3.10}$$

为说明这个式子的含义,我们可将它改写成

$$(m_1+m_2+\cdots+m_N)\frac{\mathrm{d}^2}{\mathrm{d}t^2}\left(\frac{m_1\boldsymbol{r}_1+m_2\boldsymbol{r}_2+\cdots+m_N\boldsymbol{r}_N}{m_1+m_2+\cdots+m_N}\right) \tag{3.11}$$
$$=\boldsymbol{F}_1+\boldsymbol{F}_2+\cdots+\boldsymbol{F}_N$$

可以看出(3.11)式恰似某个“质点”的运动方程式,这个“质点”的质量等于质点系的总质量

$$m_{总}=m_1+m_2+\cdots+m_N=\sum_{i=1}^{N}m_i \tag{3.12}$$

这个“质点”的位矢

$$\boldsymbol{r}_C=\frac{m_1\boldsymbol{r}_1+m_2\boldsymbol{r}_2+\cdots+m_N\boldsymbol{r}_N}{m_1+m_2+\cdots+m_N}=\frac{\sum\limits_{i=1}^{N}m_i\boldsymbol{r}_i}{\sum\limits_{i=1}^{N}m_i} \tag{3.13}$$

在直角坐标系中,这个"质点"的坐标为

$$\left.\begin{aligned} x_C&=\frac{\sum\limits_{i}^{N}m_ix_i}{\sum\limits_{i}m_i}\\ y_C&=\frac{\sum\limits_{i}^{N}m_iy_i}{\sum\limits_{i}m_i}\\ z_C&=\frac{\sum\limits_{i}^{N}m_iz_i}{\sum\limits_{i}m_i}\end{aligned}\right\} \tag{3.14}$$

这个"质点"称为质点系的质量中心,简称质心. (3.12)式和(3.13)式就给出了质心的定义. (3.12)式规定了质心的质量是质点系各质点质量的总和,(3.13)式则规定了质心的位置是质点系各个质点位矢"平均"位置,这里并不是将所有质点同等看待而简单地加以平均,质量越大的质点对决定质心位置的影响越大,是以质量为"权重"的加权平均. 这样一来,(3.11)式可表示为

$$m_{总}\boldsymbol{a}_C=\boldsymbol{F}_1+\boldsymbol{F}_2+\cdots+\boldsymbol{F}_N=\sum_i\boldsymbol{F}_i \tag{3.15}$$

上述结果表明:质心的运动等同于一个质点的运动,这个质点具有质点系的总质量 $m_{总}$,它受到的外力为质点系所受外力的矢量和. 这个结论称为质心运动定理.

从以上的讨论可知. 尽管质点系中的各个质点的运动错综复杂,但总可以用质心的运动来代表该质点系作为一个整体的平移运动状况,而质心运动定理揭示了这种总体上的平移运动的规律性. 如果看一下质点系的总动量与质心运动速度 $\boldsymbol{v}_C$ 的关系,则更能清楚地认识到这一点,由(3.13)式,有

$$\begin{aligned}\boldsymbol{v}_C&=\frac{\mathrm{d}\boldsymbol{r}_C}{\mathrm{d}t}=\frac{\mathrm{d}}{\mathrm{d}t}\left(\frac{\sum\limits_i m_i\boldsymbol{r}_i}{m_{总}}\right)\\ &=\frac{\sum\limits_i m_i\dfrac{\mathrm{d}\boldsymbol{r}_i}{\mathrm{d}t}}{m_{总}}=\frac{\sum\limits_i m_i\boldsymbol{v}_i}{m_{总}}\end{aligned}$$

于是

$$m_{总}\boldsymbol{v}_C=\sum_i m_i\boldsymbol{v}_i \tag{3.16}$$

可见,质点系的总动量(各质点动量的矢量和)等于它的总质量与质心速度的乘积,

即可以看作所有质点以质心速度运动时的动量. 这就是说,质心的运动代表了质点系的整体平移运动. 这样说来,我们在质点力学中研究的"质点"实际上就是物体的质心.

根据质心运动定理,很容易解释本节前面所例举的绳索和手榴弹做抛物线运动的原因. 若忽略空气阻力,系统在空中所受的外力只有重力,因此其质心的运动就和一个质点在重力作用下的运动一样,轨迹是一条抛物线.

从质心运动方程(3.15)式可以作出推论:当 $\sum_i \boldsymbol{F}_i=0$ 时,$\boldsymbol{a}_C=0$,即 $\boldsymbol{v}_C$ 为常量. 这也就是说,在外力的矢量和为零的条件下,系统的质心保持静止或匀速直线运动状态不变. 另一方面,我们知道,由动量守恒定律,当 $\sum_i \boldsymbol{F}_i=0$ 时,系统的总动量守恒. 因此,质心速度不变与系统动量守恒是完全等价的. 这样,我们也就可以从质心运动的角度来求解某些涉及动量守恒的问题. 不仅如此,当系统在某个方向不受外力的作用时,我们也可以利用系统在该方向的分动量守恒与质心在该方向的分速度不变的等价性来处理系统在某个方向的动量守恒问题.

关于质心,我们还需作如下几点补充说明.

(1) 对质量连续分布的物体,其质心位置的计算公式(3.13)式、(3.14)式就可用积分来代替求和,即

$$\left.\begin{aligned} \boldsymbol{r}_C &= \frac{\int \boldsymbol{r}\mathrm{d}m}{m_{\text{总}}} \\ x_C &= \frac{\int x\mathrm{d}m}{m_{\text{总}}} \\ y_C &= \frac{\int y\mathrm{d}m}{m_{\text{总}}} \\ z_C &= \frac{\int z\mathrm{d}m}{m_{\text{总}}} \end{aligned}\right\} \tag{3.17}$$

(2) 对于确定的质点系来说,选取不同的坐标系,虽求得质心坐标的数值不同,但质心相对于质点系的位置是不变的. 质心位置只决定于质点系的质量和质量分布情况,与其他因素无关.

(3) 质心和重心是两个不同的概念. 物体质心的位置只与其质量及质量分布有关,而与作用在物体上的外力无关. 重心是作用在物体上各部分重力的合力的作用点. 当物体脱离地球的引力范围时,就不存在重心,但质心仍然存在. 通常我们说一个物体的质心和重心重合是有条件的,即满足:① 作用在物体上各部分的重力都是同方向的;② 在地面附近的局部范围内重力加速度可视为常量. 在通常研究的问题中,一般都可认为质心和重心是重合的.

二、质心坐标系

在质心概念的基础上，我们引入一个特殊的参考系——质心参考系. 在这种参考系中考察质点系的运动，会得到一些很有价值的结论.

如果将一个参考系的坐标原点选在质点系（或物体）的质心上，又使它以质心的速度（相对于惯性参考系）平动（即坐标轴方向无转动），这样的参考系就叫做这个质点系的**质心坐标系**，简称**质心系**.

质心系是研究质点系或物体运动时经常采用的参考系. 一个质点系相对于实验室坐标系（惯性系）的运动可以视为各质点随质心的平动和相对于质心的运动的叠加. 例如火车车轮在平直轨道上的纯滚动，就可以看成车轮上各质点随轮心（质心）的平移运动和相对于轮心的圆周运动的合成.

一个质心参考系，存在下述普遍关系：

设在一个质心坐标系中，$\boldsymbol{r}_i'$和 $\boldsymbol{v}_i'$分别表示第 i 个质点的位矢和速度（亦即相对于质心的位矢与速度），则

（1）$\sum\limits_i m_i\boldsymbol{r}_i'=0$. 这是因为在质心坐标系中质心的位矢 $\boldsymbol{r}_C'=0$，应用质心的定义(3.13)式可得

$$\sum_i m_i\boldsymbol{r}_i'=0 \tag{3.18}$$

（2）$\sum\limits_i m_i\boldsymbol{v}_i'=0$. 这是因为在质心坐标系中，质心的速度 $\boldsymbol{v}_C'=0$. 应用(3.16)式可得

$$\sum_i m_i\boldsymbol{v}_i'=0 \tag{3.19}$$

这个关系表达了质心系的一个重要性质，即在质心系中质点系的总动量恒为零. 因此又称质心系为零动量系. 如果一个质点系只包含两个质点，那么在它的质心系中看来，这两个质点任一时刻都具有大小相等而方向相反的动量.

（3）若一个质点系的质心速度（相对于一个惯性系）为 $\boldsymbol{v}_C$，则在这个惯性系中任一质点的速度

$$\boldsymbol{v}_i=\boldsymbol{v}_i'+\boldsymbol{v}_C \tag{3.20}$$

在以后的讨论中我们将看到，利用质心系讨论质点系或物体的运动可以得到许多有用的结果，这些结果大都是上述关系的反映.

［例 3.7］ 一只长为 l=4.5 m，质量 m_0 = 150 kg 的小船，静止在湖面上、船头距岸 1.0 m 处. 今有质量 m=50 kg 的人立在距船头 2.0 m 处，并走向船头然后跳上岸. 问人需跳多远距离才能上得岸？当人跳上岸的瞬间船距离岸多远？假设船的质心在船长的中点处，水对船的阻力忽略不计.

［解］ 考虑由人和船组成的质点系，以岸为参考系来研究该质点系的运动，建立如图 3.10 所示的坐标. 该系统在 x 方向上不受外力作用，根据质心运动定理，该系统的质心在 x 方向上应保持原有的静止状态. 当人开始走向船头时，系统的质心离岸的位置坐标是

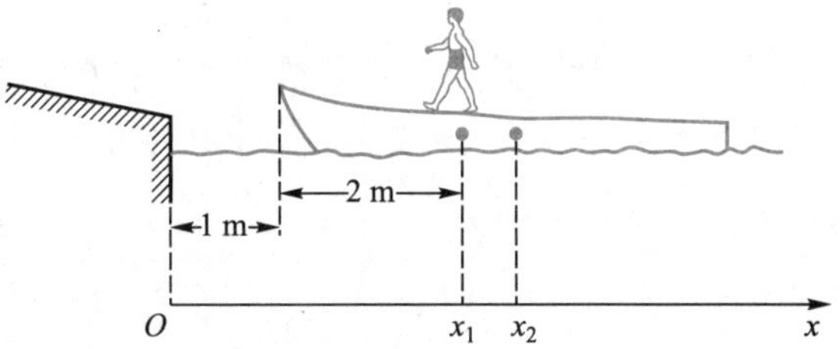

图 3.10

$$x_C=\frac{mx_1+m_0x_2}{m+m_0}$$

式中 x_1 和 x_2 分别为人和船的质心的初始坐标.

当人走到船头时,设人的坐标为 x_1',船的质心坐标为 x_2',则这时系统的质心坐标应为

$$x_C'=\frac{mx_1'+m_0x_2'}{m+m_0}$$

考虑到当人走到船头时应有

$$x_2'=x_1'+\frac{l}{2}$$

由系统的质心静止不变,即 $x_C=x_C'$ 可得

$$mx_1'+m_0\left(x_1'+\frac{l}{2}\right)=mx_1+m_0x_2$$

解得

$$x_1'=1.5\ \text{m}$$

式中 x_1' 即为人上岸需跳过的最短距离.

当人向前跳到岸上的瞬间,人船系统的质心水平坐标仍应不变. 这时人的坐标 $x_1''=0$,船的质心坐标为 x_2'',则系统的质心坐标

$$x_C''=\frac{mx_1''+m_0x_2''}{m+m_0}=\frac{m_0x_2''}{m+m_0}$$

又由 $x_C''=x_C$,可解得

$$x_2''=\frac{mx_1+m_0x_2}{m_0}=4.25\ \text{m}$$

x_2'' 即为人跳上岸的瞬时船离岸的距离.

试问,当人上岸以后,人船系统的质心是否仍保持静止?

复习思考题

3.5 一颗手榴弹沿抛物线运动,在中途爆炸,碎片飞向四面八方,问碎片质心的轨迹是否仍是原来的抛物线?

3.6 质心运动定理和牛顿第二定律在形式上相似,试比较它们所代表的意义

有何不同?

3.7 任何质点系的质心参考系是否一定是惯性系?在质心系中测得的系统的总动量是否一定为零?对于合外力不为零的系统,上述结论是否与牛顿定律矛盾?请解释.

习题

3.1 选择题

(1) 质量为 20 g 的子弹沿 x 轴正向以 $500\ \mathrm{m\cdot s^{-1}}$ 的速度射入木块后,与木块一起以 $50\ \mathrm{m\cdot s^{-1}}$ 的速度仍沿 x 轴正向前进,在此过程中,木块所受的冲量的大小为 [ ]

(A) $9\ \mathrm{N\cdot s}$; (B) $-9\ \mathrm{N\cdot s}$;

(C) $10\ \mathrm{N\cdot s}$; (D) $-10\ \mathrm{N\cdot s}$.

(2) 质量为 m 的铁锤自由落下,打在木桩上并停下,设打击时间为 Δt,打击前铁锤速率为 v,则在撞击木桩的过程中,铁锤所受平均合外力的大小为 [ ]

(A) $\dfrac{mv}{\Delta t}$; (B) $\dfrac{mv}{\Delta t}-mg$;

(C) $\dfrac{mv}{\Delta t}+mg$; (D) $\dfrac{2mv}{\Delta t}$.

(3) 一总质量为 m_0+2m 的烟花,从离地面高 h 处自由落下到 $h/2$ 时炸开,并飞出质量均为 m 的两块,它们相对于烟花体的速度大小相等,方向为一上一下. 爆炸后烟花体从 $h/2$ 处落回地面的时间为 t_1. 若烟花在自由下落到 $h/2$ 时不爆炸,它从该处落到地面的时间为 t_2,则 [ ]

(A) $t_1>t_2$; (B) $t_1<t_2$;

(C) $t_1=t_2$; (D) 无法确定.

3.2 填空题

(1) 如题 3.2(1) 图所示,质量为 m_0 的小球,从距斜面高为 h 处自由下落到倾角为 30°的光滑固定斜面上,设碰撞是完全弹性的,则小球对斜面的冲量的大小为________;方向为________.

(2) 一吊车底板上放一质量为 10 kg 的物体并以 $a=3+5t$(SI 单位) 的加速度加速上升,则在 $t=0$ 到 $t=2\ \mathrm{s}$ 的时间内吊车底板给予物体的冲量大小 $I=$________,这 2 s 内物体动量的增量大小 $\Delta p=$________.

(3) 质量为 20 g 的子弹,以 $400\ \mathrm{m\cdot s^{-1}}$ 的速率沿题 3.2(3) 图所示方向射入一原来静止的质量为 980 g 的摆球中,摆线长度不可伸缩,子弹射入后与摆球一起运动的速度大小 $v=$________.

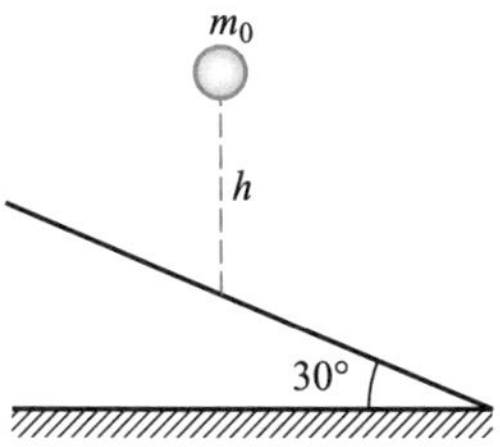

题 3.2(1)图

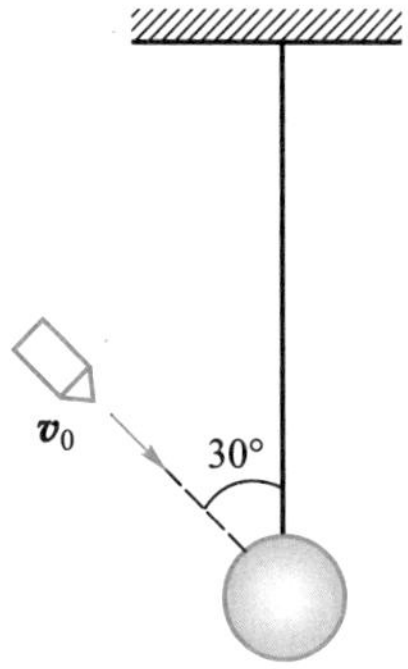

题 3.2(3)图

3.3 如题 3.3 图所示，两个长方形的物体 A、B 紧靠放在光滑水平桌面上. 已知 $m_A=2\text{ kg}$，$m_B=3\text{ kg}$. 质量 $m=100\text{ g}$ 的子弹以速率 $v_0=800\text{ m}\cdot\text{s}^{-1}$ 水平射入 A 中，经 0.01 s，又射入 B 中，最后留在 B 内，设子弹射入 A 时受摩擦力为 3×10^3 N，求：

(1) 子弹在射入 A 的过程中，B 受到 A 的作用力的大小；

(2) 当子弹留在 B 中时，A 和 B 的速度大小.

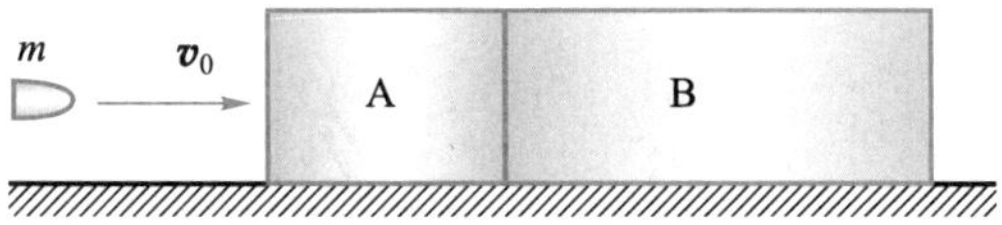

题 3.3 图

3.4 一质量 $m=2.5\text{ g}$ 的乒乓球以 $v_1=10\text{ m}\cdot\text{s}^{-1}$ 的速率飞来，用板推挡后又以 $v_2=20\text{ m}\cdot\text{s}^{-1}$ 的速率飞出，设推挡前后球的运动方向与板的夹角分别为 45°和 60°，求：

(1) 球获得的冲量；

(2) 若撞击时间 $\Delta t=0.01\text{ s}$，球施于板的平均力是多少？

3.5 如题 3.5 图所示，水坝冲刷实验中，在管中弯曲处水流方向改变了 60°，若水流量 $q=3.0\text{ m}^3\cdot\text{s}^{-1}$，管子直径 $d=0.70\text{ m}$，管的弯曲段将受到多大的冲力 F？

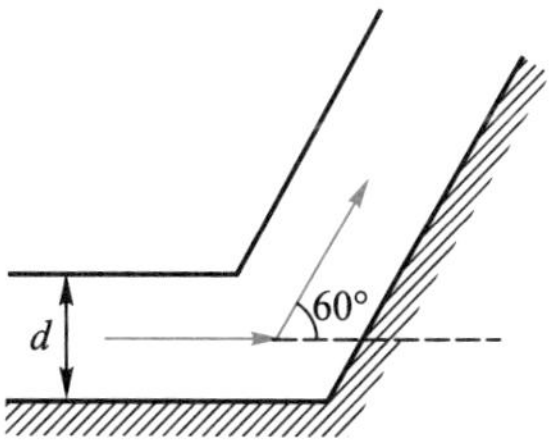

题 3.5 图

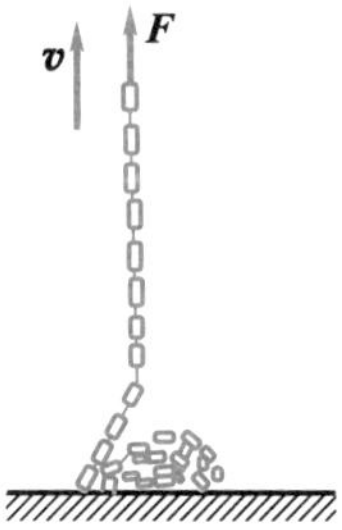

题 3.6 图

3.6 一根匀质的链条平堆在桌面上，单位长度的质量为 ρ. 在 $t=0$ 时，用力 $\boldsymbol{F}$ 作用在链条的一端，以匀速 v 竖直将链条提升，如题 3.6 图所示，求向上提升的力与时间的函数关系.

3.7 如题 3.7 图所示，一输送煤粉的传送带 A 以 $v=2.0\text{ m}\cdot\text{s}^{-1}$ 的水平速度匀

速向右移动，煤粉从 A 上方高 $h=0.5$ m 处的料斗口自由落下，流量为 $q=40\ \mathrm{kg\cdot s^{-1}}$，求装煤的过程中煤粉对传送带 A 的作用力的大小和方向（不计传送带上煤粉的自重）.

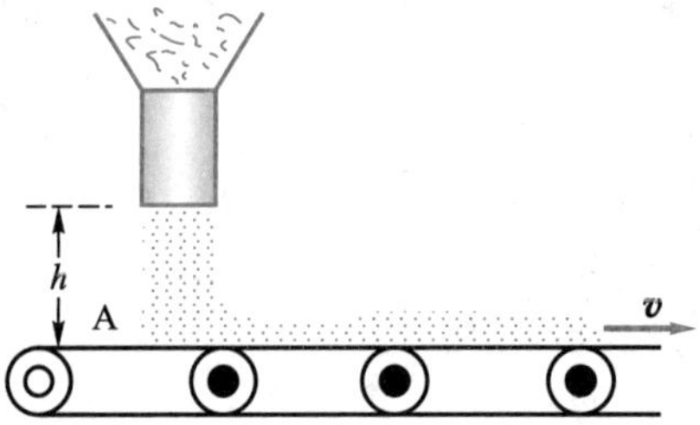

题 3.7 图

3.8 湖面上一静止的小船，质量 $m_0=100$ kg，船头到船尾长 $l=3.6$ m，现有质量 $m=50$ kg 的人从船尾走到船头，问船头移动了多少距离（忽略水的阻力）？

3.9 如题 3.9 图所示，浮吊的质量 $m_0=20$ t，由岸上吊起 $m=2$ t 的重物后，再将吊杆 OA 与竖直方向的夹角 θ 由 60°转到 30°，设杆长 $l=OA=8$ m，忽略杆重和水的阻力. 求浮吊在水平方向移动的距离，并指明移动的方向.

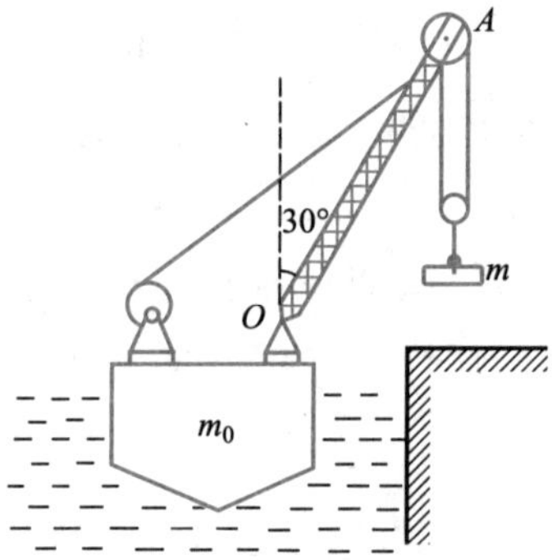

题 3.9 图

第 3 章习题参考答案

3.10 质量为 m_0 的人手里拿着一个质量为 m 的小球. 此人用与水平面成 α 角的速率 v_0 向前跳起. 当他达到最高点时，将小球以相对于自身的水平速率 u 向后抛出，问由于抛掉小球他跳的水平距离增加了多少？

第四章

能量守恒

能量的概念是自然科学中最普遍、最基本的概念. 能量的形式多种多样,各种不同形式的能量可以通过不同的方式相互转化. 在这一章里,我们着重讨论与机械运动有关的能量——动能和势能(总称机械能),以及机械运动转化的方式——做功,并且阐明机械运动转化时所遵从的规律——动能定理和机械能守恒定律.

能量是物理学中对于物质运动各种形式都适用的统一的度量尺度. 在能量守恒定律发现以后,人们对功、动能和势能的真实含义有了更深刻的认识. 20 世纪初爱因斯坦建立了狭义相对论,得到了"质能关系",进一步揭示了能量和质量的关系,使人们对于能量的认识又更深入了一步. 在本章的最后将简单讨论各种形式的运动相互转化所遵从的普遍规律——能量守恒定律.

§4.1 功 保守力的功

力对质点在一定时间内的持续作用,必然伴随着力对质点在一定空间距离上的持续作用,力的时空累积效应总是相互依存、不可分割的. 前面我们讨论了力的时间累积效果和质点动量变化的关系,从一个侧面揭示了质点机械运动状态变化的规律. 本节中我们将讨论力的空间累积效应,即力所做的功,并由此进一步揭示机械运动与其他运动形式相互转化的规律.

一、功

"功"是人们在长期的生产实践和科学研究中逐步形成的概念. 我们知道,在力的持续作用下,质点的运动状态要发生变化,而这种变化又是通过质点的运动过程体现出来的. "功"就是用来描述运动过程中力对质点作用的空间累积效应的物理量. 下面我们给出物理学中功的科学定义.

1. 恒力的功

如图 4.1 所示,设一质点在一恒力 $\boldsymbol{F}$ 的作用下做直线运动,力的作用点的位移为 $\boldsymbol{r}$,则力 $\boldsymbol{F}$ 在这段位移上对质点所做的功 A 定义为

$$A=Fr\cos\theta \tag{4.1}$$

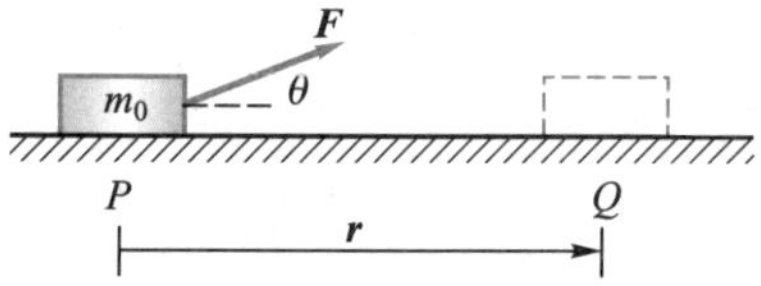

图 4.1

其中 θ 表示 $\boldsymbol{F}$ 与 $\boldsymbol{r}$ 之间的夹角.

这就是说,恒力对直线运动的质点所做的功等于力在作用点位移方向的分量与位移大小的乘积.

运用矢量代数知识,上式也可写成

$$A=\boldsymbol{F}\cdot\boldsymbol{r} \tag{4.2}$$

即作用在沿直线运动的质点上的恒力的功等于该力与其作用点的位移的标积.

功是标量,但有正负,由力和位移的夹角 θ 来决定. 当 θ 角为锐角时,力做正功;θ 为钝角时,力做负功;当力 $\boldsymbol{F}$ 与位移 $\boldsymbol{r}$ 垂直时,功为零.

2. **变力的功**

如果质点做曲线运动,它在各处受到的力 $\boldsymbol{F}$ 又是变力(如图 4.2),则不能直接应用(4.1)式或(4.2)式来计算功. 这时,我们可以把整个路程分成许多小段,作用在任一小段位移 $\mathrm{d}\boldsymbol{r}$ 上的力 $\boldsymbol{F}$ 可视为恒力,在这段位移上力对质点所作的**元功**为

$$\mathrm{d}A=\boldsymbol{F}\cdot\mathrm{d}\boldsymbol{r}$$

然后把沿整个路径的所有元功加起来就得到力沿整个路径对质点所做的功. 因此,质点沿路径 L 从 P 点到 Q 点过程中,变力 $\boldsymbol{F}$ 对它所做的功 A 就是

$$A=\int_{P\atop(L)}^{Q}\boldsymbol{F}\cdot\mathrm{d}\boldsymbol{r}\tag{4.3}$$

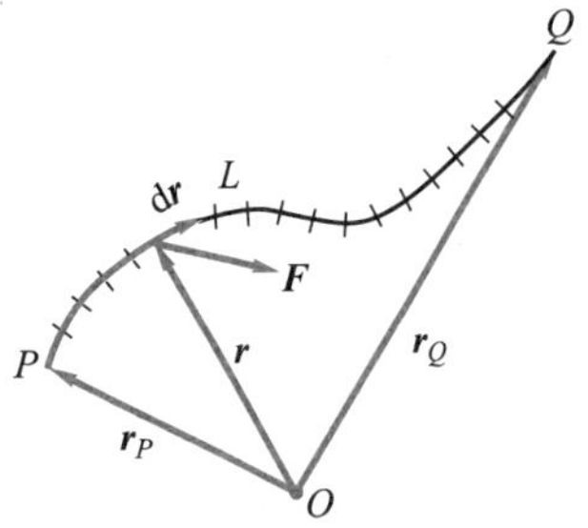

图 4.2

(4.3)式即为计算功的普遍公式. 由于 $|\mathrm{d}\boldsymbol{r}|=\mathrm{d}s$,$\mathrm{d}s$ 为对应于 $\mathrm{d}\boldsymbol{r}$ 的微小路程,功 A 还可表示为

$$A=\int_{P\atop(L)}^{Q}F\cos\theta\mathrm{d}s\tag{4.4}$$

(4.3)式、(4.4)式是沿路径 L 的曲线积分,这说明功的大小与做功的路径有关,因此功是一个过程量.

3. **合力的功**

若质点同时受几个力 $\boldsymbol{F}_1,\boldsymbol{F}_2,\cdots,\boldsymbol{F}_n$ 的作用,且在这些力的作用下质点沿曲线从 P 点运动到 Q 点,令 $A_1,A_2,\cdots,A_n$ 分别表示在这一过程中诸力所做的功,则它们的代数和

$$\begin{aligned}A&=A_1+A_2+\cdots+A_n\\&=\int_{P\atop(L)}^{Q}\boldsymbol{F}_1\cdot\mathrm{d}\boldsymbol{r}+\int_{P\atop(L)}^{Q}\boldsymbol{F}_2\cdot\mathrm{d}\boldsymbol{r}+\cdots+\int_{P\atop(L)}^{Q}\boldsymbol{F}_n\cdot\mathrm{d}\boldsymbol{r}\\&=\int_{P\atop(L)}^{Q}(\boldsymbol{F}_1+\boldsymbol{F}_2+\cdots+\boldsymbol{F}_n)\cdot\mathrm{d}\boldsymbol{r}\\&=\int_{P\atop(L)}^{Q}\boldsymbol{F}\cdot\mathrm{d}\boldsymbol{r}\end{aligned}\tag{4.5}$$

其中

$$\boldsymbol{F}=\boldsymbol{F}_1+\boldsymbol{F}_2+\cdots+\boldsymbol{F}_n$$

为这些力的合力. (4.5)式表明:若质点同时受几个力作用,则**合力的功等于各分力所做功的代数和**.

按照这一思路,在直角坐标系中,$\boldsymbol{F}$ 和 $\mathrm{d}\boldsymbol{r}$ 可以分别写成

$$\boldsymbol{F}=F_x\boldsymbol{i}+F_y\boldsymbol{j}+F_z\boldsymbol{k}$$

$$\mathrm{d}\boldsymbol{r}=\mathrm{d}x\boldsymbol{i}+\mathrm{d}y\boldsymbol{j}+\mathrm{d}z\boldsymbol{k}$$

故单一力 $\boldsymbol{F}$ 对质点所做的功可以表示为

$$\mathrm{d}A=\boldsymbol{F}\cdot\mathrm{d}\boldsymbol{r}=F_x\mathrm{d}x+F_y\mathrm{d}y+F_z\mathrm{d}z$$

$$A=\int_{P\atop (L)}^{Q}(F_x\mathrm{d}x+F_y\mathrm{d}y+F_z\mathrm{d}z)$$

4. 图示法

在工程上常用图示法来计算功. 如图 4.3 所示,当力随路程 s 的变化关系已知时,作出 $F\cos\theta$ 随 s 变化的函数曲线,在横坐标轴 s 上,s_P和 s_Q分别与曲线轨道上的 P 点和 Q 点相对应. 由(4.4)式可知力 $\boldsymbol{F}_i$在任一小段路程 ds 上的元功,等于图中画有斜线的狭长区域的面积,所有元功的总和即变力 $\boldsymbol{F}$ 在整个路程上所做的总功就等于图中变力曲线与 s 轴在 s_P、s_Q之间所围的面积. 这一计算方法被称为图示法. 用图示法求功有直接、方便的优点,是工程上常用的计算功的方法.

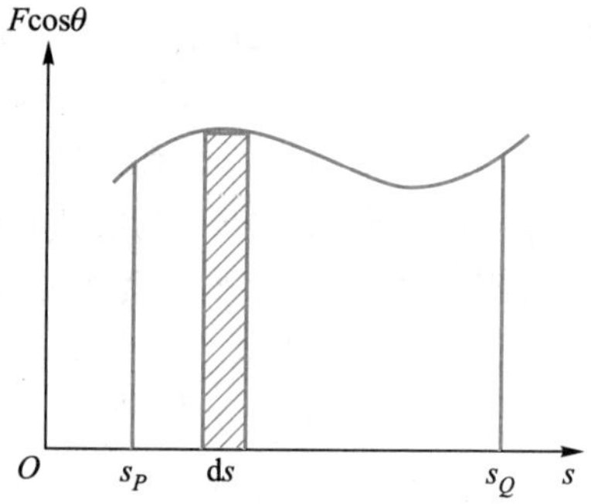

图 4.3

二、功率

在功的概念里,没有考虑时间因素,即做功的快慢. 为此,引入功率的概念

$$P=\frac{\mathrm{d}A}{\mathrm{d}t} \tag{4.6}$$

由于 $\mathrm{d}A=\boldsymbol{F}\cdot\mathrm{d}\boldsymbol{r}$,所以当 $\boldsymbol{F}$ 不随时间变化时,

$$P=\frac{\mathrm{d}A}{\mathrm{d}t}=\boldsymbol{F}\cdot\frac{\mathrm{d}\boldsymbol{r}}{\mathrm{d}t}=\boldsymbol{F}\cdot\boldsymbol{v} \tag{4.7}$$

这就是说,功率等于作用力与力作用点的速度的标积.

［**例 4.1**］ 一输送煤炭的传送带以 $v=3\ \mathrm{m\cdot s^{-1}}$的速率从一煤斗下面通过,煤炭以 $q=100\ \mathrm{kg\cdot s^{-1}}$的速率通过煤斗均匀下落到水平运动的传送带上,如图 4.4 所示. 忽略传送带轴上的摩擦,求保持传送带速率不变所需的电动机的功率.

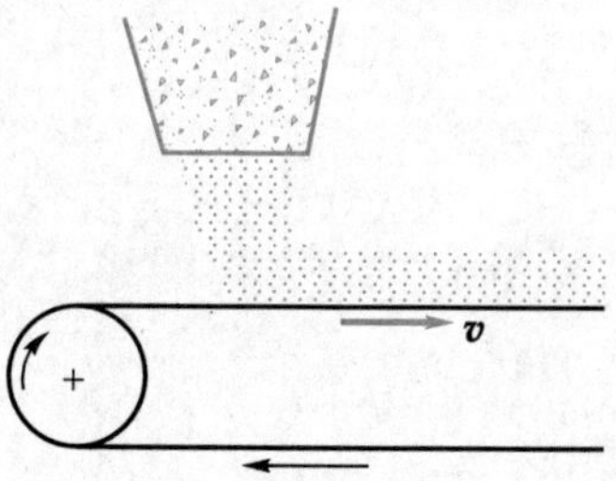

图 4.4

［**解**］ 传送带做水平匀速运动,所以电动机作用在传送带上的水平牵引力 F 应等于煤炭对传送带的水平作用力 F_f,即

$$\boldsymbol{F}=-\boldsymbol{F}_\mathrm{f}$$

对煤炭应用动量定理,可求出传送带对煤炭的水平作用力 $\boldsymbol{F}'_\mathrm{f}$,它与 $\boldsymbol{F}_\mathrm{f}$ 是一对作用力和反作用力,$\boldsymbol{F}'_\mathrm{f}=-\boldsymbol{F}_\mathrm{f}$.

设 Δt 时间落到传送带上的煤炭质量为 $\Delta m=q\Delta t$,它在水平方向上的动量变化为 Δmv,由动量定理的分量式,有

$$\Delta mv=F'_\mathrm{f}\Delta t$$

由此求得

$$F'_{\mathrm{f}}=\frac{\Delta mv}{\Delta t}=qv$$

而 $\boldsymbol{F}=-\boldsymbol{F}_{\mathrm{f}}=\boldsymbol{F}'_{\mathrm{f}}$,故所需电动机的功率

$$P=\boldsymbol{F}\cdot\boldsymbol{v}=F'_{\mathrm{f}}v=qv^2=100\times3^2\ \mathrm{W}=900\ \mathrm{W}$$

[例 4.2] 质点所受外力 $\boldsymbol{F}=(y^2-x^2)\boldsymbol{i}+3xy\boldsymbol{j}$(SI 单位). 求在以下三种情况下质点由点(0,0)运动到点(2,4)的过程中力 $\boldsymbol{F}$ 所做的功:(1) 质点沿 x 轴由点(0,0)运动到点(2,0),再平行 y 轴由点(2,0)运动到点(2,4);(2) 质点沿连接(0,0)、(2,4)两点直线运动;(3) 质点沿抛物线 $y=x^2$ 运动. (均为 SI 单位.)

[解] (1) 由点(0,0)运动到点(2,0),此时 $y=0$,$\mathrm{d}y=0$,所以

$$A_1=\int F_x\mathrm{d}x=\int_0^2(-x^2)\mathrm{d}x=-\frac{1}{3}x^3\bigg|_0^2=-\frac{8}{3}(\mathrm{J})$$

再由点(2,0)运动到点(2,4),此时 $x=2$,$\mathrm{d}x=0$,故

$$A_2=\int F_y\mathrm{d}y=\int_0^4 6y\mathrm{d}y=3y^2\bigg|_0^4=48(\mathrm{J})$$

$$A=A_1+A_2=-\frac{8}{3}\ \mathrm{J}+48\ \mathrm{J}=45\frac{1}{3}\ \mathrm{J}$$

(2) 因为由原点(0,0)到点(2,4)的直线方程为 $y=2x$,所以

$$\begin{aligned}A&=\int(F_x\mathrm{d}x+F_y\mathrm{d}y)\\&=\int(y^2-x^2)\mathrm{d}x+\int 3xy\mathrm{d}y\\&=\int_0^2(4x^2-x^2)\mathrm{d}x+\int_0^4\frac{3}{2}y^2\mathrm{d}y\\&=x^3\bigg|_0^2+\frac{y^3}{2}\bigg|_0^4=40(\mathrm{J})\end{aligned}$$

(3) 因为 $y=x^2$,所以

$$\begin{aligned}A&=\int_0^2(x^4-x^2)\mathrm{d}x+\int_0^4 3y^{\frac{3}{2}}\mathrm{d}y\\&=\left(\frac{x^5}{5}-\frac{x^3}{3}\right)\bigg|_0^2+\frac{6}{5}y^{\frac{5}{2}}\bigg|_0^4\\&=42\frac{2}{15}(\mathrm{J})\end{aligned}$$

三、保守力的功

现在我们来计算重力、万有引力和弹性力对运动质点所做的功,并在分析这些力做功特点的基础上,引入保守力和非保守力的概念.

1. **重力的功**

设质量为 m 的质点在重力的作用下从空间 P 点沿任一路径 I 运动到 Q 点，为了计算在这一过程中重力对该质点所做的功，建立如图 4.5所示的直角坐标系 $Oxyz$. 在这一坐标系中，质点所受的重力可表示为

$$\boldsymbol{F}=-mg\boldsymbol{k}$$

于是重力所做的功

$$A=\int_{P\,(\mathrm{I})}^{Q}\boldsymbol{F}\cdot\mathrm{d}\boldsymbol{r}=\int_{P\,(\mathrm{I})}^{Q}(-mg\boldsymbol{k})\cdot(\mathrm{d}x\,\boldsymbol{i}+\mathrm{d}y\,\boldsymbol{j}+\mathrm{d}z\,\boldsymbol{k})=-\int_{z_P}^{z_Q}mg\mathrm{d}z=-mg(z_Q-z_P) \qquad (4.8)$$

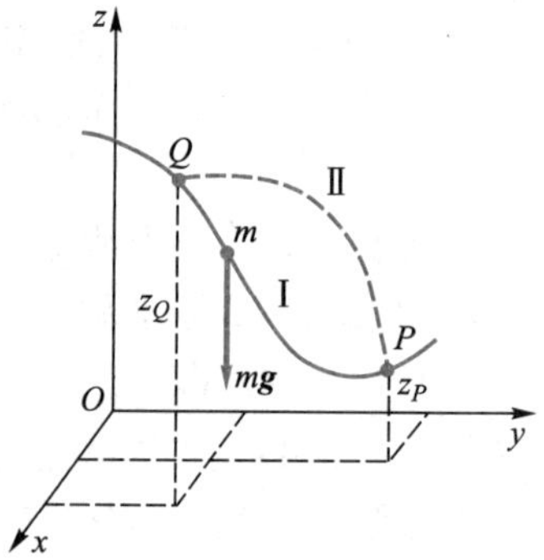

图 4.5

由(4.8)式可以看出，重力的功仅由起点和终点的位置决定，与质点运动路径无关. 也就是说，如果质点从 P 点沿另一路径 Ⅱ 运动到 Q 点，重力的功仍是(4.8)式.

重力做功的这一特点还可以换一种方式来表述：质点沿任意闭合路径运动一周时，重力对它做的功为零.

2. **万有引力的功**

设质量为 m_0 的质点静止在坐标系原点，如图 4.6 所示. 质量为 m 的另一质点受到 m_0 的万有引力 $\boldsymbol{F}$ 可表示为

$$\boldsymbol{F}=-G\frac{m_0m}{r^3}\boldsymbol{r}$$

式中 $\boldsymbol{r}$ 为质点 m 的位矢. 当质点沿曲线路径 L 从 P 点到达 Q 点时，引力 $\boldsymbol{F}$ 所做的功

$$A=\int_{P\,(L)}^{Q}\boldsymbol{F}\cdot\mathrm{d}\boldsymbol{r}=-\int_{P\,(L)}^{Q}G\frac{m_0m}{r^3}\boldsymbol{r}\cdot\mathrm{d}\boldsymbol{r}$$

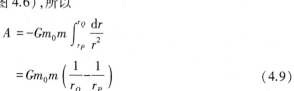

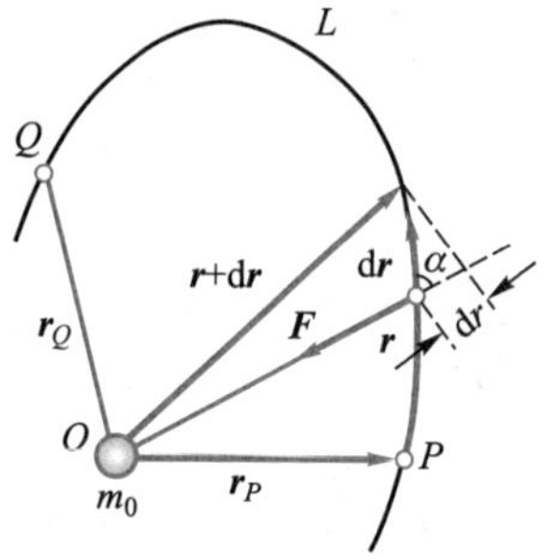

图 4.6

由于 $\boldsymbol{r}\cdot\mathrm{d}\boldsymbol{r}=r|\mathrm{d}\boldsymbol{r}|\cos\alpha=r\mathrm{d}r$（见图 4.6），所以

$$A=-Gm_0m\int_{r_P}^{r_Q}\frac{\mathrm{d}r}{r^2}=Gm_0m\left(\frac{1}{r_Q}-\frac{1}{r_P}\right) \qquad (4.9)$$

可见，万有引力的功也只与质点 m 的始末位置有关，与质点运动的具体路径无关.

3. **弹性力的功**

设质点 m 被一弹簧牵引，弹簧另一端固定. 为简单起见，仅讨论质点在水平方向作一维振动的情况. 取水平向右为 x 轴的正方向，以弹簧原长时质点 m 所在的平

衡位置为坐标原点(见图 4.7),则质点位于 x 处时所受的弹性力

$$\boldsymbol{F}=-kx\boldsymbol{i}$$

式中 k 为弹簧的劲度系数. 当质点从 P 点运动到 Q 点时,弹性力的功

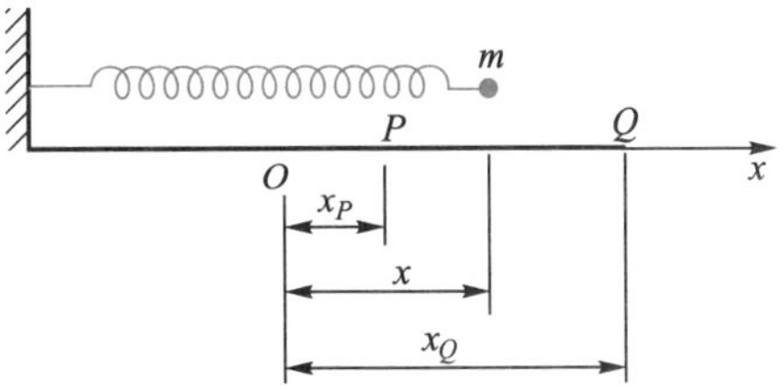

图 4.7

$$A=\int_P^Q \boldsymbol{F}\cdot \mathrm{d}\boldsymbol{r}=-\int_P^Q kx\boldsymbol{i}\cdot \mathrm{d}x\boldsymbol{i}$$

$$=-\int_{x_P}^{x_Q} kx\mathrm{d}x=-\frac{1}{2}k(x_Q^2-x_P^2) \qquad (4.10)$$

可见弹性力做功同样仅取决于质点的起点和终点的位置,与质点运动的具体路径无关.

4. 保守力和非保守力

综上所述,重力、万有引力和弹性力做功有一个共同特点,它们对运动质点所做的功与路径无关,仅由质点的始末位置决定. 我们把做功具有这种特点的力统称为保守力,而有的力做功,不仅与运动质点的始末位置有关,而且与运动质点的具体路径有关,做功具有这样特点的力,称为非保守力. 如重力、万有引力和弹性力都是保守力,静电力也是保守力. 而摩擦力、磁力是非保守力,非保守力的功都与具体路径有关.

保守力的功与路径无关的特性,还可以用另一种方式来表述为:质点沿闭合路径运动一周时,保守力对它做的功恒为零. 即

$$\oint_L \boldsymbol{F}_{保}\cdot \mathrm{d}\boldsymbol{r}=0 \qquad (4.11)$$

[例 4.3] 用力 $\boldsymbol{F}$ 将质量为 m 的物体匀速率地拉上山坡,沿途各处 $\boldsymbol{F}$ 的方向均沿山坡切向. 假定山高 h_0,从山脚到山顶的水平距离为 l_0,物体与地面间的摩擦因数为 μ,求将物体拉上山顶时,力 $\boldsymbol{F}$ 做的功,如图 4.8 所示.

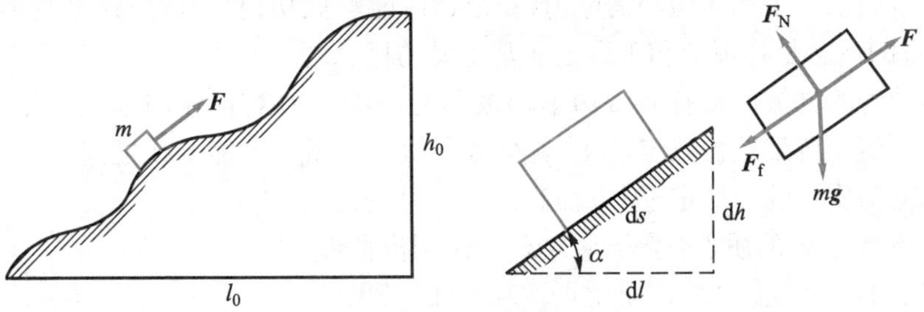

图 4.8

[解] 选物体 m 为研究对象,它沿山坡表面运动,故取自然坐标较为方便. 物体的速率不变,可知其沿切线方向所受的合外力为零,即

$$F-mg\sin\alpha-\mu mg\cos\alpha=0$$

式中 α 是山坡在某处的倾角,由于 α 随地点而改变,所以 $\boldsymbol{F}$ 是一个随位置变化的力. $\boldsymbol{F}$ 在任一微小位移上做的元功应为

$$\begin{aligned}dA &= F\mathrm{d}s\\ &= (mg\sin\alpha + \mu mg\cos\alpha)\mathrm{d}s\\ &= mg\mathrm{d}h + \mu mg\mathrm{d}l\end{aligned}$$

将物体从山脚拉上山顶力 $\boldsymbol{F}$ 的总功为

$$\begin{aligned}A &= \int_0^{h_0} mg\mathrm{d}h + \int_0^{l_0}\mu mg\mathrm{d}l\\ &= mgh_0 + \mu mgl_0 = mg(h_0+\mu l_0)\end{aligned}$$

复习思考题

4.1 一对作用力和反作用力做功之和是否恒为零？试举例说明.

4.2 是否存在能够促使物体加速前进运动的摩擦力？摩擦力能否做正功？请举例说明.

4.3 如思考题 4.3 图所示，弹簧的一端固定，另一端悬挂一重物后，平衡位置在 O 点，今将重物下拉，一次从 O 点拉到 M 点；另一次由 O 点拉到 N 点，再由 N 点送回到 M 点. 问两次拉弹簧时，

(1) 弹性力做功是否相同？

(2) 重力做功是否相同？

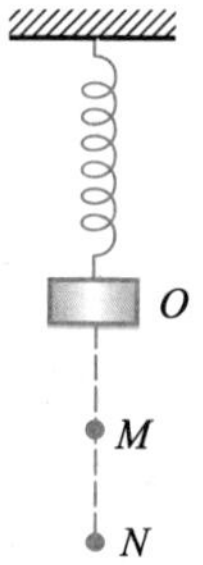

思考题 4.3 图

§ 4.2 动能定理

一、动能 质点的动能定理

能量表示一个物体做功的能力，一个物体能够做功，我们就说这个物体具有能量. 能量的概念是物理学和工程上非常重要的概念之一.

运动着的物体所具有的做功本领被称为动能. 当然，这样的定义只是定性的，要将这些概念科学地加以定量化，就得考察做功与质点动能变化之间的关系，这一关系就称为质点的动能定理. 下面我们就来讨论它.

设质量为 m 的质点，受合外力 $\boldsymbol{F}$ 的作用沿曲线运动（如图 4.9 所示），则 $\boldsymbol{F}$ 使质点位移 $\mathrm{d}\boldsymbol{r}$ 时所做的元功

$$\mathrm{d}A = \boldsymbol{F}\cdot\mathrm{d}\boldsymbol{r}$$

而质点的运动遵从牛顿第二定律

$$\boldsymbol{F} = m\frac{\mathrm{d}\boldsymbol{v}}{\mathrm{d}t}$$

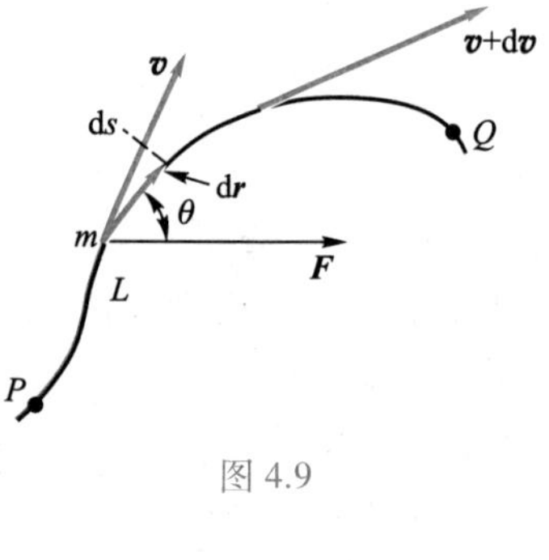

图 4.9

所以，元功

$$\begin{aligned}\mathrm{d}A &= m\frac{\mathrm{d}\boldsymbol{v}}{\mathrm{d}t}\cdot\mathrm{d}\boldsymbol{r}\\ &= m\mathrm{d}\boldsymbol{v}\cdot\frac{\mathrm{d}\boldsymbol{r}}{\mathrm{d}t}\\ &= m\boldsymbol{v}\cdot\mathrm{d}\boldsymbol{v}\end{aligned}\tag{4. 12}$$

由于

$$\boldsymbol{v}\cdot\boldsymbol{v}=v^2$$

对此式微分,得到

$$2\boldsymbol{v}\cdot\mathrm{d}\boldsymbol{v}=2v\mathrm{d}v$$

因此,元功 $\mathrm{d}A$ 可写为

$$\mathrm{d}A=mv\mathrm{d}v=\mathrm{d}\left(\frac{1}{2}mv^2\right)\tag{4.13a}$$

当质点沿曲线 L 从 P 点运动到 Q 点时,合外力 $\boldsymbol{F}$ 所做的总功为对上式的积分

$$\begin{aligned}A &= \int_{P\,(L)}^{Q}\boldsymbol{F}\cdot\mathrm{d}\boldsymbol{r}=\int_{P\,(L)}^{Q}F\cos\theta\mathrm{d}s\\ &= \frac{1}{2}mv_Q^2-\frac{1}{2}mv_P^2\end{aligned}\tag{4.13b}$$

式中$\frac{1}{2}mv^2$就是大家熟悉的动能 E_k;v_P、v_Q分别是质点在 P 点、Q 点的速率.

(4.13b)式表明:作用于质点的合力在某一路程中对质点所做的功,等于质点在该路程的始、末状态动能的增量. 这一结论就称为质点的动能定理. (4.13a)式和(4.13b)式分别是动能定理的微分形式和积分形式.

从质点动能定理可以看出,合力的功是与质点动能的变化相联系的,当合力做正功时($A>0$)质点的动能就增加;相反,合力做负功($A<0$)时质点的动能就减小. 这就使我们进一步认识了功的物理意义,既然质点动能的传递或转化是通过做功来实现,这就说明,做功是通过机械运动来实现能量转化的一种方式,功是一个与机械运动过程有关的物理量,功的大小是能量变化的一种量度.

另一方面,我们还看到,一个质点的机械运动状态可用两个物理量来表征,一个是动能$\frac{1}{2}mv^2$,是标量;另一个是动量 $m\boldsymbol{v}$,是矢量. 为什么机械运动要有两种量度,它们的意义有什么不同呢? 我们暂且不提 17 世纪笛卡儿与莱布尼兹之间发生的关于"动能和动量谁是机械运动的真正量度?"那场长达半个多世纪的大辩论的有趣历史,只想指出:机械运动确实存在两种量度,但是每一种量度各适用于范围十分明确的一系列现象. 如果运动的变化只局限于机械运动的范围内,即机械运动以机械运动的方式传递时,则动量作为机械运动的量度是适用的. 但若超出了这个范围,当机械运动向其他运动形式(如热的、电磁的运动形式等)发生转化时,就必须以动能去量度运动的量的变化. 总之,$m\boldsymbol{v}$ 是以机械运动来量度机械运动的,$\frac{1}{2}mv^2$

是以机械运动转化为一定量的其他形式的运动的能力来量度机械运动的.

然而,需要强调的是:以上对于动能和动量的认识,也像人们对其他事物的认识一样,不会永远停止在一个水平上,总是要随着实践的发展而不断深化. 从今天科学发展的情况来看,机械运动和其他运动形式间的转化,也未必不需要用动量来量度. 例如,电磁场既有能量,又有动量. 若不考虑机械动量和电磁动量之间的转化,一对运动电荷组成的系统,其动量就不守恒. 20 世纪初相对论的诞生,又使得人们对动能和动量这两个物理量的认识提高到了一个新的水平. 爱因斯坦指出,洛伦兹变换中,动能和动量组成一个统一的“动能-动量”四维矢量,变换时彼此关联,密不可分,从而在一个新的认识水平上将运动的这两种量度统一起来了. 我们不仅要注意动量和动能的区别,而且要注意它们的联系,因为运动本身是复杂的,所以对它的量度也应该是多方面的(表 4.1).

表 4.1 某些运动物体的动能数量级(单位: J)

雨滴	约 4×10^{-5}	空气分子(室温)	约 6.2×10^{-21}
人步行	约 4×10	氢原子中的电子	约 2.2×10^{-18}
步枪子弹	约 5×10^{3}	某加速器中质子	约 1.6×10^{-7}
行驶汽车	约 5×10^{5}	地球自转	2.1×10^{29}
747 客机	约 7×10^{9}	地球公转	2.6×10^{33}

二、质点系的动能定理

将质点的动能定理应用于质点系中的每个质点,就可以得到质点系的动能定理.

如图 4.10 所示,设有 n 个质点组成的质点系,其中第 i 个质点($i=1,2,\cdots,n$)的质量为 m_i,在某一过程中初态和末态的速率分别为 v_{i0} 和 v_i,作用于该质点的合力所做的功为 A_i,根据质点的动能定理,应有

$$A_i=\frac{1}{2}m_iv_i^2-\frac{1}{2}m_iv_{i0}^2$$

对质点系中每个质点写出上述相似的等式,然后相加

$$A=\sum_i A_i=\sum_i\frac{1}{2}m_iv_i^2-\sum_i\frac{1}{2}m_iv_{i0}^2$$

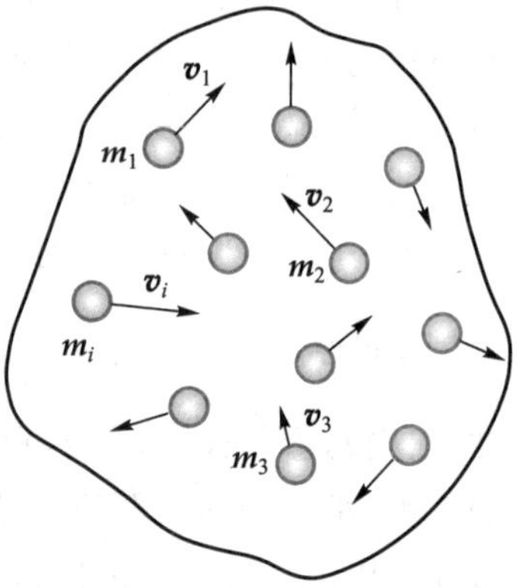

图 4.10

对于一个质点系来说,由于作用于质点系中每一个质点的合力既包括外力也包括内力,因此,功 A 也可分成外力的功 $A_{外}$ 和内力的功 $A_{内}$ 两部分,即有

$$A=A_{外}+A_{内}$$

$$= \sum_i \frac{1}{2}m_i v_i^2 - \sum_i \frac{1}{2}m_i v_{i0}^2$$

$$= E_k - E_{k0} \tag{4.14}$$

式中 $E_k = \sum_i \frac{1}{2}m_i v_i^2$ 表示质点系末态总动能，而 $E_{k0} = \sum_i \frac{1}{2}m_i v_{i0}^2$ 表示质点系初态总动能，此式就称为**质点系的动能定理**. 也就是说，**一个质点系的总动能的增量等于作用于该质点系的外力和内力做功的总和**.

值得注意的是，质点系内质点间相互作用的内力总是成对出现，且遵循牛顿第三定律，因此质点系内所有内力的矢量和恒为零. 但一般情况下，所有内力做功的总和 $A_{内}$ 并不一定为零，这是因为一对内力是一对作用力、反作用力，分别作用在两个不同的质点上，这两个质点的位移一般是不同的，所以一对内力的功一般也不为零；另外，因为我们在导出动能定理时应用了只在惯性参考系中适用的牛顿第二定律，所以在应用动能定理讨论问题时，**必须在同一惯性系中**去计算该定理涉及的做功和动能的增量. 对于不同的惯性系，$A_{外}$、E_k 和 ΔE_k 都不相同，但动能定理的形式保持不变，即不论在哪个惯性系中计算，动能定理总是成立的，也就是说，动能定理适用于任何惯性系.

下面举例说明动能定理的应用.

[例 4.4] 如图 4.11 所示，质量 $m=2$ kg 的质点，从静止开始，沿四分之一圆弧轨道由 A 处运动到 B 处，质点在 B 处时的速率为 $6\ \text{m}\cdot\text{s}^{-1}$. 已知圆弧半径 $R=4$ m，求摩擦力在此过程中所做的功.

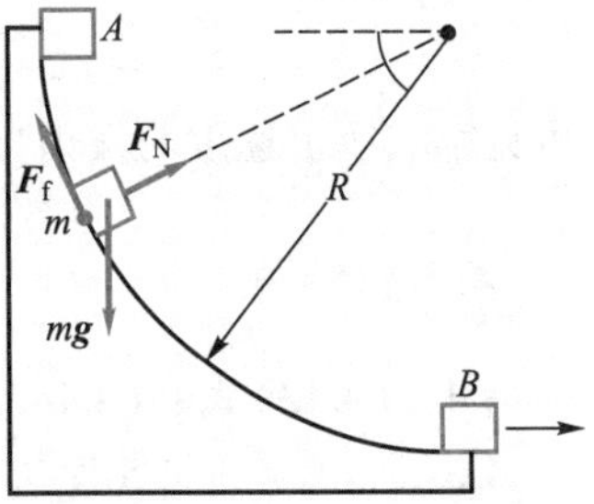

图 4.11

[解] 以质点 m 为研究对象，它在滑下的过程中受三个力的作用：重力 $\boldsymbol{P}$，正压力 $\boldsymbol{F}_N$ 和摩擦力 $\boldsymbol{F}_f$，$\boldsymbol{F}_N$ 和 $\boldsymbol{F}_f$ 都是变力，$\boldsymbol{F}_N$ 不做功. 设摩擦力 $\boldsymbol{F}_f$ 做功为 A_f，重力做功为 A_P，由质点的动能定理

$$A_f + A_P = E_k - E_{k0}$$

即

$$A_f + mgR = \frac{1}{2}mv^2$$

所以摩擦力的功为

$$A_f = \frac{1}{2}mv^2 - mgR$$

$$= \frac{1}{2}\times 2\times 6^2\ \text{J} - 2\times 9.8\times 4\ \text{J} = -42.4\ \text{J}$$

摩擦力做负功，在这里，因摩擦力 $\boldsymbol{F}_f$ 是变力，直接计算其所做的功十分复杂，利用动能定理却很方便地解决了这个问题.

[例 4.5] 试求能使地面上的物体脱离地球引力场而作宇宙飞行所需的最小初速度——第二宇宙速度（忽略空气阻力和地球自转的影响）.

[解]　选物体和地球组成的质点系为研究对象. 设物体质量为 m,地球是质量为 m_E、半径为 R 的匀质球. 取地心为坐标原点,如图 4.12 所示. 物体以与竖垂方向成任意角 α 的初速 $\boldsymbol{v}$ 从地面发射,要能脱离地球引力场,必须克服系统内的引力做功驶向无穷远处. 因为要求的是最小初速度,所以当 r 趋于无穷远时应取物体的速度为零. 应用质点系的动能定理

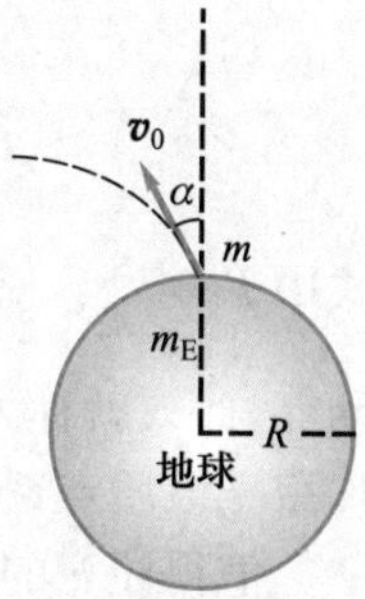

图 4.12

$$A_{外}+A_{内}=E_k-E_{k0}$$

在此,$A_{外}=0$,$A_{内}$为万有引力的功,由 § 4.1 的(4.9)式,当物体从初位置($r_P=R$)运动到末位置($r_Q=\infty$)时,万有引力的功

$$A_{内}=-G\frac{m_E m}{R}$$

而 $E_k=0$,$E_{k0}=\frac{1}{2}mv^2$,所以

$$-G\frac{m_E m}{R}=-\frac{1}{2}mv^2$$

因而,最小的发射速度为

$$v=\sqrt{2Gm_E/R}=\sqrt{2gR}$$
$$=\sqrt{2\times9.8\times6.37\times10^6}\ \text{m}\cdot\text{s}^{-1}\approx11.2\times10^3\ \text{m}\cdot\text{s}^{-1}$$

可见第二宇宙速度与发射方向无关.

复习思考题

4.4　(4.13)式和(4.14)式所示的动能定理是否对所有参考系都成立?

4.5　如思考题 4.5 图所示,质量相等的两个物体 A、B,在大小相等的恒力 $\boldsymbol{F}$ 作用下分别沿摩擦因数相同的两个水平面滑动相等的距离 s. 试问:两力对物体所做的功是否相等? 两物体的动能改变量是否相等?

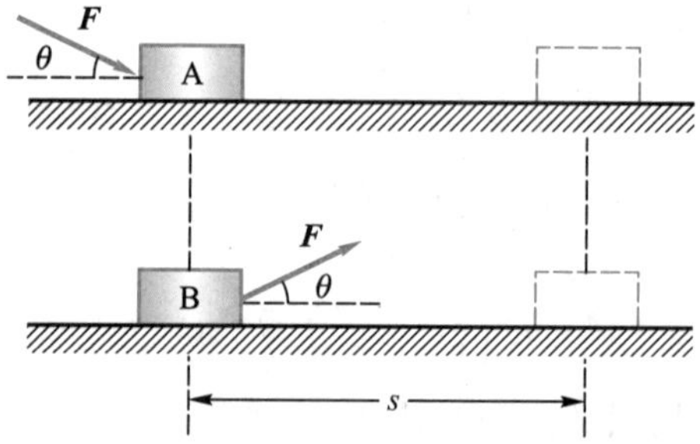

思考题 4.5 图

§4.3 势能 势能曲线

一、保守力场

自然界中有相当一部分力都与相互作用的物体的相对位置有关,例如重力、万有引力、弹性力和静电力. 对于这些力,当施力物体相对于所选参考系静止时,质点所受的力就仅与质点本身的位置有关,这时可将质点在空间各点所受到的力表示为质点位矢 $\boldsymbol{r}$ 的函数 $\boldsymbol{F}(\boldsymbol{r})$. 由函数 $\boldsymbol{F}(\boldsymbol{r})$ 所表示的质点受力的空间分布就称为力场,而相对于参考系静止的施力物体,就被称为场源.

质点受保守力作用的空间分布就称为保守力场. 对于重力、万有引力和静电力而言,理论证明确实存在重力场、引力场、静电场,它们是给质点(或带电质点)传递力的物质,而 $\boldsymbol{F}(\boldsymbol{r})$ 实际上就可作为这些场的量度. 弹性力则有些不同,它对质点的作用力是由弹簧或弹性体直接施于质点的,但是仍然可用 $\boldsymbol{F}(\boldsymbol{r})$ 函数来描述弹性力的空间分布,从这种意义上来说弹性力亦可看作是一个弹性力场.

二、势能

1. 势能的概念

能够对外做功的物体都具有能量. 从高处落下的重物能够做功,例如水力发电就是利用流水的落差做功;筑路时把夯举得越高,落下时夯所做的功就越大,路面就夯得越结实. 这些都说明位于高处的重物具有能量,我们称之为重力势能. 因为重力是地球对物体的作用,同时,物体所处的高度总是相对于地面而言,所以,重力势能既和地球对物体作用的重力有关,又和这二者的相对位置有关.

此外,处于弹性形变状态的物体也能对外做功,因而也具有能量. 例如,钟表里卷紧的发条,在逐渐松弛的过程中,能带动钟表内部机械做功. 我们称这种能量为弹性势能. 同样,弹性势能既与物体各部分之间相互作用的弹性力有关,又和这些部分的相对位置有关.

概而言之,凡是能量的大小取决于物体之间的相互作用和相对位置的,这种能量就称为势能. 既然势能与物体间的相互作用和相对位置有关,所以势能应是属于相互作用着的物体所组成的系统的,不应把它看成是属于某一个物体的. 重力势能是属于重物和地球组成的系统,弹性势能则属于弹性体组成的弹性系统.

值得指出的是,并不是对所有相互作用力都能引入势能的概念. 系统具有势能的条件是:物体间存在相互作用的保守力. 这是因为,保守力做功与路径无关,只由物体间的相对位置变化来决定.

2. 质点在保守力场中的势能

以上给出的势能的概念是定性的,这一节我们要给出势能的定量表示. 不过,在此之前还得说明:既然势能是属于系统的,为什么这里却说“质点在保守力场中的势能”？

“质点在保守力场中的势能”的说法，应理解为质点与保守力场组成的系统的势能，或者说是质点与产生保守力场的场源所组成的系统的势能. 在一般参考系中场源也在运动，它们的相互作用势能是由一对保守内力的做功之和来定义的，这个功的值与参考系的选择无关，故可选取相对场源静止的参考系进行计算. 在这个参考系中，由于场源静止，保守内力对它做功为零，故只需计算保守内力对另一运动质点做的功，而这单一内力做的功与原来一对内力做功之和是相同的，由它定出的势能值当然也相同. 由此不难理解质点在保守力场中的势能值也就是质点和场源相互作用系统的势能值. 严格地说，系统势能的说法更能反映出本质，但“质点在力场中的势能”在计算和叙述上有方便之处，所以，在电学中也采用“电荷在静电场中的势能”的提法.

下面讨论系统的势能或者说质点在保守力场中的势能的定义式.

在§4.1 中我们已经得出了重力、弹性力和万有引力等保守力所做的功，当质点在这些保守力场中从初位置 P 点沿任意路径移到末位置 Q 点时，它们所做的功分别是：

$$\left.\begin{aligned} A_{\text{重}} &= mgz_P - mgz_Q \\ A_{\text{弹}} &= \frac{1}{2}kx_P^2 - \frac{1}{2}kx_Q^2 \\ A_{\text{引}} &= -Gm_0m\left(\frac{1}{r_P} - \frac{1}{r_Q}\right) \end{aligned}\right\} \tag{4.15}$$

可以看出，这些保守力的功都与路径无关，只与质点在这些保守力场中的始末位置有关. 因为功是能量变化的量度，因此上述事实说明质点在保守力场的某个位置时系统蕴藏着一种与位置有关的能量，这就是质点在保守力场中的势能. 如果质点从 P 点移到 Q 点时保守力做正功，势能就减少，即有相应的一份势能释放出来转变为质点的动能；反之，若用外力把质点从 Q 点送回到 P 点，外力就要反抗保守力做功，即保守力做负功，系统的势能就增加，这时就有一份能量以势能形式被储存起来. 这样，如果用 E_p 表示质点在保守力场中某点的势能，则当质点从 P 点移到 Q 点时保守力所做的功就可用势能差值来表示，即

$$A_{\text{保}} = \int_P^Q \boldsymbol{F} \cdot \mathrm{d}\boldsymbol{r} = E_{pP} - E_{pQ} \tag{4.16}$$

通常将 $\Delta E_p = E_{pQ} - E_{pP}$ 称为势能的增量，所以

$$A_{\text{保}} = \int_P^Q \boldsymbol{F} \cdot \mathrm{d}\boldsymbol{r} = -(E_{pQ} - E_{pP}) = -\Delta E_p \tag{4.17}$$

上式就是质点在保守场中的势能(或系统的势能)的定义式. 其意义是：**保守力的功等于势能增量的负值**.

(4.17)式只定义了质点在力场中两位置间的势能差，而有时需要了解质点在不同位置势能的大小. 这时，必须在力场中选定一个参考点作为势能零点，这样，利用(4.17)式，质点在力场中某点 P 的势能就等于当质点从该点经任意路径移到势

能零点时保守力所做的功,即

$$E_{pP}=\int_{P}^{\text{势能零点}}\boldsymbol{F}\cdot \mathrm{d}\boldsymbol{r} \tag{4.18}$$

由于势能零点的选择是任意的(一般以简便为原则),所以由(4.18)式确定的质点在力场中某一点的势能值只有相对的意义. 对于力场中确定的两点的势能差是绝对的,而某一点的势能值是相对的.

对于重力场,通常选地面为势能零点,这时可令 $z_Q=0$ 处 $E_{pQ}=0$,于是质点在任一处的重力势能

$$E_p=mgz \tag{4.19}$$

对于弹性力场,通常选弹簧原长即 $x=0$ 处为势能零点位置,可令 $x_Q=0,E_{pQ}=0$,就得到质点在任一位置 x 处的弹性势能

$$E_p=\frac{1}{2}kx^2 \tag{4.20}$$

同样,对于引力场,通常取无穷远处为势能零点位置,由万有引力的功计算式就可得到质点在任一位置 r 处的引力势能

$$E_p=-G\frac{m_0m}{r} \tag{4.21}$$

(4.19)式、(4.20)式、(4.21)式三式清楚地表明,势能是状态(质点在保守力场中的相对位置)的单值函数,所以又称位能.

***3. 保守力与势能的微分关系**

将(4.17)式的势能定义式写成微分形式,即

$$\boldsymbol{F}\cdot \mathrm{d}\boldsymbol{r}=-\mathrm{d}E_p(x,y,z)$$

而

$$\boldsymbol{F}\cdot \mathrm{d}\boldsymbol{r}=F_x\mathrm{d}x+F_y\mathrm{d}y+F_z\mathrm{d}z$$

$$-\mathrm{d}E_p=-\frac{\partial E_p}{\partial x}\mathrm{d}x-\frac{\partial E_p}{\partial y}\mathrm{d}y-\frac{\partial E_p}{\partial z}\mathrm{d}z$$

比较以上两式,有

$$F_x=-\frac{\partial E_p}{\partial x},\quad F_y=-\frac{\partial E_p}{\partial y},\quad F_z=-\frac{\partial E_p}{\partial z}$$

写成矢量式,为

$$\begin{aligned}\boldsymbol{F}&=-\frac{\partial E_p}{\partial x}\boldsymbol{i}-\frac{\partial E_p}{\partial y}\boldsymbol{j}-\frac{\partial E_p}{\partial z}\boldsymbol{k}\\&=-\left(\boldsymbol{i}\frac{\partial}{\partial x}+\boldsymbol{j}\frac{\partial}{\partial y}+\boldsymbol{k}\frac{\partial}{\partial z}\right)E_p\\&=-\nabla E_p\end{aligned} \tag{4.22}$$

式中代表运算符号 $\left(\boldsymbol{i}\frac{\partial}{\partial x}+\boldsymbol{k}\frac{\partial}{\partial y}+\boldsymbol{j}\frac{\partial}{\partial z}\right)$ 的∇称为梯度算子. ∇E_p 称为势能函数的梯度,它是一个矢量,方向沿着势能变化最大的方位并指向势能增加的方向,它沿 x、y、z 三个坐标轴的分量代表势能在这三个方向上的空间变化率. 而力 $\boldsymbol{F}$ 与∇E_p 的方向

相反. 这样,有了势能函数,我们就可通过微分计算出对应的保守力.

*三、势能曲线

把势能 E_p 随空间位置的变化用曲线表示出来就得到势能曲线. 重力势能、引力势能和弹性势能的曲线如图 4.13 所示.

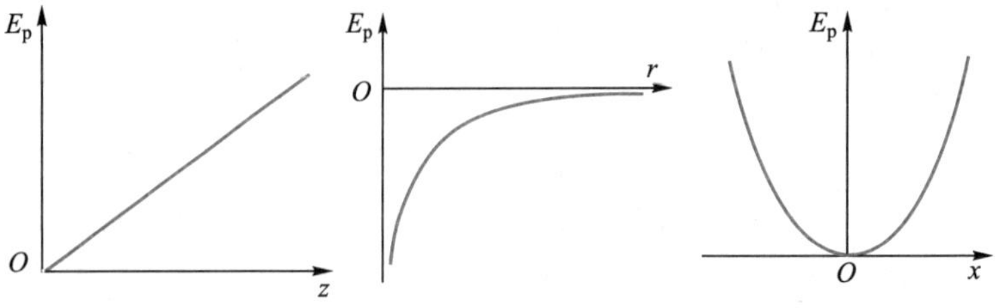

重力势能曲线　　引力势能曲线　　弹性势能曲线

图 4.13

由质点在力场中的势能曲线与质点的机械能 $E=E_k+E_p$ 的关系,可对质点在力场中的运动作出定性的判断. 例如设质点在某一力场中的势能曲线如图 4.14 所示. 设质点在 r_1 处时具有的机械能为 E_1,倘若 $E_1=E_p(r_1)$,则 $E_k=0$,这说明质点静止在该处,但由于 $F_r=-\dfrac{\partial E_p}{\partial r}>0$,所以质点受到一个沿 r 方向的力而将离开原点向外运动. 到达 r_0 时,因 $-\dfrac{\partial E_p}{\partial r}=0$ 质点将不受力作用,依惯性越过 r_0,此后,质点受力的方向改变,作减速运动直到无限远而成为自由运动的粒子. 但是,若质点的初始能量 $E_2<0$,设开始时质点处于 r_2 处,则它将受到沿 r 正方向的力而驶向 r_0 处,越过 r_0 以后,受到反方向的阻力但质点只能到达 r_3 处,然后又调过头向 r_0 运动. 这样,质点就在 r_2 和 r_3 之间来回往复的振动,不能逃出这个势能的谷(称为“势阱”). 这是因为在谷外区域质点的动能 $E_k<0$,按经典力学这是不可能的. 如果再考虑质点动能由于其他原因不断耗损,则质点最后将停止在 r_0 处,以后即使受到小的干扰而偏离该位置时,质点就会立即受到一个指向该位置的恢复力. 可见,这个势能谷底就是质点的稳定平衡位置. 其实,图 4.14 所示的势能曲线就是原子、分子等质点间的典型势能曲线.

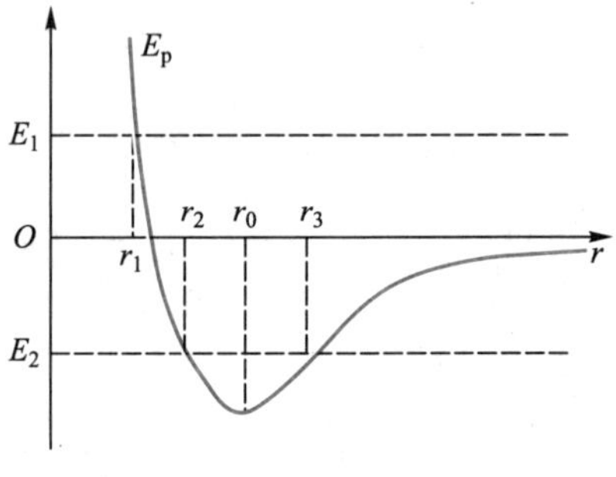

图 4.14

[例 4.6] 若将质量 $m=10^4$ kg 的登月舱构件先从地面发射到地球同步轨道站,再由同步轨道站装配起来发射到月球上,求:

(1) 只考虑地球引力时,上述两步发射中火箭推力各做功多少?

(2) 同时考虑地球和月球的引力时,上述两步发射中火箭推力应做多少功?(已知同步轨道半径 $r_1=4.20\times10^7$ m,地球半径 $R_E=6.37\times10^6$ m,地球质量 $m_E=$

5.97×10^{24} kg，月球半径 $R_M=1.74\times10^6$ m，月球质量 $m_M=7.35\times10^{22}$ kg，地心到月心的距离 $r_2=3.90\times10^8$ m.）

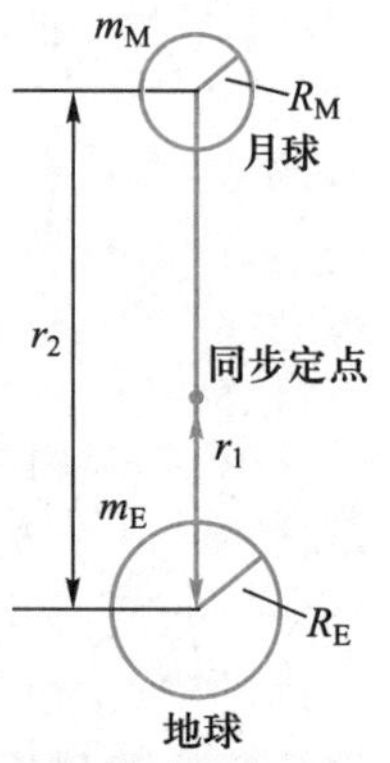

图 4.15

［解］ 设 A_1、A_2 分别代表从地面到同步轨道和从同步轨道到月球表面火箭推力做的功.

（1）火箭推力做的功至少应等于登月舱势能的增量，即

$$A_1=-Gm_Em\left(\frac{1}{r_1}-\frac{1}{R_E}\right)=5.30\times10^{11}\ \text{J}$$

$$A_2=-Gm_Em\left(\frac{1}{r_2-R_M}-\frac{1}{r_1}\right)=8.44\times10^{10}\ \text{J}$$

虽然从同步轨道到月面的距离比从地面到同步轨道远 9 倍，但 A_2 要比 A_1 小得多，这就是为什么分两步运送登月舱的道理.

（2）假设登月舱在同步轨道上的位置正处在月地连心线上（图 4.15）.

由于地球和月球的引力的共同作用，登月舱的势能应为地球和月球引力场中的势能之和. 当登月舱在地面上时，其势能

$$E_{p0}=-Gm\left(\frac{m_E}{R_E}+\frac{m_M}{r_2-R_E}\right)$$
$$=-6.25\times10^{11}\ \text{J}$$

登月舱在同步轨道上时

$$E_{p1}=-Gm\left(\frac{m_E}{r_1}+\frac{m_M}{r_2-r_1}\right)$$
$$=-9.50\times10^{10}\ \text{J}$$

登月舱到达月面时

$$E_{p2}=-Gm\left(\frac{m_E}{r_2-R_M}+\frac{m_M}{R_M}\right)$$
$$=-3.84\times10^{10}\ \text{J}$$

因此得火箭推力的功

$$A_1=E_{p1}-E_{p0}=5.30\times10^{11}\ \text{J}$$
$$A_2=E_{p2}-E_{p1}=5.66\times10^{10}\ \text{J}$$

比较（1）、（2）的结果可见，考虑月球引力后，A_1 基本上变化不大，但 A_2 却减少了约 35%.

复习思考题

4.6 一根轻弹簧，原长为 x_0，劲度系数为 k，一端固定，另一端悬挂一个质量为 m 的物体后处于平衡位置 B，如思考题 4.6 图所示. 试分别以图中 A、B 两点为弹性势能零点及重力势能零点位置写出系统的势能表达式.

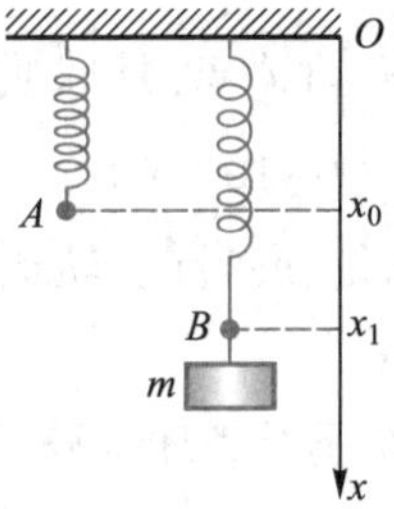

思考题 4.6 图

§ 4.4 机械能守恒定律 能量守恒定律

一、功能原理

文档：两种运动量度的争论

前面，我们在 § 4.2 中讨论了质点系的动能定理，指出一个质点系的总动能的增量等于作用于该质点系的所有外力的功和内力的功之和，即(4.14)式

$$A_{外}+A_{内}=E_k-E_{k0}=\Delta E_k$$

对于系统(将质点系称为系统)的内力，根据其做功的特点，可将其分成保守内力和非保守内力. 由上一节的讨论可知，其中保守内力的功 $A_{保内}$ 又可用系统势能增量的负值来表示：

$$A_{保内}=-(E_p-E_{p0})$$

这样，(4.14)式可改写成

$$A_{外}+A_{非保内}+A_{保内}=E_k-E_{k0} \tag{4.23}$$

所以

$$\begin{aligned} A_{外}+A_{非保内} &= (E_k+E_p)-(E_{k0}+E_{p0}) \\ &= E-E_0 \end{aligned} \tag{4.24}$$

式中 $E=E_k+E_p$ 为系统的机械能. (4.24)式表明：**一个系统机械能的增量等于作用于该系统所有外力的功与非保守内力的功之和**，这称为系统的**功能原理**.

关于功能原理，我们有必要指出以下两点：

(1) 功能原理是属于质点系(系统)的动力学规律，因为在动能原理中引入了势能项，而势能仅对质点系才有意义. 它与质点系动能定理的区别在于将保守内力的功用势能差来代替. 所以，应用功能原理研究问题时，不必涉及保守内力的功.

(2) 功能原理只适用于惯性系.

如果在能量中涉及重力势能或地球引力势能，则应将地球包括在系统之中，也理应计算地球动能的变化，但这一变化很小，通常忽略不计. 所以，在选地球作参考系时，可把地球看作完全静止，不计它的动能变化，功能原理仍旧适用.

[**例 4.7**] 一质量 $m=0.40$ kg 的物体在水平桌面上运动，以 $v_0=2.0\ \mathrm{m\cdot s^{-1}}$ 的速率与一根一端固定的轻弹簧碰撞，如图 4.16(a) 所示. 已知弹簧的劲度系数 $k=100\ \mathrm{N\cdot m^{-1}}$，物体对弹簧的最大压缩量 $x_m=0.10$ m，求物体与水平桌面间的摩擦因数 μ 的值.

[**解**] 考察由物体和弹簧组成的系统，内力只有弹性力，外力如图 4.16(b) 所示，外力中只有摩擦力做功 W_f，对系统应用功能原理，则

$$W_f=(E_k+E_p)-(E_{k0}+E_{p0}) \quad (1)$$

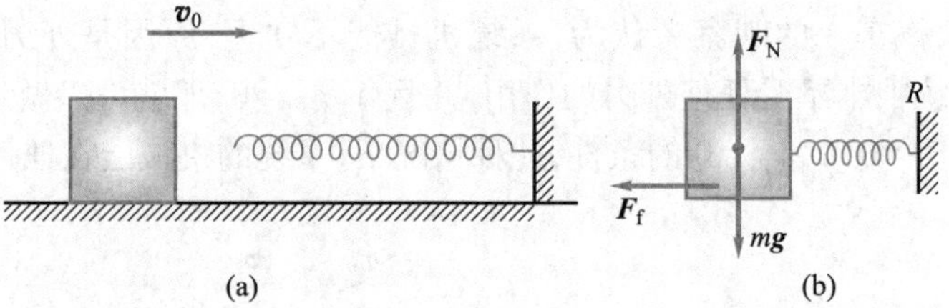

图 4.16

以物体与弹簧开始碰撞的瞬时为系统的初态，当弹簧达到最大压缩量时为末态，则

$$E_k+E_p=0+\frac{1}{2}kx_m^2=\frac{1}{2}kx_m^2$$

$$E_{k0}+E_{p0}=\frac{1}{2}mv_0^2+0=\frac{1}{2}mv_0^2$$

$$W_f=-F_fx_m=-\mu mgx_m$$

将以上各量代入(1)式：

$$-\mu mgx_m=\frac{1}{2}kx_m^2-\frac{1}{2}mv_0^2$$

由此解得

$$\mu=\frac{mv_0^2-kx_m^2}{2mgx_m}=\frac{0.40\times2^2-100\times0.10^2}{2\times0.40\times9.8\times0.10}=0.77$$

二、机械能守恒定律

由功能原理可知，当作用于系统的所有外力不做功，系统内也无非保守内力做功(或所有外力和非保守内力的元功之和恒为零)，则该系统的机械能保持不变.

即当一个系统满足条件：

$$A_{外}=0 \quad 和 \quad A_{非保内}=0 \quad (或\ \mathrm{d}A_{外}+\mathrm{d}A_{非保内}=0) \quad (4.25)$$

则

$$E_k+E_p=常量 \quad (4.26)$$

可见，系统满足(4.25)式的条件，则系统就必定有(4.26)式的结果. 这就是机械能守恒定律.

必须指出,上述条件是对惯性系而言的. 对非惯性系,即使满足上述条件,机械能也不一定守恒. 不仅如此,即使对某个惯性系而言,系统的机械能守恒,也不能保证在另一惯性系中系统的机械能也守恒. 这是因为外力作功的计算与参考系的选择有关. 例如图 4.17 中的弹簧振子系统,忽略地面的摩擦力,对地面的观察者而言,以弹簧和质点为系统,地面支持力和重力不做功,墙壁的连接点 B 没有位移,墙壁对弹簧的作用力不做功,系统内非保守内力不做功,因此,系统的机械能守恒. 如果我们从相对地面以水平速度 $\boldsymbol{v}$ 做匀速直线运动的汽车为参考系去观察,地面支持力和重力仍不做功,但是,墙壁对弹簧的作用力由于 B 点以 $-\boldsymbol{v}$ 的速度相对汽车运动要做功,因此,汽车上的观察者认为,系统机械能不守恒,原因是外力做功不为零. 当然,如果系统根本不受任何外力的作用,并且 $A_{非保内}=0$,那就可以做到在任何惯性系中都满足 $A_{外}=0$,$A_{非保内}=0$ 的条件,此种情况下,系统的机械能在任何惯性系都是守恒的.

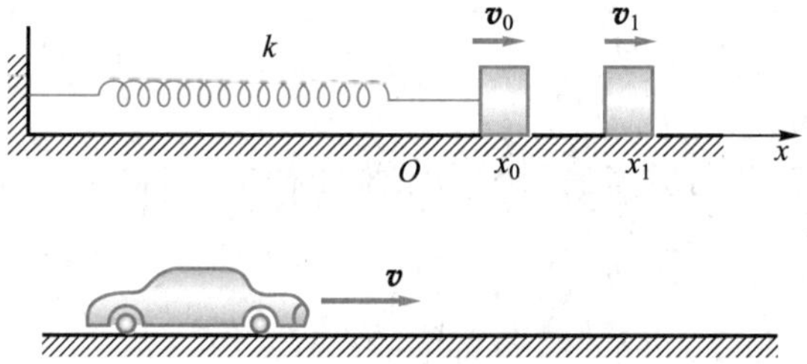

图 4.17

当系统是由一个质点和场源组成,而场源又静止于惯性系中,这时,系统的机械能守恒就简化为单质点在力场中的机械守恒. 该质点的动能与它在力场中的势能可以相互转化,但其总机械能不变. 例如,重物和地球系统的机械能守恒,在略去地球的动能,以地球为参考系的情况下就简化为重物的动能与它在重力场中的势能之和不变,但其动能和势能可以相互转化.

［**例 4.8**］ 从地面附近以一定角度发射人造地球卫星,发射速度 v_0 应为多大才能使卫星绕地心的圆轨道的半径为 r(v_0 指卫星脱离运载火箭时的速度).

［**解**］ 选卫星与地球组成的系统为研究对象,取地心坐标系来研究卫星的运动,忽略空气阻力,系统在卫星从脱离运载火箭(初态)到进入轨道(末态)的过程中无外力做功和非保守内力做功,故机械能守恒

$$E=E_0 \tag{1}$$

卫星在发射时的初态机械能

$$E_0=\frac{1}{2}mv_0^2-G\frac{m_E m}{R_E} \tag{2}$$

在半径为 r 的圆轨道上运转时(末态)的机械能

$$E=\frac{1}{2}mv^2-G\frac{m_E m}{r} \tag{3}$$

v 为卫星在稳定的圆轨道上的运行速率，应满足：

$$G\frac{m_{\mathrm{E}}m}{r^2}=ma_{\mathrm{n}}=m\frac{v^2}{r} \tag{4}$$

由(1)式、(2)式、(3)式、(4)式解得

$$v_0=\sqrt{2gR_{\mathrm{E}}\left(1-\frac{R_{\mathrm{E}}}{2r}\right)}$$

可见 r 愈大，需要的发射速度也愈大. 当 $r=R_{\mathrm{E}}$(r 最小)时有 $v_0=\sqrt{gR_{\mathrm{E}}}=7.9\ \mathrm{km\cdot s^{-1}}$，这就是第一宇宙速度. 如果 $v_0>\sqrt{gR_{\mathrm{E}}}$，卫星就不在半径为 R_{E} 的圆轨道上运动，这时卫星的轨道一般为椭圆，轨道速度 v 也不满足 $Gm_{\mathrm{E}}m/R_{\mathrm{E}}^2=mv^2/R_{\mathrm{E}}$.

［**例 4.9**］ 起重机用钢丝绳吊运一质量为 m 的物体以匀速 v_0 下降，如图 4.18 所示. 当起重机突然刹车时，物体因惯性而使钢丝绳有微小伸长，求伸长的长度. 这样突然刹车后，钢丝绳所受的最大拉力有多大？(设钢丝绳的劲度系数为 k，钢丝绳的重量可忽略不计.)

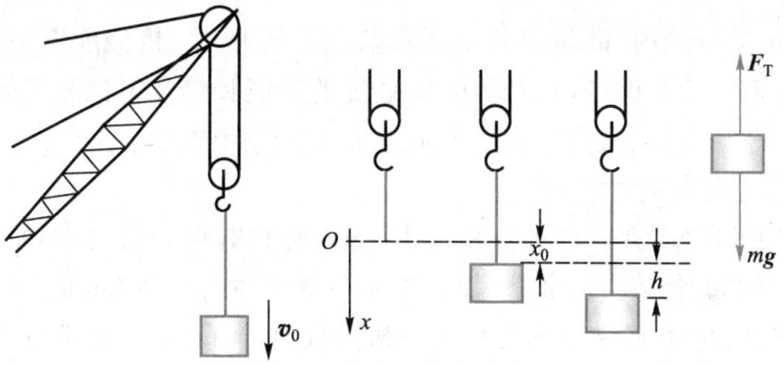

图 4.18

［**解**］ 考虑由物体、地球和钢丝绳组成的系统. 系统除重力和钢丝绳的弹力外，没有其他力做功，故系统的机械能守恒.

取钢丝绳不伸长的位置为坐标原点 O，竖直向下为 x 轴正方向，建立坐标如图 4.18 所示.

以起重机突然刹车的那一瞬时的位置为初态，设那时钢丝绳的伸长量为 x_0；又取刹车后物体因惯性连续下降的最低位置为末态，并设钢丝绳因此而增加的微小伸长量为 h. 以 O 点为弹性势能零点，最低位置为重力势能的零点，系统初态和末态的机械能分别为

$$E_0=\frac{1}{2}mv_0^2+\frac{1}{2}kx_0^2+mgh$$

$$E=\frac{1}{2}k(x_0+h)^2$$

由机械能守恒，$E=E_0$，于是

$$\frac{1}{2}mv_0^2+\frac{1}{2}kx_0^2+mgh=\frac{1}{2}k(x_0+h)^2 \tag{1}$$

又物体匀速下降，应有

$$kx_0=mg \tag{2}$$

由(1)式、(2)式可解得突然刹车后钢丝绳再有的附加伸长量

$$h=\sqrt{\frac{m}{k}}v_0 \tag{3}$$

钢丝绳因突然刹车而受到的最大拉力应由它的最大伸长量 $x=x_0+h$ 来决定，由(2)式、(3)式可得

$$F_{\mathrm{T,max}}=k(x_0+h)=mg+\sqrt{km}\,v_0$$

由此可见，如果 v_0 越大，钢丝绳的劲度系数 k 越大，$F_{\mathrm{T,max}}$ 也越大，所以对于一定规格的钢丝绳来说，它允许的吊运速度 v_0 应不超过某一限值.

三、能量守恒定律

在机械运动范围内，能量只有动能和势能两种形式. 机械能守恒定律告诉我们，如果一个系统只有保守内力做功，则系统的动能和势能可以相互转化，但它们的总和保持不变. 这样，大自然就从机械运动这个侧面向人们暗示了一个普通的自然规律——能量守恒定律的存在.

由功能原理可知，在一个孤立系统内，如果存在非保守内力做功，系统的机械能不再守恒. 例如，物体沿斜面下滑时，物体与斜面间的摩擦力（非保守内力）做了负功，以物体、斜面和地球组成的系统的机械能减少了，损失的机械能哪里去了？静止的炸弹（看作系统）爆炸时，炸弹内的爆炸力（非保守内力）作了正功，系统的机械能增加了，飞向四面八方的弹片的动能又从何而来？物理学家们通过细心的观察发现，在系统的机械能改变的同时，总伴随着新的物理现象的出现以及相应的新的能量形式的变化. 众所周知，物体与斜面的摩擦会使它们的温度升高，系统机械能的减少换来了热能的增加；炸弹爆炸时，炸弹内的炸药消耗了，储存在炸药内的化学能伴随着震耳欲聋的一声巨响与大量的光和热释放出来，换来的是具有杀伤力的高速飞行的弹片的动能. 大量的观察与实践告诉我们，自然界物质运动的形式是多种多样的，与之相应的能量的形式也是多种多样的，例如机械能、热能、电磁能、化学能、核能、生物能等，各种不同形式的能量可以相互转化. 科学家们大量研究了各种能量转化的当量关系，发现一个孤立系统的机械能的增加（或减少）必然伴随着其他形式的能量的减少（或增加），但这些能量的总和保持不变. 当系统与外界发生能量交换时，系统能量的增加必然伴随着外界能量的等量减少. 无数的事实无一例外地表明：**能量既不能被消灭，也不能被创造，它只能从一个物体传给另一个物体，由一种形式转化为另一种形式；在一个孤立的系统内，无论发生何种变化，各种形式的能量可以互相转化，但它们的总和保持不变.** 这个结论称为能量守恒

定律.

能量守恒定律是在概括了无数经验事实的基础上建立的,它是物理学中具有最大普适性的定律之一,也是整个自然界遵从的普遍规律. 它可以适用于任何变化过程,不论是机械的、热的、电磁的、原子和原子核内的,以及化学的、生物的等. 能量守恒定律对于分析和研究各种实际变化过程具有重大的指导意义. 20 世纪 50 年代在放射性物质的 β 衰变实验中中微子的发现就是一个成功地应用能量守恒定律和动量守恒定律指导科学实验的范例.

能量守恒定律能使我们更加深刻地理解功的意义. 根据能量守恒定律,当我们用做功的方式使一个系统的能量变化时,实质上是这个系统与另一个系统之间发生了能量的交换. 而这种交换的能量在量值上就用功来描述. 所以**功是能量交换或转化的一种量度**.

能量概念的精确化是与能量守恒定律的建立密切联系的. 各种不同形式的能量反映了自然界中各种不同质的运动形式以及它们之间的相互转换的能力. 所以,**能量是物质运动的量度**.

这里,我们还要指出,不能把功和能量看作等同的. 功总是与能量变化和交换的过程相联系着的,而能量代表系统在一定状态时所具有的性质,能量只取决于系统的**状态**,系统在一定状态时,就具有一定的能量,也就是说,**能量是系统状态的单值函数**.

复习思考题

4.7 结合例题,试总结应用机械能守恒定律和功能原理研究问题的方法和步骤.

4.8 试比较机械能守恒和动量守恒的条件,判断下列说法的正误,并说明理由.

(1) 不受外力作用的系统必定同时满足动量守恒定律和机械能守恒定律.

(2) 合外力为零、内力中只有保守力的系统的机械能必然守恒.

(3) 仅受保守内力作用的系统必定同时满足动量守恒定律和机械能守恒定律.

4.9 如思考题 4.9 图所示,由小球和轻弹簧组成的两个弹性系统,拉长弹簧后松手,在小球来回运动的过程中,系统的动量、动能和机械能是否改变?

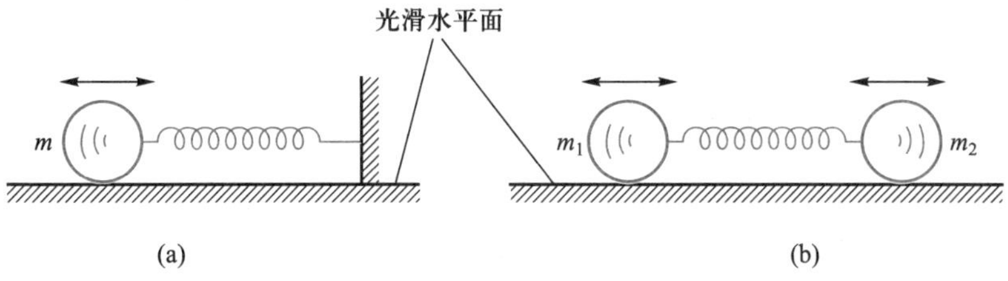

思考题 4.9 图

§4.5 碰撞问题

当两个物体相互接近或发生接触时，在相对较短的时间内发生强烈的相互作用，迫使它们的运动状态发生了显著的变化，这时我们就说，这两个物体发生了碰撞.

碰撞不仅是一种宏观现象，在实验室里进行的碰撞实验大多是在微观粒子之间进行的. 当两个粒子彼此接近时它们之间开始出现强烈的相互作用，这种相互作用在较短的时间内使它们的运动状态发生了显著的变化，迫使它们在直接接触前就偏离了原来的运动方向而分开，如图 4.19 所示，这种碰撞我们也常称为粒子间的散射. 物理学家们对碰撞实验感兴趣的原因之一就是通过对这种实验的分析能够得到关于碰撞质点之间相互作用的重要知识，从而探测物质内部结构的奥秘. 例如卢瑟福就是在分析 α 粒子散射实验的结果的基础上提出了原子的有核模型.

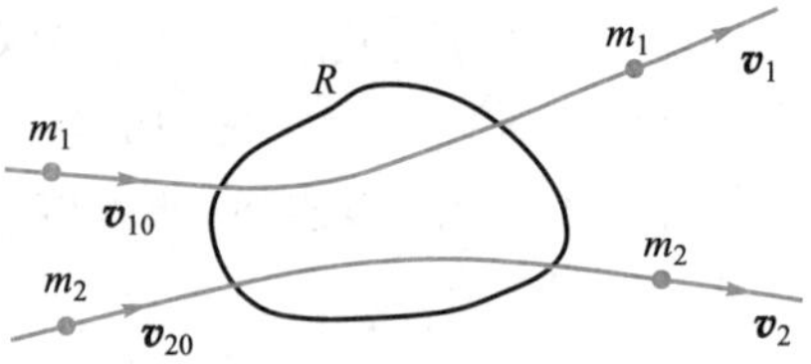

图 4.19

演示实验：小球碰撞

在这一节里，我们主要讨论两球的对心碰撞问题. 所谓对心碰撞（亦称正碰）是指两球碰撞前后的速度方向都沿着两球的中心连线，如图 4.20 所示.

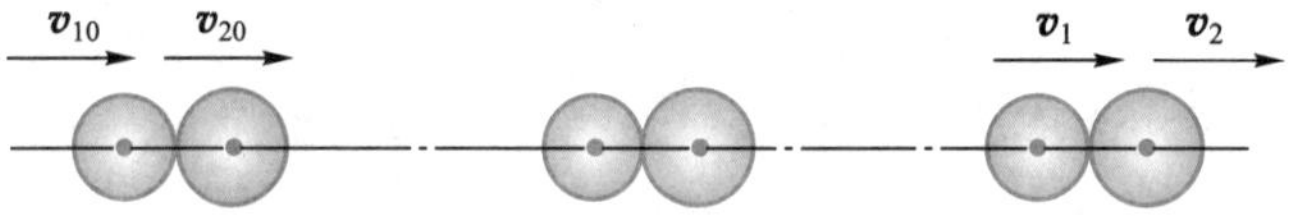

(a) 碰撞前 (b) 碰撞中 (c) 碰撞后

图 4.20

由于在碰撞过程中，两球之间的相互作用比较强烈，可忽略外力的作用，认为两球组成的系统的总动量守恒. 设两球的质量分别为 m_1、m_2，它们碰撞前的速度分别为 $\boldsymbol{v}_{10}$、$\boldsymbol{v}_{20}$；碰撞后的速度分别为 $\boldsymbol{v}_1$、$\boldsymbol{v}_2$，如图 4.20 所示，于是

$$m_1v_{10}+m_2v_{20}=m_1v_1+m_2v_2 \tag{4.27}$$

牛顿总结了各种碰撞实验的结果，提出了碰撞定律：碰撞后两球的分离速度 (v_2-v_1) 与碰撞前两球的接近速度 $(v_{10}-v_{20})$ 成正比，比值由两球的材料决定，即

$$e=\frac{v_2-v_1}{v_{10}-v_{20}} \tag{4.28}$$

通常称 e 为恢复系数.

从上式可见，当 $e=1$ 时，有

$$v_2-v_1=v_{10}-v_{20}$$

也就是说，两球碰后的分离速度等于碰前的接近速度，由上式及(4.27)式可以证明，在这种情况下，两球组成的系统的动能是守恒的. 这种碰撞称为完全弹性碰撞，简称弹性碰撞.

如若 $e=0$,则有 $v_2=v_1$,即碰撞后两球不分离,这种碰撞称为完全非弹性碰撞.

介于上述两种情况之间的(即 $0<e<1$)碰撞称为非弹性碰撞.

利用(4.27)式和(4.28)式,就可完全解决两球碰撞问题. 由以上两式求得碰撞后两球的速度为

$$\left.\begin{aligned} v_1&=v_{10}-m_2\frac{(1+e)(v_{10}-v_{20})}{m_1+m_2}\\ v_2&=v_{20}+m_1\frac{(1+e)(v_{10}-v_{20})}{m_1+m_2}\end{aligned}\right\}\qquad(4.29)$$

而碰撞后系统总动能的损失为

$$\Delta E_k=\frac{1}{2}(1-e^2)\frac{m_1m_2}{m_1+m_2}(v_{10}-v_{20})^2\qquad(4.30)$$

在以上两式中只要令 $e=1$,就得到弹性碰撞的情况;而令 $e=0$ 时,就对应完全非弹性碰撞的情况. 可见,只有在弹性碰撞情况下才不发生总动能的损失;e 越小,动能损失越大.

[例 4.10] 图 4.21 所示为测定两种材料之间的恢复系数 e 的实验装置简图. 由一种材料制成的小球从一定高度 h_0 自由落下,与另一种材料制成的水平放置在地面上的厚平板碰撞后,测得其反跳高度为 h,求这两种材料之间的恢复系数 e.

[解] 质量为 m_1 的小球与平放在地面上的平板相撞,由于平板的质量 $m_2\gg m_1$,且 $v_{20}=0$,由(4.28)式可得

$$v_1=-ev_{10},\ v_2\approx 0$$

而

$$v_{10}=\sqrt{2gh_0},\quad v_1=\sqrt{2gh}$$

所以有

$$e=\frac{v_1}{v_{10}}=\sqrt{\frac{h}{h_0}}$$

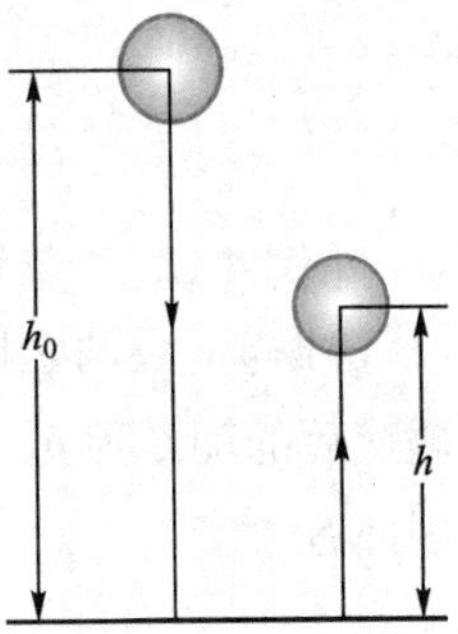

图 4.21

[例 4.11] 在一光滑的水平桌面上,一个质量为 m_1 的小球以速度 $\boldsymbol{u}$ 与另一质量为 m_2 的静止小球相撞,$\boldsymbol{u}$ 与两球的连心线成 α 角(称为斜碰). 设两球表面光滑,它们相互撞击力的方向沿着两球的连心线,已知恢复系数为 e,求碰撞后两球的速度.

[解] 两球碰撞属于二维问题,建立平面直角坐标系,x 轴沿两球的连心线. 如图 4.22 所示. 设碰撞后两球的速度分别为 $\boldsymbol{v}_1$、$\boldsymbol{v}_2$,由题设,两球表面光滑,且相互撞击力的方向沿两球的连心线,故原来静止的球 m_2 碰后的速度 $\boldsymbol{v}_2$ 沿 x 轴正方向,球 m_1 的反冲速度 $\boldsymbol{v}_1$ 如图 4.22 所示.

由动量守恒的分量式可得

$$m_1v_{1x}+m_2v_2=m_1u\cos\alpha$$

$$-m_1v_{1y}=-m_1u\sin\alpha$$

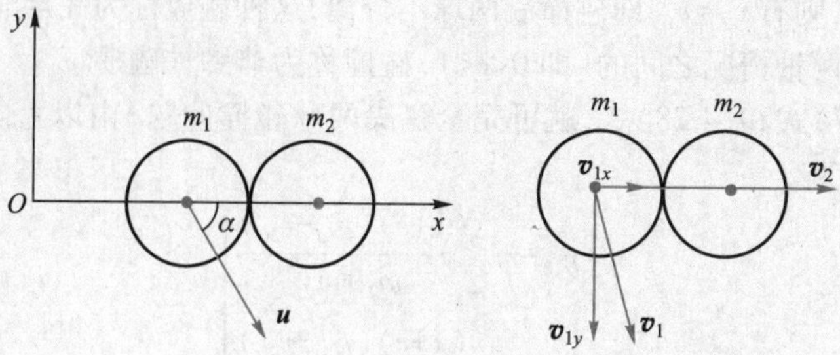

图 4.22

又因

$$e=\frac{v_2-v_{1x}}{u\cos\alpha}$$

由此解得

$$v_{1x}=\frac{(m_1-em_2)u\cos\alpha}{m_1+m_2}$$

$$v_{1y}=u\sin\alpha$$

$$v_2=\frac{m_1(1+e)u\cos\alpha}{m_1+m_2}$$

［**例 4.12**］ 求解两个全同粒子的弹性碰撞的情况,其中一个粒子初态是静止的.

［**解**］ 设两全同粒子($m_1=m_2$)在实验室参考系中碰撞前的动量为 $\boldsymbol{p}_{10}$、$\boldsymbol{p}_{20}$,碰撞后的动量为 $\boldsymbol{p}_1$、$\boldsymbol{p}_2$,依题意令 $\boldsymbol{p}_{20}=0$,由于碰撞是弹性的,系统的总动能守恒,因而有

$$\frac{p_1^2}{2m_1}+\frac{p_2^2}{2m_2}=\frac{p_{10}^2}{2m_1}$$

因 $m_1=m_2$,所以上式化简为

$$p_1^2+p_2^2=p_{10}^2 \qquad (1)$$

又由系统的总动量守恒,有

$$\boldsymbol{p}_1+\boldsymbol{p}_2=\boldsymbol{p}_{10}$$

将上式平方得

$$p_1^2+p_2^2+2\boldsymbol{p}_1\cdot\boldsymbol{p}_2=p_{10}^2 \qquad (2)$$

比较(1)式和(2)式,得

$$\boldsymbol{p}_1\cdot\boldsymbol{p}_2=0$$

这表明,碰撞后两质点运动的方向互相垂直. 图 4.23 所示的云室中两个 He 核碰撞的照片就说明了这一情况,入射的 He 核是从放射性物质发出的一个 α 粒子,靶 He 核来自云室中的氦气.

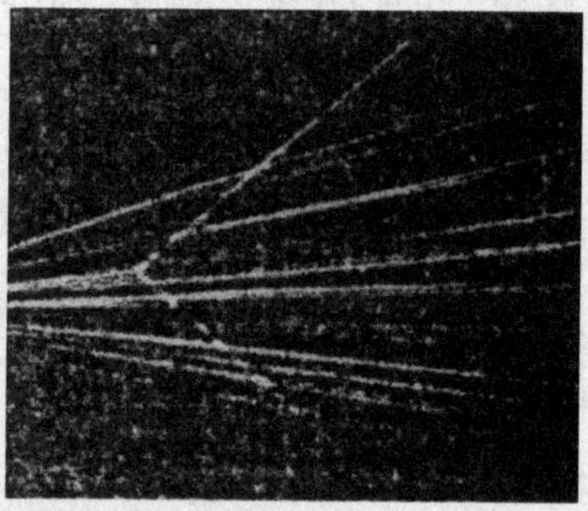

图 4.23

习题

4.1 选择题

(1) 关于质点系内各质点间相互作用的内力做功,以下说法中正确的是 [ ]

(A) 一对内力所做的功之和一定为零;

(B) 一对内力所做的功之和一定不为零;

(C) 一对内力所做的功之和一般不为零,但不排除为零的情况;

(D) 一对内力所做功之和是否为零,取决于参考系的选择.

(2) 一质量为 m 的物体,位于质量可忽略的直立弹簧正上方高度为 h 处,如题 4.1(2) 图所示,该物体从静止开始落向弹簧,若弹簧的劲度系数为 k,不计空气阻力,则物体可能获得的最大动能是 [ ]

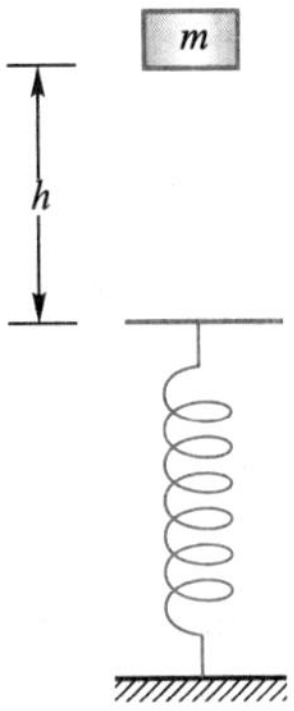

题 4.1(2) 图

(A) mgh;

(B) $mgh-\frac{m^2g^2}{2k}$;

(C) $mgh+\frac{m^2g^2}{2k}$;

(D) $mgh+\frac{m^2g^2}{k}$.

(3) 在两个质点组成的系统中,若质点之间只有万有引力作用,且此系统所受外力的矢量和为零,则此系统 [ ]

(A) 动量和机械能一定都守恒;

(B) 动量和机械能一定都不守恒;

(C) 动量不一定守恒,机械能一定守恒;

(D) 动量一定守恒,机械能不一定守恒.

4.2 填空题

(1) 一物体放在水平传送带上,物体与传送带间无相对滑动,当传送带做匀速运动时,静摩擦力对物体做功为________;当传送带做加速运动时,静摩擦力对物体做功为________;当传送带做减速运动时,静摩擦力对物体做功为________.(仅填“正”“负”或“零”.)

(2) 质量为 m 的宇宙飞船关闭发动机返回地球的过程,可以认为是仅在地球的引力场中运动. 已知地球质量为 m_E,引力常量为 G,则当飞船从距地球中心 r_1 处下降到 r_2 处时它的动能增量为________.

(3) 质量为 m 的质点在指向圆心的与距离的平方成反比的力 $F=-k/r^2$ 的作用下做半径为 r 的圆周运动,此质点的速度 $v=$________,若取距圆心无穷远处为势能零点,它的机械能 $E=$________.

4.3 质量为 3.0 kg 的质点受到一个沿 x 轴正方向的力的作用,已知质点的运动学方程为 $x=3t-4t^2+t^3$(SI 单位),试求:

(1) 力在最初 4.0 s 内做的功;

(2) 在 $t=1$ s 时,力的瞬时功率.

4.4 一地下蓄水池,面积为 50 m^2,贮水深度为 1.5 m,水平面离地面 5.0 m,若要将这池水全部抽到地面,需做多少功?若抽水机的效率为 80%,输出功率为 35 kW,则需多少时间可以抽完?

4.5 一物体做直线运动,其运动学方程为 $x=ct^3$(c 为常量),设介质对物体的阻力正比于物体速度的平方,试求物体由 $x_0=0$ 运动到 $x=l$ 时,阻力所做的功,已知阻力的比例系数为 k.

4.6 一人从 10 m 深的井中提水,桶离水面时装水 10 kg(桶的质量为 1 kg),若每升高 1 m 要漏去 0.2 kg 的水,求水桶匀速从水面提到井口,人所做的功.

4.7 矿砂由料槽均匀落在水平运动的传送带上,落砂量 $q=50\ \mathrm{kg\cdot s^{-1}}$,传送带均匀传送速率为 $v=1.5\ \mathrm{m\cdot s^{-1}}$,不计轴上的摩擦,求电动机拖动皮带的功率 P.

4.8 用铁锤把钉子敲入木板,设木板对钉子的阻力与钉子进入木板的深度成正比,第一次击钉,钉子打入木板的深度为 1.0×10^{-2} m,若第二次击钉时,保持第一次击钉的速度,求第二次能把钉子打入多深?

4.9 在光滑水平桌面上,平放一个固定的半圆形屏障,质量为 m 的滑块以初速 $\boldsymbol{v}_0$ 沿切线方向进入屏障内,如题 4.9 图所示,设滑块与屏障间的摩擦因数为 μ,求证:当滑块从屏障另一端滑出时,摩擦力所做的功为

$$A=\frac{1}{2}mv_0^2(\mathrm{e}^{-2\pi\mu}-1)$$

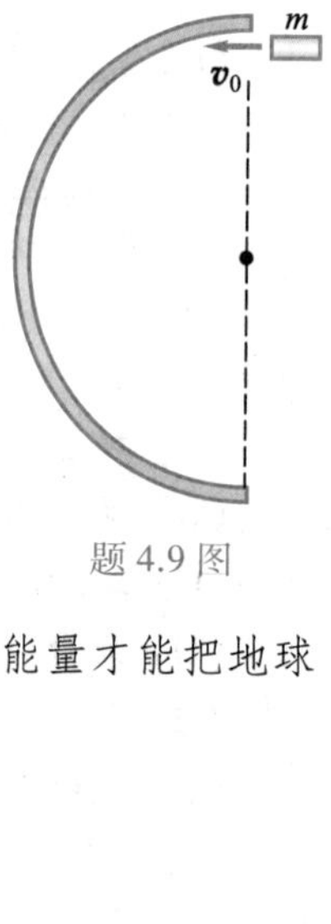

题 4.9 图

4.10 设两粒子间的相互作用的排斥力 $F_f=k/r^3$,k 为常量,r 是二者之间的距离. 试求两粒子相距为 r 时的势能. 设无穷远处势能为零.

4.11 假设地球为质量均匀分布的球体,试计算必须供给多少能量才能把地球完全拆散(用引力常量 G,地球质量 m_E,地球半径 R_E 表示).

4.12 已知某双原子分子的原子间相互作用的势能函数为

$$E_p(x)=\frac{A}{x^{12}}-\frac{B}{x^6}$$

其中 A、B 为常量,x 为分子中原子间的距离. 试求原子间作用力的函数式及原子间相互作用为零时的距离,即系统的平衡位置 x_0.

4.13 在半径为 R 的光滑球面的顶部有一物体. 如题 4.13 图所示. 今使物体获得水平初速 $\boldsymbol{v}_0$,问

(1) 物体在何处($\theta=?$)脱离球面?

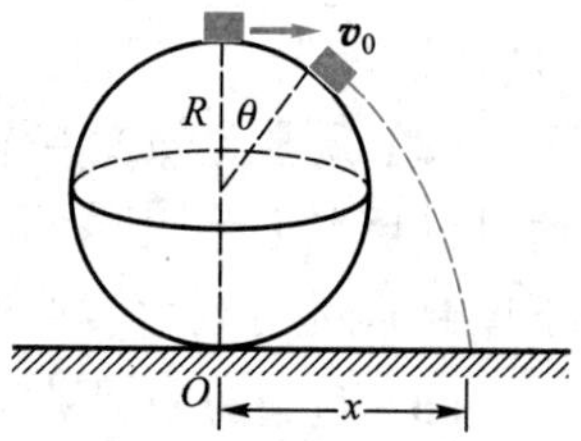

题 4.13 图

(2) 当物体由静止开始下滑到达地面时离开 O 点的距离 x 为多少(设 $R=1$ m)?

(3) v_0 为多大时,方能使物体一开始便脱离球面?

4.14 质量为 m 和 m_0 的两个粒子,最初处于静止,且彼此相距无限远,求在以后任一瞬间由于万有引力的作用,它们彼此接近的相对速度的大小,并用它们之间的距离 r 来表示.

4.15 如题 4.15 图所示,传送带 A 以 $v_0=2\ \mathrm{m\cdot s^{-1}}$ 的速度把 $m=20$ kg 的行李包送到坡道上端,行李包沿光滑的坡道下滑后装到 $m_0=40$ kg 的小车上. 已知小车与传送带间的高度差 $h=0.6$ m,行李包与车板间的滑动摩擦因数 $\mu=0.4$,其他摩擦不计(取 $g=10\ \mathrm{m\cdot s^{-2}}$),求:

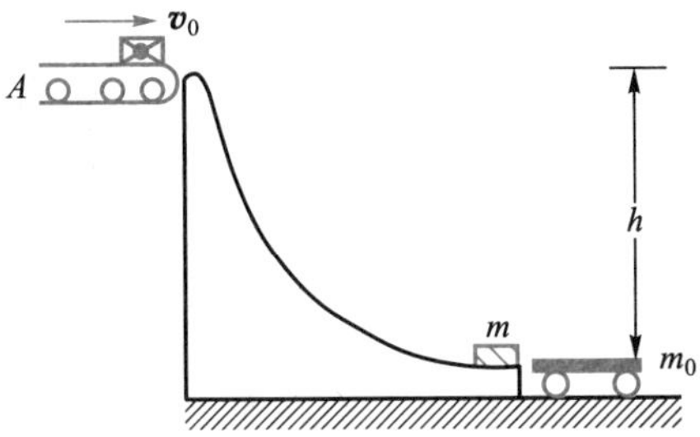

题 4.15 图

(1) 开始时行李包与车板间有相对滑动,当行李包对小车保持相对静止时车的速度多大?

(2) 行李包从刚滑到小车上到它相对小车为静止,所需要时间多少?

4.16 如题 4.16 图所示,光滑斜面的倾角 $\alpha=30°$,一根轻弹簧上端固定,下端轻轻地挂上质量 $m=1.0$ kg 的物块,当物块沿斜面下滑 $x_0=30$ cm 时,恰有一质量 $m_0=0.01$ kg 的子弹以水平速度 $v=200\ \mathrm{m\cdot s^{-1}}$ 射入并陷在其中,设弹簧的劲度系数为 $k=25\ \mathrm{N\cdot m^{-1}}$,求子弹打入物块后它们的共同速度.

4.17 如题 4.17 图所示,质量为 m_0 的平顶小车以速度 v_0 在光滑的水平轨道上匀速前进. 今在车顶的前缘 A 处轻轻放上一个质量为 m 的小物体. 物体相对地面的速度为零. 设物体与车顶之间的摩擦因数为 μ,为使物体不至于从顶上滑出去,问车顶的长度 L 最短应为多少?

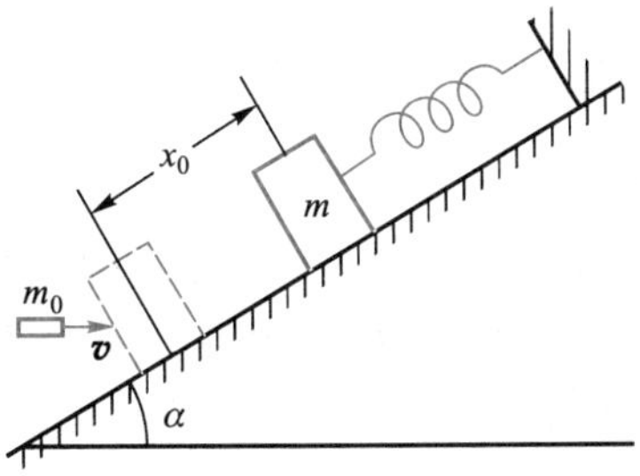

题 4.16 图

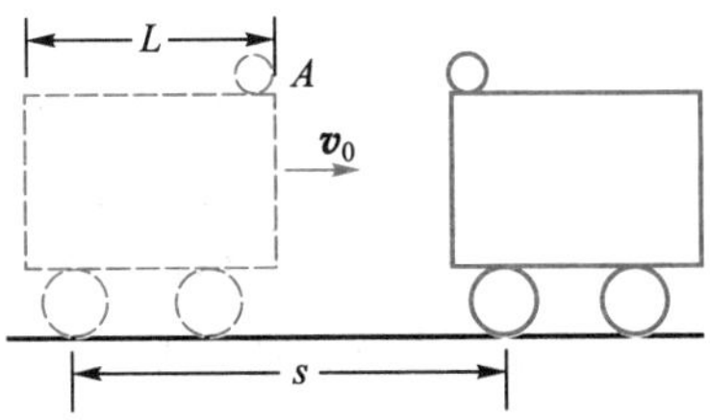

题 4.17 图

4.18 木块 A,B 的质量分别为 m 和 $3m$,用一根劲度系数为 k 的轻弹簧连接起来,放在光滑的水平面上,使 A 紧靠墙壁,如题 4.18 图所示,用力推木块 B 使弹簧压

缩 x_0,然后释放,求:

(1) 释放后,A,B 两木块速度相等时的瞬时速度的大小;

(2) 释放后,弹簧的最大伸长量.

4.19 一个质量为 m 的小球,从质量为 m_0 的四分之一圆弧形槽的顶端由静止滑下,设圆弧槽半径为 R,如题 4.19 图所示. 若忽略一切摩擦,求小球在滑离槽的过程中,

(1) 球对槽所做的功;

(2) 圆弧槽移动的距离.

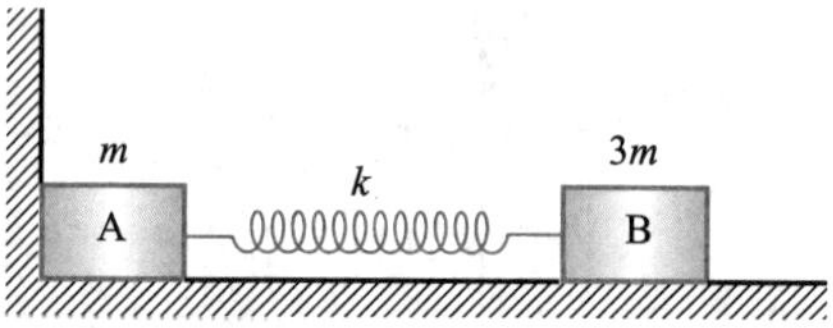

题 4.18 图

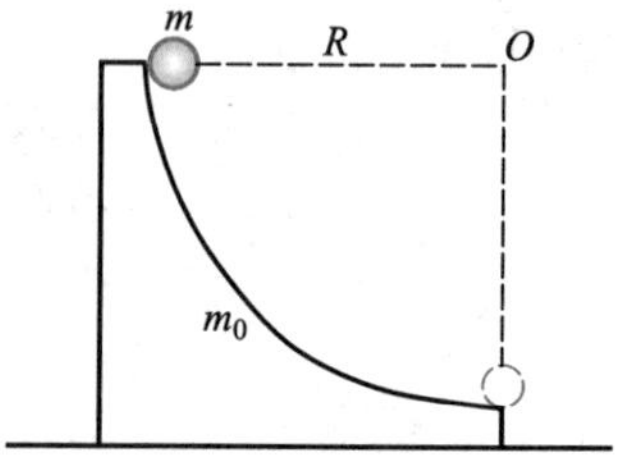

题 4.19 图

第 4 章习题参考答案

4.20 题 4.20 图中 O 为有心力场的力心,排斥力与距离平方成反比:$F=k/r^2$(k 为一常量). 求

(1) 此力场中质量为 m 的粒子的势能;

(2) 粒子以速度 v_0、瞄准距离 b 从远处入射时它能达到的最近距离和此时刻的速度.

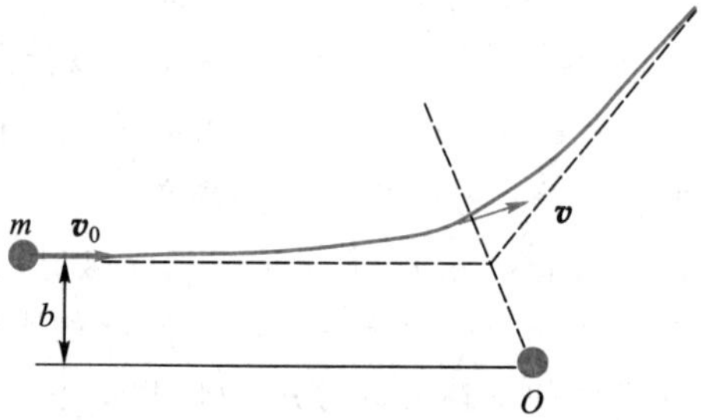

题 4.20 图

科学家介绍

牛顿(Isaac Newton,1643—1727)

说来也巧,就在意大利物理学家伽利略去世的那一年(儒略历的 1642 年),牛顿诞生在英格兰东部林肯郡一个名叫伍尔斯索普的村子里. 牛顿出生前父亲已经去世,三岁那年母亲改嫁给一位牧师,而把他留在了祖母身边. 不幸的是,八年后牧师也病故了. 牛顿的母亲又带着三个孩子回到了伍尔斯索普. 牛顿自幼沉默寡言,性格倔强,大概与这种家庭环境有关.

牛顿从小就爱读书,喜欢做实验和制作模型. 传说他做过一架磨坊模型,动力是一只小老鼠;他家的墙角、窗台上到处放着他刻的日晷,通过观测日影的移动来

牛顿

计时. 12 岁那年他进了离家不远的一所中学——格兰瑟姆中学. 随着年龄的增长,牛顿读书的兴趣愈加浓厚,但中学时代他的学习成绩并不出众. 从这些平凡的环境和活动中看不出幼年的牛顿是一个才能出众、异于常人的儿童. 然而格兰瑟姆中学的校长、还有牛顿的一位当神父的叔叔却别具慧眼,鼓励牛顿上大学读书. 1661 年牛顿以减费生的身份进入剑桥大学三一学院,1665 年毕业后留校工作.

在剑桥大学三一学院学习的日子里,对牛顿带来最大影响的人是卢卡斯讲座的第一任教授,一位博学多才的科学家巴罗,就是这位导师把牛顿引上自然科学的道路. 牛顿在巴罗门下学习,在这段关键的学习时期,牛顿掌握了算术、三角,学习了欧几里得的《几何原理》,开普勒的《光学》,伽利略的《两大世界体系的对话》等,奠定了他科学事业的基础. 巴罗比牛顿大 12 岁,精于数学和光学,他对牛顿的才华极为赞赏,并认为牛顿的数学才能超过自己,以至于后来(1669 年)便让年仅 27 岁的牛顿接替他担任卢卡斯讲座的教授.

1665 年 6 月剑桥因瘟疫的威胁而停课,牛顿回到家乡伍尔斯索普,直到 1667 年才返回学校. 在家乡将近两年的时间里,他得以对自己所研究的问题进行充分的思考,以旺盛的精力从事科学创新,因而这两年成了他一生中创造力最旺盛的时期. 他一生中最重要的科学发现,如微积分、万有引力定律、光的色散等都是在这短短的两年中孕育、萌发和形成的,在以后的岁月里他的工作都是对这一时期研究工作的完善和发展.

牛顿一生的重要发现记录在他的两本经典的物理学巨著中,一本是 1687 年出版的《自然哲学的数学原理》(以下简称《原理》),另一本是 1704 年出版的《光学》.

在《原理》这部经典巨著中,牛顿详尽地阐述了他的绝对时空观,总结提炼了当时已发现的所有力学现象的规律,即现在大家熟知的牛顿运动三定律,提出了质量和动量的概念等,从而形成了经典力学的理论基础.

行星绕日运动轨道究竟是什么样的? 这是当时科学界所关心的问题. 这个问题的答案的公开与万有引力定律的发现以及《原理》一书的出版密切相关.

1684 年 1 月雷恩、哈雷和胡克三位当时英国著名的科学家在伦敦讨论行星运动轨道问题,胡克说他已通晓,但拿不出计算结果,于是牛顿的好友哈雷专程去剑桥请教牛顿. 牛顿告诉哈雷,经他计算,行星绕日轨道正如开普勒定律所说那样是椭圆,但手稿压置多年一时难以找到,牛顿答应重算一遍,约定三个月后完稿. 哈雷如约再访剑桥,牛顿交给他一份手稿《论运动》,哈雷大为赞赏,并建议牛顿写成《原理》全书公开出版,由他出资印刷并亲自督校,1687 年 7 月《原理》第 1 版就这样问世了.

在《原理》一书中,牛顿在惠更斯的向心力公式和自己的运动定律的基础上,运用自己发明的微积分方法解释了开普勒的椭圆轨道,圆满地解决了行星的运动问题,得到了万有引力定律. 牛顿(还有胡克)正确地提出了地球表面物体受的重力与地球月球之间的引力,太阳、行星之间的引力具有相同的本质. 这样就宣告了天上地下的物体都遵循同一规律,彻底否定了亚里士多德以来人们所持有的天上和地下不同的思想,这是人类对自然界认识的第一次大综合,是人类认识史上的一次重大飞跃.

光的颜色问题,早在公元前就有人在猜测,他们把虹的光色和玻璃片的边缘形成的颜色联系起来. 从亚里士多德以来到笛卡儿都认为白光是纯洁的、均匀的,是光的本质,而色光只是光的变种,他们都没有像牛顿那样认真地做过实验.

大约在 1663 年,牛顿即开始热衷于光学研究. 1666 年他购得一块玻璃三棱镜开始研究色散现象,为了达到这个目的,牛顿在他的《光学》一书中写道:"我把我的房间弄暗,在我的窗板上开一个小孔,以便适量的太阳光射入室内,就在入口处安放我的棱镜,光通过棱镜折射到对面的墙上."牛顿看到墙上有彩色的光带,他意识到这些彩色就是组成白色太阳光的原始光色. 值得一提的是,当很多人围绕着三棱镜分解出的七色光谱而稀奇地耍弄的时候,牛顿却从中分析出色散对成像质量的不利影响,同时提出了以金属磨成的反射镜代替会聚透镜作物镜来避免物镜的色散而制作反射式望远镜的巧妙方法,这种方法至今仍然被用来制作大型天文望远镜. 1672 年他因此项发明被接收为伦敦皇家学会会员.

牛顿把他的诸多光学实验研究的结果和分析写进了他的另一本巨著《光学》一书中. 值得一提的是,《光学》的最后部分以独特的形式附上了一份著名的"问题"表,在"问题"中不仅谈到光的折射、反射和双折射等问题,还涉及光与真空,甚至重力、天体等问题,这些问题涉及物理学的诸多方面,富有启发性,后人评价它是《光学》中最主要的部分. 爱因斯坦在为牛顿《光学》1931 年重印本所作的序中说:"牛顿的时代已被淡忘了……牛顿的各种发现已进入公认的知识宝库,尽管如此,他的光学著作的这个新版本还是应当令我们怀着衷心感激的心情去欢迎的,因为只有通过这本书才能有幸看到这位伟大人物本人的活动."

1696 年,牛顿离开剑桥大学迁往伦敦,经人介绍,谋得造币厂监督一职,后任厂长,因改革币制有功,1705 年受封为爵士. 从 1703 年起他一直连任皇家学会会长直到逝世. 他终生未婚,晚年由侄女照顾. 1727 年 3 月 20 日病逝享年 85 岁. 在他一生的后二三十年里,研究神学,在科学上几乎没有什么贡献.

牛顿,作为人类最伟大的科学家之一,其科学成就的取得是与他良好的科学方法和科学品格密切相关的. 他十分重视对自然现象的观察、测量和实验,勤于思索,并善于将猜测假设与实验结果严格区分,通过归纳、演绎,将实验结果条理化,并使之上升为普遍的理论,牛顿运动定律的发现以及不朽著作《原理》就是他巧妙应用归纳法和演绎法的结晶.

严谨治学也是牛顿取得重大成就的原因之一. 月球绕地球运动的周期他早就作过计算,因地球半径的数据不准而一直没有公开,直到 20 多年后有了精确的数据后才发表出来.

牛顿不仅以他的伟大成就闻名于世,而且还以其谦虚美德而为后人传颂. 他对自己能在科学上取得突出的成就以及这些成就的历史地位有着清醒的认识. 他曾说:“如果说我比别人看得远一些的话,那是因为我站在巨人们的肩上.”他临终时还留下这样的遗言:“我不知道世人将怎样看我,但就我自己看来,我始终不过像一个在海滩上玩耍的孩子,不时地因捡到一个比通常更光滑的卵石或更好看的贝壳而感到高兴,但是对于横在我面前的真理的海洋却一无所知.”

第五章

刚体力学基础

实际物体的机械运动,形式是多种多样的,它可以是平动、转动甚至更复杂的运动,并且还可能发生形变. 因此,对于机械运动的研究,只局限于质点的情况是很不够的. 质点的运动实际上只代表了物体的平动. 在本章里将进一步研究物体的转动,并将着重讨论物体绕固定轴的转动. 在研究中,我们忽略物体的形变,只考虑物体的形状和大小,这样引入的理想模型叫做**刚体**. 刚体可以看成是由彼此间距离不变的大量质点组成的质点系,这样我们就可以利用前几章所学的质点和质点系的力学知识来分析和确立刚体的运动规律. 本章首先介绍刚体的基本运动,然后重点讨论刚体定轴转动的规律.

§5.1 刚体的基本运动

一、刚体

在很多情况下,物体在受力和运动过程中形变很小,以致可以忽略它而不影响对问题的研究,这时,为了简化问题,一般假定物体在任何情况下形状和大小都不发生变化,这样的理想模型叫做**刚体**. 研究刚体力学时,把刚体分成许多部分,每一微小部分都小到可看作质点,叫做刚体的"质元". 由于刚体不变形,它可以视为质元间距保持不变的质点系,称为"不变质点系". 把刚体视为不变质点系并运用已知质点和质点系的运动规律去研究,这是研究刚体力学的基本方法.

二、刚体的基本运动形式

刚体的运动可以是多种多样的,其中平动和绕固定轴的转动是刚体的两种最简单也是最基本的运动形式.

1. 刚体的平动

如果在运动过程中,刚体上所有质元都沿平行路径运动,因而连接刚体内任意两点的直线始终与它们的初始位置的连线保持平行时,这种运动就称为刚体的**平动**,如图 5.1 所示.

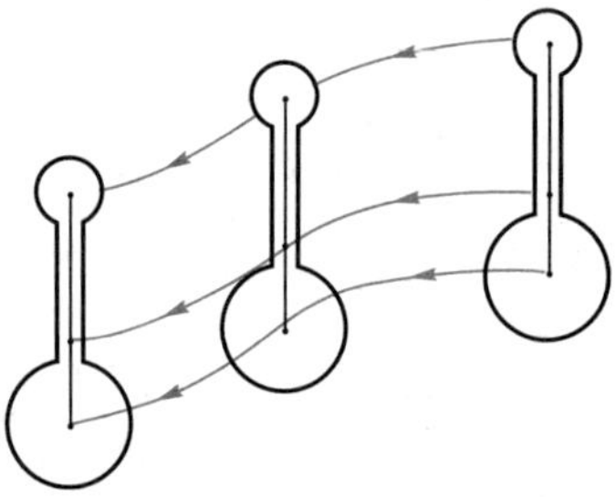

图 5.1

由定义不难看出,刚体平动时,刚体内各质元的运动是完全相同的. 因此只要知道刚体上任意一点的运动,就可以完全确定整个刚体的运动,也就是说,对刚体平动的研究可以归结为对质点运动的研究,通常都是用刚体的质心的运动来代表刚体的平动(见 §3.4).

2. 刚体的定轴转动

如果在运动过程中刚体上任一质元都绕同一直线作圆周运动,则这种运动就称为刚体的**转动**,而该直线称为**转轴**. 若转轴在刚体转动的过程中固定不动,则这种转动称为刚体的**定轴转动**. 例如门窗、车床工件、电机转子等的转动都属于定轴转动;若转轴上有一点静止于参考系,而转轴的方向在变动,这种转动就称为定点转动,如气象雷达天线的转动,玩具陀螺的转动是定点转动的例子,如图 5.2 所示.

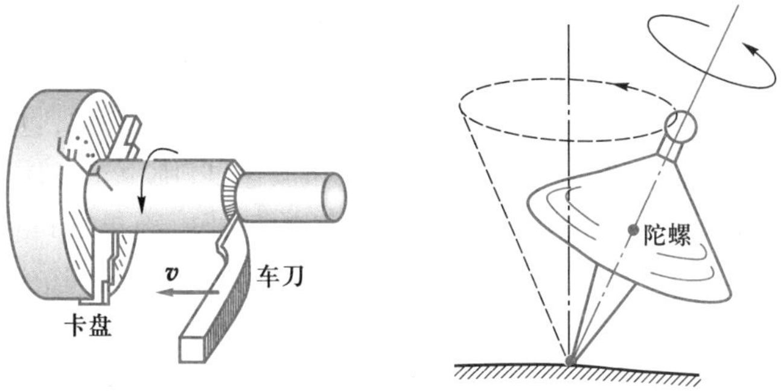

图 5.2

分析表明,刚体的复杂运动总可以看成是平动和转动(定轴转动或定点转动)的叠加. 例如车轮的滚动就可看成是车轮轴的平动和绕轮轴转动的叠加,如图 5.3 所示.

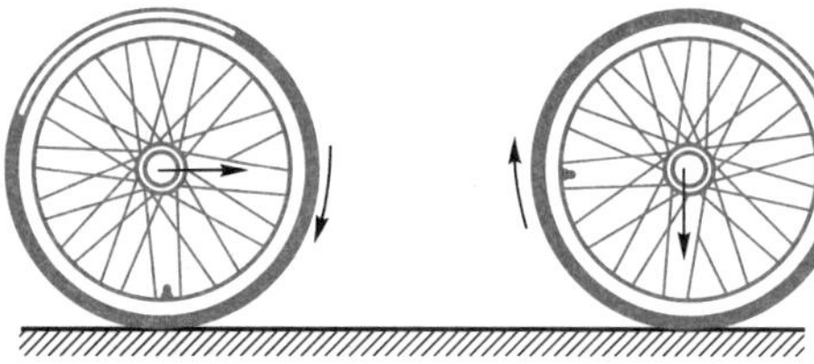

图 5.3

三、刚体定轴转动的描述

刚体绕固定轴的转动具有如下特点:(1) 刚体上所有不在转轴上的各个质元都在做半径不尽相等的圆周运动;(2) 圆周轨道所在平面垂直于转轴,该平面称为**转动平面**,圆轨道的中心就是转动平面与转轴的交点 O,称为**转心**,如图 5.4 所示;(3) 虽然各个质元的圆周运动的半径 r_i 不尽相等,运动的速度 v_i 也不尽相等,但各个 r_i 在相同的时间间隔 Δt 内都转过了相同的角度 $\Delta\theta$.

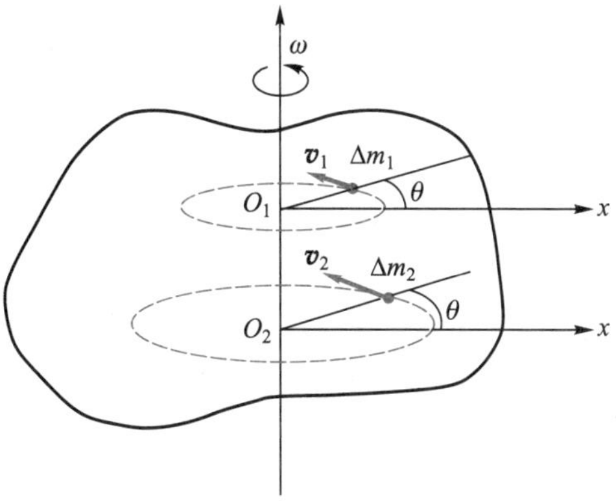

图 5.4

根据以上特点，描述刚体的定轴转动，与描述一个质点的圆周运动一样，可以采用角量来描述. 这时我们可以在刚体上任取一个质元作为代表点 P，作过 P 点的一个转动平面，然后在此平面上取定对参考系静止的坐标轴 Ox，这样就可以用角坐标、角位移、角速度和角加速度来定量地描述刚体的定轴转动了. 我们在 §1.4 中讨论过的角坐标、角位移、角速度和角加速度等概念以及有关公式，也都适用于刚体的定轴转动. 至于刚体内各质点的位移、速度和加速度，则由于各质点到转轴的距离不同而各不相同. 转动中的角位移、角速度和角加速度等角量和质点的位移、速度和加速度等线量之间的关系，也与 §1.4 中讲述圆周运动时的情况相同，在此也不再赘述.

四、角速度矢量

前面曾经强调角位移、角速度和角加速度等都是代数量，它们的正负取决于它们与规定的角坐标的正方向是相同还是相反. 在刚体做定轴转动的情况下，转轴的方位已固定，刚体转动的方向只有正反两种，因此将它们看作代数量在进行一般计算时还是比较方便的. 然而，在刚体并非做定轴转动时，其转轴的方位可能在空间变化，这时为了既描述转动的快慢又能说明转轴的方位，就要用矢量来描述角速度. **角速度矢量 $\boldsymbol{\omega}$** 是这样规定的：在转轴上画一有向线段，使其长度按一定比例代表角速度的大小 $\left|\dfrac{d\theta}{dt}\right|$，它的指向与刚体转动方向之间的关系按右手螺旋定则确定，即右手螺旋转动的方向和刚体转动的方向相一致，则螺旋前进的方向便是角速度矢量的正方向，如图5.5所示.

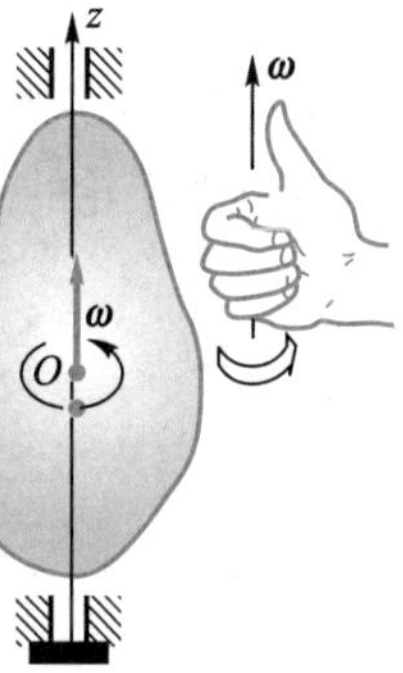

图 5.5

在转轴上确定了角速度矢量 $\boldsymbol{\omega}$ 之后则刚体上任一质点 P（相对于 O' 的位矢为 $\boldsymbol{R}_i$，其大小等于离转轴的距离 $O'P$，相对于坐标原点 O 的位矢为 $\boldsymbol{r}_i$）的线速度 $\boldsymbol{v}$ 与角速度 $\boldsymbol{\omega}$ 之间的关系可表示为

$$\boldsymbol{v}=\boldsymbol{\omega}\times\boldsymbol{R}_i=\boldsymbol{\omega}\times\boldsymbol{r}_i \tag{5.1}$$

速度的大小为

$$v=\omega r_i\sin\theta=\omega R_i \tag{5.2}$$

$\boldsymbol{v}$ 的方向垂直于 $\boldsymbol{\omega}$ 和 $\boldsymbol{r}_i$ 组成的平面，并符合右手螺旋定则，如图 5.6 所示.

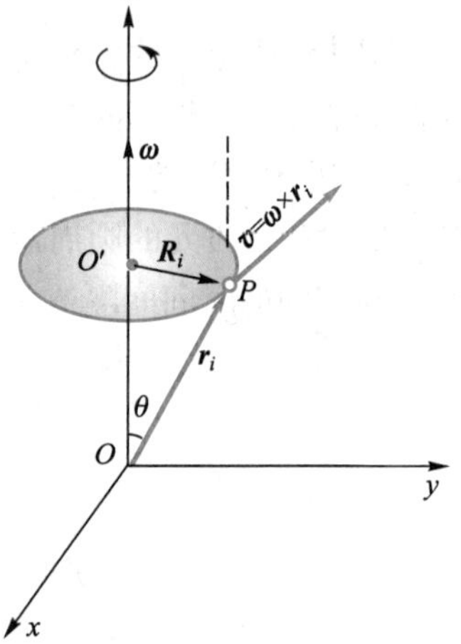

图 5.6

[例 5.1] 一发电机的转子的转速在 8 s 内由 1 200 r · min^{-1} 均匀地增加到 2 880 r · min^{-1}，试求：

(1) 转子的角加速度 α；

（2）在这段时间内转子转过的圈数.

［解］（1）在工程上，角速度 ω 也常用每分钟转过的圈数 n（单位为 $\mathrm{r\cdot min^{-1}}$，称为转速）来表示. 显然，ω 与 n 的关系是

$$\omega=\frac{\pi n}{30}$$

因此，转速 $n_1=1\ 200\ \mathrm{r\cdot min^{-1}}$ 和 $n_2=2\ 880\ \mathrm{r\cdot min^{-1}}$ 相对应的角速度 ω_1 和 ω_2 分别是

$$\omega_1=\frac{2\pi\times1\ 200}{60}\ \mathrm{rad\cdot s^{-1}}=40\pi\ \mathrm{rad\cdot s^{-1}}$$

$$\omega_2=\frac{2\pi\times2\ 880}{60}\ \mathrm{rad\cdot s^{-1}}=96\pi\ \mathrm{rad\cdot s^{-1}}$$

由题设，转子做匀加速定轴转动，故有

$$\alpha=\frac{\omega_2-\omega_1}{\Delta t}=\frac{(96-40)\pi}{8}\ \mathrm{rad\cdot s^{-2}}$$

$$=7\pi\ \mathrm{rad\cdot s^{-2}}\approx22.0\ \mathrm{rad\cdot s^{-2}}$$

（2）8 s 内转子的角位移

$$\Delta\theta=\theta-\theta_0=\omega_1 t+\frac{1}{2}\alpha t^2$$

$$=40\pi\times8\ \mathrm{rad}+\frac{1}{2}\times7\pi\times8^2\ \mathrm{rad}$$

$$=544\pi\ \mathrm{rad}$$

因而转子在这段时间内转过的圈数

$$N=\frac{\Delta\theta}{2\pi}=\frac{544\pi}{2\pi}=272$$

复习思考题

5.1 （1）车厢沿斜坡的直线运动是不是平动？（2）车厢沿任意曲线轨道的运动是不是平动？

5.2 根据 ω 与 α 的正负，说明定轴转动刚体在什么情况下做加速转动？又在什么情况下做减速转动？

§ 5.2 力矩 转动定律

一、力矩

我们知道，改变物体的平动状态需要有力的作用，但是只有力的作用是否能改

变刚体的转动状态呢？例如，想将门推开，力作用在门轴上，或是力的方向平行于门轴方向，都不能将门推开. 看来有力还不一定能改变转动状态，关键在于力的作用必须有垂直于轴的分量，并且其作用线与轴有一定距离，才能将门推开，才能改变门的转动状态.

设力 $\boldsymbol{F}$ 在垂直转轴的平面内，作用点 P 距转轴在平面上的垂点 O 的距离为 r，P 点的径矢为 $\boldsymbol{r}$，力的作用线到轴的距离为 d，称为 $\boldsymbol{F}$ 对轴的力臂，由图 5.7 可见 $d=r\sin\theta$，θ 是力 $\boldsymbol{F}$ 与位矢 $\boldsymbol{r}$ 之间的夹角，定义力的大小与力臂的乘积为该力对转轴的力矩的大小，力矩用符号 $\boldsymbol{M}$ 表示，则力矩的大小为

$$M=Fd=Fr\sin\theta \tag{5.3}$$

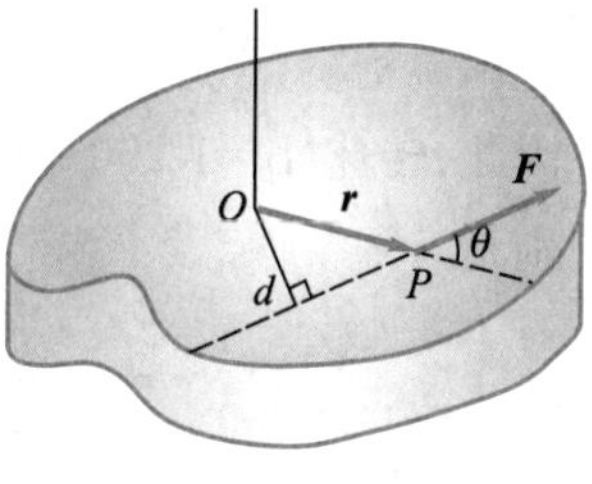

图 5.7

力矩是矢量，力矩的方向可由右手螺旋定则来确定. 右手螺旋定则是：伸平右手，使手平面垂直于 $\boldsymbol{r}$ 与 $\boldsymbol{F}$ 构成的平面，然后四指由径矢 $\boldsymbol{r}$ 的方向经小于 π 的角度转到力 $\boldsymbol{F}$ 的方向，此时拇指指示的方向就是力矩 $\boldsymbol{M}$ 的方向，如图 5.8 所示. 因此力矩 $\boldsymbol{M}$ 可用径矢 $\boldsymbol{r}$ 和力 $\boldsymbol{F}$ 的矢积来表示

$$\boldsymbol{M}=\boldsymbol{r}\times\boldsymbol{F} \tag{5.4}$$

在定轴转动中，刚体不是顺时针转动，就是逆时针转动，因此力矩方向可用正、负来表示.

如果外力 $\boldsymbol{F}$ 不在垂直于转轴的平面内，如图 5.9 所示，就必须把外力分解为两个分力，一个与转轴平行 $\boldsymbol{F}_{/\!/}$，另一个在与转轴垂直的平面内，即与转轴垂直的分量 $\boldsymbol{F}_{\perp}$. 由于 $\boldsymbol{F}_{/\!/}$ 不能改变刚体定轴的转动状态，因此定义 $\boldsymbol{F}_{/\!/}$ 对转轴的力矩为零，这样任意力 $\boldsymbol{F}$ 对转轴的力矩等于 $\boldsymbol{F}_{\perp}$ 对转轴的力矩，

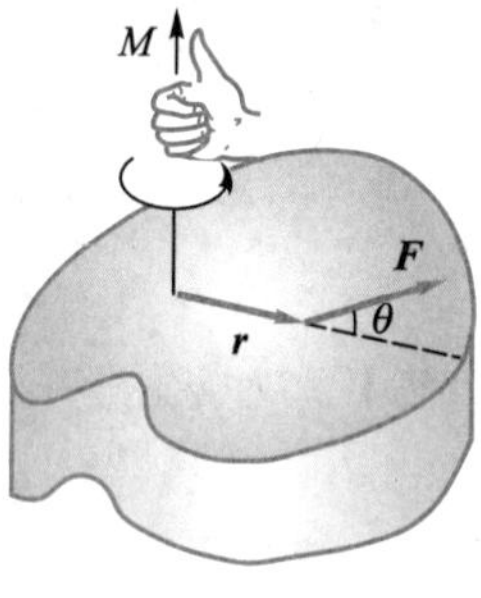

图 5.8

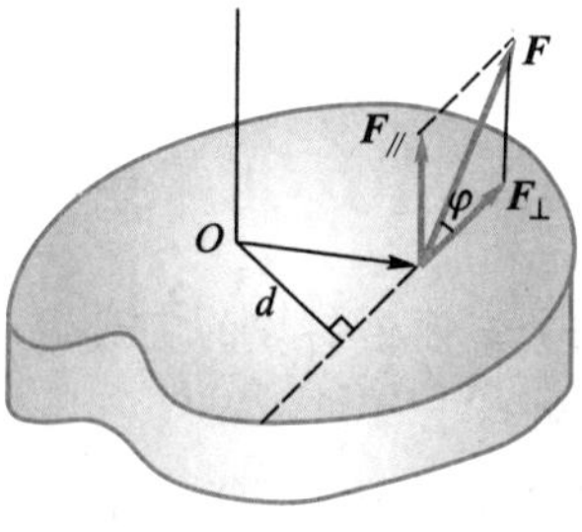

图 5.9

$$\boldsymbol{M}(\boldsymbol{F})=\boldsymbol{M}(\boldsymbol{F}_{\perp})=\boldsymbol{r}\times\boldsymbol{F}_{\perp} \tag{5.5}$$

在研究物体更为一般的转动中，引入力对点的力矩这一概念更为方便.

设力 $\boldsymbol{F}$ 的作用点为 A，如图 5.10 所示，任选的 O 点（称为矩心）到 A 的径矢为 $\boldsymbol{r}$，则力 $\boldsymbol{F}$ 对 O 点的力矩 $\boldsymbol{M}_O$ 为径矢 $\boldsymbol{r}$ 与力 $\boldsymbol{F}$ 的矢积，即

$$\boldsymbol{M}_O=\boldsymbol{r}\times\boldsymbol{F} \tag{5.6}$$

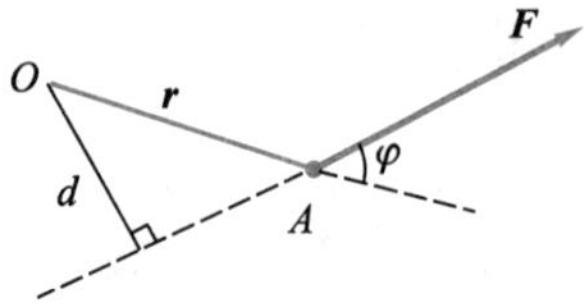

图 5.10

$\boldsymbol{M}_O$ 的大小为

$$|\boldsymbol{M}_O| = Fr\sin\varphi \tag{5.7}$$

$\boldsymbol{M}_O$ 的方向垂直于径矢 $\boldsymbol{r}$ 和 $\boldsymbol{F}$ 组成的平面，指向由右手螺旋定则确定.

二、转动定律

刚体绕定轴 z 轴转动，在任意时刻 t 角速度为 ω，角加速度为 α. 刚体可视为由许多质元组成，取某一质元 i 质量为 Δm_i，与转轴的垂直距离为 r_i，如图 5.11 所示. 作用于质元 Δm_i 的力来自两方面：一是刚体以外的一切作用力的合力称为外力 $\boldsymbol{F}_{外i}$；二是来自刚体内各质元对质元 i 的合力称为内力 $\boldsymbol{F}_{内i}$. 刚体绕 z 轴转动过程中，质元以 r_i 为半径做圆周运动，由牛顿第二定律有

演示实验：赛跑

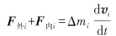

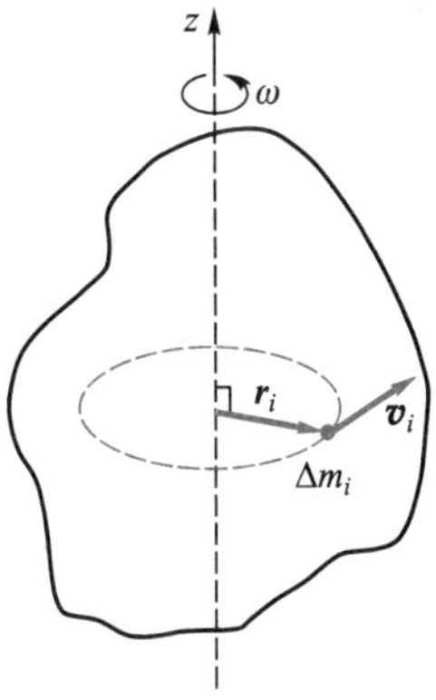

图 5.11

$$\boldsymbol{F}_{外i}+\boldsymbol{F}_{内i}=\Delta m_i\frac{\mathrm{d}\boldsymbol{v}_i}{\mathrm{d}t}$$

将此矢量式投影到质元 i 的圆轨迹切线方向上，则有

$$F_{t外i}+F_{t内i}=\Delta m_i a_{ti}=\Delta m_i r_i\alpha$$

将此式两边乘以 r_i，并对整个刚体求和，则有

$$\sum_i F_{t外i}r_i+\sum_i F_{t内i}r_i=\left(\sum_i \Delta m_i r_i^2\right)\alpha \tag{5.8}$$

(5.8)式左边第一项为所有作用在刚体上的外力对 z 轴的力矩的总和，即作用于定轴转动刚体的合外力矩，用 M_z 表示；第二项为所有内力对 z 轴的力矩的总和，由于内力成对出现，大小相等，方向相反，且在同一条直线上，因此内力对 z 轴的力矩的和恒为零，即 $\sum\limits_{i,j}^{i\neq j} F_{ij内}r_{ij}=0$，令

$$J_z=\sum_i \Delta m_i r_i^2 \tag{5.9}$$

称为刚体对 z 轴的转动惯量，则(5.8)式可写为

$$M_z=J_z\alpha=J_z\frac{\mathrm{d}\omega}{\mathrm{d}t} \tag{5.10}$$

(5.10)式表明：刚体绕定轴转动时，作用在刚体上所有外力对该轴的力矩的总和(即合外力矩)，等于刚体对该轴的转动惯量与角加速度的乘积. 这就是转动定律.

由转动定律可知，作用于定轴转动刚体的外力矩是改变刚体转动状态的原因，它的效果是产生角加速度，刚体一旦受到合外力矩的作用，就会产生角加速度，刚体的角加速度随合外力矩产生、变化、消失而产生、变化、消失，是一一对应的瞬时关系，所以转动定律是力矩的瞬时作用规律. 转动定律在刚体定轴转动中的地位，就相当于牛顿第二定律在平动中的地位；另外，当合外力矩一定，如果转动惯量大，则角加速度小，说明刚体不容易改变转动状态，即保持自己原有转动状态不变的本领大，刚体的转动惯性大，反之亦然，可见任何物体不仅有保持自己原有的平动状态不变的属性(即平动惯性)，也具有保持自己原有转动状态不变的属性(即转动惯

性),而转动惯量是从改变刚体转动状态的难易程度的角度定量量度了定轴转动刚体的转动惯性的大小.

下面我们将对如何计算转动惯量作简单介绍.

三、转动惯量

由转动惯量的定义,刚体对 z 轴的转动惯量,等于刚体上各质元的质量与该质元到转轴的垂直距离平方的乘积之和,即

$$J_z = \sum_i \Delta m_i r_i^2$$

当刚体的质量是连续分布时,则上式求和应变为定积分. 即

$$J_z = \int_V r^2 \mathrm{d}m = \int_V r^2 \rho \mathrm{d}V \qquad (5.11\text{a})$$

式中 V 表示积分遍及刚体的整个体积,r 为质量为 $\mathrm{d}m$ 的质元到转轴的距离,ρ 是刚体的质量密度,$\mathrm{d}V$ 是质元的体积.如果刚体的质量连续分布在一个平面上或一根细线上,则可用质量面密度 σ 或质量线密度 λ 取代(5.11a)式中的 ρ,此时(5.11a)式中的体积分分别改为面积分或线积分.

$$J = \int_S r^2 \mathrm{d}m = \int_S r^2 \sigma \mathrm{d}S \qquad (5.11\text{b})$$

或

$$J = \int r^2 \mathrm{d}m = \int_l r^2 \lambda \mathrm{d}l \qquad (5.11\text{c})$$

[例 5.2] 一质量为 m,长为 l 的均匀细棒,求细棒相对于

(1) 垂直于棒且通过棒的中心的轴的转动惯量;

(2) 垂直于棒且通过棒的一端的轴的转动惯量.

[解] (1) 细棒的质量线密度 $\lambda = \dfrac{m}{l}$(单位长度棒的质量). 取坐标如图 5.12 所示. 在细棒 x 处取质元 $\mathrm{d}x$,其质量为 $\mathrm{d}m=\lambda\mathrm{d}x$. 质元对转轴 O 的转动惯量

$$\mathrm{d}J_O = x^2 \lambda \mathrm{d}x$$

整个细棒对转轴 O 的转动惯量

$$J_O = \int \mathrm{d}J_O = \int_{-\frac{l}{2}}^{+\frac{l}{2}} x^2 \lambda \mathrm{d}x = \frac{1}{12} m l^2$$

可见,转动惯量与总质量有关.

(2) 转轴 O 与棒垂直且过棒的一端,取坐标如图 5.13,细棒线密度仍为 $\lambda = \dfrac{m}{l}$,在细棒 x 处取 $\mathrm{d}x$ 质元,质元质量 $\mathrm{d}m=\lambda\mathrm{d}x$. 对 O 轴转动惯量为

$$\mathrm{d}J_O = x^2 \lambda \mathrm{d}x$$

整个细棒对转轴 O 的转动惯量

$$J_O = \int \mathrm{d}J_O = \int_0^l x^2 \lambda \mathrm{d}x = \frac{1}{3} m l^2$$

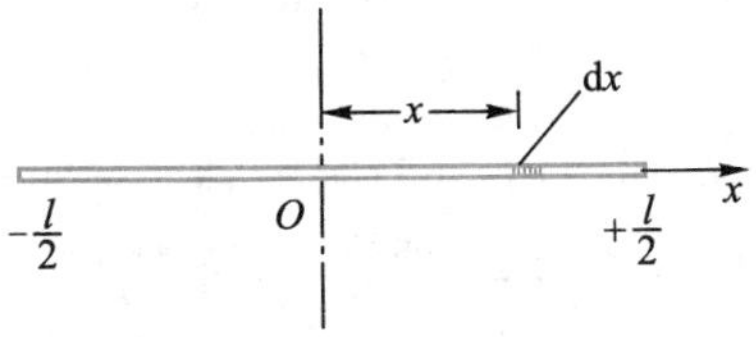

图 5.12

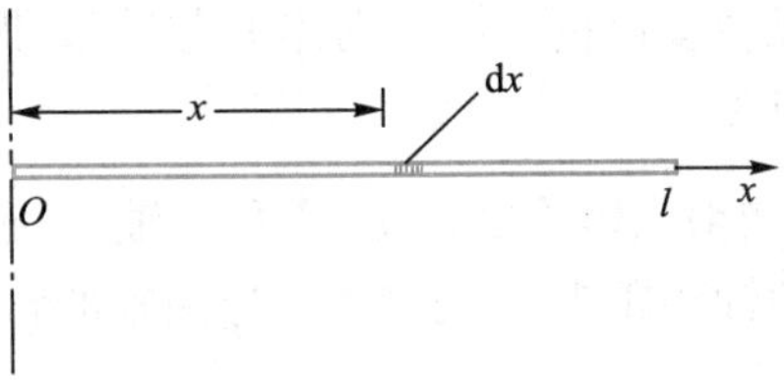

图 5.13

由上可见,(2)的解题思路与步骤和(1)相同,结果的差异表明转动惯量不仅与总质量有关,还与转轴的位置有关. 因此,在说明某刚体的转动惯量时,必须指出该刚体是相对于哪个转轴的转动惯量.

[例 5.3] (1) 求质量为 m、半径为 R 的匀质细圆环,对过圆心与圆平面垂直的转轴的转动惯量;

(2) 如果将圆环换作质量仍为 m 且半径仍为 R 的匀质圆盘,转轴位置不变,其转动惯量为多少?

[解] (1) 将细圆环视为由许多段微小圆弧组成,每段质量为 $\mathrm{d}m$,如图 5.14 所示,对转轴 O 的转动惯量为

$$\mathrm{d}J_O=R^2\mathrm{d}m$$

于是

$$J_O=\int \mathrm{d}J_O=\int_0^m R^2\mathrm{d}m=R^2m$$

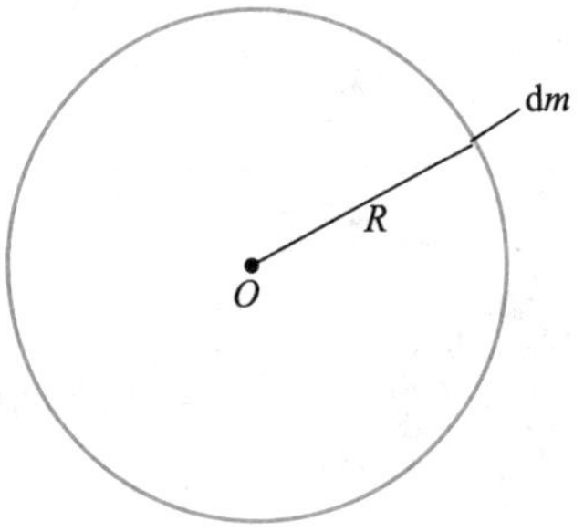

图 5.14

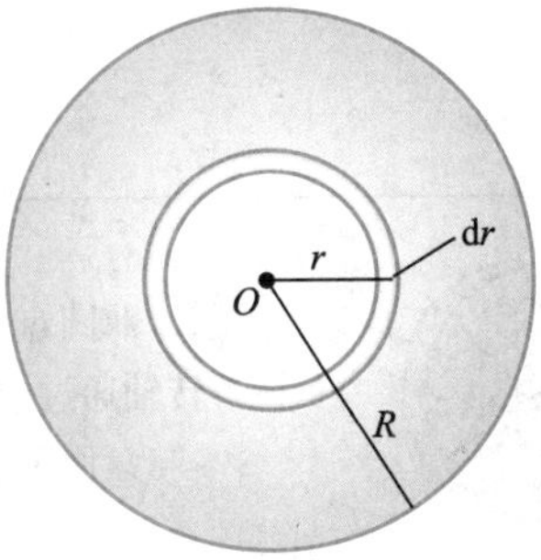

图 5.15

(2) 把圆盘视为由许多半径为 r、宽为 $\mathrm{d}r$ 的细圆环组成. 圆盘的质量面密度为 $\sigma=\dfrac{m}{\pi R^2}$(单位面积的质量). 取半径为 r、宽为 $\mathrm{d}r$ 的细圆环,其质量为 $\mathrm{d}m=\sigma 2\pi r\mathrm{d}r$,如图 5.15 所示. 由(1)可知细圆环对轴 O 的转动惯量为

$$\mathrm{d}J_O=r^2\mathrm{d}m=2\pi\sigma r^3\mathrm{d}r$$

则整个圆盘对转轴 O 的转动惯量为

$$J_O=\int \mathrm{d}J_O=\int_0^R 2\pi\sigma r^3\mathrm{d}r=\frac{1}{2}R^2m$$

可见转动惯量不仅与刚体的总质量和转轴的位置有关,还与刚体质量的空间分布有关.

如果刚体质量为 m,若有一轴 z_C 通过刚体的质心 C,还有另一轴 z 与轴 z_C 平行,两轴相距为 d,则刚体对这两轴的转动惯量有如下关系(理论证明从略)

$$J=J_C+md^2$$

上式称为平行轴定理,式中 J_C 为刚体相对通过质心 C 的轴 z_C 的转动惯量,J 为刚体相对另一平行轴 z 的转动惯量. 在例 5.2 中,通过细棒质心的轴的转动惯量为 $J_C=\frac{1}{12}ml^2$,通过细棒一端与之平行轴的转动惯量为 J,由平行轴定理可很方便得出

$$J=J_C+md^2=\frac{1}{12}ml^2+m\left(\frac{l}{2}\right)^2=\frac{1}{3}ml^2$$

其结果与例题计算结果是一致的.

对形状复杂的刚体,用理论计算的方法求解转动惯量是较困难的,实际中多用实验方法测定. 一些典型的匀质刚体(质量为 m)对给定轴的转动惯量,见表 5.1.

表 5.1 转动惯量例

<table>
<tr>
<td>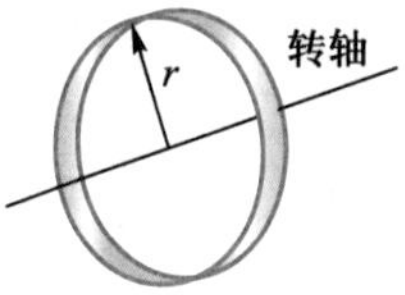

圆环
转轴通过中心
与环面垂直
$J=mr^2$</td>
<td>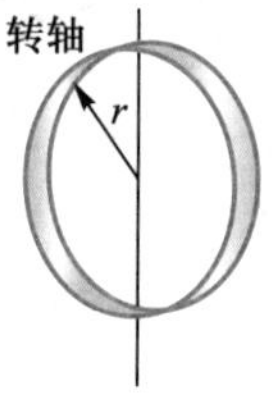

圆环
转轴沿直径
$J=\frac{1}{2}mr^2$</td>
</tr>
<tr>
<td>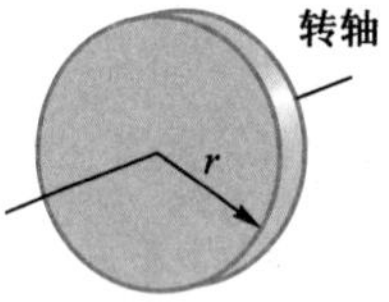

薄圆盘
转轴通过中心
与盘面垂直
$J=\frac{1}{2}mr^2$</td>
<td>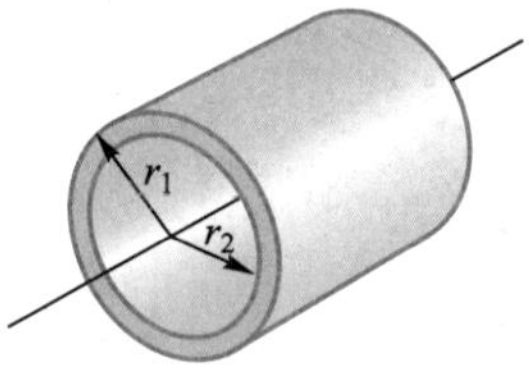

圆筒
转轴沿几何轴
$J=\frac{m}{2}(r_1^2+r_2^2)$</td>
</tr>
<tr>
<td>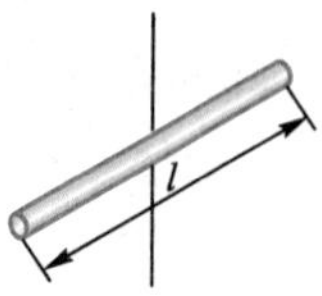

细棒
转轴通过中点
与棒垂直
$J=\frac{1}{12}ml^2$</td>
<td>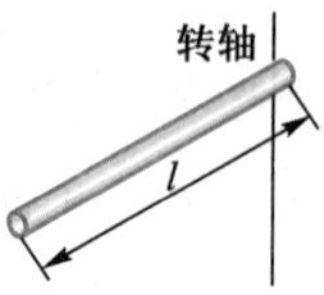

细棒
转轴通过端点
与棒垂直
$J=\frac{1}{3}ml^2$</td>
</tr>
</table>

续表

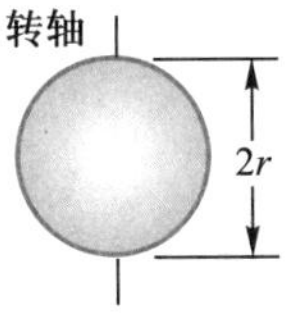 球体 转轴沿直径 $J=\frac{2}{5}mr^2$	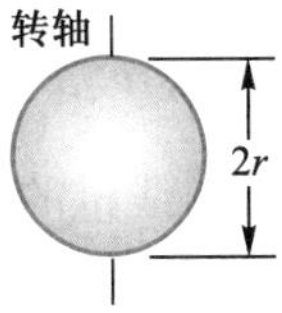 球壳 转轴沿直径 $J=\frac{2}{3}mr^2$

四、转动定律的应用

我们知道转动定律在转动中的地位，就相当于牛顿第二定律在平动中的地位，它是力矩的瞬时作用规律. 转动定律描写的是刚体的转动惯量、合外力矩和角加速度三者之间的关系，只要知道其中两个物理量，就可求出另一个物理量. 利用转动定律分析问题的思路和方法是：

(1) 根据问题的要求和计算的方便，确定研究对象.

(2) 进行受力分析，分析力的目的是为了求出力对转轴的力矩，对不产生力矩的力可以不作分析.

(3) 分析研究对象的转动特点，有无角加速度等.

(4) 规定转动的正方向，列方程求解，必要时对结果进行讨论.

[例 5.4] 一根轻绳跨过一个半径为 r，质量为 m_0 的定滑轮，绳的两端分别系有质量为 m_1 和 m_2 的物体，如图 5.16 所示. 假设绳不能伸长，并忽略轮轴的摩擦，绳与滑轮也无相对滑动. 求定滑轮转动的角加速度和绳中的张力.

[解] 根据题设条件，滑轮与细绳之间无滑动，这表明两者之间存在摩擦力，正因为摩擦力的存在，使绳子在运动中带动定滑轮转动，且使定滑轮两边的绳子中张力不等.

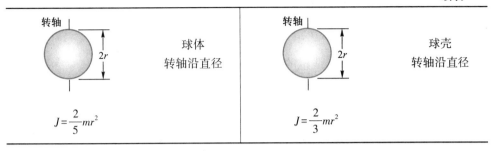

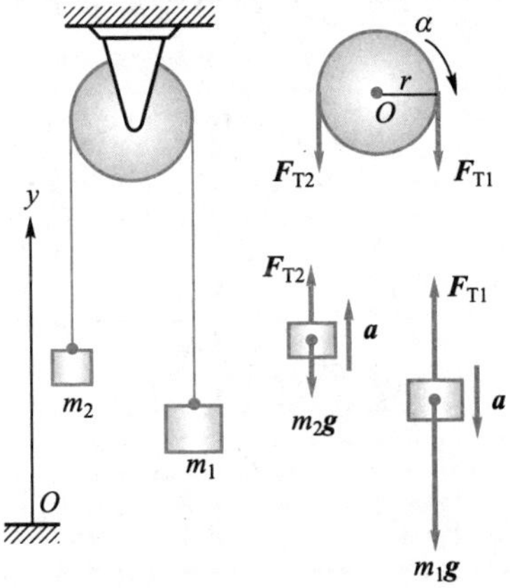

图 5.16

用隔离体法，分别选取物体 m_1、m_2、定滑轮为研究对象，研究其受力情况并作力图，如图 5.16 所示，设 m_1 的加速度大小为 a，方向向下，由于绳子不可伸长故 m_2 的加速度大小也为 a，方向向上. 设向上为坐标轴正向，定滑轮的角加速度方向垂直纸面向内为正.

对于平动物体 m_1、m_2 应用牛顿第二定律列方程如下：

$$-m_1g+F_{T1}=-m_1a$$

$$F_{T2}-m_2g=m_2a$$

对于定滑轮，应用转动定律列方程如下：

$$F_{T1}r-F_{T2}r=J\alpha=\frac{1}{2}m_0r^2\alpha$$

平动和转动之间，有角量与线量的关系，列必需的辅助方程

$$a=r\alpha$$

以上四个方程联立求解，得到

$$\alpha=\frac{(m_1-m_2)g}{(m_1+m_2+m_0/2)r}$$

$$a=\frac{(m_1-m_2)g}{m_1+m_2+m_0/2}$$

$$F_{T1}=\frac{(2m_1m_2+m_1m_0/2)g}{m_1+m_2+m_0/2}$$

$$F_{T2}=\frac{(2m_1m_2+m_2m_0/2)g}{m_1+m_2+m_0/2}$$

复习思考题

5.3　刚体的转动惯量与哪些因素有关？

5.4　如思考题 5.4 图所示，一个半径为 R，面密度为 σ 的薄圆盘上开了一个半径为 $\frac{R}{2}$ 的圆孔，圆孔与盘缘相切，试计算该圆盘对于通过其中心 O 点而与圆盘垂直的轴的转动惯量.

5.5　如思考题 5.5 图所示，A、B 为两个完全相同的定滑轮，A 的绳端悬挂重 $\boldsymbol{P}=m\boldsymbol{g}$ 的重物，对 B 的绳端施以 $\boldsymbol{F}=m\boldsymbol{g}$ 的外力，则两个滑轮的角加速度是否相同？为什么？

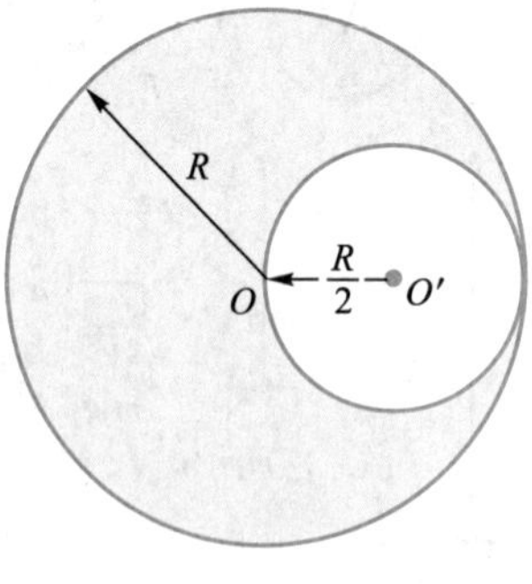

思考题 5.4 图

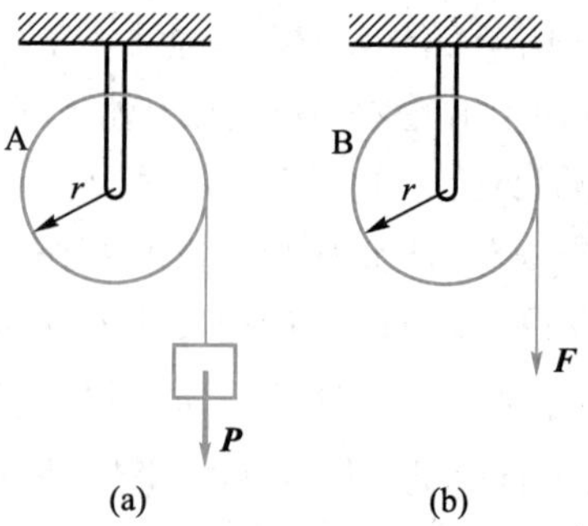

思考题 5.5 图

§ 5.3 刚体定轴转动的动能定理

现在,我们来讨论刚体在定轴转动中的功能关系.

一、刚体定轴转动的动能

设物体以角速度 ω 绕一固定轴转动,它的转动动能就是刚体中每个质元做圆周运动的动能之和,即

$$E_{ki}=\frac{1}{2}m_iv_i^2=\frac{1}{2}m_iR_i^2\omega^2$$

$$E_k=\sum_i E_{ki}=\sum_i\frac{1}{2}m_iv_i^2$$

$$=\frac{1}{2}\omega^2\sum_i m_iR_i^2=\frac{1}{2}J\omega^2 \tag{5.12}$$

式中 R_i 是每个质元到转轴的距离,J 是刚体对转轴的转动惯量. 因此,用转动惯量和角速度能够方便地表示刚体的转动动能. 将(5.12)式与质点的动能$\frac{1}{2}mv^2$ 相比较,再一次看出转动惯量 J 是刚体绕轴转动惯性大小的量度,就像质量是物体平动惯性的量度一样.

二、力矩的功

力对质点做的功是由力与质点位移的标积来确定,刚体转动时,作用力可以作用在不同的质元上,各个质元的位移也不尽相同,如何来计算力对转动刚体所做的功呢? 不言而喻,力对刚体做的功应是各个力对各个相应质元所做功的总和.

刚体绕定轴转动时,各个质元在自己的转动平面内做圆周运动,因此垂直于转动平面的力不会做功,故在讨论中可假定作用在任一质元上的力 $\boldsymbol{F}_i$ 位于转动平面内,如图 5.17 所示. 当刚体绕固定轴 O 转过一极小的角度 $\mathrm{d}\theta$ 时,某质元 P 的位移为 $\mathrm{d}\boldsymbol{r}_i$,$\mathrm{d}r_i=R_i\mathrm{d}\theta$,则力 $\boldsymbol{F}_i$ 做的元功

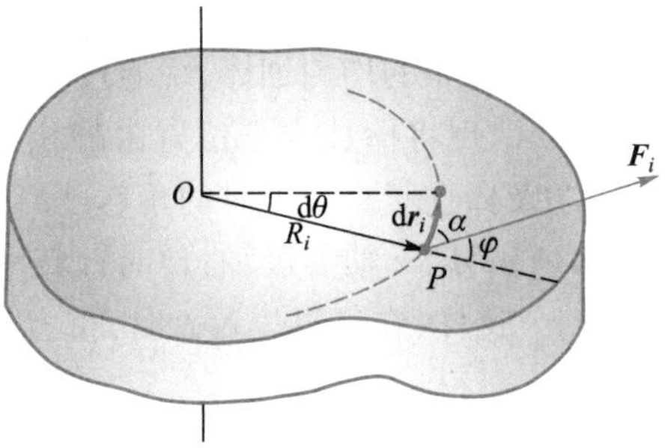

图 5.17

$$\mathrm{d}A_i=\boldsymbol{F}_i\cdot\mathrm{d}\boldsymbol{r}_i=F_i\cos\alpha\mathrm{d}r_i=F_i\cos\alpha\cdot R_i\mathrm{d}\theta$$

而 $\boldsymbol{F}_i$ 对转轴 O 的力矩

$$M_i=F_iR_i\sin\varphi=F_iR_i\cos\alpha$$

所以

$$\mathrm{d}A_i=M_i\mathrm{d}\theta$$

设刚体从 θ_0 转到 θ，则力 $\boldsymbol{F}_i$ 做的功为

$$A_i=\int_{\theta_0}^{\theta}M_i\mathrm{d}\theta$$

再对作用于刚体的各个力的功求和，就得到它们对刚体所做的总功

$$\begin{aligned}A&=\sum_i A_i=\sum_i\left(\int_{\theta_0}^{\theta}M_i\mathrm{d}\theta\right)\\&=\int_{\theta_0}^{\theta}\left(\sum_i M_i\right)\mathrm{d}\theta=\int_{\theta_0}^{\theta}M\mathrm{d}\theta\end{aligned}\tag{5.13}$$

由此可见，力对刚体做的功可用力矩与刚体角位移乘积的积分来表示，故也称为**力矩的功**.

三、刚体定轴转动的动能定理

我们一再强调，刚体是一个特殊的质点系，因此质点系的动能定理也适用于刚体，于是有

$$A_{外}+A_{内}=E_{\mathrm{k}}-E_{\mathrm{k0}}$$

根据§3.2的讨论，一对作用力和反作用力的元功之和仅与两质元间相对元位移有关，由于刚体的各质元之间的相对位置在运动过程中保持不变，所以对刚体而言，内力不做功，即 $A_{内}=0$. 利用(5.12)式和(5.13)式，上式又可写作

$$\int_{\theta_0}^{\theta}M\mathrm{d}\theta=\frac{1}{2}J\omega^2-\frac{1}{2}J\omega_0^2\tag{5.14}$$

(5.14)式就是刚体定轴转动的动能定理的表示式，其中 M 为作用于刚体的所有外力对转轴的总力矩. 用文字可表述为：**刚体绕定轴转动时，转动动能的增量等于刚体所受外力矩所做的总功**. (5.14)式读者也可由 $\mathrm{d}A=M\mathrm{d}\theta$，结合刚体定轴转动的转动定律推导出来.

顺便指出，质点系的功能原理和机械能守恒定律也适用于刚体，在此不再赘述.

[例5.5] 一长为 l、质量为 m 的均匀细棒，绕通过 A 端的水平轴 z 在竖直平面内自由转动，如图5.18所示. 现将棒从水平位置由静止释放，试求棒转到竖直位置的过程中重力所做的功及棒在竖直位置时的角速度.

[解] (1) 如图5.18所示，以 x 轴为极轴，逆时针转动的 θ 角为正. 重力可视为作用在均匀棒重心 C 上. 这样，在任意位置 θ 时，重力对 z 轴的力矩为

$$M_z=-mg\frac{l}{2}\sin\theta$$

可见，M_z 随 θ 而变，重力的元功为

$$dA=M_z d\theta=-mg\frac{l}{2}\sin\theta d\theta$$

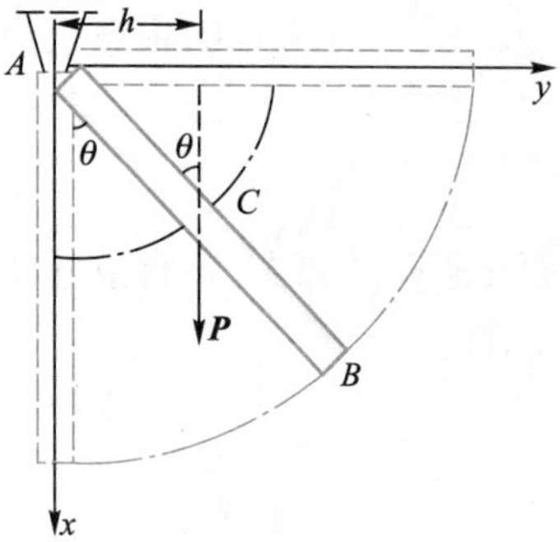

图 5.18

所以，当棒从水平位置 $\left(\theta_1=\frac{\pi}{2}\right)$ 转到竖直位置 $(\theta_2=0)$ 的过程中重力对棒所做的总功

$$A=\int dA=\int_{\frac{\pi}{2}}^{0}\left(-mg\frac{l}{2}\sin\theta\right)d\theta=mg\frac{l}{2}$$

由于重力是保守力，所以重力对刚体做的功也可用刚体在重力场中的势能增量的负值来计算. 由本例结果可以推论，刚体的重力势能可以用刚体的质量全部集中在质心的一个质点的势能来计算，即

$$E_p=mgh_C$$

式中 h_C 为刚体质心离地面的高度. 在本例中，重力的功 $A=-\Delta E_p=-mg\Delta h_C=mg\frac{l}{2}$.

（2）为求棒运动到竖直位置的角速度 ω，应用定轴转动的动能定理. 这里，作用于棒上的力有转轴 z 的支承力（不做功）和重力. 重力矩的功已算出，棒的初动能 $E_{k0}=0$，末动能 $E_k=\frac{1}{2}J\omega^2$，又 $J=\frac{1}{3}ml^2$，因而有

$$A=E_k-E_{k0}$$

$$mg\frac{l}{2}=\frac{1}{6}ml^2\omega^2-0$$

由此得

$$\omega=\sqrt{\frac{3g}{l}}$$

本题也可用机械能守恒定律以及转动定律来求，可自行练习.

［**例 5.6**］ 图 5.19 为测量刚体转动惯量的装置. 待测物体装在转动架上，细绳的一端绕在半径为 R 的轮轴上，另一端通过定滑轮悬挂质量为 m 的物体，细绳与转轴垂直，从实验测得 m 自静止下落高度 h 的时间 t，求待测刚体对转轴的转动惯量. 忽略各轴承的摩擦以及滑轮和细绳的质量. 绳不可伸长，已知转动架对转轴的转动惯量为 J_0.

［**解**］ 以整个系统作为研究对象. 重物在下落过程中只有重力做功，其他力的功之和为零，故系统机械能守恒.

设重物 m 下降 h 时的速度为 v，待测物体的角速度为 ω，选如图所示的重力零势能面，则系统初态的动能 $E_{k0}=0$，重力势能 $E_{p0}=mgh$，末态的动能 $E_k=\frac{1}{2}(J+$

$J_0)\omega^2+\frac{1}{2}mv^2$，$E_p=0$，根据机械能守恒定律，有

$$\frac{1}{2}mv^2+\frac{1}{2}(J+J_0)\omega^2=mgh \tag{1}$$

又因绳不可伸长，m 自静止下落，设加速度为 a，则有

$$v=R\omega \tag{2}$$

$$v^2=2ah \tag{3}$$

$$h=\frac{1}{2}at^2 \tag{4}$$

以上各式联立求解，得

$$J=mR^2\left(\frac{gt^2}{2h}-1\right)-J_0$$

从已知数据 J_0,R,h,t 即可算出待测刚体的转动惯量 J.

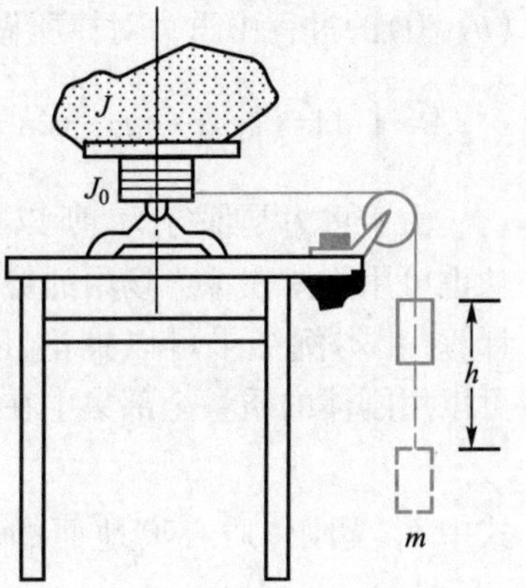

图 5.19

复习思考题

5.6 在例 5.4 中，若 $t=0$ 时，重物 m_1 的速度为零，问在它下降距离 h 的过程中，轻绳对滑轮的摩擦力做了多少功？

§5.4 角动量 角动量守恒定律

一、角动量

我们知道，动量是描述物体平动状态的物理量，对于一个匀质圆盘，当其绕过圆心且与圆平面垂直的转轴转动时，如图 5.20 所示，是否还可以用动量描述它的运动状态？圆盘可视为由许多质元所组成，当圆盘静止不动时，各质元的动量皆为零，从而圆盘的动量也为零；当圆盘以角速度 ω 转动时，各质元都有动量，且大小方向一般皆不同，但整个圆盘各质元的动量矢量和恒为零，所以不能用动量来描述刚体的转动状态. 我们有必要引进一个新的物理量——**角动量**（也称**动量矩**）来描述物体转动状态. 和动量、能量一样，角动量也满足相应的守恒定律. 角动量的应用极其广泛，大到天体，小到电子、质子等各个不同尺度的物质、运动的描述和研究中经常要用到它，因此它是物理学中极为重要的基本概念之一.

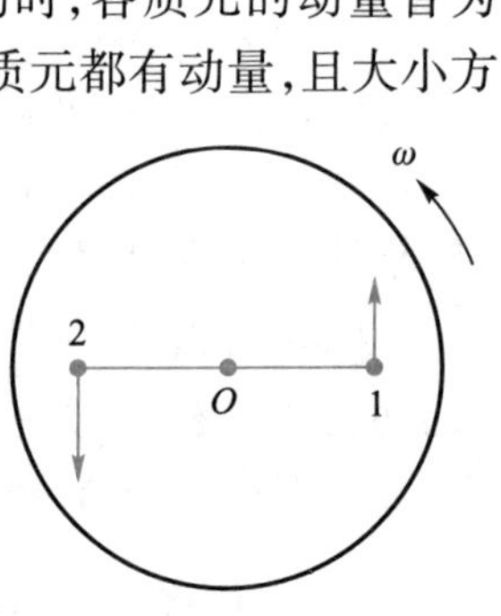

图 5.20

1. 质点的角动量

设质点的质量为 m，在某时刻处于 A 点动量为 $\boldsymbol{p}=m\boldsymbol{v}$，相对某固定点 O 点的径矢为 $\boldsymbol{r}$，则定义质点相对于 O 点的角动量 $\boldsymbol{L}_O$ 为

$$\boldsymbol{L}_O=\boldsymbol{r}\times\boldsymbol{p} \tag{5.15}$$

$\boldsymbol{L}_O$ 的大小 $L_O=pr\sin\varphi=mvr\sin\varphi$，$\boldsymbol{L}_O$ 的方向服从右手螺旋定则，如图 5.21 所示.

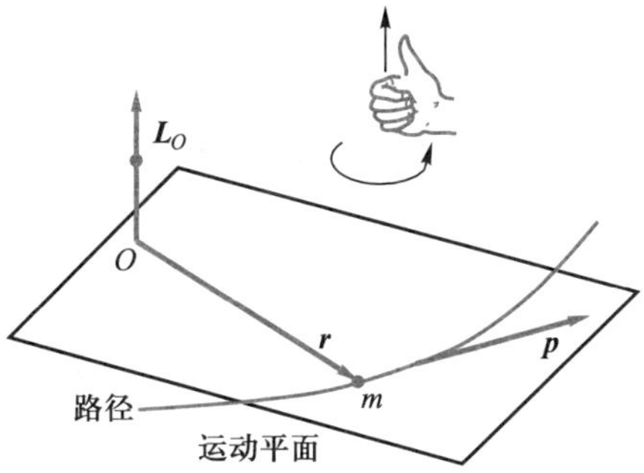

图 5.21

当质点做圆周运动，其速度为 $\boldsymbol{v}$，角速度为 $\boldsymbol{\omega}$，质点在任意时刻的动量都与径矢 $\boldsymbol{r}$ 垂直，因此质点相对于圆周运动圆心的角动量的大小为

$$L_O=pr\sin\frac{\pi}{2}=mvr=mr^2\omega=J_O\omega$$

其中 J_O 为质点相对于转轴 O 的转动惯量，角动量方向与角速度矢量方向相同.

2. 刚体的角动量

对于刚体各质元都绕定轴 z 做半径不等的圆周运动，各质元运动的平面与转轴垂直，因此整个刚体对定轴的角动量就等于各个质元对定轴的角动量的代数和，即

$$\begin{aligned}L_z&=\left(\sum_i \Delta m_i r_i^2\right)\omega\\&=J_z\omega\end{aligned} \tag{5.16}$$

其中 J_z 为刚体对转轴 z 轴的转动惯量，$\boldsymbol{\omega}$ 为刚体的角速度矢量，L_z 的方向与 $\boldsymbol{\omega}$ 的方向一致，应当指出(5.15)式具有普遍的意义，而(5.16)式仅适用于绕定轴转动的刚体.

二、质点角动量定理和角动量守恒定律

质点的质量为 m，某时刻速度为 $\boldsymbol{v}$，相对于固定点 O 点的径矢为 $\boldsymbol{r}$，受合外力为 $\boldsymbol{F}$，根据(5.15)式质点对 O 点的角动量为

$$\boldsymbol{L}_O=\boldsymbol{r}\times m\boldsymbol{v}$$

两边对时间求导，有

$$\frac{\mathrm{d}\boldsymbol{L}_O}{\mathrm{d}t}=\frac{\mathrm{d}\boldsymbol{r}}{\mathrm{d}t}\times(m\boldsymbol{v})+\boldsymbol{r}\times\frac{\mathrm{d}(m\boldsymbol{v})}{\mathrm{d}t}$$

由于 $\boldsymbol{v}=\frac{\mathrm{d}\boldsymbol{r}}{\mathrm{d}t}$，上式右边第一项为零，由牛顿第二定律可知 $\frac{\mathrm{d}(m\boldsymbol{v})}{\mathrm{d}t}=\boldsymbol{F}$，所以上式可写为

演示实验：角动量守恒

$$\frac{\mathrm{d}\boldsymbol{L}_O}{\mathrm{d}t}=\boldsymbol{r}\times\boldsymbol{F}=\boldsymbol{M}_O \tag{5.17}$$

(5.17)式表明：在惯性系中，作用在质点上所有力的合力对任意点 O 点的力矩，等于质点对同一点 O 点的角动量对时间的导数. 这就是质点角动量定理. 可见，力矩是改变质点转动状态的原因，其效果是使质点的角动量随时间变化率不为零，力矩对时间累积作用，使质点的角动量产生增量.

当质点受合外力矩为零时，质点角动量随时间变化率为零，即

$$\text{当 } \boldsymbol{M}_O=0\text{，则 } \boldsymbol{L}_O=\text{常矢量} \tag{5.18}$$

这就是质点角动量守恒定律.

[例 5.7] 试利用角动量守恒定律证明行星运动的开普勒第二定律：在太阳系中任一行星对太阳的位矢在相等的时间间隔内扫过的面积相等，即掠面速度不变.

文档：开普勒行星运动定律的提出

[证明] 如图 5.22 所示，任一行星在太阳（位于 O 点）的万有引力场中做椭圆轨道运动. 行星受太阳的万有引力始终指向太阳，因此万有引力对 O 点（太阳）的力矩为零，所以行星对太阳的角动量守恒，即

$$\boldsymbol{L}=\boldsymbol{r}\times m\boldsymbol{v}=\boldsymbol{L}_0$$

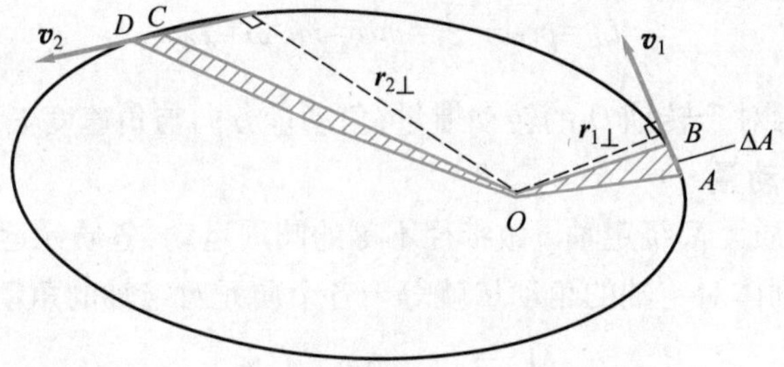

图 5.22

设行星任一时刻 t 在椭圆轨道上的位矢为 $\boldsymbol{r}$，速度为 $\boldsymbol{v}$，在 $\mathrm{d}t$ 时间内走过的路程 $\mathrm{d}s=v\mathrm{d}t$，则它的位矢 $\boldsymbol{r}$ 在该时间间隔内扫过的面积

$$\mathrm{d}A=\frac{1}{2}r_{\perp}\,\mathrm{d}s=\frac{1}{2}r\sin\,\theta v\mathrm{d}t$$

其中 θ 为位矢 $\boldsymbol{r}$ 与速度 $\boldsymbol{v}$ 即弧长 $\mathrm{d}s$ 切线的夹角. 于是行星的掠面速度

$$\frac{\mathrm{d}A}{\mathrm{d}t}=\frac{1}{2}rv\sin\,\theta=\frac{1}{2}|\boldsymbol{r}\times\boldsymbol{v}|=\frac{|\boldsymbol{L}|}{2m}=\frac{|\boldsymbol{L}_0|}{2m}=\text{常量}$$

开普勒第二定律得以证明.

[例 5.8] 1970 年我国发射的第一颗人造地球卫星的数据如下：

质量 $m=173$ kg，周期 $T=114$ min，近地点（距地心）$r_1=6\ 817$ km，远地点 $r_2=8\ 762$ km，椭圆轨道长半轴 $a=7\ 790$ km，短半轴 $b=7\ 720$ km.

试计算卫星的近地点速度和远地点速度.

［解］ 卫星在地心引力场中做椭圆轨道运动，对地心的角动量守恒（忽略日、月的引力）. 设卫星近地点速度为 $\boldsymbol{v}_1$（方向垂直于 $\boldsymbol{r}_1$），远地点速度为 $\boldsymbol{v}_2$（方向垂直于 $\boldsymbol{r}_2$），如图 5.23 所示.

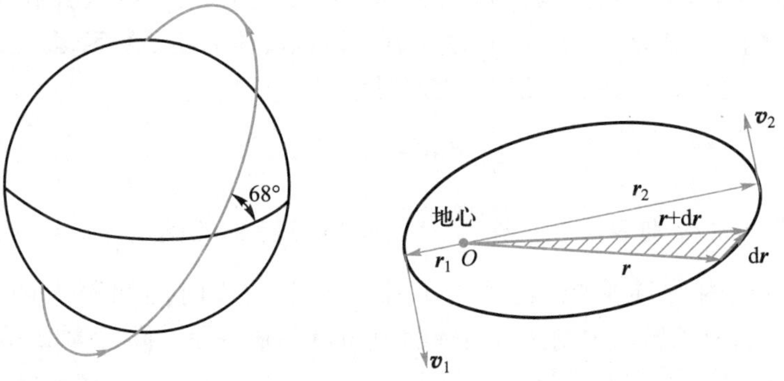

图 5.23

由上例，根据开普勒第二定律，卫星的掠面速度

$$\frac{\mathrm{d}A}{\mathrm{d}t}=\frac{1}{2}|\boldsymbol{r}\times\boldsymbol{v}|=\frac{1}{2}r_1v_1=\frac{1}{2}r_2v_2$$

又椭圆轨道的面积

$$A=\pi ab=T\frac{\mathrm{d}A}{\mathrm{d}t}$$

于是解得

$$v_1=\frac{2\pi ab}{Tr_1}=\frac{2\times3.14\times7\ 790\times7\ 720}{114\times60\times6\ 817}\ \mathrm{km\cdot s^{-1}}=8.1\ \mathrm{km\cdot s^{-1}}$$

$$v_2=\frac{2\pi ab}{Tr_2}=\frac{2\times3.14\times7\ 790\times7\ 720}{114\times60\times8\ 762}\ \mathrm{km\cdot s^{-1}}=6.3\ \mathrm{km\cdot s^{-1}}$$

本题也可应用角动量守恒和机械能守恒定律来解：

$$r_1mv_1=r_2mv_2$$

$$\frac{1}{2}mv_1^2-\frac{Gm_{\mathrm{E}}m}{r_1}=\frac{1}{2}mv_2^2-\frac{Gm_{\mathrm{E}}m}{r_2}$$

请读者自行完成.

三、刚体定轴转动的角动量定理和角动量守恒定律

根据上节讨论，我们知道刚体绕定轴转动的角动量为

$$L_z=J_z\omega$$

上式对时间求导

$$\frac{\mathrm{d}L_z}{\mathrm{d}t}=\frac{\mathrm{d}(J_z\omega)}{\mathrm{d}t}$$

因为刚体对给定轴的转动惯量是一常量,由转动定律(5.10)式得

$$\frac{\mathrm{d}L_z}{\mathrm{d}t}=\frac{\mathrm{d}}{\mathrm{d}t}(J_z\omega)=M_z \tag{5.19}$$

它表示,在定轴转动中刚体对转轴 z 的角动量对时间变化率等于作用在刚体上的所有外力对该轴的力矩之和. 其实,这就是**刚体定轴转动的角动量定理**.

(5.19)式还可改写成积分形式,那就是

$$\int_{t_0}^{t} M_z\mathrm{d}t=J_z\omega-J_z\omega_0 \tag{5.20}$$

式中 $J_z\omega$ 和 $J_z\omega_0$ 分别表示在 t 和 t_0 时刻刚体对转轴的角动量, $\int_{t_0}^{t} M_z\mathrm{d}t$ 称为在 $\Delta t(=t-t_0)$ 时间内的**冲量矩**,它描述了外力矩在一段时间间隔内的累积效应. (5.20)式表明,定轴转动中刚体对转轴的角动量在某一段时间内的增量,等于同一时间间隔内作用于刚体的冲量矩.

以上的讨论都是对定轴转动的刚体进行的,其实当物体不是刚体,它对某定轴的转动惯量 J 可以改变时,只要任一瞬时物体上各点绕轴转动的角速度相同,这时物体绕转轴 z 的角动量也可以表示成 $L_z=J_z\omega$. 可以证明,对于这样的定轴转动的物体,(5.19)式和(5.20)式仍然成立. 不仅如此,就是对由这样的几个物体组成的系统,只要系统的总角动量可以写成

$$L_z=\sum_i J_i\omega_i,\quad i=1,2,\cdots$$

这里 $J_i\omega_i$ 是系统中每个物体对同一转轴的角动量,则对于这个绕定轴转动的系统来说,(5.19)式和(5.20)式也同样是成立的. 由(5.19)式可知,如果外力对转动轴 z 的力矩之和为零,则该物体对该轴的角动量保持不变. 即在定轴转动的过程中,当

$$M_z=0\text{ 时},\quad L_z=J_z\omega=\text{常量} \tag{5.21}$$

这就是**刚体定轴转动的角动量守恒定律**.

对于定轴转动的刚体而言,角动量守恒意味着刚体以恒定的角速度绕固定轴做惯性转动;而对于绕定轴转动的可变形物体而言,角动量守恒就要求物体的转动惯量发生变化时,物体的角速度 ω 也必然随之改变,但二者的乘积保持不变. 这种情况在实际生活中有着广泛的应用. 例如花样滑冰运动员和芭蕾舞演员绕通过重心的竖直轴高速旋转时,由于外力(重力和水平面的支承力)对轴的力矩恒为零,因而表演者对旋转轴的角动量守恒,他们可以通过改变自身的姿态来改变对轴的转动惯量,从而来调节自己的旋转角速度. 图 5.24 所示的演示系统也可定性地演示这种情况. 可以证明,刚体对定轴的角动量守恒定律对于通过转动物体质心的平动的轴同样成立. 如跳水运动员在跳板上起跳时,总是向上伸直手臂,跳到空中时,又使身体收缩,以减小转动惯量(通过自身质心的转轴),获得较大的空翻速度,当快接

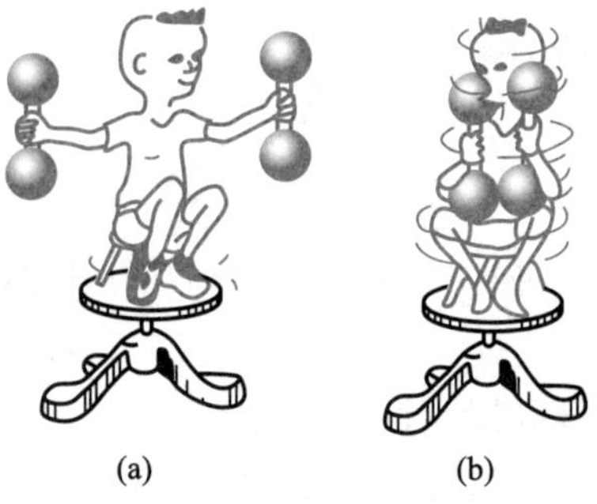

(a) (b)

图 5.24

近入水时，又伸展身体减小角速度以便竖直进入水中，如图 5.25 所示.

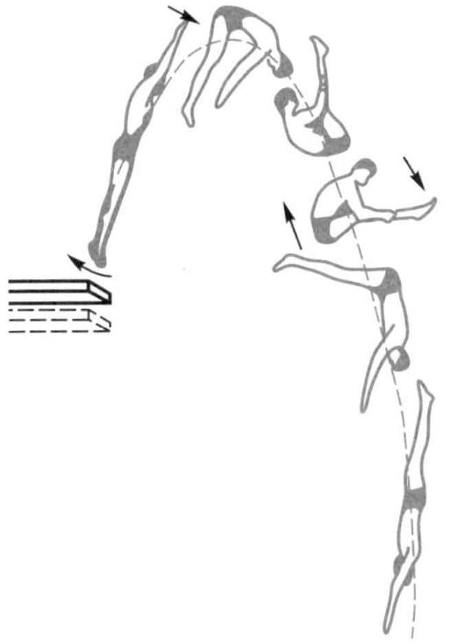

图 5.25

图 5.26

当定轴转动的系统由多个物体组成时，若系统受到的外力矩之和为零，则不论系统内各物体在内力作用下是改变了系统的转动惯量，还是改变了系统内部分物体的角速度，都不能改变系统的总角动量. 例如，若转动系统由两个物体组成，则当 $M_z=0$ 时有

$$L_z=J_1\omega_1+J_2\omega_2=\text{常量}$$

这就是说，如果转动过程中系统内一个物体的角动量发生了某一改变，则另一物体的角动量必然有一个与之等值反号的改变量，从而保持总角动量不变. 图 5.26 所示的演示实验说明了这一点：人站在可自由转动的转台上手举一车轮，使轮轴与转台转轴重合，开始时静止，系统的总角动量为零，当手用力使车轮转动时，人和转台就会反向转动，使其总角动量保持不变. 直升机在尾部装置一个在竖直平面内转动的尾翼以抵消主翼在水平面内旋转时产生的角动量，从而避免直升机机身在水平面内打转；鱼雷尾部左右两螺旋桨沿相反方向旋转，以防雷身发生不稳定转动，这些都可用角动量守恒定律来解释.

[例 5.9] 质量为 m_0、长度为 l 的均匀杆可绕水平轴 O 在竖直面内自由转动，如图 5.27 所示. 一质量为 m 的小球以水平速度 $\boldsymbol{v}$ 与杆的下端相碰，碰后以速度 $\boldsymbol{v}'$ 反向运动. 因碰撞时间很短，杆可视为一直保持在竖直位置，求碰撞后杆的角速度.

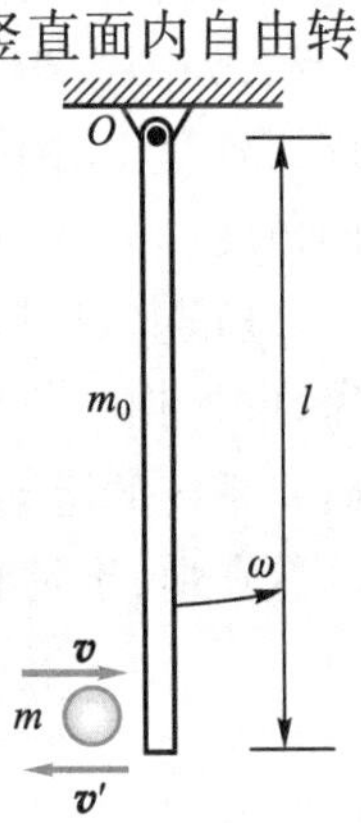

图 5.27

[解] 考虑小球和杆组成的系统，系统受到的外力为重力和轴 O 的作用力，它们对轴 O 的力矩为零，故系统的角动量守恒. 小球对 O 轴的角动量为 mlv（碰撞前）和 $-mlv'$（碰撞后），杆的角动量碰撞前为零，碰撞后为 $J\omega$，这里 J 是杆对 O 轴的转动惯量，且 $J=\dfrac{1}{3}m_0l^2$，ω 是碰撞后杆的角速度. 根据角动量守恒定律，有

$$mlv=-mlv'+\frac{1}{3}m_0l^2\omega$$

所以

$$\omega=\frac{3m(v+v')}{m_0l}$$

试问:本题能否应用动量守恒定律来求解?为什么?

[**例 5.10**] 摩擦离合器由同轴的飞轮 1 和摩擦轮 2 组成,如图 5.28 所示. 两轮结合前飞轮 1 以 ω_1 转动,轮 2 静止;两轮沿轴向结合后轮 1 减速,轮 2 加速,最后以同一角速度转动. 已知两轮的转动惯量分别为 J_1 和 J_2,计算两轮结合达到的共同角速度 ω(假设不计外力矩和轴承上的摩擦).

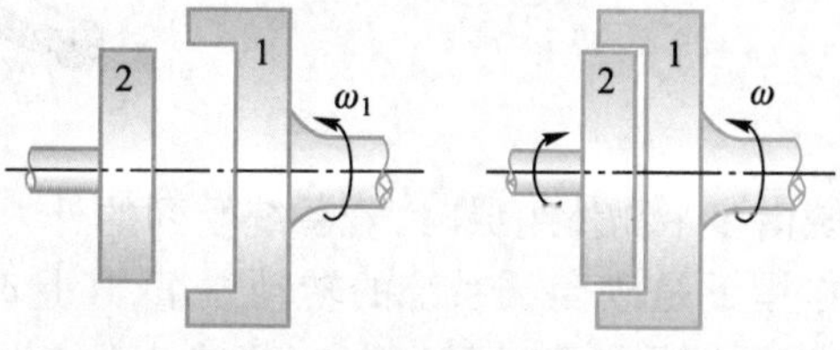

图 5.28

[**解**] 两轮系统在结合时加有轴向外力,但对轴的力矩为零. 轮间的切向摩擦力对转轴有力矩,但为内力矩,这一对内力矩的矢量和为零. 所以,两轮对共同转轴的角动量守恒,即

$$J_1\omega_1=(J_1+J_2)\omega$$

$$\omega=\frac{J_1\omega_1}{J_1+J_2}$$

[**例 5.11**] 一均匀圆盘,质量为 m_0、半径为 R,可绕竖直轴自由转动,开始处于静止状态. 一个质量为 m 的人,在圆盘上从静止开始沿半径为 r 的圆周相对于圆盘匀速走动,如图 5.29 所示. 求当人在圆盘上走完一周回到盘上原位置时,圆盘相对于地面转过的角度.

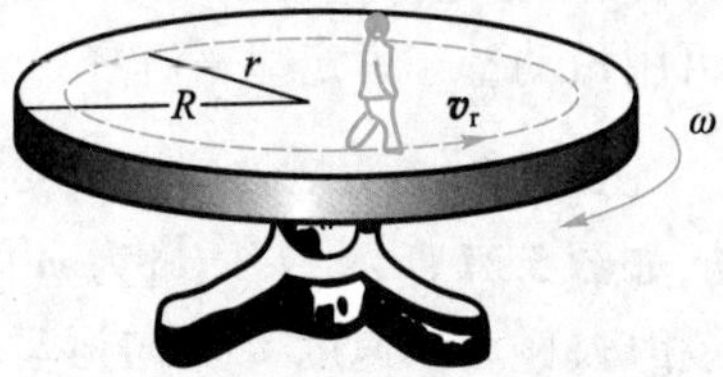

图 5.29

[**解**] 以圆盘和人组成的系统为研究对象,设人相对圆盘的速度为 v_r,圆盘绕固定竖直轴的角速度为 ω. 在地面参考系中研究系统的运动,当人走动时,系统未受到对竖直轴的外力矩,系统对该轴的角动量守恒,于是有

$$m(v_r+r\omega)r+\frac{1}{2}m_0R^2\omega=0$$

由此解得

$$\omega=-\frac{mrv_{\mathrm{r}}}{mr^2+\frac{1}{2}m_0R^2}$$

式中负号表示圆盘转动的方向与人在圆盘上走动的方向相反. 依题意,v_{r} 为常量,故 ω 亦为常量,即圆盘做匀速转动.

设在时间 Δt 内盘相对地面转过的角度为 θ,则

$$\theta=\omega\Delta t=-\frac{mrv_{\mathrm{r}}}{mr^2+\frac{1}{2}m_0R^2}\Delta t$$

$$=-\frac{mr^2}{mr^2+\frac{1}{2}m_0R^2}\frac{v_{\mathrm{r}}}{r}\Delta t$$

而 $\frac{v_{\mathrm{r}}}{r}\Delta t$ 为人相对于圆盘转过的角度. 由题设,得

$$\frac{v_{\mathrm{r}}}{r}\Delta t=2\pi$$

因而,在此过程中圆盘相对于地面的角位移为

$$\theta=-\frac{2\pi mr^2}{mr^2+\frac{1}{2}m_0R^2}$$

本题特别提示读者,应用角动量定理和角动量守恒定律时必须选择惯性系.

复习思考题

5.7 试说明地球两极冰山的融化是地球自转角速度变化的原因之一.

5.8 如思考题 5.8 图所示,一均匀细杆可绕 O' 轴自由转动,另有用一细绳悬挂在 O 点的小球从水平位置释放,与细杆在竖直位置碰撞. 试问在碰撞过程中系统对 O 点的角动量是否守恒? 对 O' 点的角动量是否守恒? 为什么?

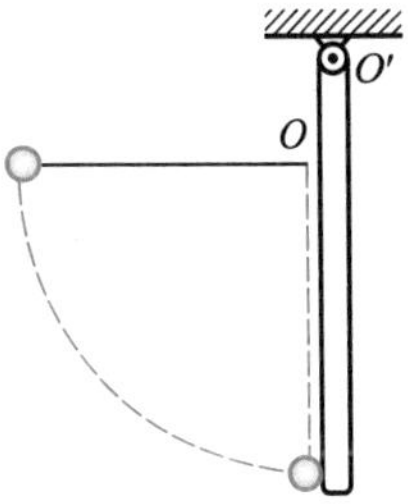

思考题 5.8 图

*§5.5 进动 回转效应

图 5.30 所示为一个绕自身对称轴高速转动的玩具陀螺,它的顶点固定于惯性参考系的原点 O. 根据经验,我们知道,当它不转动时,它会因受重力矩的作用而倒下,但当它快速自旋时,尽管同样受到重力矩的作用,却不会倒下来,而是在绕自身对称轴转动的同时,其对称轴还将绕通过固定点 O 的竖直轴 Oz 回转并扫出一个圆

锥面来. 我们把绕自身的对称轴高速转动的物体在外力矩的作用下,其对称轴绕一固定轴的回转运动叫做**进动**,又称为**旋进**.

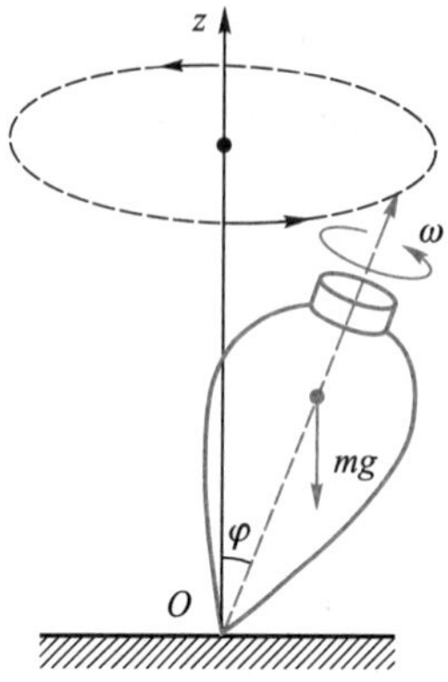

图 5.30

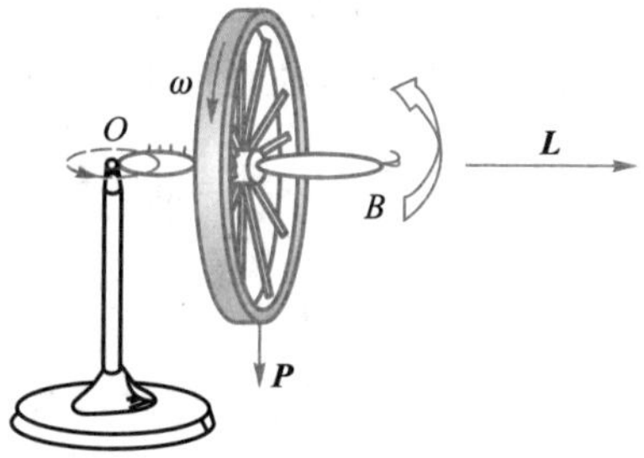

图 5.31

为了便于解释进动现象和计算进动的角速度,我们以图 5.31 所示的回转仪为例进行讨论. 回转仪的主要部件是一个边缘厚重的具有旋转对称轴的飞轮,飞轮可以绕自身对称轴自由转动. 将飞轮自转轴 OB 一端置于支架的顶点 O 上,保持自转轴 OB 水平,然后让飞轮绕其对称轴高速旋转,这时,其对称轴不仅可以继续保持水平方位不倒,而且还将绕过 O 点的竖直轴在水平面内缓慢地回转,这就是回转仪的进动. 回转仪受外力矩作用产生进动的效应称为**回转效应**.

回转仪绕其对称轴自转,具有角动量 $\boldsymbol{L}$,因为对称轴是惯量主轴,所以角动量 $\boldsymbol{L}$ 的方向沿自转轴,在不计及进动的角动量的情况下,$\boldsymbol{L}$ 也就是回转仪对定点 O 的总角动量. 由于受外力矩(重力矩)$\boldsymbol{M}$ 的作用,根据角动量定理,在极短的时间 $\mathrm{d}t$ 内,回转仪的角动量将增加 $\mathrm{d}\boldsymbol{L}$,其方向与外力矩 $\boldsymbol{M}$ 的方向相同. 因为 $\boldsymbol{M}\perp\boldsymbol{L}$,所以 $\mathrm{d}\boldsymbol{L}\perp\boldsymbol{L}$,因而只使得 $\boldsymbol{L}$ 的方向发生改变,而不改变 $\boldsymbol{L}$ 的大小,从而回转仪的自转轴在水平面内由 OA 位置转到 OB 位置,从回转仪顶部往下看,其自转轴的回转方向是逆时针的,如图 5.32 所示. 这就是对回转仪产生进动的解释. 关于玩具陀螺的进动的解释,与之完全相似,留给读者练习.

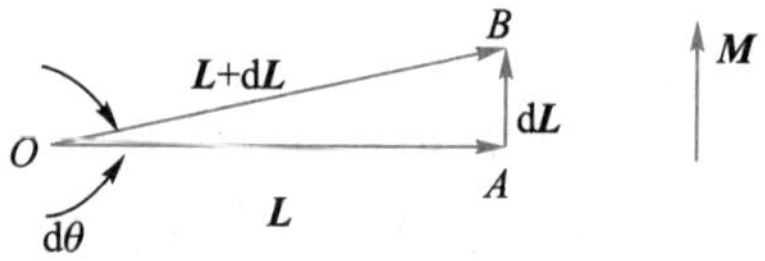

图 5.32

接下来计算进动的角速度,即回转仪自转轴绕固定垂直轴回转的角速度. 由于在 $\mathrm{d}t$ 时间内,角动量 $\boldsymbol{L}$ 的增量为 $\mathrm{d}\boldsymbol{L}$,因为 $|\mathrm{d}\boldsymbol{L}|\ll|\boldsymbol{L}|$,可以认为

$$\mathrm{d}L=L\mathrm{d}\theta=J\omega\mathrm{d}\theta$$

式中 $\mathrm{d}\theta$ 是 $\mathrm{d}t$ 时间内该自转轴相应的角位移. 又由角动量定理可知

$$\mathrm{d}L=M\mathrm{d}t$$

所以,由以上两式可得

$$J\omega\mathrm{d}\theta=M\mathrm{d}t$$

因此,进动的角速度

$$\Omega=\frac{\mathrm{d}\theta}{\mathrm{d}t}=\frac{M}{J\omega} \tag{5.22}$$

从以上的讨论可得到以下几点结论：

(1) 自转刚体的进动轴(陀螺和回转仪例中的竖直轴)通过定点且与外力平行.

(2) 自转角速度 ω 愈大，进动角速度 Ω 愈小，反之亦然.

(3) 进动角速度 Ω 与倾角 φ(回转仪的自转轴对竖直轴的倾角)无关.

(4) 进动的回转方向决定于外力矩的方向和 ω 的方向.

应当指出，以上的分析是近似的，只适用于自转角速度比进动角速度 Ω 大得多的情况. 因为只有在 $\omega \gg \Omega$ 时，才能在上面的计算中不计及进动产生的那部分角动量. 顺便指出，当回转仪的自转角速度较小时，则它的自转轴与竖直轴的夹角大小还会有周期性变化，这种现象称为章动，如图 5.33 所示. 按上面的近似分析无法说明这一现象. 关于回转仪的严密理论请参阅有关专著.

回转效应在实际生活中有着广泛的应用. 例如，飞行中的炮弹或子弹由于受到空气阻力对其质心的力矩而使它们发生翻转，为了防止这种事故的发生，常在炮筒和枪膛内装置螺旋式来复线，使炮弹在射出时绕自身的对称轴迅速旋转，这样在空气阻力矩的作用下炮弹或子弹在前进中将绕自己的行进方向进动而不至翻转，如图 5.34 所示.

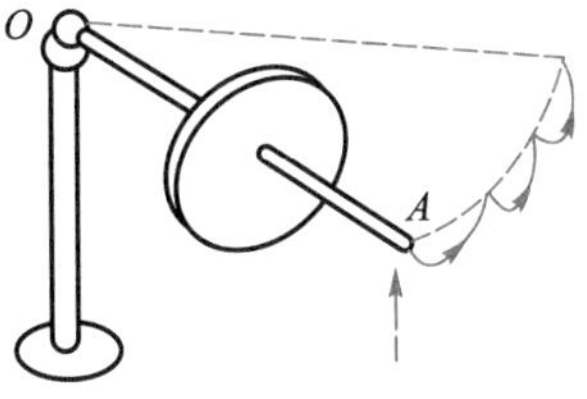

图 5.33

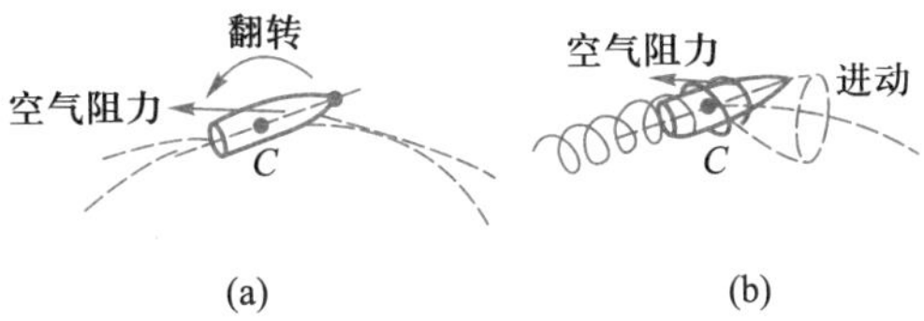

图 5.34

但是任何事物总是一分为二的，回转效应有时也产生有害的作用. 例如轮船转弯时，为了使船上涡轮机高速转子的转轴改变方向，必须通过轴承对转子施加力矩，与此同时，轴承也将会受到极大的反作用力，因此在设计和使用中必须考虑到这一点.

进动的概念在微观领域里也常用到. 例如原子中的电子同时参与轨道运动和自旋运动，都具有角动量，在外磁场中电子受磁力矩的作用以外磁场方向为轴线做进动，正是电子的这种进动引起了物质的抗磁性.

习题

5.1 选择题

(1) 人造地球卫星做椭圆轨道运动，卫星轨道近地点和远地点分别为 A 和 B，用 L 和 E_k 分别表示卫星对地心的角动量及其动能的瞬时值，则应有 [ ]

(A) $L_A>L_B, E_{kA}>E_{kB}$; (B) $L_A=L_B, E_{kA}<E_{kB}$;

(C) $L_A=L_B, E_{kA}>E_{kB}$; (D) $L_A<L_B, E_{kA}<E_{kB}$.

(2) 将细绳绕在一个具有水平光滑轴的飞轮边缘上,如果在绳端挂一质量为 m 的重物时,飞轮的角加速度为 α_1. 如果以拉力 $2mg$ 代替重物拉绳时,飞轮的角加速度将 [ ]

(A) 小于 α_1; (B) 大于 α_1,小于 $2\alpha_1$;

(C) 大于 $2\alpha_1$; (D) 等于 $2\alpha_1$.

(3) 关于力矩有以下几种说法:

① 对某个定轴而言,内力矩不会改变刚体的角动量.

② 作用力和反作用力对同一轴的力矩之和必为零.

③ 质量相等、形状和大小不同的两个刚体,在相同力矩的作用下,它们的角加速度一定相等.

在上述说法中, [ ]

(A) 只有②是正确的; (B) ①、②是正确的;

(C) ②、③是正确的; (D) ①、②、③都是正确的.

5.2 填空题

(1) 一质量为 m 的质点沿一空间曲线运动,该曲线在直角坐标系下的定义式为

$$\boldsymbol{r}=a\cos\omega t\boldsymbol{i}+b\sin\omega t\boldsymbol{j}$$

其中 a、b、ω 皆为常量,则此质点所受的对原点的力矩 $\boldsymbol{M}=$______;该质点对原点的角动量 $\boldsymbol{L}=$______.

(2) 如题 5.2(2) 图所示,质点 P 的质量为 2 kg,位矢为 $\boldsymbol{r}$,速度为 $\boldsymbol{v}$,它受到力 $\boldsymbol{F}$ 的作用,这三个矢量均在 Oxy 平面内,且 $r=3.0$ m,$v=4$ m · s^{-1},$F=2$ N,则该质点对原点 O 的角动量 $\boldsymbol{L}=$______;作用在质点上的力对原点的力矩 $\boldsymbol{M}=$______.

(3) 如题 5.2(3) 图所示,一长为 L 的轻质细杆,两端分别固定质量为 m 和 $2m$ 的小球,此系统在竖直平面内可绕过中点 O 且与杆垂直的水平光滑固定轴(O 轴)运动. 开始时杆与水平成 60°角,处于静止状态. 无初转速地释放以后,杆球这一刚体系统绕 O 轴转动. 系统绕 O 轴的转动惯量 $J=$______. 释放后,当杆转到水平位置时,刚体受到的合外力矩 $M=$______;角加速度 $\alpha=$______.

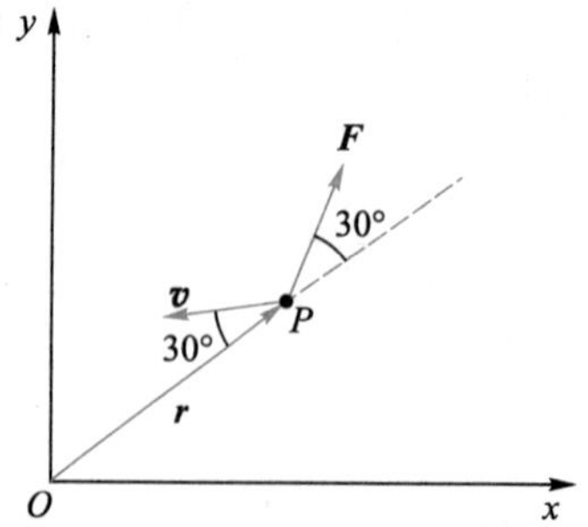

题 5.2(2) 图

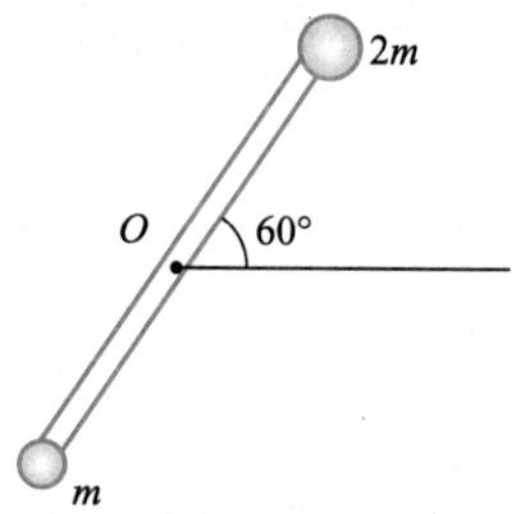

题 5.2(3) 图

(4) 质量为0.05 kg的小物块置于光滑的水平桌面上,系于轻绳的一端,绳的另一端穿过桌面中心的小孔用手拉住,如题5.2(4)图所示. 小物块原以3 rad · s^{-1}的角速度在距孔0.2 m的圆周上转动. 今将绳缓慢下拉,使小物块的转动半径减为0.1 m,则小物块的角速度 ω=______. 拉力的功 A=______.

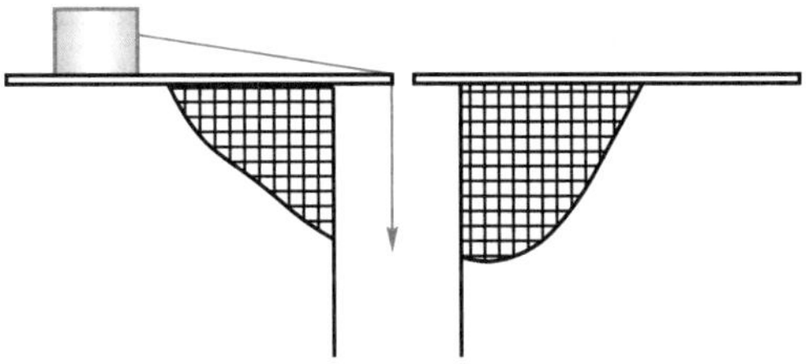

题5.2(4)图

5.3 质量为 m_1 和 m_2 的两个物体分别系在两条绳上,这两条绳又分别绕在半径为 r_1 和 r_2 并装在同一轴的两鼓轮上,如题5.3图所示. 设轴间摩擦不计,鼓轮和绳的质量均不计,求鼓轮的角加速度.

5.4 如题5.4图所示的系统,滑轮可视为半径为 R、质量为 m_0 的均质圆盘,滑轮与绳子间无滑动,水平面光滑,若 $m_1=50$ kg,$m_2=200$ kg,$m_0=15$ kg,$R=0.10$ m,求物体的加速度及绳中的张力.

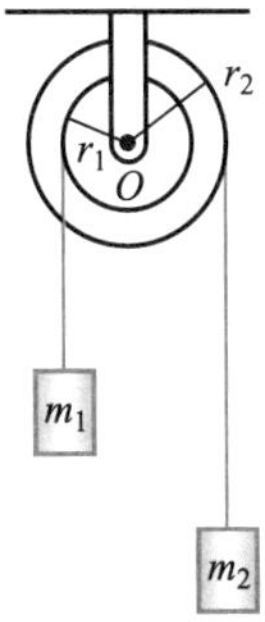

题5.3图

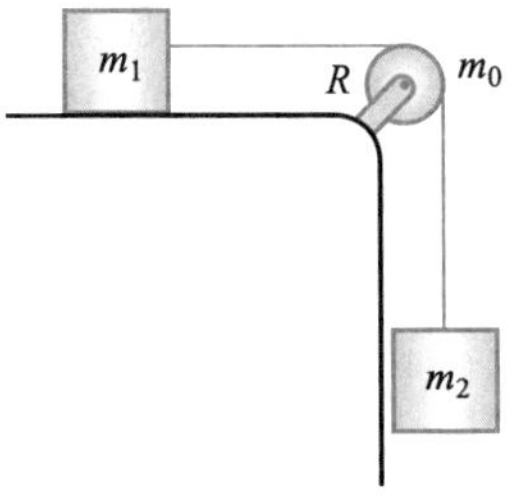

题5.4图

5.5 原长为 l_0、劲度系数为 k 的弹簧,一端固定在一光滑水平面上的 O 点,另一端系一质量为 m_0 的小球. 开始时,弹簧被拉长 Δl,并给予小球一与弹簧垂直的初速度 $\boldsymbol{v}_0$,如题5.5图所示. 求当弹簧恢复其原长 l_0 时小球的速度 $\boldsymbol{v}$ 的大小和方向(即夹角 α). 设 $m_0=19.6$ kg,$k=1\ 254$ N/m,$l_0=2$ m,$\Delta l=0.5$ m,$v_0=3$ m/s.

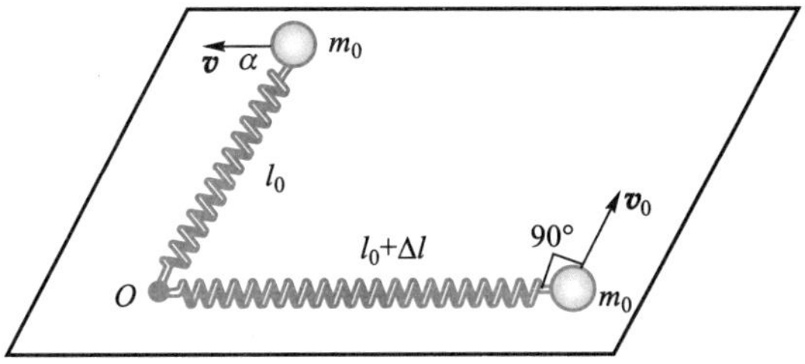

题5.5图

5.6 一不变的力矩 M 作用在绞车的鼓轮上使轮转动，如题 5.6 图所示. 轮的半径为 r，质量为 m_1. 缠在鼓轮上的绳子系一质量为 m_2 的重物，使其沿倾角为 α 的斜面上升. 重物和斜面的滑动摩擦因数为 μ，绳子的质量忽略不计，鼓轮可看作均质圆柱. 在开始时此系统静止，试求鼓轮转过 φ 角时的角速度.

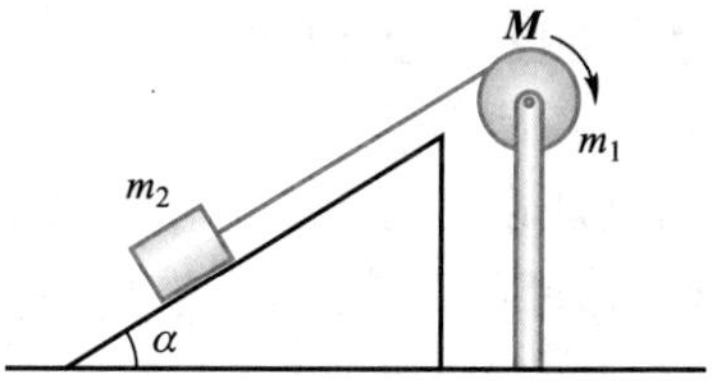

题 5.6 图

5.7 一质量为 2 000 kg 的汽车以 60 km/h 的速度沿一平直公路行驶. 求汽车对路旁一侧距离为 50 m 的一点的角动量以及对公路上任一点的角动量.

5.8 两个滑冰运动员的质量各为 70 kg，以 6.5 m · s^{-1}的速率沿相反的方向滑行. 滑行路线间的垂直距离为 10 m，当彼此交错时各抓住一根长为 10 m 的绳子的一端，然后相对旋转，求抓住绳子以后各自对绳中心的角动量的大小是多少？他们各自收拢绳索，到绳长为 5 m 时，各自的速率是多少？计算每个运动员在减少他们之间的距离的过程中所做的功是多少？

5.9 当 6 月 21 日地球在远日点时，地球到太阳的距离 $r_1=1.52\times10^{11}$ m，其轨道运动速率为 $v_1=2.93\times10^4$ m · s^{-1}. 试问：在半年之后，当地球处在距离太阳为 $r_2=1.47\times10^{11}$ m 的近日点时，地球的轨道运动速率 v_2 多大？在以上两种情况下地球绕太阳的角速度 ω_1 和 ω_2 多大？

5.10 1961 年 4 月 12 日，前苏联的加加林成为第一个宇宙航行员，当时采用的卫星宇宙飞船的质量为 $m=4\ 725$ kg，近地点 P 和远地点 A 的高度分别为 $z_P=180$ km和 $z_A=327$ km. 试求

(1) 卫星在轨道上运行的总能量 E 和角动量 L；

(2) 卫星运行的周期.

5.11 我国 1988 年 12 月发射的通信卫星在到达同步轨道之前，先要在一个大的椭圆形“转移轨道”上运行若干圈. 此转移轨道的近地点高度为 205.5 km，远地点高度为35 835.7 km. 卫星越过近地点时的速率为 10.2 km/s. 求卫星越过远地点时的速率.

5.12 为求半径 $R=0.5$ m 的飞轮对通过中心且垂直盘面轴的转动惯量，在飞轮上绕上细绳，绳末端悬一质量 $m_1=8$ kg 的重锤，让其自 2 m 高处由静止落下，历时 $t_1=16$ s，另换一质量 $m_2=4$ kg 的重锤重做实验，测得历时 $t_2=25$ s，假定轮与轴的摩擦力距为常量 M_f，求飞轮的转动惯量.

5.13 电风扇开启电源后，经 t_1 时间达额定转速 ω_0，当关闭电源后，经 t_2 时间停止，已知风扇转子的转动惯量为 J，并假定摩擦阻力矩 M_f 和电机的电磁力矩 M 均为常量，试推算电机的电磁力矩 M.

5.14 一砂轮直径为 1 m，质量为 50 kg，以 900 r · min^{-1}的转速转动，一工件以 200 N 的正压力作用在轮的边缘上，使砂轮在 11.8 s 内停止，求砂轮和工件间的摩擦因数$\left(\text{轮与轴间摩擦不计，砂轮的转动惯量为}\frac{1}{2}mR^2\right)$.

5.15 轻绳绕过定滑轮，滑轮质量为 $m_0/4$，均匀分布在边缘上，绳的 A 端有一质量为 m_0 的人抓住绳端，而绳的另一端 B 系有质量为 $m_0/2$ 的重物，如题 5.15 图所示，设人从静止开始，相对于绳匀速上爬时，求 B 端重物上升的加速度.

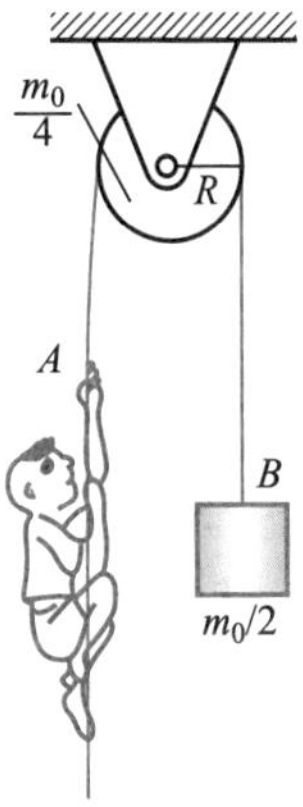

题 5.15 图

5.16 如题 5.16 图所示，一长为 $L=0.6$ m，质量为 $m_0=1$ kg 的均匀薄木板，可绕水平轴 OO' 无摩擦地转动. 当木板静止在平衡位置时，有一质量为 $m=10\times10^{-3}$ kg 的子弹垂直击中木板 A 点并穿板而过，A 距轴 $l=0.36$ m，子弹击中木板前的速度为 500 $\mathrm{m\cdot s^{-1}}$，穿出木板后的速度为 200 $\mathrm{m\cdot s^{-1}}$，求：

（1）子弹给木板的冲量；

（2）木板获得的角速度 $\left(\text{已知木块对 } OO' \text{ 轴转动惯量 } J=\frac{1}{3}m_0L^2\right)$.

5.17 半径为 R、转动惯量为 J 的圆柱体 B 可绕水平固定的中心轴无摩擦地转动，起初圆柱体静止，今有一质量为 m_0 的木块以速度 v_1 由光滑平面的左方向右滑动，并擦过圆柱体表面滑向等高的另一光滑平面，如题 5.17 图所示，设木块和圆柱体脱离接触前无相对滑动，求木块滑过圆柱体后的速率 v_2.

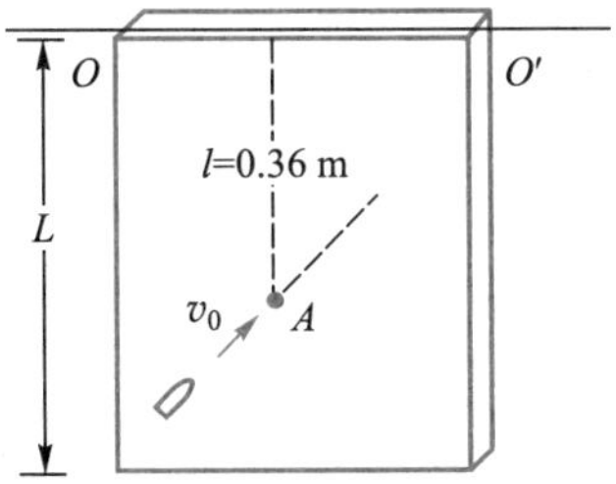

题 5.16 图

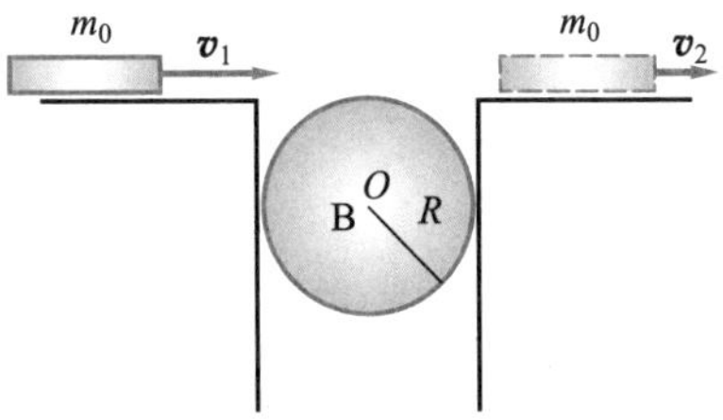

题 5.17 图

5.18 质量 $m_0=0.03$ kg、长 $l=0.2$ m 的均匀细棒，在水平面内绕通过棒中心并与棒垂直的固定轴自由转动，细棒上套有两个可沿棒滑动的小物体，每个质量都是 $m=0.02$ kg，如题 5.18 图所示. 开始时两小物体分别被固定在距棒中心的两侧且距中心为 $r=0.05$ m 处，此时系统以 $n_1=15\ \mathrm{r\cdot min^{-1}}$ 的转速转动，若将小物体松开，求：

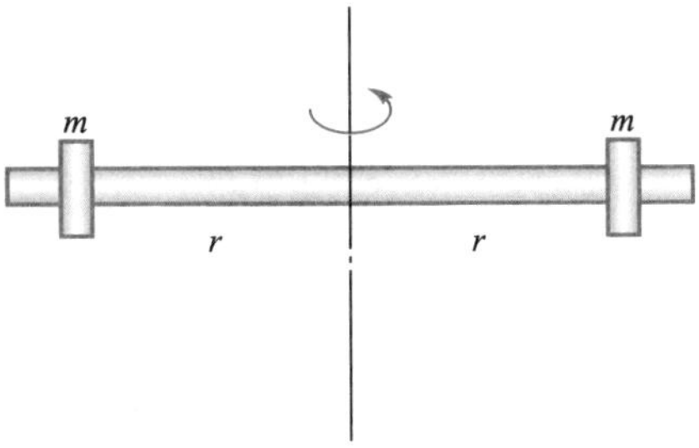

题 5.18 图

(1) 两小物体滑至棒端时系统的角速度多大?

(2) 两小物体飞离棒端后,棒的角速度多大?

5.19 视地球为质量 m_E、半径 R 的均匀球体,且绕通过球心的轴转动,转动惯量为 $\frac{2}{5}m_ER^2$,设球外落物均匀地落到地球表面,使地球表面均匀积了 h 厚的一层尘埃($h\ll R$),在此假设下,一天的时间将变化多少?

第5章习题参考答案

5.20 长为 l、质量为 m_0 的匀质杆,可绕通过杆端 O 点的水平轴自由转动,其 $J=\frac{1}{3}m_0l^2$. 开始时杆竖直下垂. 今有一子弹,质量为 m,以水平速度 $\boldsymbol{v}_0$ 射入杆的 A 点并嵌入杆中,$OA=\frac{2}{3}l$,则子弹射入后瞬间杆的角速度为多少?

第六章

狭义相对论力学基础

1905 年爱因斯坦发表的狭义相对论，是人类最伟大的成就之一，它否定了时间、空间的绝对性，正确反映了客观世界的运动规律，是近代物理学和近代科学技术的一个重要支柱. 本章介绍狭义相对论的基本原理、洛伦兹变换式、狭义相对论的时空观以及相对论动力学的主要结论.

§6.1 力学相对性原理 伽利略变换

一、力学相对性原理

假定固定在地面的参考系是惯性系，那么在相对地面做匀速直线运动的封闭船（也是惯性系）上，从挂在天花板上的装水杯子里落下的水滴竖直落在地板上，还是偏向船尾？当你抛一件东西给你的朋友时，是不是当你的朋友在船头时比他在船尾时，你所费的力要更大些？早在 1632 年伽利略通过实验观测，就对这些问题做出了明确的回答，只要船是在做匀速直线运动，则在封闭的船上就觉察不到物体的运动规律和地面上有任何不同，所以，尽管当上述水滴尚在空中时船已向前进了，但它仍将竖直地落在地板上；不管你的朋友是在船头还是在船尾，你抛东西给他时所费的力是一样的. 伽利略所描述的现象说明：描述力学现象的规律不随观察者所选用的惯性系而变，或者说，在研究力学规律时一切惯性系都是等价的，这称为力学相对性原理. 也就是说：力学规律的数学表达形式不随人们所采用的惯性参考系而改变，反映了力学规律在所有惯性系中具有相同的形式.

二、伽利略变换

设有两个惯性参考系 S 和 S′. 取坐标系 $Oxyz$ 和 $O'x'y'z'$分别与 S 和 S′系固定，为简便起见，设各对应的坐标轴彼此平行，且 x 轴与 x'轴相重合，如图 6.1 所示. 设 S′系沿 x 轴方向以恒定速度 $\boldsymbol{u}$ 相对于 S 系运动，并且在开始时，即 $t=t'=0$ 时，坐标原点 O 与 O'重合.

按照经典力学的观点，同一质点 P 在 S 系和 S′系内的坐标 (x,y,z) 和 (x',y',z') 以及时间 t 和 t'之间的关系为

$$\begin{cases}x'=x-ut\\y'=y\\z'=z\\t'=t\end{cases} \text{或} \begin{cases}x=x'+vt\\y=y'\\z=z'\\t=t'\end{cases} \tag{6.1}$$

（6.1）式就是伽利略坐标变换式.

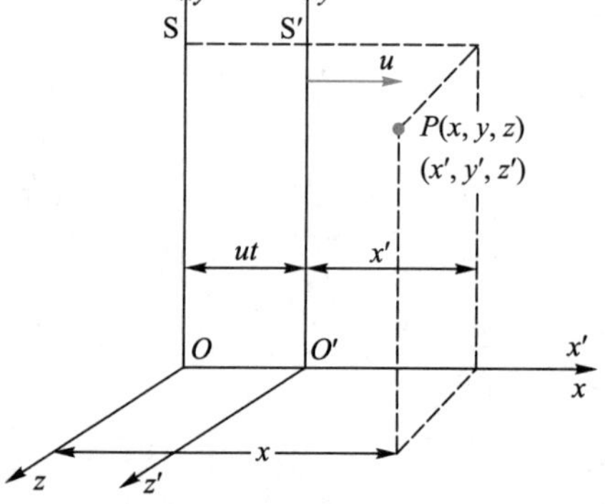

图 6.1

将（6.1）式对时间求导，就得到 P 点在这两个惯性参考系中的伽利略速度变换式：

$$\boldsymbol{v}'=\boldsymbol{v}-\boldsymbol{u} \tag{6.2}$$

这也就是经典力学的速度合成定理，其中 $\boldsymbol{v}'=\frac{\mathrm{d}\boldsymbol{r}'}{\mathrm{d}t}$，$\boldsymbol{v}=\frac{\mathrm{d}\boldsymbol{r}}{\mathrm{d}t}$.

再将(6.2)式对时间求导，就得到 P 点在两个坐标系中的伽利略加速度变换式：

$$\boldsymbol{a}'=\boldsymbol{a} \tag{6.3}$$

上式表明，在不同的惯性参考系中，同一质点的加速度是相同的，即物体的加速度对伽利略变换是不变的.

三、经典力学在伽利略变换下的不变性

经典力学认为，物体的质量 m 与参考系无关，由(6.3)式可得

$$\boldsymbol{F}=\boldsymbol{F}'=m\boldsymbol{a}=m\boldsymbol{a}' \tag{6.4}$$

这就是说，在相互做匀速直线运动的不同惯性参考系内，牛顿第二定律的形式是相同的，表明牛顿第二定律具有伽利略变换的不变性.

可以证明，质点力学中所有的基本定律，如动量守恒定律、角动量守恒定律、机械能守恒定律等都具有这种不变性，满足经典力学相对性原理(伽利略相对性原理)的要求. 而质点系力学、刚体力学、变形体力学和流体力学都是建立在质点力学的基础上的，质点系、刚体、变形体和流体中的每一个质点都应遵守质点动力学的规律. 因此，从这个意义上说，全部经典力学的规律对于惯性系都具有不变性，它们的表达形式都不随观察者研究问题时所选取的惯性系而改变.

四、经典力学的时空观

在狭义相对论建立之前，科学家们普遍认为，时间和空间都是绝对的，可以脱离物质运动而存在，并且时间和空间也没有任何联系，这称为**经典力学时空观**，也称**绝对时空观**. 牛顿在他的力学中就曾引入了绝对空间和绝对时间这样两个概念. 按照这种空间概念，人们把空间设想成一个“一切物体都在其上面进行各种机械运动的广阔舞台”，一切物体对于这个舞台即“绝对空间”的运动就是它们的绝对运动，这种“绝对运动”的速度就是物体的“绝对速度”. 对于绝对时间的概念，用牛顿的话来说，就是：“绝对的、真正的和数学的时间自身在流逝着，而且由于其本性在均匀地、与任何其他外界无关地流逝着. ”在经典力学中，力学相对性原理是与绝对时空观紧密联系着的.

由伽利略坐标变换式(6.1)式中 $t'=t$ 而得 $\Delta t'=\Delta t$，其物理意义是：若把在任何两个惯性参考系 S 和 S′中的两个时钟对好以后，则两惯性参考系中的时钟所显示的时刻总是一致的，由它们所测出的同一事件所经历的时间间隔也是相同的. 因此，在一切惯性参考系中时间的量度是一致的. 这就是说，在经典力学中时间间隔是绝对的.

设有一沿 x 轴放置的直杆，直杆的两端在 S 系和 S′系中同时测得的空间坐标分

别为 x_1、x_2 和 x_1'、x_2'，则在 S 系和 S′系中测得直杆的长度分别为

$$l=x_2-x_1$$

$$l'=x_2'-x_1'$$

由(6.1)式的前三式得

$$l=l'$$

因此，在一切惯性参考系中，直杆的长度不变，这就是说，在经典力学中，长度是绝对的.

总之，在伽利略变换下，时间测量和空间测量均与参考系的运动状态无关，时间与空间亦不相联系，这是经典力学时空观的特点.

复习思考题

6.1 在伽利略变换下，一质点的位置、速度、加速度，它的质量和它所受到的作用力，两质点间的相对位置、相对速度和它们之间的相互作用力，两个事件之间的时间间隔、空间间隔，一物体的长度等物理量中，哪些量与惯性系的选择有关，哪些量与之无关？

6.2 为什么说伽利略坐标变换式是依据绝对时空观建立起来的？

§ 6.2 狭义相对论基本原理 洛伦兹坐标变换式

一、迈克耳孙-莫雷实验

文档：迈克耳孙-莫雷实验

在牛顿等对力学进行深入研究之后，人们对其他物理现象，如光和电磁现象的研究也逐步深入了. 19 世纪后期，随着电磁学的发展，终于导致了麦克斯韦电磁理论的建立. 麦克斯韦方程组不仅完整地反映了电磁运动的普遍规律，而且还预言了电磁波的存在，揭示了光的电磁本质. 这是继牛顿之后经典物理学的又一伟大成就.

人们已熟知伽利略变换，很容易想到新出现的麦克斯韦方程组经过伽利略变换的表现如何？结论是该方程组不具备对伽利略变换的不变性，伽利略变换和电磁现象符合相对性原理的设想发生了矛盾. 究竟是麦克斯韦方程组不满足相对性原理，还是应当对麦克斯韦方程组引入另一种变换？

这个问题当时成为物理学界关心的热点，但是长期以来，物理学界机械论盛行，认为物理学可以用单一的经典力学图像加以描述，其突出表现就是“以太”假说. 这个假说认为，以太是传递包括光波在内的所有电磁波的弹性介质，它充满整个宇宙，它是无色透明、绝对静止的. 那时，许多物理学家都相信以太的存在，把这种无处不在的以太看做绝对惯性系，光速 c 就是光在以太中传播的速度，也就是相对于以太的速度，在以太系中光沿各个方向的速度都是 c. 但按照伽利略变换下的速度变换法则，在相对于以太的速度 $\boldsymbol{u}$ 运动的参考系中光沿各个方向的速度不相同，这样在地球上就可以通过光学实验测定地球相对于以太的速度. 这种相对于以

太的运动速度称为绝对速度. 只要找出地球的绝对速度,以太这个参考系就算找到了. 最早进行这种测量的就是著名的迈克耳孙-莫雷实验(1887 年).

迈克耳孙-莫雷实验所用的仪器是迈克耳孙干涉仪. 迈克耳孙干涉仪原理图如图 6.2. 由光源 S 发出的波长为 λ 的光入射到半镀银的波片 G_1 后,一部分透过 G_1 到达平面镜 M_1 反射回来,再由 G_1 反射到达望远镜 T;另一部分由 G_1 反射到平面镜 M_2,再由 M_2 反射回来透过 G_1 到达望远镜 T. 在实验中保持 $G_1 \to M_1$ 和 $G_1 \to M_2$ 的距离均为 L 不变.

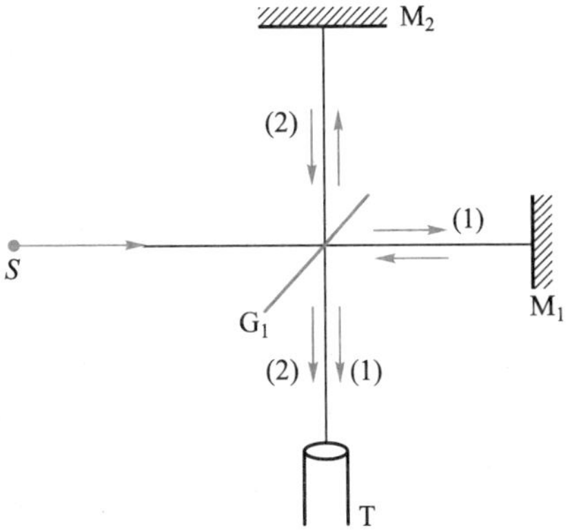

图 6.2

取以太为 S 系,地球为 S′系(仪器固定在地球上),设 S′系相对于 S 系的速度为 $\boldsymbol{u}$,沿 $G_1 \to M_1$ 的方向运动,光相对于 S′系(仪器)的速度为 $\boldsymbol{v}$,由伽利略变换下的速度变换法则为

$$\boldsymbol{v}=\boldsymbol{c}-\boldsymbol{u} \tag{6.5}$$

$\boldsymbol{c}$ 的大小和 $\boldsymbol{u}$ 的大小都是一定的,所以光对地球的速度 $\boldsymbol{v}$ 的大小随方向而变化,光对地球的速度大小沿 $G_1 \to M_1$ 方向为 $c-u$,沿 $M_1 \to G_1$ 方向为 $c+u$,沿 $G_1 \to M_2$ 或 $M_2 \to G_1$ 方向为 $\sqrt{c^2-u^2}$,所以光束(1)来回于 G_1、M_1 之间所需时间为

$$t_1=\frac{L}{c-u}+\frac{L}{c+u}=\frac{2cL}{c^2-u^2}=\frac{2cL}{c^2\left(1-\frac{u^2}{c^2}\right)}$$

$$=\frac{2L}{c}\left(1-\frac{u^2}{c^2}\right)^{-1}\approx\frac{2L}{c}\left(1+\frac{u^2}{c^2}\right) \quad (\text{因为 } u \ll c)$$

光束(2)来回于 G_1、M_2 之间所需时间为

$$t_2=\frac{2L}{\sqrt{c^2-u^2}}=\frac{2L}{c}\left(1-\frac{u^2}{c^2}\right)^{-\frac{1}{2}}\approx\frac{2L}{c}\left(1+\frac{u^2}{2c^2}\right)$$

所以两个时间差为

$$t_1-t_2=\frac{2L}{c}\left(1+\frac{u^2}{c^2}\right)-\frac{2L}{c}\left(1+\frac{u^2}{2c^2}\right)=\frac{Lu^2}{c^3} \tag{6.6}$$

因此两个光束的光程差为

$$\delta=c(t_1-t_2)=\frac{Lu^2}{c^2}$$

整个实验装置可绕垂直于图面的轴线转动,若把整个装置转过 90°,则前后两次光程差为 2δ,在此过程中干涉条纹移动 ΔN 条

$$\Delta N=\frac{2\delta}{\lambda}=\frac{2Lu^2}{\lambda c^2} \tag{6.7}$$

现在来估算一下 ΔN 的数值，上式中 $c=3\times10^8\ \mathrm{m\cdot s^{-1}}$，迈克耳孙采用多次反射为 $L=11\ \mathrm{m}$，再取地球相对于以太运动的速度等于地球绕太阳公转的速度，$u=3\times10^4\ \mathrm{m\cdot s^{-1}}$，实验用的光波波长 $\lambda=5.9\times10^{-7}\ \mathrm{m}$，代入上式得

$$\Delta N=\frac{2\times11\times(3\times10^4)^2}{5.9\times10^{-7}\times(3\times10^8)^2}\approx0.4(\text{条})$$

这相当于在仪器旋转前的明条纹在旋转后几乎变为暗条纹。该实验精度很高，可以观察到 0.01 条条纹的移动，如果有预期的 0.4 条条纹的移动，应该毫无困难地观察到，然而事实上，在各种不同条件下多次反复进行测量，始终没有观察到干涉条纹的移动. 实验结果表明：以太根本不存在，在所有惯性系中，光速的测量结果与光源和测量者的相对运动无关，光或电磁波不服从伽利略变换，真空中光沿各方向传播的速率都相同，即都等于 c. 这是个与伽利略变换以及与整个经典力学不相容的实验结果.

当时有许多科学家为了在绝对时空观的基础上说明这个实验和其他实验结果，但都未能成功.

二、爱因斯坦的两条基本假设

文档：爱因斯坦创建狭义相对论的基本思路

1905 年，年仅 26 岁的爱因斯坦，在对实验结果和前人工作进行仔细分析研究的基础上，不固守绝对时空观和经典力学的观念，而是另辟蹊径，从一个新的角度来考虑所有的问题. 首先，他认为自然界是对称的，包括电磁现象在内一切物理现象和力学现象一样，都应满足相对性原理，即在所有惯性系中物理定律及其数学表达形式都是相同的，因而用任何方法都不能发现特殊的惯性系；另外，当时实验都表明，在所有惯性系中测量，真空中光速大小都相同，必须承认客观事实，并把这点作为基本假设提出来. 于是爱因斯坦提出了两条基本假设，并在此基础上建立了新的理论——狭义相对论.

爱因斯坦两条基本假设如下：

假设 1（狭义相对论的相对性原理） 在所有惯性系中，一切物理学定律都相同，即具有相同的数学表达式. 或者说，对于描述一切物理现象的规律来说，所有惯性系都是等价的.

假设 2（光速不变原理） 在所有惯性系中，真空中光沿各个方向传播的速率都等同于一个常量 c，与光源和观察者的运动状态无关.

假设 1 是力学相对性原理的推广和发展，它肯定了一切物理定律（包括力、电、光等）都同样遵从相对性原理. 假设 2 实际上对不同惯性系间坐标、速度变换关系提出了一个新的要求，在这种新变换下，各惯性系内真空中光沿各方向传播的速率都等于常量 c.

三、洛伦兹变换

爱因斯坦根据相对性原理和光速不变原理得到了能同时满足这两条准则的变换，一般称为洛伦兹坐标变换式.

洛伦兹坐标变换式是关于一个事件在两个惯性系中的两组时空坐标(x,y,z,t)与(x',y',z',t')之间的变换关系. 这里说的“事件”是指某一时刻发生在空间某一点的事例. 我们仍采用§ 6.1 所述的惯性参考系 S 和 S′及相应坐标系 $Oxyz$ 和 $O'x'y'z'$，并取 O 与 O'重合时刻为计时起点. 如图 6.3 所示.

文档：洛伦兹变换的提出

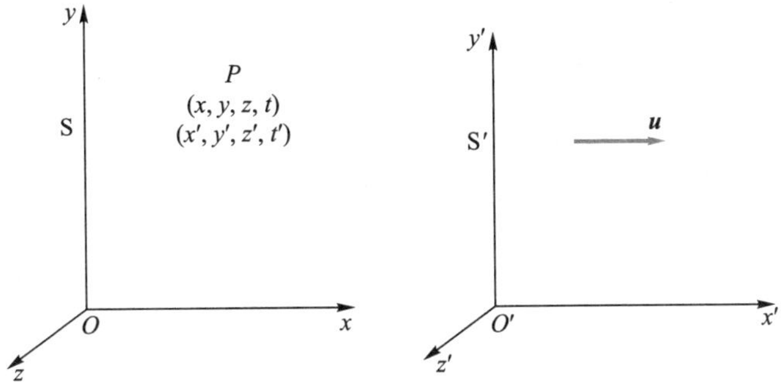

图 6.3

下面来寻求两组时空坐标(x,y,z,t)和(x',y',z',t')间的变换关系式.

因为 S′系相对 S 系沿 x 轴运动，且 xOy 平面与 $x'O'y'$ 平面重合，x 轴 x' 轴重合，所以有

$$y'=y,z'=z$$

对于(x',t')与(x,t)之间的变换关系，必须满足以下条件：(1) 爱因斯坦的两个基本假设；(2) 当两惯性系的相对速度远小于真空中的光速$\left(\frac{u}{c}\ll 1\right)$时，新的变换应退化为伽利略变换. 根据相对性原理，在 S 系和 S′系中的物理定律应完全相同，这只有当变换是线性的才有可能. 既然变换是线性的，时空坐标(x',y',z',t')中每一变量都可表示为 x,y,z 和 t 的线性组合，即

$$x'=k(x-ut) \tag{6.8}$$

同理有

$$x=k'(x'+ut') \tag{6.9}$$

式中 k 是与 x、t 无关的常量，k'是与 x'、t'无关的常量. 根据相对性原理，所有惯性系都是等价的，这就要求 $k'=k$.

k 的数值，需由光速不变原理求得，为此，假设在 O'与 O 重合时$(t=t'=0)$，由重合点发出一沿 Ox 轴的光信号，S 系观察者在 t 时刻测得该光信号波体面在 x 轴正方向的坐标为

$$x=ct$$

S′系观察者在 t'时刻测出此光信号的波体面在 x'轴正方向上的坐标为

$$x'=ct'$$

将以上两式分别代入(6.8)式和(6.9)式，有

$$ct'=k(ct-ut)=k(c-u)t$$
$$ct=k(ct'+ut')=k(c+u)t$$

将上述两式等号两边分别相乘,得

$$c^2tt'=k^2(c^2-u^2)tt'$$

从中解出

$$k=\frac{1}{\sqrt{1-u^2/c^2}} \tag{6.10}$$

将(6.10)式分别代入(6.8)式与(6.9)式,可以得出

$$x'=\frac{x-ut}{\sqrt{1-u^2/c^2}},\quad x=\frac{x'+ut'}{\sqrt{1-u^2/c^2}} \tag{6.11}$$

从以上两式分别消去 x' 和 x,又得

$$t'=\frac{t-\frac{u}{c^2}x}{\sqrt{1-u^2/c^2}},\quad t=\frac{t'+\frac{u}{c^2}x'}{\sqrt{1-u^2/c^2}} \tag{6.12}$$

综上所述,可以得到同一事件在两个相对做匀速直线运动的惯性系(u 方向同 x 轴正向,O、O'重合时刻作为计时起点)中的时空坐标的洛伦兹变换式为

$$\begin{cases} x'=\dfrac{x-ut}{\sqrt{1-u^2/c^2}} \\ y'=y \\ z'=z \\ t'=\dfrac{t-\frac{u}{c^2}x}{\sqrt{1-u^2/c^2}} \end{cases} \tag{6.13}$$

其逆变换为

$$\begin{cases} x=\dfrac{x'+ut'}{\sqrt{1-u^2/c^2}} \\ y=y' \\ z=z' \\ t=\dfrac{t'+\frac{u}{c^2}x'}{\sqrt{1-u^2/c^2}} \end{cases} \tag{6.14}$$

从洛伦兹变换可看出:

(1) 在洛伦兹变换中,时间与空间是不可分割的,同一事件不仅在不同惯性系中的时间坐标不同,而且时间坐标与空间坐标紧密联系. 不存在经典力学中认为的那种可以与运动割裂,彼此截然分开的绝对空间与绝对时间,这和伽利略变换形成鲜明的对照.

(2) 若 $u\ll c$(即低速运动情况),则 $u/c\to 0$,洛伦兹变换退化为伽利略变换,表明伽利略变换是洛伦兹变换在惯性系间做低速相对运动条件下的近似,只有在运动物体的速度远小于真空中的光速时,经典力学才是正确的. 在日常生活中物体的

运动速度往往远小于真空中的光速，所以用经典力学来处理这类问题是足够精确的.

(3) 若 $u>c$，则 $u/c>1$，变换式中出现虚数，此时洛伦兹变换式失去意义，由此可以得出一个结论：任何两个惯性系间相对运动速率都应小于真空中的光速 c. 因此，真空中的光速 c 是一切物体运动速率的极限. 迄今为止的所有的实验尚未发现有物体的运动速率超过真空中的光速.

由洛伦兹变换式(6.13)式和(6.14)式很容易得到两个事件在不同惯性参考系中的时间间隔和空间间隔之间的变换关系.

设有任意两个事件 1 和 2，事件 1 在惯性参考系 S 和 S′中的时空坐标分别为 (x_1,y_1,z_1,t_1) 和 (x_1',y_1',z_1',t_1')，事件 2 的时空坐标分别为 (x_2,y_2,z_2,t_2) 和 (x_2',y_2',z_2',t_2')，则这两个事件在 S 系和 S′系中的时间间隔和沿惯性参考系相对运动方向的空间间隔之间的变换关系为

$$\begin{cases}\Delta t'=\dfrac{\Delta t-\dfrac{u}{c^2}\Delta x}{\sqrt{1-u^2/c^2}}\\[2ex]\Delta x'=\dfrac{\Delta x-u\Delta t}{\sqrt{1-u^2/c^2}}\end{cases}\tag{6.15}$$

逆变换为

$$\begin{cases}\Delta t=\dfrac{\Delta t'+\dfrac{u}{c^2}\Delta x'}{\sqrt{1-u^2/c^2}}\\[2ex]\Delta x=\dfrac{\Delta x'+u\Delta t'}{\sqrt{1-u^2/c^2}}\end{cases}\tag{6.16}$$

(6.15)式、(6.16)式中 $\Delta x=x_2-x_1$，$\Delta t=t_2-t_1$，$\Delta x'=x_2'-x_1'$，$\Delta t'=t_2'-t_1'$ 都是代数量. 不难看出，对于两个事件的时间间隔和空间间隔，在不同惯性参考系中观测，所得结果一般是不同的. 也就是说，两个事件之间的时间间隔和空间间隔都是相对的，随观察者不同而不同. 这反映出相对论时空观和绝对时空观的根本区别.

[例 6.1] 假定一个粒子在 $x'O'y'$ 平面内以 $\dfrac{c}{4}$ 的恒定速度相对惯性参考系 S′运动，它的轨道同 x' 轴成 60°角. 如果 S′系沿 x'（或 x）轴相对于惯性参考系 S 的运动速度是 $0.8c$，试求在 S 系中所确定的粒子运动方程.（设 $t=0$ 时粒子位于原点.）

[解] S′系中所确定的粒子运动方程为

$$x'=u_x't'=\left(\frac{c}{4}\cos 60^\circ\right)t'\tag{1}$$

$$y'=u_y't'=\left(\frac{c}{4}\sin 60^\circ\right)t'\tag{2}$$

把(6.13)式代入(1)式，得

$$\frac{x-ut}{\sqrt{1-u^2/c^2}}=\left(\frac{c}{4}\cos 60°\right)\frac{t-\frac{u}{c^2}x}{\sqrt{1-u^2/c^2}}$$

即

$$x-0.8ct=\left(\frac{c}{4}\cos 60°\right)\left(t-\frac{0.8x}{c}\right)$$

$$x=0.841ct$$

再把(6.13)式代入(2)式,得

$$y=\left(\frac{c}{4}\sin 60°\right)\frac{t-\frac{u}{c^2}x}{\sqrt{1-u^2/c^2}}$$

$$y=0.118ct$$

所以,在S系中粒子的运动方程为

$$x=0.841ct$$

$$y=0.118ct$$

消去t后,得轨迹方程为$y=0.140x$,即轨道仍为直线,但与x轴夹角为$\theta=\arctan 0.140=8°$,这样在参考系S看来,粒子的运动方向(与x轴的夹角)有了转动.

[**例 6.2**] 地面上测得高能粒子由出发点甲点处沿直线到达相距100 m的乙点处经历时间10 μs$=10^{-5}$ s. 问:如果从一个假想的与粒子运动方向相同的速率为$u=0.6c$的宇宙飞船中观测,粒子由甲点处运动到乙点处走过的路程、时间间隔和速率各为多少?

[**解**] 取地面参考系为S,飞船系为S′,飞船对地运行的方向为x轴和x'轴的正方向.

设粒子经过甲点处为事件1,经过乙点处为事件2,则由题意可知:

$$\Delta x=x_2-x_1=10^2\ \text{m},\Delta t=t_2-t_1=10^{-5}\ \text{s}$$

粒子相对于地面(S系)的速度为

$$v=\frac{\Delta x}{\Delta t}=\frac{10^2}{10^{-5}}\ \text{m}\cdot\text{s}^{-1}=10^7\ \text{m}\cdot\text{s}^{-1}$$

由(6.15)式可求出在飞船系S′中观测,两事件的空间间隔和时间间隔分别为

$$\Delta x'=\frac{\Delta x-u\Delta t}{\sqrt{1-u^2/c^2}}=-2\ 150\ \text{m}$$

$$\Delta t'=\frac{\Delta t-\frac{u}{c^2}\Delta x}{\sqrt{1-u^2/c^2}}=1.23\times10^{-5}\ \text{s}$$

$\Delta x'$和$\Delta t'$也就是在飞船系S′中观测到粒子由甲点处运动到乙点处走过的路程和时间间隔,故粒子的速率为

$$v'=\frac{\Delta x'}{\Delta t'}=-1.74\times10^{8}\ \mathrm{m\cdot s^{-1}}=-0.58c$$

$\Delta x'<0$ 和 $v'<0$，表明在飞船系 S′中观测，粒子是沿 x' 轴负向由甲地向乙地运动的，经历路程为 2 150 m，时间为 1.23×10^{-5} s，速率为 $0.58c$.

四、相对论速度变换

现在我们要讨论的是同一个运动质点在 S 系和 S′系中速度之间的变换关系.设质点在这两个惯性系中的速度分量分别为

在 S 系中 $v_x=\frac{\mathrm{d}x}{\mathrm{d}t}\quad v_y=\frac{\mathrm{d}y}{\mathrm{d}t}\quad v_z=\frac{\mathrm{d}z}{\mathrm{d}t}$

在 S′系中 $v_x'=\frac{\mathrm{d}x'}{\mathrm{d}t'}\quad v_y'=\frac{\mathrm{d}y'}{\mathrm{d}t'}\quad v_z'=\frac{\mathrm{d}z'}{\mathrm{d}t'}$

对(6.13)式取微分，得

$$\begin{cases}\mathrm{d}x'=\dfrac{\mathrm{d}x-u\mathrm{d}t}{\sqrt{1-u^2/c^2}}\\ \mathrm{d}y'=\mathrm{d}y\\ \mathrm{d}z'=\mathrm{d}z\\ \mathrm{d}t'=\dfrac{\mathrm{d}t-\dfrac{u}{c^2}\mathrm{d}x}{\sqrt{1-u^2/c^2}}\end{cases}$$

用上式中的第四式分别去除其他三式，得

$$\begin{cases}v_x'=\dfrac{v_x-u}{1-\dfrac{u}{c^2}v_x}\\ v_y'=\dfrac{v_y\sqrt{1-u^2/c^2}}{1-\dfrac{u}{c^2}v_x}\\ v_z'=\dfrac{v_z\sqrt{1-u^2/c^2}}{1-\dfrac{u}{c^2}v_x}\end{cases}\qquad(6.17)$$

此式称为洛伦兹速度变换式. 利用(6.14)式和上述方法可得速度的逆变换式：

$$
\begin{cases}
v_x=\dfrac{v_x'+u}{1+\dfrac{u}{c^2}v_x'}\\
v_y=\dfrac{v_y'\sqrt{1-u^2/c^2}}{1+\dfrac{u}{c^2}v_x'}\\
v_z=\dfrac{v_z'\sqrt{1-u^2/c^2}}{1+\dfrac{u}{c^2}v_x'}
\end{cases}
\tag{6.18}
$$

在上述速度变换式中,有两点值得注意,一点是尽管 $y'=y,z'=z$,但$v_y'\neq v_y,v_z'\neq v_z$;另一点是变换保证了光速的不变性,这可以从下面的例题中看到.

[例 6.3] π^0 介子在高速运动中衰变,衰变时辐射出光子. 如果 π^0 介子的运动速度为 0.999 75c,求它向运动的正前方辐射的光子的速度.

[解] 设实验室参考系为 S 系,随同 π^0 介子一起运动的惯性系为 S′系,取 π^0 和光子运动的方向为 x 轴,由题意,$u=0.999\ 75c$,$v_x'=c$,根据相对论速度逆变换公式

$$
v_x=\frac{v_x'+u}{1+\dfrac{u}{c^2}v_x'}=\frac{c+u}{c+u}c=c
$$

可见光子的速度仍然为 c,这已为实验所证实. 若按照伽利略变换,光子相对于实验室参考系的速度是 1.999 75c,这显然是错误的.

复习思考题

6.3 狭义相对论的两个基本假设是怎样表述的?

6.4 光速不变原理对新的坐标变换式提出了什么要求?相对性原理对于描述物理规律的数学表达式提出了什么要求?

6.5 在狭义相对论中,洛伦兹变换是根据什么推导出来的?

6.6 洛伦兹变换式和伽利略变换式的主要区别是什么?在 $u\ll c$ 的情况下,两种变换趋于一致,这说明了什么?

§6.3 狭义相对论的时空观

一、同时的相对性

在经典力学中,如果两事件在惯性参考系 S 中观测是同时发生的,那么在惯性

参考系 S′中观测也是同时发生的，这从伽利略坐标变换式(6.1)式可以清楚地看出. 因为经典力学认为时间是绝对的，惯性参考系的改变不影响时间的量度. 在经典力学中，同时性具有绝对意义.

但在狭义相对论中则不然，如果两个在不同地点的事件，在惯性参考系 S 中观测是同时发生的，那么在惯性参考系 S′中观测并不是同时发生，此时，同时性只有相对意义，这一结论称为同时的相对性.

由洛伦兹变换，可以很容易证明同时的相对性.

我们研究两个物理事件. 设在 S 系和 S′系测得事件 1 的时空坐标分别为(x_1, y_1, z_1, t_1)和(x_1', y_1', z_1', t_1')，测得事件 2 的时空坐标分别为(x_2, y_2, z_2, t_2)和(x_2', y_2', z_2', t_2')，由(6.13)式可以推出两事件的时间间隔 t_2-t_1 和 $t_2'-t_1'$的关系为

$$t_2'-t_1'=\frac{(t_2-t_1)-\dfrac{u}{c^2}(x_2-x_1)}{\sqrt{1-\dfrac{u^2}{c^2}}} \tag{6.19}$$

由(6.19)式及(6.13)式可以得出：

(1) 若 $x_2=x_1, t_2=t_1$，则 $t_2'=t_1', x_2'=x_1'$. 这说明若在 S 系中两同地事件是同时发生的，则它们在 S′系中也是同时发生，而且也为两同地事件.

(2) 若 $x_2\neq x_1, t_2=t_1$，则 $t_2'\neq t_1'$，且 $x_2'\neq x_1'$. 这说明若在 S 系中两异地是同时发生的事件，则它们在 S′系中便不是同时发生的，且为两异地事件.

若将 S 和 S′系位置互异，上述结论不变. 于是我们得出结论：两同地事件的同时性具有绝对意义，两异地事件的同时性则具有相对的意义. 为了帮助读者理解这个问题，我们用一个假想的实验来加以说明.

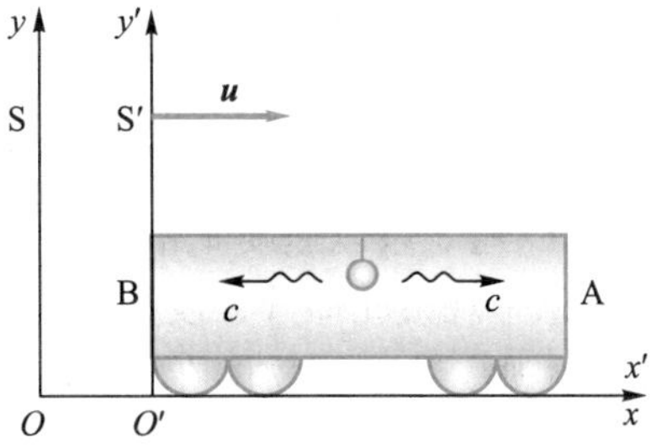

图 6.4

如图 6.4 所示，设一列火车(S′系)以高速 u 相对于地面(S 系)做匀速直线运动. 某时刻在车厢正中央有一闪光灯发出光信号，到达车厢前壁 A 为事件 1，到达车厢后壁 B 为事件 2. 对车内的观察者(S′系)，因光向各方向传播的速率均为 c，所以它同时到达 A 和 B，对地面的观察者(S 系)，按光速不变原理，光的速率仍为 c，但 A 壁以速率 v 离开光信号，B 壁以速率 u 接近光信号，因此，他测得光信号并非同时到达 A 和 B，而是 B 先于 A 收到光信号. 于是，在 S′系中同时发生的两事件，在 S 系中观测并不一定是同时发生的. 所以同时是相对的，由上面分析可以看出，同时的相对性来源于光速不变原理.

从(6.19)式还可得出，若 $t_2-t_1>0, x_2-x_1>0$，则 $t_2'-t_1'$可能有三种情况，即

$$t_2'-t_1'\begin{cases}=0\\>0\\<0\end{cases}$$

$t'_2-t'_1=0$ 的情况为上面已讨论过的同时的相对性,其他两种情况表明,在相对论中,对不同惯性系,测得两事件发生的先后次序(时序)具有相对性. 有趣的是还会有可能出现时序颠倒的情况,即 S 系看来事件 1 比事件 2 先发生,但在 S′系看来可能事件 2 比事件 1 先发生,这似乎是不可思议的,这和同时的相对性一样,这正是光速不变原理在自然定律中所起的作用,它是相对论的新的时空观的表现,需要指出的是,在相对论中,有因果关系的关联事件,例如一个人的出生和死亡,一列电磁波的发射和吸收等,时序不可颠倒,具有绝对性. 下面以电磁波的发射和接收为例加以说明. 设 S′系中电磁波的发射作为事件 1,接收作为事件 2,且 $t_2>t_1$,若在 S′系中测得这两个关联事件的时序颠倒,接收先于发射,$t'_1>t'_2$,则由(6.19)式得

$$(t_2-t_1)-\frac{u}{c^2}(x_2-x_1)<0$$

即

$$\frac{x_2-x_1}{t_2-t_1}u>c^2$$

对电磁波的传播来说,$\frac{x_2-x_1}{t_2-t_1}=c$,故 $u>c$,与光速 c 是物体的极限速率相矛盾,所以$t'_1>t'_2$的假设不能成立,即关联事件的时序不可能颠倒,对于其他的关联事件,如出生和死亡,则有$\frac{x_2-x_1}{t_2-t_1}<c$ 和 $u<c$,当然更不可能出现时序颠倒了。

二、长度收缩

在经典物理学中,不论观察者相对于物体的速度如何,观察者测得,物体的长度都是一样的,即长度是不变量. 现在我们借助洛伦兹变换来说明在相对论中长度也具有相对性.

设有一棒 AB 固定在惯性参考系 S′中,沿 x' 轴放置,且棒随 S′系以速度 u 相对于 S 系运动(如图 6.5),在 S′系中观察此棒其长度为 $l_0=x'_2-x'_1$,其中 x'_1、x'_2是 S′系中观察者测得物体在 x' 轴方向上两个端点的坐标,l_0 称物体沿 x' 轴方向的静止长度或固有长度.

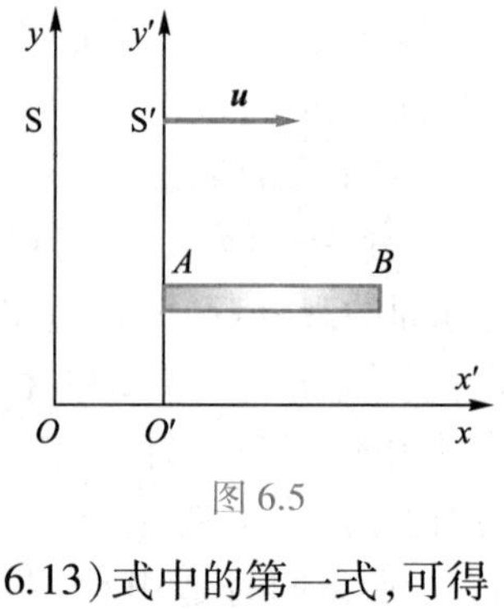

图 6.5

显然,如果 S 系的观察者在同一时刻测量出棒的两端的 x 坐标,则坐标之差的绝对值即为该运动棒的长度 l. 在 S 系和 S′系中棒的两端点的时空坐标分别为(x_1,t_1)、(x_2,t_2)和(x'_1,t'_1)、(x'_2,t'_2),由洛伦兹变换式(6.13)式中的第一式,可得

$$x'_1=\frac{x_1-ut_1}{\sqrt{1-u^2/c^2}},x'_2=\frac{x_2-ut_2}{\sqrt{1-u^2/c^2}}$$

故有

$$x_2'-x_1'=\frac{(x_2-x_1)-u(t_2-t_1)}{\sqrt{1-u^2/c^2}}$$

由于 $x_2'-x_1'=l_0$，$x_2-x_1=l$，因为 S 系中棒两端的 x 坐标是在同一时刻测量的，即 $\Delta t=t_2-t_1=0$，故上式又可写成

$$l=l_0\sqrt{1-u^2/c^2} \tag{6.20}$$

(6.20)式说明，相对于棒运动的观测者和相对于它静止的观测者，测得该棒的长度不同，相对于棒运动的观测者测得的长度跟观测者相对于棒的速度有关. 因为 $\sqrt{1-u^2/c^2}<1$，所以只要 $u\neq0$，则总有 $l<l_0$，即相对于棒运动的观测者测得它的长度总比它的静止长度短. 也就是说，棒的长度是相对的. 这和牛顿的绝对空间概念是不相容的，由(6.20)式可以看出，只有在相对运动速率 u 大到可与光速 c 相比较时，这种现象才是明显的；当 $u\ll c$ 时，$l\approx l_0$，可以认为在各惯性系测得的长度都相同.

因此，可得如下结论：当物体相对于沿其长度方向以速率 u 相对于某惯性参考系运动时，静止在该系中的观察者测得该运动物体的长度 l 等于其静止长度 l_0 的 $\sqrt{1-u^2/c^2}$ 倍，显然 $l<l_0$，这称为运动物体(沿其运动方向)的长度收缩效应. 一般情况下，物体的形状及其运动方向都是任意的，这时只是沿物体运动方向的长度发生收缩. 垂直运动方向的长度不发生收缩.

应该指出，长度收缩也是一种相对效应. 静止于 S 系中沿 x 方向放置的棒，在 S′系中测量，其长度也要收缩. 此时，l 是固有长度，而 l' 不是固有长度.

［例 6.4］ 一艘火箭飞船，其静止长度为 10 m，当它在太空中相对于地球以 $u=0.6c$ 速率飞行时，地面上观测者测得其长度 l 是多少？

［解］ 由(6.20)式，有

$$l=l_0\sqrt{1-u^2/c^2}=10\times\sqrt{1-(0.6)^2}\ \text{m}=8\ \text{m}$$

即在地球上的观测者测得其长度是缩短了.

三、时间延缓

在相对论中，时间间隔和空间间隔一样，也不是绝对的，它随观测者的运动而异.

某两个事件在 S 系中的时空坐标为(x_1,t_1)、(x_2,t_2)，在 S′系中为(x_1',t_1')、(x_2',t_2'). 假定在 S 系中观测，这两个事件发生在同一地点，即 $x_1=x_2$ 处，在 S 系中它们所经历的时间间隔为 $\Delta t=t_2-t_1$，而在 S′系中的时间间隔为 $\Delta t'=t_2'-t_1'$，根据洛伦兹变换式(6.13)式，考虑到 $\Delta x=x_2-x_1=0$，则有

$$\Delta t'=t_2'-t_1'=\frac{t_2-t_1}{\sqrt{1-u^2/c^2}}=\frac{\Delta t}{\sqrt{1-u^2/c^2}} \tag{6.21}$$

因为$\sqrt{1-u^2/c^2}<1$，所以 $\Delta t'>\Delta t$. 由此可见，在跟发生事件做相对运动的惯性参考系中所测得的时间，要比在相对静止的惯性参考系中测得的时间来得长，这说明时间

是相对的.

在狭义相对论中,若某两个事件在一惯性参考系中发生在同一地点,则在该惯性参考系中测得它们的时间间隔为原时时间间隔或固有时间间隔,常用 τ_0 表示,故(6.21)式又可写成

$$\tau=\frac{\tau_0}{\sqrt{1-u^2/c^2}} \tag{6.22}$$

其中 $\tau_0=t_2-t_1$,$\tau=t_2'-t_1'$(τ 为在其他惯性参考系中测得的这两个事件的时间间隔).

综上所述,可得如下结论:对于在 S 系中同一地点发生的、固有时间间隔为 τ_0 的两个事件,在 S′系中观测时,它们的时间间隔 τ 等于 τ_0 的 $\dfrac{1}{\sqrt{1-u^2/c^2}}$ 倍. 显然 $\tau>\tau_0$,这一现象称为时间延缓效应(又称时间膨胀效应).

时间延缓有时也称为运动的时钟变慢. 设想固定在 S 系原点上的一台按秒报时的钟,$t=0$ 和 $t=1$ s 对应该时钟两个接连的滴答声. 从 S′系去判断,该时钟以速度 u 在运动,两次滴嗒声之间所经历的时间为 $\dfrac{1}{\sqrt{1-u^2/c^2}}$ s,亦即比 1 s 长一些. 因而可以认为该时钟因运动而比静止时走得慢了.

由(6.22)式可以看出,时间延缓是一种相对效应. 也就是说,S′系中的观察者会发现静止于 S 系中而相对于自己运动的任一个时钟都比 S′系中的一系列同步的时钟走得慢. 由(6.22)式还可看出,当 $u\ll c$ 时,$\sqrt{1-u^2/c^2}\approx 1$,$\tau=\tau'$,即时间测量与参考系无关. 这就是牛顿绝对时间的概念. 由此可知,牛顿绝对时间概念实际上是相对论时间概念在参考系的相对速度很小时的近似.

[**例 6.5**] 带电 π 介子(π^+或 π^-)静止时的平均寿命是 2.6×10^{-8} s,某加速器射出的带电 π 介子的速率为 2.4×10^8 m · s^{-1},试求:

(1) 在实验室中测得这种粒子的平均寿命;

(2) 上述 π 介子衰变前在实验室中通过的平均距离.

[**解**] (1) 由于带电 π 介子相对实验室系的速率 $u=2.4\times10^8$ m · s$^{-1}=0.8c$,故在实验室中测得这种 π 介子的平均寿命为

$$\begin{aligned}\tau&=\frac{\tau_0}{\sqrt{1-u^2/c^2}}\\&=\frac{2.6\times10^{-8}}{\sqrt{1-0.8^2}}\text{ s}=4.33\times10^{-8}\text{ s}\end{aligned}$$

(2) 上述 π 介子衰变前在实验室中所通过的平均距离为

$$l=u\tau=2.4\times10^8\times4.3\times10^{-8}\text{ m}=10.4\text{ m}$$

这一结果与实验符合得很好,从而证实了时间延缓效应.

四、洛伦兹变换的实验证明

由洛伦兹变换我们得到了长度收缩效应、时间延缓效应及光速为极限速度等不同于经典力学的崭新结论，这些结论有其丰厚的实验证明作为基础，以下仅举几例.

π 介子的质量约为电子的 270 倍，它可以利用高能加速器中的高能质子打击适当的靶子来产生，也出现在大气层高空的宇宙射线中. π 介子是一种不稳定的粒子，带电的 π 介子经常在很短时间内衰变成另外两种粒子——μ 子和中微子. μ 子的固有寿命为 2×10^{-6} s，倘若没有时间延缓效应，以高速飞行的 μ 子的平均寿命仍为 2×10^{-6} s，则它在衰变为其他粒子之前所通过的平均路程不能超过 600 m，这与很大一部分 μ 子能到达地面这个事实相矛盾. 如果考虑到时间延缓效应，依据相对论的时间延缓(6.22)式，则 τ 比 τ_0 要长出 90 多倍. 因此，μ 子在衰变前走完的平均路程就要比 600 m 长出数十倍，这就是从高空产生的大量 μ 子仍可到达地面的原因. 读者也可用长度收缩效应来解释这一现象.

相对论的速度变换规律的一个“惊人”结论是：粒子的能量无论增大到多少，它的速度值都永远不能超过在真空中的光速 c 这一极限值. 这个结论可以通过高能物理实验证实. 例如在使电子通过加速器获得很大能量时，假定我们逐步地提高电子的能量，使电子的能量每提高一次都增加相同的数量，这时电子的速率虽然也是逐渐增大的，但当能量增大一定值时，速率的增大值却并不是每次都相同，而是越来越小，速率的总值总是逐渐趋近于光速 c 而不能超过它.

比如在美国斯坦福大学的高能加速器，可以使电子在一次加速中获得10 GeV 的能量，当电子在一次加速后，其速度可达 0.999 999 999c. 如果相对于以此速度跟随电子一起运动的参考系，电子的速度同样是这个高速，那么，相对地面参考系而言，在一次加速后，经理论计算电子仅只增加了 0.29 m/s 的速度. 如果有产生能量更高的加速器，利用它再给电子增加 10 GeV 的能量，它的速度将增加得更少，仍然不能使电子速度达到光速 c，这一实验证实了从洛伦兹变换得出的关于光速 c 是物体运动速度的极限.

复习思考题

6.7 观察者为测量相对自己运动的物体的长度而测量物体两端坐标，对该观察者而言，测量两端坐标这两个事件应是________（同时或不同时）________（同地或异地）事件，他测得的物体沿运动方向的长度________（大于，等于或小于）该物体沿该方向的静止长度.

6.8 如果我们说，在一个惯性系中测得某两个事件的时间间隔是它们的固有时间，这就意味着，在该惯性系中观测，这两个事件发生在________（相同或不同）地点；若在其他惯性系中观测，它们发生在________（相同或不同）地点，时间间隔________（大于，等于或小于）固有时间.

6.9 下面哪种说法是正确的？

(1) 物体以速率 u 运动时，其沿运动方向的长度 l 恒小于其静止时的长度 l_0；

(2) 以速率 u 相对一物体运动的观察者测得该物体沿相对运动方向的长度 l 恒小于由相对物体静止的观察者测得的长度 l_0.

§ 6.4 狭义相对论质点动力学

一、相对论动力学

我们已经指出，经典力学的基本定律在伽利略变换下形式不变，然而这些定律在洛伦兹变换下不是不变的，也就是说，经洛伦兹变换后，这些定律在不同惯性参考系中具有不同形式. 但是按相对论基本假设，在不同的惯性参考系中，力学规律应有同样的形式. 因此，必须按狭义相对论的要求，对经典的动量、质量、能量等概念和动力学基本规律做必要的修正. 我们可以设想相对论中的新的动力学规律应该满足以下三个条件：(1) 它们的表达式在洛伦兹变换下必须具有不变性；(2) 当物体的运动速度 v 较光速 c 小得很多时($v \ll c$)，这些定律应还原为经典力学的形式；(3) 只要可能，在相对论中仍应把质量守恒、动量守恒、能量守恒这些普遍规律保存下来，必要时可将“动量”和“能量”这两个重要物理量的含义和表达式适当加以修正.

二、相对论动量、质量和动力学基本方程

如果我们仍然定义质点动量等于其质量与速度的乘积，即令 $\boldsymbol{p}=m\boldsymbol{v}$，要使动量守恒定律在洛伦兹变换下保持不变，则质点的质量 m 不再是一个与其速率 v 无关的常量，而是随速率增大而增大，即

$$m=\frac{m_0}{\sqrt{1-v^2/c^2}} \tag{6.23}$$

式中 m_0 是质点静止时的质量，即由相对该质点静止的观察者测得的质量，称静止质量，它是一个不变量.

以下就(6.23)式提供一个理论证明.

考虑两个全同粒子的完全非弹性对心碰撞. 设粒子相对于观测者为静止时的质量为 m_0，相对于观测者以速度 v 运动时，测得它的质量为 $m(v)$，如图 6.6(a)所示. 若在 S 系中测到两粒子的速度大小均为 v 且方向相反，碰撞后变成一个质量为 $m_合$ 的大粒子，显然为满足动量守恒定律，大粒子的速度应为零. 于是，在 S 系中

$$mv-mv=m_合\cdot 0=0$$

由质量守恒，有

$$m_合=m+m=2m$$

在与右边那个粒子固定在一起的惯性系 S′中看，如图 6.6(b)所示，左边粒子的质量为 m'，它的速度大小由(6.17)式可得

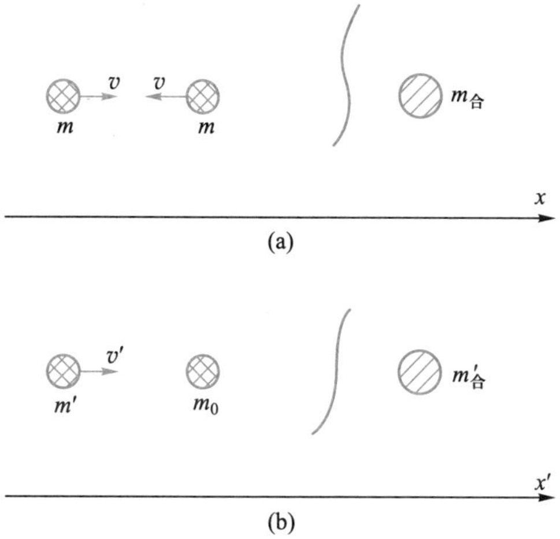

图 6.6

$$v'=\frac{v+v}{1+v^2/c^2}=\frac{2v}{1+v^2/c^2} \tag{6.24}$$

因为假设在 S′系中质量守恒,故有

$$m'_{合}=m'+m_0 \tag{6.25}$$

由动量守恒,有

$$m'_{合}v=m'v' \tag{6.26}$$

将(6.24)式、(6.25)式代入(6.26)式可解出

$$v=\frac{m'v'}{m'+m_0}=\frac{m'}{m'+m_0}\ \frac{2v}{1+v^2/c^2}$$

所以

$$1+\frac{v^2}{c^2}=\frac{2m'}{m'+m_0},\quad v=c\sqrt{\frac{m'-m_0}{m'+m_0}}$$

将上两式代入(6.24)式中可得

$$v'=c\sqrt{1-\left(\frac{m_0}{m'}\right)^2}$$

从中可解得

$$m'=\frac{m_0}{\sqrt{1-v'^2/c^2}}$$

即

$$m=\frac{m_0}{\sqrt{1-v^2/c^2}}$$

由相对论质量公式可以看出:① 当物体静止(即 $v=0$)时,$m=m_0$;② 当 $v\ll c$ 时,m 和 m_0 的差值很小;③ 当速度从零逐渐增大时,v^2/c^2 也逐渐增大,$1-v^2/c^2$ 逐渐减小,m 值随 v 值的增大而连续不断地增大;④ 当 $v\to c$ 时,$1-v^2/c^2\to 0$,$m\to\infty$,即相对

论质量 m 逐渐趋近于无限大，当 v 和 c 很接近时，m 将是一个很大的数值.

图 6.7 描述了 $\frac{m}{m_0}$ 和 $\frac{v}{c}$ 的关系曲线，可以看出当质点速度接近光速 c 时，其质量变得很大，使之再加速就很困难，这就是一切物体的速率都不可能达到和超过光速 c 的动力学原因. 实验证明，在高能加速器中的粒子，随着能量大幅度增加，其速率只是越来越接近光速，而从来没有达到或超过真空中的光速 c.

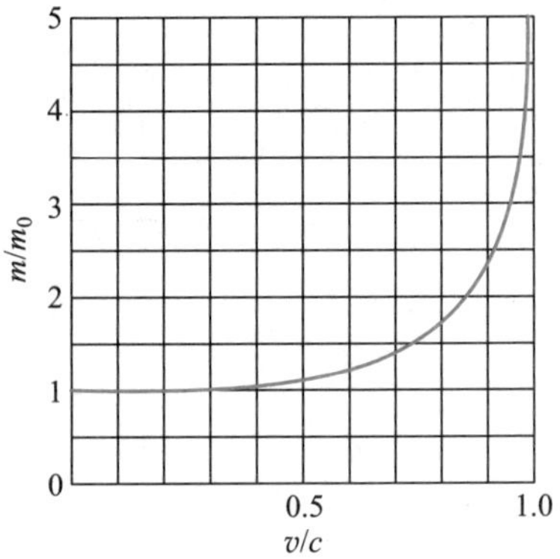

图 6.7

由前述质点相对论动量的定义和(6.23)式可得质点的相对论动量 $\boldsymbol{p}$ 与其速度 $\boldsymbol{v}$ 的关系为

$$\boldsymbol{p}=m\boldsymbol{v}=\frac{m_0}{\sqrt{1-v^2/c^2}}\boldsymbol{v} \tag{6.27}$$

对洛伦兹变换保持形式不变的相对论质点动力学方程为

$$\boldsymbol{F}=\frac{\mathrm{d}\boldsymbol{p}}{\mathrm{d}t}=\frac{\mathrm{d}}{\mathrm{d}t}\left(\frac{m_0}{\sqrt{1-v^2/c^2}}\boldsymbol{v}\right) \tag{6.28}$$

在狭义相对论中，如果仍沿用力的概念，那么动量的时间变化率就应该写成上面的形式. 上式还可进一步写成

$$\boldsymbol{F}=m\frac{\mathrm{d}\boldsymbol{v}}{\mathrm{d}t}+\boldsymbol{v}\frac{\mathrm{d}m}{\mathrm{d}t} \tag{6.29}$$

显然，因为 m 随 v 而改变，所以不能像经典力学那样，把牛顿第二定律写成 $\boldsymbol{F}=m\boldsymbol{a}$ 的形式. 但是，不难看出，在 $v\ll c$ 的情况下，(6.27)式和(6.28)式都与经典力学中对应的关系式相同，说明经典力学是相对论力学在低速条件下的近似.

三、相对论能量和质能关系

在经典力学中，质量为 m_0、速度为 v 的物体，其动能 $E_\mathrm{k}=\frac{1}{2}m_0v^2$，式中 m_0 为常量，并且质点动能的增量等于合外力对质点所做的功. 在相对论力学中，我们仍像在经典物理学中那样，定义动能为：在力 F 作用下，使粒子由静止到达末速度 v 时所做的总功，由此可导出相对论中质点动能的表达式.

设曲线弧元为 $\mathrm{d}s$，切向力为 F_t，则

$$E_\mathrm{k}=\int_0^s F_\mathrm{t}\mathrm{d}s=\int_0^s\frac{\mathrm{d}(mv)}{\mathrm{d}t}\mathrm{d}s=\int_0^v v\mathrm{d}(mv)$$

利用分部积分法，得

$$E_\mathrm{k}=mv^2-m_0\int_0^v\frac{v\mathrm{d}v}{\sqrt{1-v^2/c^2}}$$

$$=\frac{m_0v^2}{\sqrt{1-v^2/c^2}}+m_0c^2\cdot\sqrt{1-v^2/c^2}\Big|_0^v$$

$$=mc^2-m_0c^2$$

即

$$E_k=mc^2-m_0c^2 \tag{6.30}$$

在(6.30)式中,动能是 mc^2 与 m_0c^2 两项之差,与经典动能形式有明显差别,但当 $v\ll c$ 时,有 $(1-v^2/c^2)\approx1+v^2/2c^2$,代入(6.30)式即得质点做低速运动时的动能为 $E_k=\frac{1}{2}m_0v^2$,可见经典力学的动能公式仅适用于低速运动($v\ll c$)的质点. 爱因斯坦把 mc^2 称为粒子的相对论总能量,把 m_0c^2 称为粒子的静止能量(简称静能),分别用 E 和 E_0 表示为

$$\begin{cases}E=mc^2\\E_0=m_0c^2\end{cases} \tag{6.31}$$

(6.31)式称为爱因斯坦质能关系式,这是狭义相对论的重要结论之一,它反映物质的基本属性——质量与能量的不可分割的关系.

质能关系式在原子核反应等过程中得到证实. 在核反应中,裂变反应和聚变反应是较重要的两类,在这两类核反应中能够释放大量能量. 原子弹、氢弹、核反应堆和核电站等均为质能关系的实际应用,在正、负电子对湮灭成光子的过程中,正、负电子的全部与静质量相对应的静能变为光子的动能. 还有其他一些粒子的物理过程,也为质能关系提供了有力的证据.

四、相对论动量和能量的关系

在经典力学中,一质点的动能和动量之间的关系是

$$E_k=\frac{1}{2}mv^2=\frac{p^2}{2m}$$

在相对论中,由 $p=\frac{m_0v}{\sqrt{1-v^2/c^2}}$ 和 $E=\frac{m_0c^2}{\sqrt{1-v^2/c^2}}$ 消去 v,可得物体的总能量与动量之间的关系为

$$E^2=(m_0c^2)^2+(pc)^2=E_0^2+p^2c^2 \tag{6.32}$$

此式表示,静能、动量乘以 c 和总能量三者构成直角三角形的勾股弦关系. 这就是相对论中同一质点的动量和能量之间的关系式.

把质速关系式 $m=\frac{m_0}{\sqrt{1-v^2/c^2}}$ 改写成 $m_0=m\sqrt{1-v^2/c^2}$,可以看出,对于速率为 c 的光子来说,应有 $m_0=0$,可见光子的静止质量为零,因而它的静止能量也为零,光子的能量即等于它的动能,由动量能量关系(6.32)式可知光子的动量 $p=E/c$. 光子没有静质量和静能,但光子有运动质量、动量和能量,这是光子的物质性的具体

表现.

狭义相对论的创立动摇了经典的时空概念,确立了崭新的时空概念. 狭义相对论的两个基本假设及其运动学和动力学的结果,自它发表(1905 年)到现在已获得大量的实验证实,它已成为了现代物理学中的一个重要支柱.

[例 6.6] 电子静止质量 $m_0=9.11\times10^{-31}$ kg.

(1) 试用 J 和 eV 为单位,表示电子静能;

(2) 静止电子经过 10^6 V 的电压加速后,其质量、速率各为多少?

[解] (1) 电子静能为

$$E_0=m_0c^2=9.11\times10^{-31}\times9\times10^{16}\ \text{J}=8.20\times10^{-14}\ \text{J}$$

$$E_0=\frac{8.20\times10^{-14}}{1.60\times10^{-19}}\ \text{eV}=0.51\times10^6\ \text{eV}=0.51\ \text{MeV}$$

(2) 静止电子经过 10^6 V 电压加速后,动能为

$$E_k=1.0\times10^6\text{eV}=1.60\times10^{-13}\ \text{J}$$

由于 $E_k\approx2E_0$,因此必须考虑相对论效应,电子质量为

$$m=\frac{E}{c^2}=\frac{E_0+E_k}{c^2}=\frac{8.20\times10^{-14}+1.60\times10^{-13}}{(3\times10^8)^2}\ \text{kg}$$

$$=2.69\times10^{-30}\ \text{kg}$$

可见 $m\approx3m_0$,又由(6.23)式得电子速率

$$v=\sqrt{1-\left(\frac{m_0}{m}\right)^2}\ c=\sqrt{1-\left(\frac{9.11\times10^{-31}}{2.69\times10^{-30}}\right)^2}\ c=0.94c$$

[例 6.7] 在磁感应强度为 $B=0.1$ T 的均匀磁场中,电子沿半径 $r=10$ cm 的圆周做匀速率运动,分别按(1) 经典公式,(2) 相对论公式,计算电子的速率(电子静止质量 $m_0=9.11\times10^{-31}$ kg).

[解] (1) 按经典理论,电子质量不随速率改变,电子做圆周运动的向心力为洛伦兹力,即

$$F=evB=m_0a_n=m_0\frac{v^2}{r}$$

所以

$$v=\frac{eBr}{m_0}=\frac{1.6\times10^{-19}\times0.1\times10\times10^{-2}}{9.11\times10^{-31}}\ \text{m}\cdot\text{s}^{-1}$$

$$=1.8\times10^9\ \text{m}\cdot\text{s}^{-1}$$

由以上结果可看出,电子的运动速率 v 超过真空中的光速 $c=3.0\times10^8\ \text{m}\cdot\text{s}^{-1}$,该结论显然是不合实际的,是错误的.

下面我们按相对论理论来计算电子速率 v.

(2) 按相对论,电子质量随运动速度而改变,则由下式

$$evB = m\frac{v^2}{r} = \frac{m_0 v^2}{\sqrt{1-v^2/c^2}\ r}$$

解得

$$v = \frac{eBr/m_0}{\sqrt{1+(eBr/m_0 c)^2}}$$

$$= \frac{1.8\times10^9}{\sqrt{1+[1.8\times10^9/(3.0\times10^8)]^2}}\ \mathrm{m\cdot s^{-1}}$$

$$= 2.96\times10^8\ \mathrm{m\cdot s^{-1}} = 0.987c$$

该速率 v 是小于光速 c 的,这个结论是正确的.

复习思考题

6.10 用 v 表示物体的速率,则当 $v/c=$________时,$m=2m_0$;$v/c=$________时,$E_k=E_0$.

6.11 考虑到静能,在 $v\ll c$ 的情况下,静止质量为 m_0 的质点所具有的总能量 $E=$________;根据质能关系式,质量 m 并不等于 m_0,m 作为 v 的函数为 $m(v)=$________.

6.12 静止质量为 m_0、速率为 v 的粒子的动能能否表示为 $\frac{1}{2}mv^2$? 其中 $m=\frac{m_0}{\sqrt{1-v^2/c^2}}$.

习题

6.1 选择题

(1) 一匀质矩形薄板,在它静止时测得其长为 a,宽为 b,质量为 m_0. 由此可算出其面密度为 m_0/ab,假定该薄板沿长度方向以接近光速的速度 v 做匀速直线运动,此时再测算该矩形薄板的面密度则为 [ ]

(A) $\frac{m_0\sqrt{1-v^2/c^2}}{ab}$; (B) $\frac{m_0}{ab\sqrt{1-v^2/c^2}}$;

(C) $\frac{m_0}{ab(1-v^2/c^2)}$; (D) $\frac{m_0}{ab(1-v^2/c^2)^{3/2}}$.

(2) 在狭义相对论中,下列说法中哪些是正确的? [ ]

① 一切运动物体相对于观察者的速度都不能大于真空中的光速;

② 质量、长度、时间的测量结果都是随物体与观察者的相对运动状态变化而

改变的；

③ 在一惯性系中发生于同一时刻、不同地点的两个事件在其他一切惯性系中也是同时发生的；

④ 惯性系中的观察者观察一个与他做匀速相对运动的时钟时，会看到这时钟比与他相对静止的相同的时钟走得慢些.

(A) ①、②、③；　　(B) ①、③、④；

(C) ①、②、④；　　(D) ②、③、④.

(3) 一个电子运动速度 $v=0.99c$，它的动能是(电子的静止能量为 0.51 MeV)　[　　]

(A) 2.5 MeV；　　(B) 3.1 MeV；

(C) 3.5 MeV；　　(D) 4.0 MeV.

(4) 根据相对论力学，动能为 $\frac{1}{4}$ MeV 的电子，其运动速度约等于　[　　]

(A) $0.74c$；　　(B) $0.5c$；　　(C) $0.3c$；　　(D) $0.1c$.

6.2 填空题

(1) S 系与 S′系是坐标轴相互平行的两个惯性系，S′系相对于 S 系沿 Ox 轴正方向匀速运动. 一根刚性尺静止在 S′系中，与 $O'x'$ 轴成 30°角，今在 S 系中观察得该尺与 Ox 轴成 45°角，则 S′系相对于 S 系的速度大小是________.

(2) 两个惯性系中的观测者 O 和 O' 以 $v=0.6c$ 的相对速度互相接近，如果 O 测得两者的初始距离是 $L_0=20$ m，则 O' 测得两者经过时间 $\Delta t=$________ s 后相遇.

(3) 在速度 $v=$________情况下粒子的动量等于非相对论动量的两倍；在速度 $v=$________情况下粒子的动能等于它的静止能量.

(4) 在参考系 S 中，有两个静止质量都是 m_0 的粒子 A 和 B，分别以速度 v 沿同一直线相向运动，相碰后合在一起成为一个粒子，则其静止质量 $m_{合0}=$________.

6.3 S′系相对 S 系的速率为 $0.8c$，在 S′系中观测，一事件发生在 $t_1'=0, x_1'=0$ 处，第二个事件发生在 $t_2'=5\times10^{-7}$ s，$x_2'=-120$ m 处，试求在 S 系中测得两事件的时间和空间坐标.

6.4 在参考系 S 中，有一个静止的正方形，其面积为 100 cm^2. 观测者以 $0.8c$ 的匀速度沿正方形的对角线运动. 求观测者所测得的该图形的面积.

6.5 观测者甲和乙分别静止于两个惯性参考系 S 和 S′中，甲测得在同一地点发生的两个事件的时间间隔为 4 s，而乙测得这两个事件的时间间隔为 5 s，求：

(1) S′相对于 S 的运动速度；

(2) 乙测得这两个事件发生的地点的距离.

6.6 在惯性系 S 中，有两个事件同时发生在 x 轴上相距 1 000 m 的两点，而在另一惯性系 S′(沿 x 轴方向相对于 S 系运动)中测得这两个事件发生的地点相距 2 000 m. 求在 S′系中测得这两个事件的时间间隔.

6.7 地球的半径约为 $R_E=6\ 376$ km，它绕太阳的速率约为 $v=30\ km\cdot s^{-1}$，在太阳参考系中测量地球的半径在哪个方向上缩短得最多？缩短了多少(假设地球相对于太阳系来说近似于惯性系)?

6.8 宇宙飞船相对于地面以速度 v 做匀速直线飞行,某一时刻飞船头部的宇航员向飞船尾部发出一个光信号,经过 Δt(飞船上的钟)时间后,被尾部的接收器收到,问飞船的固有长度为多少?

6.9 根据天体物理学的观测和推算,宇宙正在膨胀,太空中的天体都离开我们的星球而去,假定在地球上观察到一颗脉冲星(看来发出周期性脉冲无线电波的星)的脉冲周期为 0.50 s,且这颗星正在以运行速度 $0.8c$ 离我们而去,那么这颗星的固有脉冲周期应是多少?

6.10 静止的 μ 子的平均寿命为 2×10^{-6} s,今在 8 km 高空,由于 π 介子的衰变产生一个速度为 $0.998c$ 的 μ 子,试问 μ 子能否到达地面?

6.11 要使电子的速率从 $1.2\times10^{8}\ \mathrm{m\cdot s^{-1}}$ 增加到 $2.4\times10^{8}\ \mathrm{m\cdot s^{-1}}$,必须做多少功?

6.12 某一宇宙射线中的介子的动能 $E_{\mathrm{k}}=7m_0c^2$,其中 m_0 是介子的静止质量.求在实验室中观测到它的寿命是它的固有寿命的多少倍.

6.13 一质子(静止质量为 $1\ 840m_{\mathrm{e}}$)以 $c/20$ 的速率运动.问一电子(静止质量为 m_{e})在多大速率时才具有与该质子同样大的功能?

6.14 在实验室参考系中,某个粒子具有能量 $E=3.2\times10^{-10}$ J,动量 $p=9.4\times10^{-19}\ \mathrm{kg\cdot m\cdot s^{-1}}$,求该粒子的静止质量、速率和在粒子静止的参考系中的能量.

6.15 爆炸一颗含有 20 kg 钚的核弹,爆炸后生成物的静止质量比原来小万分之一,求爆炸释放了多少能量?如果爆炸仅在 1 μs 内完成,爆炸的平均功率是多少?爆炸的能量相当于多少千瓦时的电能?

第6章习题参考答案

科学家介绍

爱因斯坦(Albert Einstein,1879—1955)

爱因斯坦,犹太人,1879 年出生于德国符腾堡的乌尔姆镇一个小业主家庭.智育发展很迟,3 岁时才会说话,7 岁上学,小学和中学学习成绩都较差.16 岁(1895 年)那年,他来到瑞士的苏黎世,投考大学落榜.补习一年后,于第二年(1896 年)考入瑞士苏黎世工业大学学习并于 1900 年毕业.

1902—1909 年,他在瑞士专利局工作.他早期一系列最有创造性和历史意义的研究工作,如相对论的创立等,都是在专利局工作时利用业余时间进行的.1905 年爱因斯坦取得苏黎世大学的哲学博士学位,这一年是他一生中成就辉煌的一年,他连续在德国《物理学杂志》上发表了多篇著名论文,其中一篇是《论物体的电动力学》,在这篇论文中,他首次提出了相对论的理论,即后人所称的相对论原理和光速不变原理,并以此为基础建立了狭义相对论,对经典力学的时空观进行了一场深刻的革命,从而深刻地改变了人们关于时间与空间的概念,当时他只有 26 岁.

1909 年,爱因斯坦经物理学家普朗克推荐,任苏黎世大学副教授,1911 年升任教授.1913 年当选为普鲁士科学院院士,同年任柏林大学教授兼皇家学会物理研究所所长.1921 年他获得诺贝尔物理学奖,是因为他对理论物理学的贡献,其中特别提到的是发现光电效应定律，没有特别提出相对论，是因为当时对于相对论的意义，科学家们的认识还不一致. 1932 年他与物理学家朗之万一起反对法西斯主义，1933 年希特勒上台，宣布爱因斯坦的相对论是“犹太邪说”，并趁他访问英国之际缺席判处他死刑. 同年 10 月，他前往美国定居，任普林斯顿高级研究院研究员，1940 年他加入美国国籍，直到 1955 年逝世.

爱因斯坦是一位可与牛顿相媲美的科学巨匠，对物理学做过许多重大贡献，如创立了狭义相对论，发展了量子理论，建立了广义相对论(1915 年)等. 他之所以能取得这样伟大的科学成就，归因于他的勤奋、刻苦的工作态度与求实、严谨的科学作风，更重要的应归因于他那对一切传统和现成的知识所采取的独立的批判精神. 他不迷信权威，敢于离经叛道，敢于创新. 他提出科学假设的胆略之大，令人惊奇，但这些假设又都是他的科学作风和创新精神的结晶.

爱因斯坦的精神境界高尚，在巨大的荣誉面前，他从不把自己的成就全部归功于自己，总是强调前人的工作为他创造了条件. 例如关于相对论的创立，他曾讲过：“我想到的是牛顿给我们的物体运动和引力的理论，以及法拉第和麦克斯韦借以把物理学放到新基础上的电磁场概念. 相对论实在可以说是对麦克斯韦和洛伦兹的伟大构思画了最后一笔.”当他的质能关系被铀原子核裂变实验证实时，许多人热烈地赞扬他是一位伟大的天才. 爱因斯坦却加以否定：“我不是天才.”1952 年，以色列总统魏斯曼去世后，政府和公众舆论都要求爱因斯坦出任以色列总统，但他对前来劝说的各方人士的回答只有一句话：“我当不了总统.”他始终把献身科学看作自己的神圣职责.

爱因斯坦认为，人生的主要目的不是索取而是奉献. 他曾说过：“人是为别人而生存的.”“人只有献身于社会，才能找出那实际上是短暂而有风险的生命的意义.”这些话至今仍在不断地激励人们奋发进取，成为人们，特别是青年学生的行为准则和座右铭. 下图为国际物理年(2005 年)德国发行的纪念邮票.

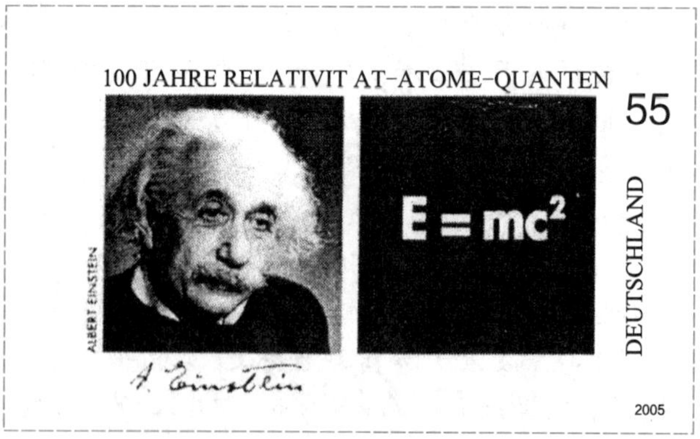

国际物理年(2005年)德国发行的纪念邮票

第七章

真空中的静电场

本章及下章是静电学的内容. 静电学主要研究相对观察者静止且电荷量恒定的电荷所产生的静电场的基本性质和规律、静电场与导体或电介质(绝缘体)的相互作用以及导体和电介质的静电特性等.

本章将从电场对电荷作用的电场力和电荷在静电场中移动时电场力对电荷做功这两个方面出发,引入电场强度和电势这两个描述电场特性的重要物理量,并说明反映静电场基本性质的规律:电场强度叠加原理、高斯定理和静电场的环路定理,阐明电场强度和电势两者之间的关系.

§7.1 库仑定律

一、电荷

按照原子理论,在每个原子里,电子环绕由中子和质子组成的原子核运动. 一般来说,原子核的线度约为 10^{-15} m,而原子的线度约为 10^{-10} m,这就是说,原子的线度约为原子核线度的 10^5 倍. 在正常情况下,每个原子内的电子数和质子数相等,故整个原子呈电中性. 由于电子离原子核较远,特别是最外层的电子,受原子核引力作用很小,容易发生迁移. 如果原子中失去一个或多个电子,原子就表现为带正电,称为正离子;如果原子获得了一个或多个电子,原子就表现为带负电,称为负离子. 原子失去或获得电子的过程,称为电离. 在正常情况下,物质是由电中性的原子组成的,其整体也呈电中性,即物体里正、负电荷的代数和为零. 通过摩擦或别的方法使物体带电的过程,就是使原子电离而转变为离子的过程. 很明显,当一个物体失去一些电子而带正电时,必然有另一个物体获得这些电子而带负电,摩擦或别的使物体带电的方法,并没有也不可能制造电荷,只能把电子从一个物体迁移到另一物体,从而改变了物体的带电状态. 因此,一个与外界没有电荷交换的孤立系统,无论发生什么变化,整个系统的电荷总量(正负电荷的代数和)必定保持不变,这就是电荷守恒定律. 电荷守恒定律和动量守恒定律、能量守恒定律、角动量守恒定律一样,也是自然界的基本守恒定律. 无论是在宏观领域里,还是在原子、原子核和粒子范围内,电荷守恒定律都是成立的.

物体所带的过剩电荷的总量称为电荷量,简称电荷. 1913 年美国物理学家密立根从实验中测定所有电子都具有相同的电荷,而且带电体的电荷是电子电荷的整数倍. 若以 e 代表电子电荷的绝对值,带电体的电荷可以表示为

$$Q=ne$$

式中 n 是正的或负的整数,e 就是电荷量的基本单元. 上式表示,电荷只能取分立的、不连续数值的性质,这称为电荷的量子化. 现在知道在自然界中的微观粒子,包括电子、质子、中子在内,已有几百种,其中任一带电粒子所具有的电荷或者是 $+e$、$-e$,或者是它们的整数倍. 因此可以说,电荷量子化是一个普遍的量子化规则.

在国际单位制中,电荷量的单位是 C(库仑). 根据 2014 年国际科技数据委员

会推荐的数值，电荷量基本单元 $e=1.602\ 176\ 620\ 8(98)\times10^{-19}$ C.

二、库仑定律

带电物体相互间有作用力，这是电荷性质最显著的一种表现. 人们对电现象的认识，就是从这种作用开始的. 一般而言，两个带电体间的相互作用除了和它们所带电荷量有关外，还和它们的大小、形状、电荷在带电体上的分布以及周围介质的性质有关，情况很复杂，所以下面先讨论最简单的也是最基本的问题，即两个相对静止的点电荷在真空中的相互作用力的规律.

文档：库仑简介

实验指出，当带电体自身的大小与带电体之间的距离相比很小时，我们可以把这种带电体看作点电荷. 显然，点电荷的概念与质点、刚体等概念一样，是对实际情况的抽象，是一种理想模型.

文档：库仑定律的建立

库仑定律是 1785 年由法国科学家库仑在扭秤实验的基础上提出的. 这条定律是：**在真空中两个静止点电荷之间的静电作用力与这两个点电荷所带电荷量的乘积成正比，与它们之间的距离的平方成反比，作用力的方向沿着它们连线的方向.** 其数学表达式为

$$F=k\frac{q_1q_2}{r^2}$$

式中 q_1、q_2 分别表示两个点电荷的电荷量，r 为它们之间的距离，k 为比例系数.

在国际单位制(SI)中，以电流的单位 A(安培)为基本单位，电荷量的单位定为 C(库仑)，库仑是导出单位，1 C 的电荷量就是当电流等于 1 A 时，在 1 s 内流过导体任一断面的电荷量. 根据实验测定，在 SI 中比例系数

$$\begin{aligned}k&=8.987\ 551\ 97\times10^9\ \text{N}\cdot\text{m}^2\cdot\text{C}^{-2}\\&\approx9.0\times10^9\ \text{N}\cdot\text{m}^2\cdot\text{C}^{-2}\end{aligned}$$

为了使上述表达式能表示出力的方向，可将上式改写为矢量式. 我们把电荷 q_1 对 q_2 的作用力用 $\boldsymbol{F}_{21}$ 表示，规定 $\boldsymbol{r}_{21}$ 的方向由 q_1 指向 q_2，其单位矢量为 $\boldsymbol{e}_{21}$，如图 7.1 所示.那么，有

$$\boldsymbol{F}_{21}=k\frac{q_1q_2}{r_{21}^2}\boldsymbol{e}_{21} \tag{7.1a}$$

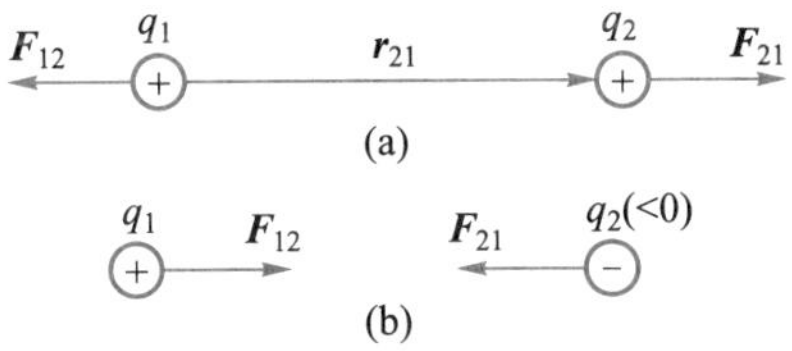

图 7.1

如果表示电荷 q_2 对 q_1 的作用力用 $\boldsymbol{F}_{12}$ 表示，规定 $\boldsymbol{r}_{12}$ 的方向由 q_2 指向 q_1，其单位矢量为 $\boldsymbol{e}_{12}$，那么，有

$$\boldsymbol{F}_{12}=k\frac{q_1q_2}{r_{12}^2}\boldsymbol{e}_{12} \tag{7.1b}$$

库仑定律(7.1a)式、(7.1b)式表明,当 $q_1q_2>0$(即 q_1 与 q_2 同号)时,$\boldsymbol{F}_{12}$与 $\boldsymbol{e}_{12}$、$\boldsymbol{F}_{21}$与 $\boldsymbol{e}_{21}$方向相同,同号电荷互相排斥;当 $q_1q_2<0$(即 q_1 与 q_2 异号)时,$\boldsymbol{F}_{12}$与 $\boldsymbol{e}_{12}$、$\boldsymbol{F}_{21}$与 $\boldsymbol{e}_{21}$方向相反,异号电荷相互吸引.

在有关的科学和技术中,直接用库仑定律处理问题的情况并不多,常用的却是由它导出的其他公式. 为了使后面导出的公式中不含无理数"4π"因子,常把 k 表示为

$$k=\frac{1}{4\pi\varepsilon_0}$$

式中常量 ε_0 称为真空电容率:

$$\begin{aligned}\varepsilon_0&=\frac{1}{4\pi k}=8.854\ 187\ 817\times10^{-12}\ \mathrm{C^2\cdot N^{-1}\cdot m^{-2}}\\&\approx8.85\times10^{-12}\ \mathrm{C^2\cdot N^{-1}\cdot m^{-2}}\end{aligned}$$

综上所述,只要规定径矢 $\boldsymbol{r}$ 的方向是由施力电荷指向受力电荷,且 $\boldsymbol{e}_r$ 为 $\boldsymbol{r}$ 方向的单位矢量,那么受力电荷所受到的库仑力 $\boldsymbol{F}$ 可表示为

$$\boldsymbol{F}=\frac{1}{4\pi\varepsilon_0}\frac{q_1q_2}{r^2}\boldsymbol{e}_r \tag{7.1c}$$

由(7.1)式可以看出

$$\boldsymbol{F}_{12}=-\boldsymbol{F}_{21}$$

这说明两个静止点电荷之间的作用力符合牛顿第三定律.

库仑定律只适用于求两个静止点电荷间的作用力,当研究两个以上的静止电荷之间的作用时,就必须补充另一个实验事实:两个点电荷之间的作用力并不因第三个点电荷的存在而有所改变. 当空间有两个以上的点电荷(如 $q_0,q_1,q_2,\cdots,q_n$)存在时,作用于每一个点电荷(如 q_0)上总静电力 $\boldsymbol{F}_0$,等于其他点电荷单独存在时作用于该电荷上的静电力 $\boldsymbol{F}_{0i}$的矢量和,即

$$\boldsymbol{F}_0=\sum\boldsymbol{F}_{0i}=\sum_{i=1}^{n}\frac{1}{4\pi\varepsilon_0}\frac{q_0q_i}{r_{0i}^2}\boldsymbol{e}_{ri}$$

称为静电力的叠加原理.

库仑定律加上静电力的叠加原理,原则上可计算任意带电体之间的相互作用力,计算时将每一带电体分成足够小的体元,每一体元可视为一个点电荷,这样每个带电体可看作无限多个点电荷的集合,计算两个任意带电体的相互作用力,就归结为求这两组点电荷系间的相互作用力.

[例 7.1] 计算氢原子内电子和原子核之间的静电作用力与万有引力大小之比值(已知氢原子核质量 $m_2=1\ 840m_1$,m_1 为核外电子质量,$m_1=9.11\times10^{-31}$ kg,$e=1.6\times10^{-19}$ C,$G=6.67\times10^{-11}\ \mathrm{N\cdot m^2\cdot kg^{-2}}$).

[解] 设在氢原子里电子和原子核间的距离为 r,由于电子和原子核所带的电荷等量异号,电荷量大小均为 e,故电子和原子核间的静电力为吸引力,其大小为

$$F_1=\frac{1}{4\pi\varepsilon_0}\frac{e^2}{r^2}$$

根据万有引力定律,电子与原子核间的万有引力大小为

$$F_2=G\frac{m_1m_2}{r^2}$$

因此两力大小之比值为

$$\frac{F_1}{F_2}=\frac{\frac{1}{4\pi\varepsilon_0}e^2}{Gm_1m_2}=\frac{9\times10^9\times(1.6\times10^{-19})^2}{6.67\times10^{-11}\times1\ 840\times(9.11\times10^{-31})^2}$$
$$\approx2.26\times10^{39}$$

可见,在研究带电粒子的相互作用时,万有引力比起静电作用力来说是十分微小的,所以它们之间的万有引力通常可以忽略不计.

我们知道,自然界存在四种力,即强力、弱力、电磁力和万有引力,若把在 10^{-15} m 的尺度上两个质子之间的强力的强度规定为 1,那么其他各力的强度依次是:电磁力为 10^{-2},弱力为 10^{-9},万有引力为 10^{-39}. 强力和弱力只在 10^{-15} m 的范围之内起作用. 我们可以得出这样的结论:在原子的构成、在原子结合成分子以及在固体的形成和液体的凝聚等方面,库仑力都起着主要作用.

[例 7.2] 图 7.2 中,两个相等的正电荷 $q=2\times10^{-6}$ C 与另一静电荷 $Q=4\times10^{-6}$ C 相互作用,求作用于 Q 上之合力的数值与方向(各电荷距离如图 7.2 所示).

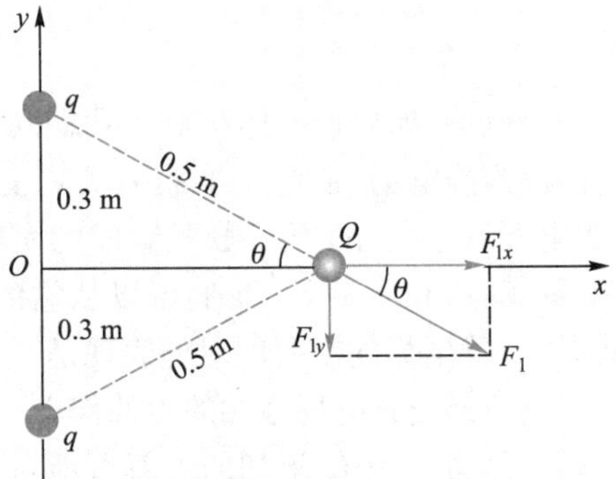

图 7.2

[解] 利用库仑定律,可知上方的电荷 q 作用于 Q 的力 F_1 为

$$F_1=k\frac{Qq}{r^2}=9\times10^9\times\frac{4\times10^{-6}\times2\times10^{-6}}{0.5^2}\ \text{N}=0.29\ \text{N}$$

此力的方向沿 Qq 连线,指向右下,将此力沿 x、y 轴分解可得

$$F_{1x}=F_1\cos\theta=0.29\times\frac{0.4}{0.5}\ \text{N}=0.23\ \text{N}$$

$$F_{1y}=-F_1\sin\theta=-0.29\times\frac{0.3}{0.5}\ \mathrm{N}=-0.17\ \mathrm{N}$$

下方的 q 作用于 Q 的力,数值同上,但方向沿 qQ 指向右上,由于对称,两力在 x 轴分量同向,在 y 轴分量反向,因此

$$\sum F_{ix}=2\times0.23\ \mathrm{N}=0.46\ \mathrm{N}$$

$$\sum F_{iy}=0$$

故作用于 Q 的合力沿 x 轴,数值为 0.46 N. 如果下方的电荷为负,答案又如何?请读者考虑.

复习思考题

7.1 什么是电荷的量子化?你能举出其他具有量子化的物理量吗?点电荷是否一定是很小的带电体?比较大的带电体能否被视为点电荷?在什么条件下一个带电体才能被视为点电荷?

7.2 库仑定律适用于什么情况?

7.3 在运用库仑定律计算时选用 SI 单位,其中各量的单位应该是什么?库仑定律表达式中的常量 k 和 ε_0 的单位各是什么?

§7.2 电场强度

一、电场强度概念

带电体周围伴随着一个电场,如果带电体相对于我们观察者来说是静止的,那么在这带电体周围的电场称为静电场. 静电场虽然不像一般实物那样直接看得见、摸得到,但近代物理证实电场和一切由原子、分子组成的实物一样,也是物质存在的一种形式,同样具有能量、动量和质量等. 我们可以从它的对外表现来发现它的客观存在并研究其运动规律. 静电场的重要的对外表现是:

(1) 电场中的任何带电体都受到电场施加的力的作用.

(2) 当带电体在电场中移动时,电场施加的力就可能对它做功,这本身就说明电场具有物质性.

(3) 静电场中的导体或电介质,会与静电场相互作用,相互影响,导体会发生静电感应现象,电介质会发生极化现象.

电场中任一点的性质,可利用试验电荷 q_0 来进行研究. 试验电荷体积很小,所带的电荷量也很小,这样当它放入电场中时,不影响电场的分布,从而可以用来研究空间各点的电场性质. 在一般情况下,把试验电荷 q_0 放在电场中不同各点时,q_0 所受到电场力 $\boldsymbol{F}$ 的大小和方向是不同的. 在电场中的确定位置处,q_0 所受到电场力 $\boldsymbol{F}$ 的大小和方向则是完全确定的.

下面我们来研究给定电场中某一确定点的性质. 先将正的试验电荷 q_0 放在确定点处,将发现它受到的电场力和它的电荷量成正比,而力的方向保持不变. 如果把试验电荷换成等量异号的负电荷,受力的大小不变,而方向相反. 可见电场中力的大小和方向不仅与试验电荷所处的电场有关,而且与试验电荷本身电荷量的大小、正负有关. 然而,对给定电场中的确定点来说,试验电荷所受到的作用力 $\boldsymbol{F}$ 与试验电荷 q_0 的比是一个确定的矢量,这个矢量反映了电场本身的性质,只和给定电场中各确定点位置有关,而与试验电荷的大小、正负无关. 因此,我们把这个矢量定义为电场中给定点的电场强度,电场强度是矢量,用 $\boldsymbol{E}$ 表示. 即

$$\boldsymbol{E}=\frac{\boldsymbol{F}}{q_0} \tag{7.2}$$

由(7.2)式可知,电场中某点处电场强度 E 的大小等于单位电荷在该点受力的大小,其方向为正电荷在该点受力的方向.

由于试验电荷在电场中不同点受力 $\boldsymbol{F}$ 一般不同,所以 $\boldsymbol{F}$ 是空间坐标的函数,因而电场强度 $\boldsymbol{E}$ 也是空间坐标的函数,即

$$\boldsymbol{E}=\boldsymbol{E}(x,y,z)$$

在静电场中,任一点只有一个电场强度 $\boldsymbol{E}$ 与之对应,也就是说静电场具有单值性. 当产生电场的电荷分布已知时,应用库仑定律和下面要讲的电场强度叠加原理就可以确定电场强度的分布.

在国际单位制中,力以 N 为单位,电荷量以 C 为单位,所以电场强度的单位是 $\mathrm{N\cdot C^{-1}}$,电场强度的单位也可写成 $\mathrm{V\cdot m^{-1}}$(见§7.5).

二、电场强度叠加原理

在点电荷系 $q_1,q_2,\cdots,q_n$ 激发的电场中的某点 P,放置一试验电荷 q_0,根据静电力的叠加原理,试验电荷 q_0 所受的合力 $\boldsymbol{F}$ 等于各个点电荷 $q_1,q_2,\cdots,q_n$ 单独存在时的电场施于试验电荷 q_0 的力 $\boldsymbol{F}_1,\boldsymbol{F}_2,\cdots,\boldsymbol{F}_n$ 的矢量和,即

$$\boldsymbol{F}=\boldsymbol{F}_1+\boldsymbol{F}_2+\cdots+\boldsymbol{F}_n$$

两边除以 q_0,得

$$\frac{\boldsymbol{F}}{q_0}=\frac{\boldsymbol{F}_1}{q_0}+\frac{\boldsymbol{F}_2}{q_0}+\cdots+\frac{\boldsymbol{F}_n}{q_0}$$

按电场强度的定义,上式右边各项分别是各个点电荷单独存在时在该点所产生的电场强度,左边代表这些点电荷同时存在时该点的总电场强度,即

$$\boldsymbol{E}=\boldsymbol{E}_1+\boldsymbol{E}_2+\cdots+\boldsymbol{E}_n$$

上式表明,电场中任一场点处的总电场强度等于各个点电荷单独存在时在该点各自产生的电场强度的矢量和,这就是电场强度叠加原理,它是电场的基本性质之一,利用这一原理,可以计算任意带电体所产生的电场强度,因为任何带电体都可以看作许多点电荷的集合.

三、电场强度的计算

如果电荷分布为已知,根据电场强度叠加原理,从点电荷的电场强度公式出

发，就可以求出电场中各点的电场强度. 下面说明计算电场强度的方法.

1. 点电荷的电场强度

演示实验：点电荷电场

在真空中，若电场是由一个点电荷 q 产生的. 我们来计算与 q 相距为 r 处任一点 P 的电场强度. 设想把一个试验电荷 q_0 放在 P 点上，由(7.1)式可知 q_0 受力为

$$\boldsymbol{F}=\frac{1}{4\pi\varepsilon_0}\frac{qq_0}{r^2}\boldsymbol{e}_r$$

根据电场强度的定义(7.2)式，则 P 点的电场强度为

$$\boldsymbol{E}=\frac{\boldsymbol{F}}{q_0}=\frac{1}{4\pi\varepsilon_0}\frac{q}{r^2}\boldsymbol{e}_r \tag{7.3}$$

这就是点电荷产生的电场的电场强度分布公式，其中 $\boldsymbol{e}_r$ 是沿径矢 $\boldsymbol{r}$ 的单位矢量，方向是由场源点电荷 q 指向 P 点. 上式表明，在点电荷 q 的电场中，任一点 P 处的电场强度大小 $E=\frac{1}{4\pi\varepsilon_0}\frac{|q|}{r^2}$，与场源点电荷量 q 的大小(q 的绝对值)成正比，与点电荷 q 到该点的距离 r 的平方成反比，且电场强度的分布具有球对称性. $\boldsymbol{E}$ 的方向沿点电荷 q 和场点 P 的连线，其指向取决于场源点电荷 q 的正负，若 q 是正电荷，$\boldsymbol{E}$ 的方向与 $\boldsymbol{e}_r$ 的方向相同，即沿 $\boldsymbol{e}_r$ 而背离 q；若 q 为负电荷，其方向与 $\boldsymbol{e}_r$ 的方向相反，而指向 q，如图 7.3 所示.

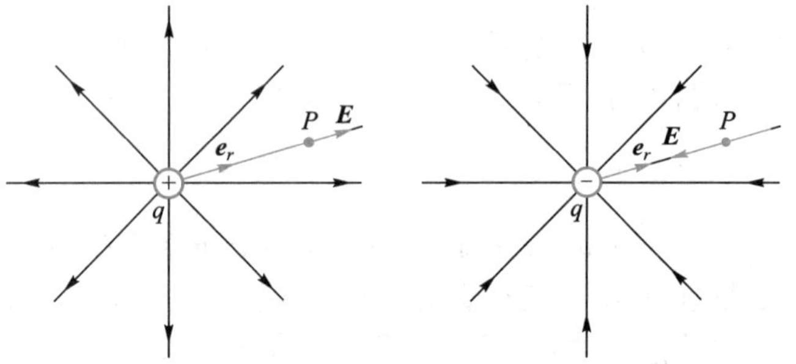

(a) (b)

图 7.3

2. 点电荷系的电场强度

设真空中的电场是由点电荷系 $q_1,q_2,\cdots,q_n$ 产生的，各点电荷到电场中的 P 点的径矢分别为 $\boldsymbol{r}_1,\boldsymbol{r}_2,\cdots,\boldsymbol{r}_n$. 按(7.3)式各点电荷单独在 P 点产生的电场强度分别为

$$\boldsymbol{E}_i=\frac{1}{4\pi\varepsilon_0}\frac{q_i}{r_i^2}\boldsymbol{e}_{ri}\quad(i=1,2,\cdots,n)$$

根据电场强度叠加原理，这些点电荷各自在 P 点所产生的电场强度的矢量和就是 P 点的总电场强度，即

$$\boldsymbol{E}=\sum\boldsymbol{E}_i=\sum\frac{1}{4\pi\varepsilon_0}\frac{q_i}{r_i^2}\boldsymbol{e}_{ri} \tag{7.4}$$

3. 电荷连续分布的带电体的电场强度

求解电荷连续分布的带电体电场中的电场强度，需要用积分法. 可设想把带电

体分割成许多微小的电荷元 dq,每个电荷元都可视为点电荷,任一电荷元 dq 在 P 点产生的电场强度为

$$\mathrm{d}\boldsymbol{E}=\frac{1}{4\pi\varepsilon_0}\frac{\mathrm{d}q}{r^2}\boldsymbol{e}_r$$

式中 $\boldsymbol{r}$ 是从 dq 所在点到 P 点的径矢. 整个带电体在 P 点产生的电场强度,等于所有电荷元产生的电场强度的矢量和. 由于电荷是连续分布的,求和用积分:

$$\boldsymbol{E}=\int\frac{1}{4\pi\varepsilon_0}\frac{\mathrm{d}q}{r^2}\boldsymbol{e}_r \tag{7.5}$$

上式是矢量积分,在具体计算时,把矢量积分变换成沿各个坐标轴的分量的标量积分,即把 d$\boldsymbol{E}$ 沿各坐标轴方向上的分量式写出,分别进行积分计算,再合成矢量 $\boldsymbol{E}$.

在计算带电体产生的电场强度时,常需引入电荷密度的概念,根据电荷分布的特点,通常有如下三种电荷密度:(1) 若电荷连续分布在细线上时,定义电荷线密度为 $\lambda=\dfrac{\mathrm{d}q}{\mathrm{d}l}$;(2) 若电荷连续分布在一个面上时,定义电荷面密度为 $\sigma=\dfrac{\mathrm{d}q}{\mathrm{d}S}$;(3) 若电荷连续分布在一个体积内时,定义电荷体密度为 $\rho=\dfrac{\mathrm{d}q}{\mathrm{d}V}$. 式中 d$l$、d$S$、d$V$ 分别为线元、面元和体积元,dq 为它们各自所带的电荷量.

因此,应用电荷密度的概念,(7.5)式中的 dq 可根据不同的电荷分布写成:

$$\mathrm{d}q=\begin{cases}\lambda\mathrm{d}l & (\text{线分布})\\ \sigma\mathrm{d}S & (\text{面分布})\\ \rho\mathrm{d}V & (\text{体分布})\end{cases}$$

这时(7.5)式的积分分别为线、面和体积分.

[例 7.3] 电偶极子的电场:两个电荷量相等、电性相反点电荷+q 和−q,相距为 l,如果用 r 表示电场中的点与这一对电荷连线的中点 O 的距离,且 $r\gg l$,这样一对点电荷称为电偶极子. 电荷量 q 与矢量 $\boldsymbol{l}$(方向由负电荷指向正电荷)的乘积定义为电偶极矩,$\boldsymbol{l}$ 称为电偶极子的轴. 电偶极矩是矢量,用 $\boldsymbol{p}$ 表示,即

$$\boldsymbol{p}=q\boldsymbol{l}$$

试求电偶极子的轴的延长线上某点 A 处及电偶极子的轴的中垂线上某点 B 处的电场强度.

[解] 先计算电偶极子的轴的延长线上某点 A 处的电场强度 $\boldsymbol{E}_A$. 令电偶极子轴线的中点 O 到 A 点的距离为 $r(r\gg l)$,如图 7.4(a)所示. 根据(7.3)式+q 和−q 在 A 点所产生的电场强度 $\boldsymbol{E}_+$和 $\boldsymbol{E}_-$同在轴线上,而方向相反,大小分别为

$$E_+=\frac{q}{4\pi\varepsilon_0\left(r-\dfrac{l}{2}\right)^2},\quad E_-=\frac{q}{4\pi\varepsilon_0\left(r+\dfrac{l}{2}\right)^2}$$

求 $\boldsymbol{E}_+$和 $\boldsymbol{E}_-$的矢量和就相当于求代数和,因而 A 点的总电场强度 $\boldsymbol{E}_A$ 的大小为

$$E_A = E_+ - E_- = \frac{1}{4\pi\varepsilon_0}\left[\frac{q}{\left(r-\frac{l}{2}\right)^2} - \frac{q}{\left(r+\frac{l}{2}\right)^2}\right]$$

$$= \frac{2qrl}{4\pi\varepsilon_0 r^4\left(1-\frac{l}{2r}\right)^2\left(1+\frac{l}{2r}\right)^2}$$

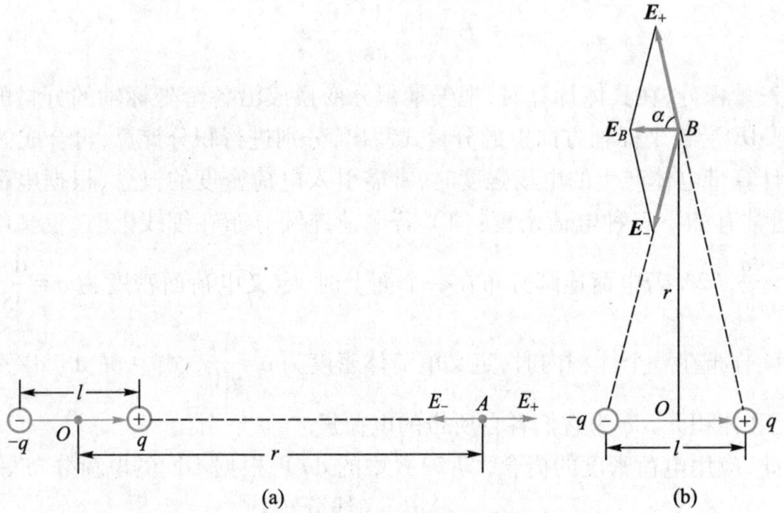

图 7.4

因为 $r\gg l$，所以

$$E_A = \frac{1}{4\pi\varepsilon_0}\frac{2ql}{r^3} = \frac{1}{4\pi\varepsilon_0}\frac{2p}{r^3}$$

考虑到 $\boldsymbol{E}_A$ 的指向与电偶极矩 $\boldsymbol{p}$ 的指向相同，所以上式又可表示为

$$\boldsymbol{E}_A = \frac{1}{4\pi\varepsilon_0}\frac{2\boldsymbol{p}}{r^3}$$

其次，计算电偶极子的中垂线上某点 B 的电场强度 $\boldsymbol{E}_B$. 如图 7.4(b)所示，令中垂线上 B 点到电偶极子的中心 O 的距离为 $r(r\gg l)$. $+q$ 和 $-q$ 在 P 点产生的电场强度的大小均为

$$E_+ = E_- = \frac{1}{4\pi\varepsilon_0}\frac{q}{r^2+(l/2)^2}$$

方向分别沿两个电荷与 P 的连线，如图所示，总电场强度的方向与电偶极矩 $\boldsymbol{p}$ 的方向相反. 其大小为

$$E_B = E_+\cos\alpha + E_-\cos\alpha = 2E_+\cos\alpha$$

其中

$$\cos\alpha = \frac{l/2}{[r^2+(l/2)^2]^{1/2}}$$

由于 $r \gg l$，因此 $[r^2+(l/2)^2]^{\frac{1}{2}} \approx r$，故

$$E_B=\frac{ql}{4\pi\varepsilon_0[r^2+(l/2)^2]^{3/2}} \approx \frac{1}{4\pi\varepsilon_0}\frac{p}{r^3}$$

考虑到 $\boldsymbol{E}_B$ 的方向与电偶极子的电偶极矩 $\boldsymbol{p}$ 的方向相反，上式可以改写为矢量式

$$\boldsymbol{E}_B=-\frac{1}{4\pi\varepsilon_0}\frac{\boldsymbol{p}}{r^3}=-\frac{\boldsymbol{E}_A}{2}$$

在物理学中，电偶极子是一个重要的物理模型. 在研究介质的极化、电磁波的发射等问题中，都要用到这个模型. 例如在第九章将会讲到有些电介质的分子、正负电荷中心不重合，这类分子就可视为电偶极子. 在电磁波发射中，一段金属导线中的自由电子做周期性的定向运动，使导线两端交替地带正、负电荷，即形成所谓振荡电偶极子.

［**例 7.4**］ 均匀带电直线的电场：设有一长 L 的均匀带电的细棒，总电荷量为 Q，某点 P 离开细棒的垂直距离为 a，P 点与细棒两端的连线与细棒的夹角为 θ_1、θ_2，见图 7.5，求 P 点的电场强度.

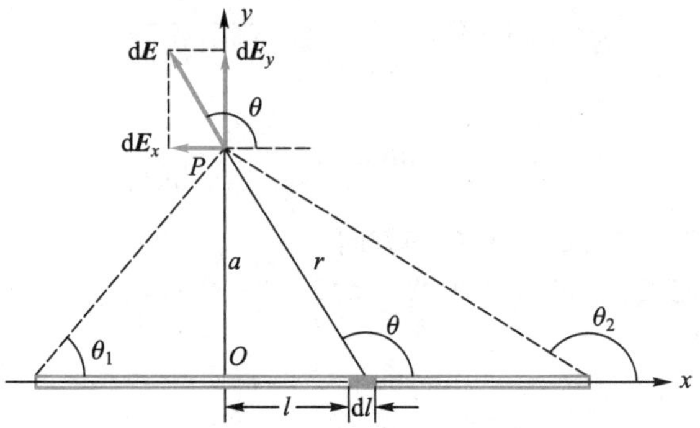

图 7.5

［**解**］ 本问题产生电场的电荷是连续分布的，所以为求 P 点处的电场强度，首先要把整个电荷分布划分为许多电荷元 $\mathrm{d}q$，求出每一电荷元 $\mathrm{d}q$ 在给定点 P 产生的电场强度 $\mathrm{d}\boldsymbol{E}$，然后根据电场强度叠加原理，求 P 点的总电场强度.

取 P 点到直线的垂足 O 为原点，坐标轴如图，在棒上离原点 O 为 l 处取长度 $\mathrm{d}l$ 的长度元，$\mathrm{d}l$ 上所带电荷量为 $\mathrm{d}q=\lambda\mathrm{d}l$，其中 $\lambda=\dfrac{Q}{L}$ 为电荷线密度. 设 $\mathrm{d}q$ 到 P 点的距离为 r，则 $\mathrm{d}q$ 在 P 点的电场强度 $\mathrm{d}\boldsymbol{E}$ 的大小为

$$\mathrm{d}E=\frac{1}{4\pi\varepsilon_0}\frac{\lambda\mathrm{d}l}{r^2}$$

$\mathrm{d}\boldsymbol{E}$ 的方向如图所示. 由于 $\mathrm{d}\boldsymbol{E}$ 是矢量，具体计算时可先求其分量，在如图的坐标系下，可得 $\mathrm{d}\boldsymbol{E}$ 沿 x、y 轴的投影为

$$\mathrm{d}E_x=\mathrm{d}E\cos\theta,\quad \mathrm{d}E_y=\mathrm{d}E\sin\theta$$

式中 θ 为 $\mathrm{d}\boldsymbol{E}$ 与 x 轴正方向的夹角，由图上的几何关系可知

$$l=a\tan(\theta-\pi/2)=-a\cot\theta$$

$$\mathrm{d}l=a\csc^2\theta\mathrm{d}\theta$$

$$r^2=a^2+l^2=a^2\csc^2\theta$$

所以

$$\mathrm{d}E_x=\frac{\lambda}{4\pi\varepsilon_0 a}\cos\theta\mathrm{d}\theta$$

$$\mathrm{d}E_y=\frac{\lambda}{4\pi\varepsilon_0 a}\sin\theta\mathrm{d}\theta$$

将以上二式分别积分得

$$E_x=\int\mathrm{d}E_x=\int_{\theta_1}^{\theta_2}\frac{\lambda}{4\pi\varepsilon_0 a}\cos\theta\mathrm{d}\theta=\frac{\lambda}{4\pi\varepsilon_0 a}(\sin\theta_2-\sin\theta_1)$$

$$E_y=\int\mathrm{d}E_y=\int_{\theta_1}^{\theta_2}\frac{\lambda}{4\pi\varepsilon_0 a}\sin\theta\mathrm{d}\theta=\frac{\lambda}{4\pi\varepsilon_0 a}(\cos\theta_1-\cos\theta_2)$$

因此

$$\begin{cases}E=\sqrt{E_x^2+E_y^2}=\dfrac{\lambda}{4\pi\varepsilon_0 a}\sqrt{2-2\cos(\theta_1+\theta_2)}\\ \alpha=\arctan\dfrac{E_y}{E_x}=\arctan\left(\dfrac{\cos\theta_1-\cos\theta_2}{\sin\theta_2-\sin\theta_1}\right)\end{cases}$$

式中，用 $\boldsymbol{E}$ 与 x 轴的夹角 α 表示 $\boldsymbol{E}$ 的方向.

如果 $a\ll L$，那么，就可以认为这一均匀带电体直线是“无限长”的，这时有 $\theta_1=0,\theta_2=\pi$，于是

$$E_x=0,\quad E=E_y=\frac{\lambda}{2\pi\varepsilon_0 a}$$

上式说明，“无限长”均匀带电直线的电场强度大小与场点离开直线的距离成反比，方向垂直于带电直线.

［**例 7.5**］ 电荷量 Q 均匀地分布在一个半径为 R 的半个金属圆环上，如图 7.6 所示，试计算圆环中心 O 处的电场强度.

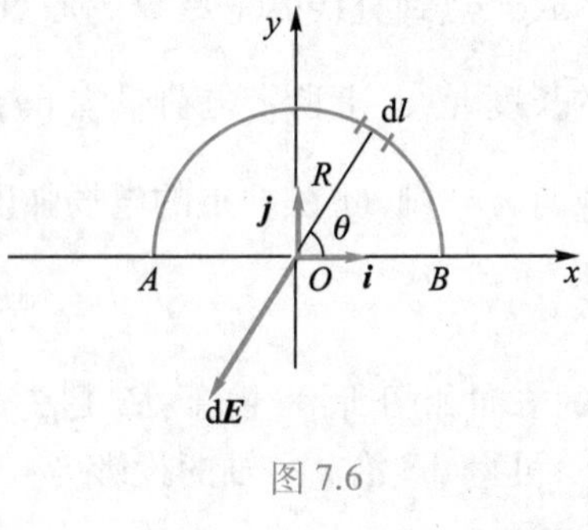

图 7.6

［**解**］ 本问题中，产生电场的电荷是连续分布的. 在圆环上取一长为 $\mathrm{d}l$ 的电荷元，它的电荷量为

$$\mathrm{d}q=\lambda\mathrm{d}l=\frac{Q}{\pi R}\mathrm{d}l$$

式中的 $\lambda=\dfrac{Q}{\pi R}$ 是电荷线密度，电荷元 $\mathrm{d}q$ 在

圆环中心 O 处产生的电场强度大小为

$$dE=\frac{1}{4\pi\varepsilon_0}\frac{dq}{R^2}=\frac{Q}{4\pi^2\varepsilon_0}\frac{dl}{R^3}$$

各电荷元在 O 点激发的电场强度方向各不相同;但根据电场对于 y 轴的对称性,它们在 x 轴方向上的分量互相抵消,而沿 y 轴的分量方向一致,因而求 O 点的总电场强度,就归结为求所有电荷元的电场强度沿 y 轴的投影 dE_y 的标量积分,即

$$E_x=\int dE_x=0$$

$$E=E_y=\int dE_y=\int dE\sin(\theta+\pi)$$

$$=-\int_l\frac{Q}{4\pi^2\varepsilon_0}\frac{\sin\theta dl}{R^3}$$

其中 θ 为 $d\boldsymbol{E}$(反向延长线)与 x 轴的夹角,因为

$$dl=Rd\theta$$

所以

$$E=-\int_l\frac{Q}{4\pi^2\varepsilon_0}\frac{\sin\theta}{R^3}dl=-\int_0^\pi\frac{Q}{4\pi^2\varepsilon_0}\frac{\sin\theta}{R^2}d\theta=-\frac{1}{2\pi^2\varepsilon_0}\frac{Q}{R^2}$$

若 $Q>0$,则负号表示 $\boldsymbol{E}$ 沿 y 轴的负方向,反之亦然.

[例 7.6] 电荷 q 均匀分布在一半径为 R 的细圆环上,计算在圆环轴线上任一点 P 处的电场强度.

[解] 取如图 7.7 所示的坐标系 $Oxyz$. 把圆环分割成许多电荷元,任取一电荷元 dq,它在 P 点产生的电场强度为 $d\boldsymbol{E}$,则

$$d\boldsymbol{E}=\frac{1}{4\pi\varepsilon_0}\frac{dq}{r^2}\boldsymbol{e}_r$$

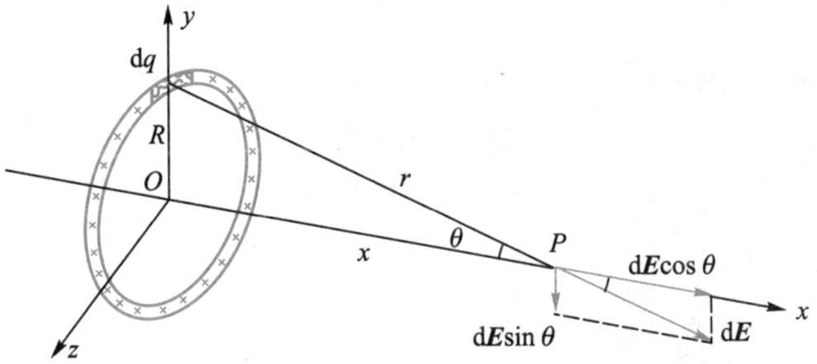

图 7.7

考虑到各电荷在 P 处产生的电场强度方向各不相同,但由于圆环上电荷分布对于 x 轴对称,因此有

$$\int \mathrm{d}E_y = \int \mathrm{d}E_z = 0$$

故 P 点的电场强度就等于 $\mathrm{d}E_x$ 分量的积分,即

$$E = \int \mathrm{d}E_x = \int \frac{1}{4\pi\varepsilon_0}\frac{\mathrm{d}q}{r^2}\cos\theta$$

$$= \frac{1}{4\pi\varepsilon_0}\frac{\cos\theta}{r^2}\int_0^q \mathrm{d}q$$

$$= \frac{1}{4\pi\varepsilon_0}\frac{q}{r^2}\cos\theta$$

由几何关系可知

$$r = (R^2+x^2)^{1/2} \text{ 且 } \cos\theta = \frac{x}{r}$$

代入得

$$E = \frac{1}{4\pi\varepsilon_0}\frac{qx}{(R^2+x^2)^{3/2}}$$

若 qx 为正,则 $\boldsymbol{E}$ 的方向沿 x 轴正方向;若 qx 为负,则 $\boldsymbol{E}$ 的方向沿 x 轴负方向.

讨论:当 $x=0$(即圆环中心处)时,$E=0$;当 $x\gg R$ 时,$(R^2+x^2)^{3/2}\approx x^3$ 代入上式可得 $E=\dfrac{1}{4\pi\varepsilon_0}\cdot\dfrac{q}{x^2}$,与点电荷的电场强度公式一致,这就是说,在求远离环心处的电场强度时,可以将环上电荷看成全部集中在环心处的一个点电荷,其电荷量等于圆环所带的电荷量,而用点电荷的电场强度公式来计算.

[例 7.7]　求均匀带电的圆形平面板(电荷量为 q,半径为 R)的轴线上任一点 P 的电场强度.

[解]　根据本问题电荷分布的特点,将带电圆板分割为一系列半径为 r,宽度为 $\mathrm{d}r$ 的同心带电圆环,利用上例所得到的圆环轴线上一点的电场强度的结果来计算.

如图 7.8 所示,微圆环上电荷量为

$$\mathrm{d}q = (2\pi r\mathrm{d}r)\sigma$$

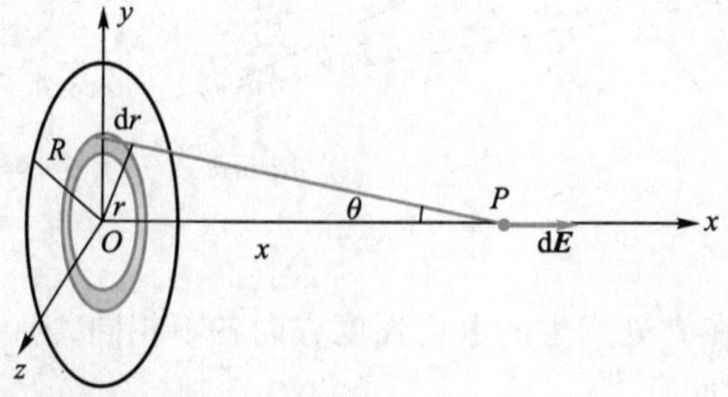

图 7.8

式中 σ 为圆平板的电荷面密度,$\sigma=\dfrac{q}{\pi R^2}$. 该圆环在 P 点处产生的电场强度大小为

$$\begin{aligned}\mathrm{d}E&=\frac{1}{4\pi\varepsilon_0}\frac{x\mathrm{d}q}{(x^2+r^2)^{3/2}}\\&=\frac{\sigma x}{2\varepsilon_0}\frac{r\mathrm{d}r}{(r^2+x^2)^{3/2}}\end{aligned}$$

$\mathrm{d}\boldsymbol{E}$ 的方向沿 x 轴正向. 由于各细圆环在 P 点产生的电场强度方向都相同,所以整个带电圆平板在 P 点产生的电场强度大小为

$$\begin{aligned}E&=\int\mathrm{d}E=\frac{\sigma x}{2\varepsilon_0}\int_0^R\frac{r\mathrm{d}r}{(r^2+x^2)^{3/2}}\\&=\frac{\sigma}{2\varepsilon_0}\left[1-\frac{x}{(R^2+x^2)^{1/2}}\right]\\&=\frac{q}{2\varepsilon_0\pi R^2}\left[1-\frac{x}{(R^2+x^2)^{1/2}}\right]\end{aligned}$$

P 点在 x 轴正半轴时,若 q 为正电荷,$\boldsymbol{E}$ 指向 x 轴正方向;若 q 为负电荷,$\boldsymbol{E}$ 指向 x 轴的负方向.

讨论:(1) 当 $R\gg x$(或表示为 $R\to\infty$,称之为无限大平面)时,$E=\dfrac{\sigma}{2\varepsilon_0}$,可见均匀带电无限大平面外任何一点 P 处的电场强度为常矢量,即匀强电场,与 P 点的坐标 x 无关.

(2) 当 $R\ll x$ 时,利用级数展开,忽略高阶小量,可得 $\dfrac{x}{(R^2+x^2)^{1/2}}\approx1-\dfrac{R^2}{2x^2}$,代入电场强度公式可得

$$\begin{aligned}E&=\frac{\sigma}{2\varepsilon_0}\frac{R^2}{2x^2}=\frac{\sigma\pi R^2}{4\pi\varepsilon_0x^2}\\&=\frac{1}{4\pi\varepsilon_0}\frac{q}{x^2}\end{aligned}$$

即为点电荷的电场强度公式.

四、点电荷在电场中受到的作用力

在上面我们所讨论的是如何根据已知的电荷分布来计算电场强度. 如果我们知道某点的电场强度,则处在该点处的点电荷 q 所受到的静电作用力应为

$$\boldsymbol{F}=q\boldsymbol{E}\tag{7.6}$$

式中 $\boldsymbol{E}$ 是电场在 q 所在处的电场强度.

根据(7.6)式,可直接计算一个带电粒子或一个点电荷在外电场中所受的作用力,可是对于一个带电体,则先要计算带电体上各个电荷元 $\mathrm{d}q$ 所受的作用力 $\mathrm{d}\boldsymbol{F}$,然

后用积分方法求带电体所受的合力和合力矩,运算是比较复杂的.

[**例 7.8**] 求电偶极子在均匀电场中受到的力偶矩.

[**解**] 设电偶极子的电偶极矩 $\boldsymbol{p}=q\boldsymbol{l}$,均匀电场的电场强度为 $\boldsymbol{E}$,如图 7.9 所示,两个电荷所受的力分别为 $-q\boldsymbol{E}$ 和 $+q\boldsymbol{E}$,这两个力大小相等方向相反,但不在同一直线上,所以合力为 0,而合力矩为

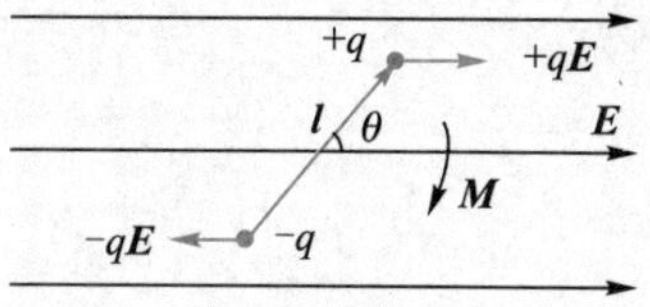

图 7.9

$$M=F_+\left(\frac{l}{2}\sin\theta\right)+F_-\left(\frac{l}{2}\sin\theta\right)$$
$$=qEl\sin\theta=pE\sin\theta$$

可见电偶极子在均匀电场中,一般不会产生平动,而在上述力矩的作用力下发生转动,力矩的转向是使 θ 角减小,直到电偶极子轴线的方向与外电场的方向一致($\theta=0$),亦即 $\boldsymbol{p}$、$\boldsymbol{E}$ 同向时,力矩才等于 0.

根据矢量的矢积的定义,上式可以表示为

$$\boldsymbol{M}=\boldsymbol{p}\times\boldsymbol{E}$$

复习思考题

7.4 在真空中的 A、B 两板,相距为 d,面积均为 S,均匀带电,电荷量各为 $+q$、$-q$,求两板间的作用力 F. 有人说 $F=\dfrac{q^2}{4\pi\varepsilon_0 d^2}$. 又有人说 $F=Eq$,因为 $E=\dfrac{\sigma}{\varepsilon_0}$,$\sigma=\dfrac{q}{S}$,所以 $F=\dfrac{q^2}{\varepsilon_0 S}$. 他们说得对不对? 到底 F 等于多少? 为什么?

7.5 式 $\boldsymbol{E}=\dfrac{\boldsymbol{F}}{q_0}$ 与 $\boldsymbol{E}=\dfrac{1}{4\pi\varepsilon_0}\dfrac{q}{r^2}\boldsymbol{e}_r$ 有什么区别和联系?

7.6 如思考题 7.6 图所示,一边长 $a=1$ mm 的正方形线框上均匀带电,电荷量为 $q=5\times10^{-3}$ C,试求距中心 O 为 $l=1$ m 处 P 点的电场强度.

7.7 根据电场强度叠加原理求电场强度,还可以采用如下方法:例如半径为 R 的薄圆板内有一半径为 r 的圆孔,如思考题 7.7 图(a)所示,板上均匀带电,电荷面密度为 $+\sigma$,欲求通过中心 O 且垂直圆板的轴线上某点的电场强度,则可以认为它是由半径为 R、均匀带电面密度为 $+\sigma$ 的圆板和半径为 r、均匀带电面密度为 $-\sigma$ 的圆板分别在轴线上某点产生的电场强度的叠加. 又如思考题 7.7 图(b)所示的带有狭缝的均匀带电无限长薄圆柱面,其上电荷面密度为 $+\sigma$,则可认为它在轴线上一点 P 产生的电场强度为带正电的整个圆柱面与带负电的直线在 P 点产生的电场强度的叠加,这种方法也常称为补偿法. 请你根据以上方法计算出结果来.

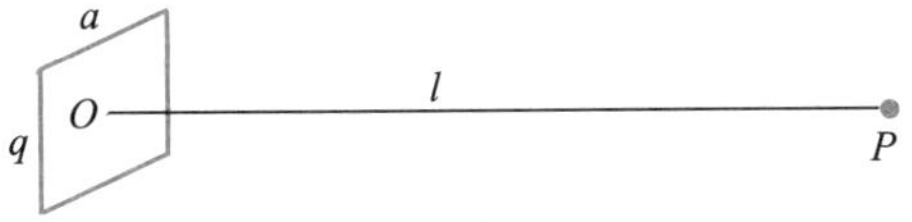

思考题 7.6 图

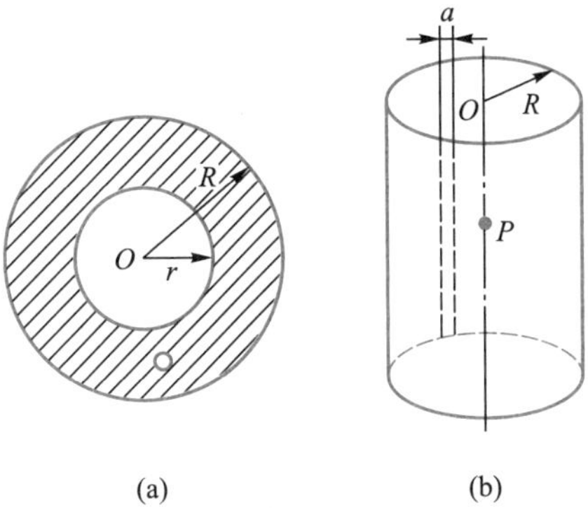

思考题 7.7 图

§7.3 电场强度通量 高斯定理

一、电场线

为了形象地描绘电场中电场强度的分布，我们可以在电场中画出一系列的曲线——电场线. 电场线是按下述规定画出的一族曲线：(1) 曲线上每一点的切线方向都与该点处的电场强度 $\boldsymbol{E}$ 的方向一致；(2) 在电场中任一点处，垂直于电场强度方向的面积元 $\mathrm{d}S_{\perp}$ 上，穿过的电场线条数 $\mathrm{d}N$ 与面积元 $\mathrm{d}S_{\perp}$ 的比值 $\dfrac{\mathrm{d}N}{\mathrm{d}S_{\perp}}$ 与该点电场强度的大小 E 成正比，为形象起见，也常写作 $E=\dfrac{\mathrm{d}N}{\mathrm{d}S_{\perp}}$.（更确切地说，电场线“条数”应该理解为 $E\mathrm{d}S_{\perp}$.）

按上述规定画出的电场线，电场强度大的区域，电场线密度大，电场线密集；电场强度小的区域，电场线密度小，电场线稀疏.

静电场的电场线有两条重要性质：(1) 电场线总是起始于正电荷，终止于负电荷（或从正电荷起伸向无限远，或来自无限远到负电荷止），但不会在没有电荷的地方中断，也不形成闭合回线，这是静电场的重要特性；(2) 因为在静电场中任一点，只有一个确定的电场强度方向，所以任何两条电场线，不可能相交，电场强度为零处，没有电场线通过.

图 7.10 是几种典型带电系统产生的电场线分布图.

演示实验：带电体周围电场

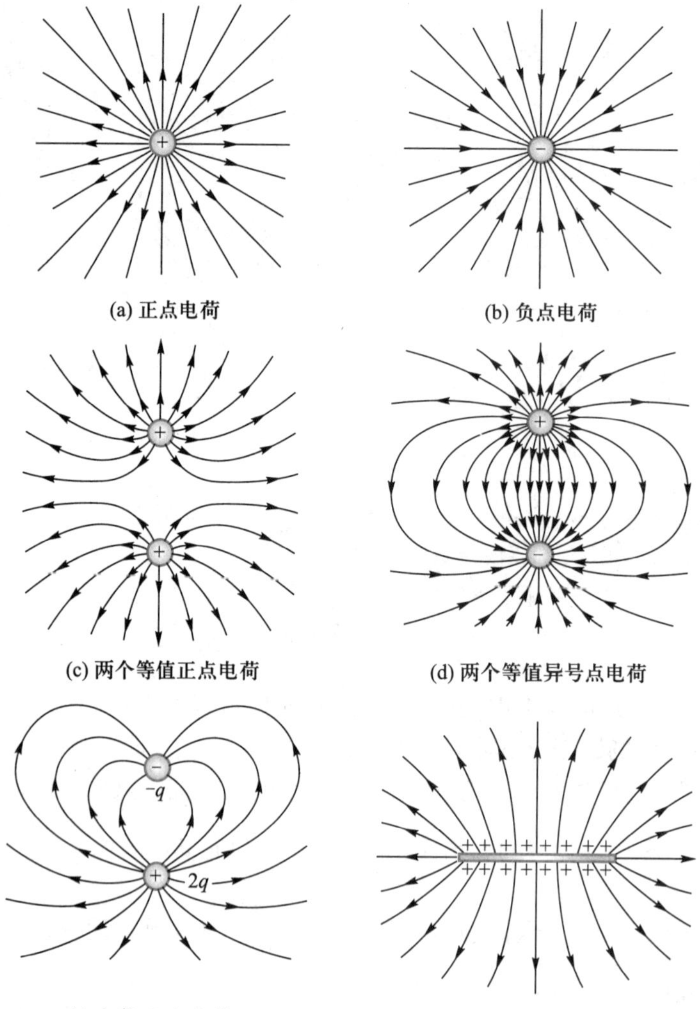

(a) 正点电荷 (b) 负点电荷

(c) 两个等值正点电荷 (d) 两个等值异号点电荷

(e) 电荷+2q与电荷-q (f) 带正电荷板

图 7.10

二、电场强度通量

在电场中通过任意曲面 S 的电场线条数称为通过该面的电场强度通量，用 $\boldsymbol{\Phi}_e$ 表示.

为了求得通过曲面 S 的电场强度通量，可将 S 分割为无限多个面积元，如图 7.11(a)所示，对任意一面积元 $\mathrm{d}S$，由于 $\mathrm{d}S$ 无限小，故可视其为平面，其上的电场强度 $\boldsymbol{E}$ 也可认为相同，如图 7.11(b)所示. 面积元 $\mathrm{d}S$ 的法线方向用单位法向矢量 $\boldsymbol{e}_n$ 来表示，$\boldsymbol{e}_n$ 与电场强度 $\boldsymbol{E}$ 的方向之夹角为 θ，则按照前述电场线密度的规定，通过面积元 $\mathrm{d}S$ 的电场强度通量为

$$\mathrm{d}\boldsymbol{\Phi}_e = E_n \mathrm{d}S = E\cos\theta \mathrm{d}S = \boldsymbol{E} \cdot \mathrm{d}\boldsymbol{S}$$

式中 $\mathrm{d}\boldsymbol{S} = \mathrm{d}S\boldsymbol{e}_n$ 为面积元矢量. 求出各面积元电场强度通量的总和，即为整个曲面 S 上的电场强度通量，亦即

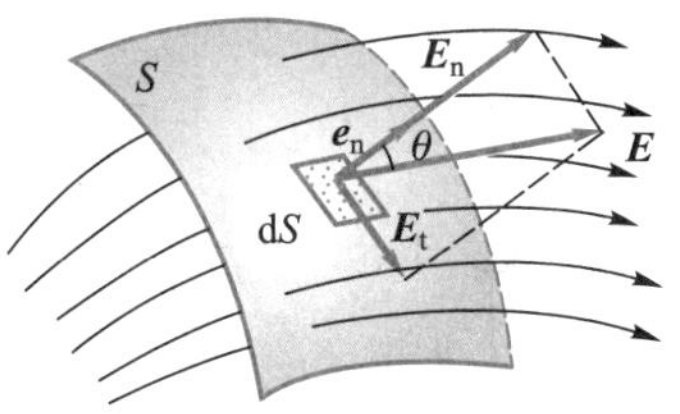

(a)

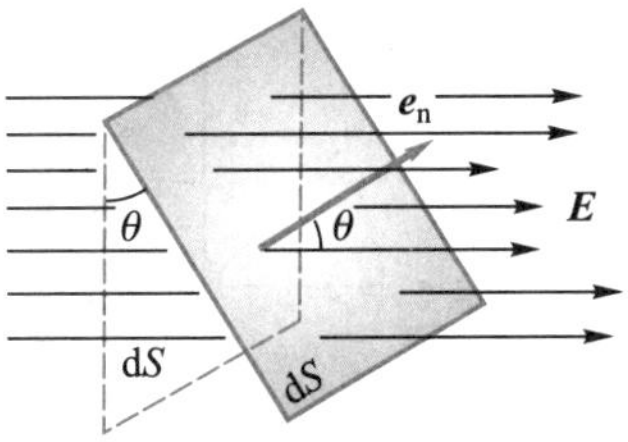

(b)

图 7.11

$$\Phi_e=\int d\Phi_e=\int_S E\cos\theta dS=\int_S \boldsymbol{E}\cdot d\boldsymbol{S} \tag{7.7}$$

电场强度通量是代数量,当 $0\leqslant\theta<\frac{\pi}{2}$时,$d\Phi_e$ 为正;当$\frac{\pi}{2}<\theta\leqslant\pi$ 时,$d\Phi_e$ 为负.

对闭合曲面来说,通常取从曲面内向外的方向为面积元单位法向矢量 $\boldsymbol{e}_n$ 的正方向,因此,当电场线从曲面之内向外穿出时$\left(0\leqslant\theta<\frac{\pi}{2}\right)$,电场强度通量为正;反之,如果电场线从外部向内穿入曲面$\left(\frac{\pi}{2}<\theta\leqslant\pi\right)$,电场强度通量为负. 如图 7.12,通过整个闭合曲面的电场强度通量可写成

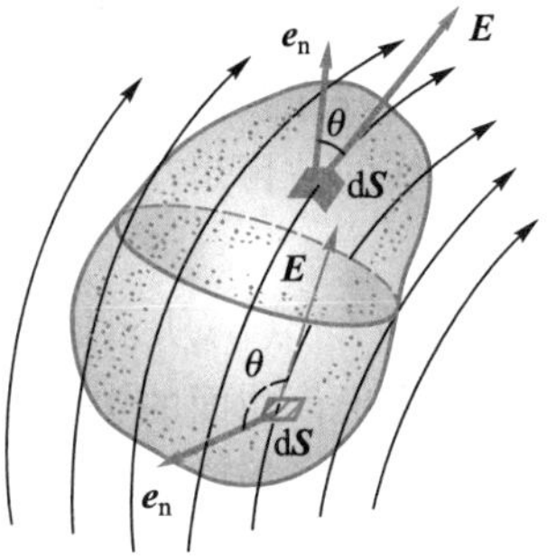

图 7.12

$$\Phi_e=\oint_S E\cos\theta dS=\oint_S \boldsymbol{E}\cdot d\boldsymbol{S} \tag{7.8}$$

三、高斯定理

高斯定理是电磁学的基本定理之一,它指明了静电场中通过任一闭合曲面的电场强度通量与该曲面所包围电荷之间存在确定的量值关系.

高斯定理的数学表达式为

$$\oint_S \boldsymbol{E}\cdot d\boldsymbol{S}=\frac{1}{\varepsilon_0}\sum q_i \tag{7.9}$$

上式表明:**在真空中的任何静电场中,通过任一闭合曲面的电场强度通量等于该闭合曲面所包围的电荷的代数和乘以 $1/\varepsilon_0$.** 这任一闭合曲面常称为“高斯面”.

下面我们先讨论点电荷的静电场,设有点电荷 q,在 q 周围的静电场中,以 q 所在处为中心,取任意长度 r 为半径,作一球面包围这点电荷. 如图 7.13(a)所示,点电荷 q 的电场具有球对称性(即球面上任一点的电场强度 $\boldsymbol{E}$ 的大小相等,方向沿径向),因此,通过这个球面的电场强度通量为

$$\Phi_e=\oint_S \boldsymbol{E}\cdot d\boldsymbol{S}=E\oint_S dS=\frac{1}{4\pi\varepsilon_0}\frac{q}{r^2}4\pi r^2=\frac{1}{\varepsilon_0}q$$

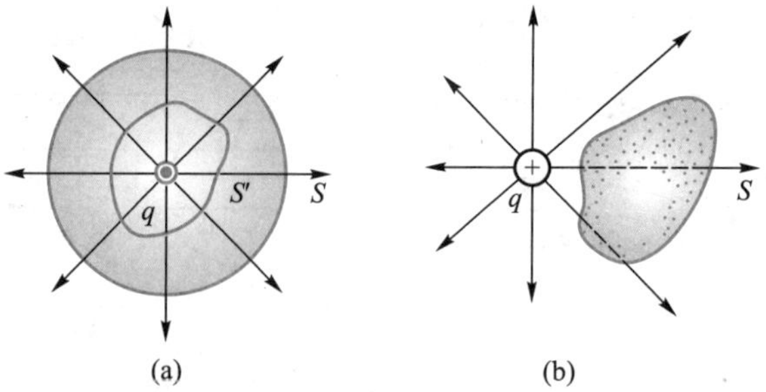

图 7.13

注意,上式所得结果与所取球面的半径 r 并无关系. 也就是说,对以 q 为中心的任意大小的闭合球面来说,通过球面的电场强度通量的量值都是 q/ε_0.

如图 7.13(a)所示,S'为任意闭合曲面,S 为球面,S 和 S'包围同一点电荷 q,S'与 S 之间并无其他电荷,由于电场线的连续性,可以看出通过闭合曲面 S'和球面 S 的电场线的数目是一样的. 因此通过闭合曲面 S'的电场强度通量 $\boldsymbol{\Phi}_e$ 的值也等于 q/ε_0.

如图 7.13(b)所示,电荷 q 在闭合曲面 S 的外面时,可以看出,进入该曲面的电场线与穿出该曲面的电场线,数目是相等的,即有穿入必有穿出,因此通过该闭合曲面的总电场强度通量为零.

上述结果可以推广到任何带电系统的电场. 根据电场叠加原理,可以证明:当闭合曲面内不只包围一个点电荷时,通过闭合曲面的电场线净条数为 $\sum q_i/\varepsilon_0$. 显然 $\sum q_i$ 应为高斯面所包围的电荷的代数和.

通过以上特例的讨论,可以看出高斯定理指明了静电场中通过任一闭合曲面的电场强度通量与该曲面所包围电荷之间所存在确定的量值关系. 它把电场与产生电场的源(电荷)联系起来了,它反映了静电场是有源场这一基本性质.

高斯定理可从库仑定律直接导出,反之,库仑定律也可以从高斯定理导出. 高斯定理和库仑定律都是静电学中的基本定律. 但是库仑定律叙述的点电荷之间的相互作用,最初误解为"超距"作用力,后来才认识到电荷间的相互作用力是通过电场实现的. 至于高斯定理,是以场的观点为前提,因而在反映静电场的性质方面更为直接、更加明显. 以后会知道,对一般的电磁场,高斯定理仍然成立,因此它是普遍的电磁场理论的重要基础之一.

* 四、高斯定理的微分形式

(7.9)式给出的是静电场的高斯定理的积分形式,即

$$\oint_S \boldsymbol{E} \cdot \mathrm{d}\boldsymbol{S} = \frac{1}{\varepsilon_0} \sum q_i$$

若高斯面 S 内的电荷是连续分布的,则上式可改写成

$$\oint_S \boldsymbol{E} \cdot \mathrm{d}\boldsymbol{S} = \frac{1}{\varepsilon_0} \int \rho \mathrm{d}V \tag{7.10}$$

其中ρ是高斯面S所包围的体积V内的电荷体密度. 另一方面,矢量场的奥高公式又把矢量场的闭合面通量与矢量场的散度的体积分联系了起来,即

$$\oint_S \boldsymbol{E}\cdot \mathrm{d}\boldsymbol{S}=\int_V \nabla\cdot \boldsymbol{E}\mathrm{d}V \tag{7.11}$$

比较(7.10)式和(7.11)式,可以得到

$$\int_V \nabla\cdot \boldsymbol{E}\mathrm{d}V=\frac{1}{\varepsilon_0}\int_V \rho \mathrm{d}V$$

由于该等式对任意大小的体积都成立,因此被积函数应该相等,即

$$\nabla\cdot \boldsymbol{E}=\frac{1}{\varepsilon_0}\rho \tag{7.12}$$

这就是**静电场的高斯定理的微分形式**. 显然,当电场强度$\boldsymbol{E}$在某空间区域内的散度$\nabla\cdot\boldsymbol{E}$为零时,有$\rho=0$,则称此区域内的电场是无源的;反之,对于$\nabla\cdot\boldsymbol{E}\neq 0$的那些点,有$\rho\neq 0$,则称此区域内的电场是有源的,电场的源头就是其中电荷密度不为零的那些点.

五、高斯定理的应用

一般情况下,从高斯定理很难直接确定电场中各点的电场强度. 但当电荷分布具有某些特殊对称性时,用高斯定理计算电场强度比直接从(7.5)式计算电场强度(即用积分法求场强)简便得多. 而这些特殊情况,在实际中还是很有用的.

下面举例说明应用高斯定理求解电场强度的方法.

[例 7.9] 求"无限长"均匀带电直线的电场强度分布(设带电直线电荷线密度为$+\lambda$).

[解] 由于空间各向同性而带电直线为无限长,且均匀带电,根据电荷分布的轴对称性,其产生的电场分布也具有轴对称性. 考虑离直线距离为r的点P的电场强度,其方向唯一的可能是沿径向垂直于直线;与P点在同一圆柱面上的各点电场强度大小相等,方向都沿各自的径向,如图 7.14(a)所示.

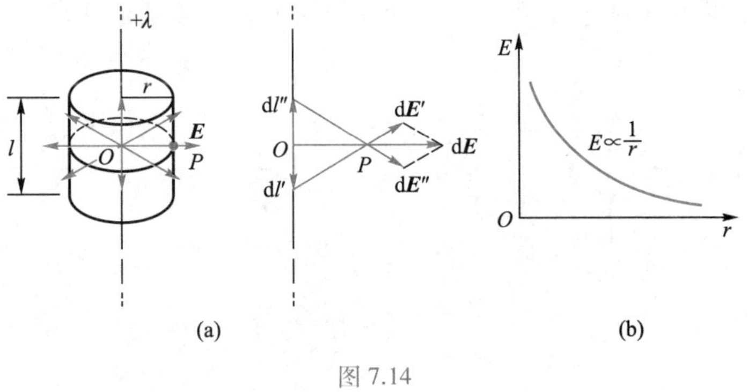

图 7.14

过P点作一个以带电直线为轴,以l为高的圆柱形闭合曲面S作为高斯面. 则通过闭合曲面S的电场强度通量为

$$\Phi_e = \oint_S \boldsymbol{E} \cdot \mathrm{d}\boldsymbol{S} = \int_{侧} \boldsymbol{E} \cdot \mathrm{d}\boldsymbol{S} + \int_{上底} \boldsymbol{E} \cdot \mathrm{d}\boldsymbol{S} + \int_{下底} \boldsymbol{E} \cdot \mathrm{d}\boldsymbol{S}$$

由于在上、下底面上电场强度方向与底面平行，因此，穿过上下底面的电场强度通量均为零. 而侧面上各点的电场强度方向与各点所在处面积元的法线方向相同，大小相等，所以

$$\Phi_e = \oint_S \boldsymbol{E} \cdot \mathrm{d}\boldsymbol{S} = \int_{侧} \boldsymbol{E} \cdot \mathrm{d}\boldsymbol{S}$$

$$= E\int_{侧} \mathrm{d}S = E \cdot 2\pi rl$$

此闭合曲面所包围的电荷为

$$\sum q_i = \lambda l$$

根据高斯定理，可得

$$E \cdot 2\pi rl = \frac{1}{\varepsilon_0}\lambda l$$

所以

$$E = \frac{\lambda}{2\pi\varepsilon_0 r}$$

由此可见，无限长均匀带电直线的电场强度分布，随 r 的增大成反比地减小，如图 7.14(b)所示.

[例 7.10]　求“无限大”均匀带电平面的电场强度分布，已知平面的电荷面密度为 $+\sigma$.

[解]　由于电荷均匀分布在平面上，可知空间电场强度的分布应具有面对称性，即离带电平面等距离远处各点的电场强度 $\boldsymbol{E}$ 的大小相等，方向都与带电平面垂直.

如图 7.15 所示，选取一个圆柱形高斯面，使其轴线与带电平面垂直，并使两边对称，P 点位于面积为 S 的底面上，其上的电场强度大小为 E. 由于圆柱侧面上各点的电场强度与侧面平行，所以穿过侧面的电场强度通量为零. 于是，穿过整个高斯面的电场强度通量就等于两个底面上的电场强度通量，即

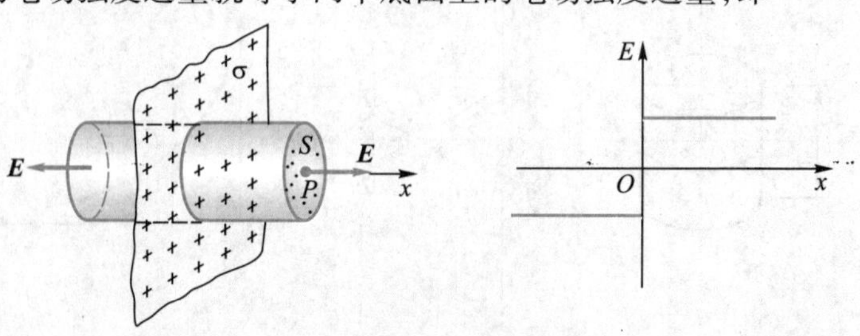

图 7.15

$$\Phi_e = \oint_S \boldsymbol{E} \cdot \mathrm{d}\boldsymbol{S} = \int_{左底} \boldsymbol{E} \cdot \mathrm{d}\boldsymbol{S} + \int_{侧} \boldsymbol{E} \cdot \mathrm{d}\boldsymbol{S} + \int_{右底} \boldsymbol{E} \cdot \mathrm{d}\boldsymbol{S}$$

$$= ES + 0 + ES = 2ES$$

高斯面内包围的电荷 $\sum q_i=\sigma S$，由高斯定理可得

$$2ES=\frac{\sigma S}{\varepsilon_0}$$

所以

$$E=\frac{\sigma}{2\varepsilon_0}$$

可见在无限大均匀带电平面的电场中，各点的电场强度与离开平面的距离无关（上述结果与例 7.7 中所得结果完全一致）.

两个带等量异号电荷均匀分布的“无限大”平行平面产生的电场分布，可直接应用本例的结果，根据电场强度叠加原理而求得. 如图 7.16 所示，两个带电平面在各自的两侧产生的电场强度分别为 $E_1=\dfrac{\sigma}{2\varepsilon_0}$，$E_2=\dfrac{\sigma}{2\varepsilon_0}$，方向如图 7.16 所示，且设向右为正，因此

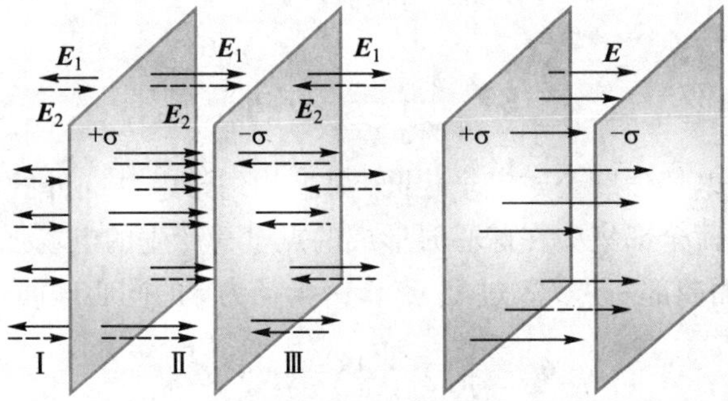

图 7.16

在Ⅰ区内， $E_{\mathrm{I}}=E_2-E_1=0$

在Ⅱ区内， $E_{\mathrm{II}}=E_1+E_2=\sigma/\varepsilon_0$

在Ⅲ区内， $E_{\mathrm{III}}=E_1-E_2=0$

由此可见，两块带等量异号电荷均匀分布的“无限大”平行平面所产生的电场全部集中在两极之间，而且是匀强的.

［例 7.11］ 求均匀带电球面的电场强度分布. 设球面半径为 R，总电荷量为 q.

［解］ 先研究球面外任一点的电场强度，通过 P_2 点作半径为 r 的同心球面 $S_2(r>R)$ 为高斯面. 如图 7.17(a) 所示，由于电荷在各向同性的空间关于球中心对称分布，可知空间电场强度的分布应具有球对称性，所以同一球面上各点电场强度的大小是相等的，方向都沿径向，因此穿过高斯面的电场强度通量为

$$\begin{aligned}\boldsymbol{\Phi}_{\mathrm{e}}&=\oint_{S_2}\boldsymbol{E}\cdot\mathrm{d}\boldsymbol{S}=\oint_{S_2}E\mathrm{d}S\\&=E\oint_{S_2}\mathrm{d}S=E\cdot 4\pi r^2\end{aligned}$$

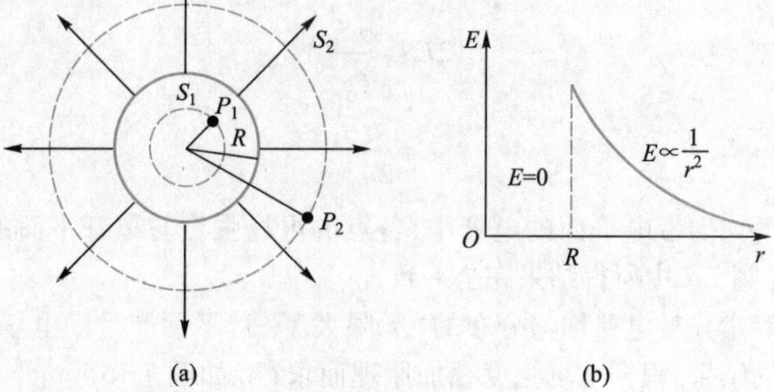

图 7.17

此高斯面内包围的电荷$\sum q_i=q$,根据高斯定理,有

$$E\cdot 4\pi r^2=\frac{1}{\varepsilon_0}q$$

所以
$$E=\frac{1}{4\pi\varepsilon_0}\frac{q}{r^2}\quad(r>R)$$

上式与点电荷的电场强度公式完全相同. 可见均匀带电球面外的电场强度分布,好像球面上的电荷全部集中在球心时形成的点电荷产生的电场强度分布一样.

同理,对球面内部一点P_1,过P_1点作一半径为r的同心球面S_1为高斯面,有

$$\Phi_e=\oint_{S_1}\boldsymbol{E}\cdot d\boldsymbol{S}=E\cdot 4\pi r^2$$

由于高斯面内没有包围电荷,$\sum q_i=0$,故

$$E=0\quad(r<R)$$

此结果表明,均匀带电球面内部的电场强度处处为零.

将本例的计算结果用电场强度随r变化的曲线表示,如图 7.17(b)所示,可以看出,在带电球面处($r=R$)电场强度E是不连续的.

[**例 7.12**] 均匀带电球体的电场强度分布. 设球体的半径为R,电荷体密度为ρ.

[**解**] 均匀带电球体的电场强度分布与上例一样,同样具有球对称性,因而可知,在球体外任一点产生的电场强度,和所有电荷集中到球心形成的点电荷产生的电场强度分布一样,即

$$E=\frac{1}{4\pi\varepsilon_0}\frac{q}{r^2}=\frac{\rho}{3\varepsilon_0}\frac{R^3}{r^2}\quad(r\gg R)$$

对于球内P处的情况,通过P点作半径为r的同心球面$S(r<R)$作为高斯面. 面积为$4\pi r^2$,如图 7.18 所示. 则通过高斯面S的电场强度通量为

$$\Phi_e=\oint_S\boldsymbol{E}\cdot d\boldsymbol{S}=\oint_S E dS=E\cdot 4\pi r^2$$

高斯面 S 所包围的电荷为

$$\sum q_i=\rho\cdot\frac{4}{3}\pi r^3$$

由高斯定理可得

$$E\cdot 4\pi r^2=\frac{1}{\varepsilon_0}\rho\cdot\frac{4}{3}\pi r^3$$

所以

$$E=\frac{\rho}{3\varepsilon_0}r\quad(r<R)$$

由此可见,对均匀带电球体来说,球内任何点的电场强度大小与该点到球心的距离 r 成正比,方向都沿径向,在球心处电场强度为零.

本例的计算结果,同样可用 $E-r$ 曲线表示,如图 7.18 所示.

综合以上各例题的分析可以看出,有些情况下,利用高斯定理计算带电系统的电场强度是很方便的. 应用高斯定理求电场强度的方法与步骤是:

(1) 根据电荷分布的对称性,分析电场强度分布的对称性.

(2) 选取适当的高斯面,使通过该面的电场强度通量的积分易于计算. 例如使高斯面的一部分或全部与电场强度垂直,而且高斯面上电场强度大小处处相等,或者使高斯面的一部分与电场强度平行,因而通过这部分面积的电场强度通量为零等.

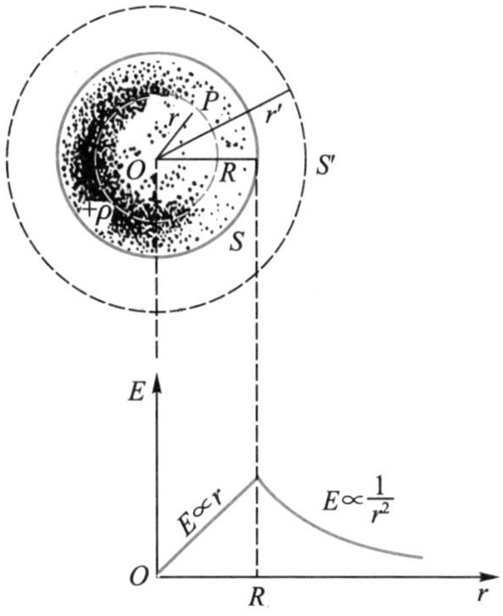

图 7.18

(3) 计算高斯面上穿过的电场强度通量,和高斯面内包围的电荷量的代数和,最后再根据高斯定理求出电场强度的表达式.

下面再举一例说明电场强度通量的计算方法.

[例 7.13] 如图 7.19 所示,在点电荷 q 的电场中,取半径为 R 的圆平面,q 在该圆平面的轴线上的 A 点处,$OA=x$. 试计算通过这圆平面的电场强度通量.

[解] 解法一 如图 7.19(a)所示,由于微元环上处处电场强度大小相等,且与面元的夹角均为 θ,因而通过微元环上电场强度通量为

$$\mathrm{d}\Phi_e=E\cos\theta\mathrm{d}S=\frac{1}{4\pi\varepsilon_0}\frac{q}{(x^2+r^2)}\frac{x}{(x^2+r^2)^{1/2}}\mathrm{d}S$$

$$=\frac{1}{4\pi\varepsilon_0}\frac{qx}{(x^2+r^2)^{3/2}}2\pi r\mathrm{d}r$$

因而通过整个圆平面的电场强度通量为

$$\Phi_e = \int_0^R \frac{1}{4\pi\varepsilon_0} \frac{qx}{(x^2+r^2)^{3/2}} 2\pi r \mathrm{d}r$$

$$= \frac{q}{2\varepsilon_0}\left(1-\frac{x}{\sqrt{x^2+R^2}}\right)$$

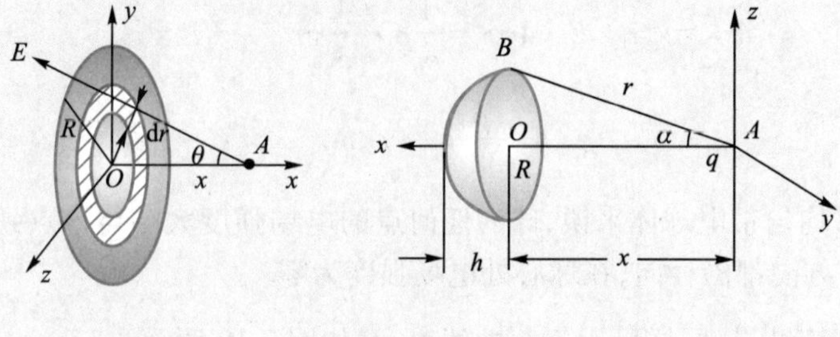

(a) (b)

图 7.19

解法二 如图 7.19(b)所示,通过圆平面的电场强度通量与通过以 A 为球心,以 $|AB|=\sqrt{x^2+R^2}$ 为半径,以圆平面为周界的球冠面的电场强度通量相同,因为球冠面的面积 $S=2\pi\cdot|AB|\cdot h$,通过整个球面 $S_0=4\pi\cdot|AB|^2$ 的电场强度通量为 $\Phi_{e0}=\dfrac{q}{\varepsilon_0}$,所以通过该球冠的电场强度通量为

$$\Phi_e = \frac{S}{S_0}\Phi_{e0} = \frac{2\pi\cdot|AB|\cdot h}{4\pi|AB|^2}\frac{q}{\varepsilon_0} = \frac{q}{2\varepsilon_0}\frac{h}{|AB|}$$

$$= \frac{q}{2\varepsilon_0}\frac{|AB|-|AB|\cos\alpha}{|AB|} = \frac{q}{2\varepsilon_0}\left(1-\frac{x}{\sqrt{x^2+R^2}}\right)$$

复习思考题

7.8 电场强度、电场线、电场强度通量的关系是怎样的?计算穿过闭合曲面的电场强度通量时,如何决定其正、负?电场强度通量的正、负分别表示什么意义?你能像得出静电场的高斯定理那样,也能得到万有引力场的高斯定理吗?

7.9 在高斯定理中,对高斯面的形状有无特殊要求?在应用高斯定理求电场强度时,对高斯面的形状有无特殊要求?如何选取适当的高斯面?

7.10 高斯定理 $\oint_S \boldsymbol{E}\cdot\mathrm{d}\boldsymbol{S}=\dfrac{1}{\varepsilon_0}\sum q_{i(内)}$ 中 $\boldsymbol{E}$ 是否只是闭合曲面内包围的电荷所产生的?它与外面的电荷有无关系?穿过闭合曲面的电场强度通量与外面的电荷有无关系?

7.11 有人认为:

(1) 如果高斯面上 $\boldsymbol{E}$ 处处为零,则该面内必无电荷;

(2) 如果高斯面内无电荷,则高斯面上 $\boldsymbol{E}$ 处处为零;

(3) 如果高斯面上 $\boldsymbol{E}$ 处处不为零,则高斯面内必有电荷;

（4）如果高斯面内有电荷，则高斯面上 $\boldsymbol{E}$ 处处不为零.

上面所说的高斯面，是空间任一闭合曲面. 你认为以上这些说法是否正确？为什么？

§7.4 静电场的环路定理 电势

前面从电荷在电场中受到电场力这一事实出发，研究了静电场的性质，引入了电场强度的概念. 本节从电荷在电场中移动时电场力做功这一事实出发，来研究静电场的性质，引入电势的概念.

一、静电场力的功 静电场环路定理

设在点电荷 q 产生的电场中，有一试验电荷 q_0，从 A 点经任意路径 ACB 到达 B 点，如图 7.20 所示，则静电场力做的功为

$$\begin{aligned} A_{AB} &= \int_A^B \boldsymbol{F}\cdot \mathrm{d}\boldsymbol{l} = \int_A^B q_0\boldsymbol{E}\cdot \mathrm{d}\boldsymbol{l} \\ &= \int_A^B \frac{q_0 q\cos\theta}{4\pi\varepsilon_0 r^2}\mathrm{d}l = \int_{r_A}^{r_B} \frac{q_0 q}{4\pi\varepsilon_0 r^2}\mathrm{d}r \\ &= \frac{q_0 q}{4\pi\varepsilon_0}\left(\frac{1}{r_A}-\frac{1}{r_B}\right) \end{aligned} \tag{7.13}$$

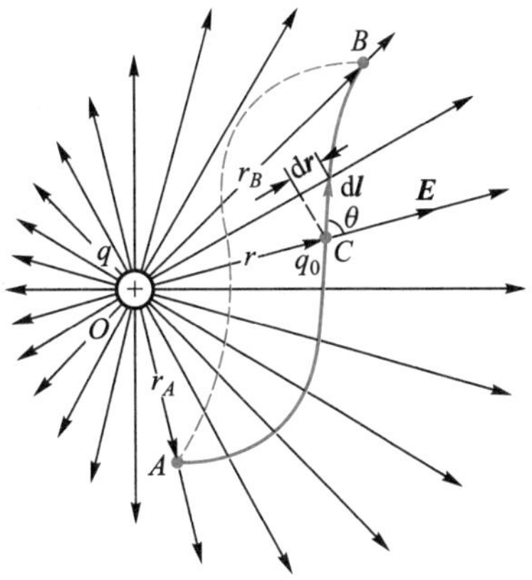

图 7.20

式中 r_A 和 r_B 分别表示从电荷 q 到移动 q_0 路径的起点 A 和终点 B 的距离. 由此可见，在点电荷 q 的电场中，电场力对试验电荷所做的功，只取决于移动路径的起点和终点的位置，与路径无关.

任何带电体都可看作许多电荷元的组合，因而任何静电场都可看作点电荷系中各点电荷的电场的叠加，试验电荷在电场中移动时，电场力对试验电荷所做的功也就等于各个点电荷的电场力所做的功的代数和. 即

$$\begin{aligned} A_{AB} &= \int_A^B \boldsymbol{F}\cdot \mathrm{d}\boldsymbol{l} = \int_A^B q_0\boldsymbol{E}\cdot \mathrm{d}\boldsymbol{l} \\ &= \int_A^B q_0(\boldsymbol{E}_1+\boldsymbol{E}_2+\cdots+\boldsymbol{E}_n)\cdot \mathrm{d}\boldsymbol{l} \\ &= \int_A^B q_0\boldsymbol{E}_1\cdot \mathrm{d}\boldsymbol{l}+\int_A^B q_0\boldsymbol{E}_2\cdot \mathrm{d}\boldsymbol{l}+\cdots+\int_A^B q_0\boldsymbol{E}_n\cdot \mathrm{d}\boldsymbol{l} \\ &= \sum_{i=1}^{n}\frac{q_0 q_i}{4\pi\varepsilon_0}\left(\frac{1}{r_{iA}}-\frac{1}{r_{iB}}\right) \end{aligned} \tag{7.14}$$

式中 r_{iA} 和 r_{iB} 分别表示从点电荷 q_i 所在处到路径的起点 A 和终点 B 的距离. 由于每个点电荷的静电场力所做的功都与路径无关，所以相应的代数和也与路径无关.

综上所述可知：试验电荷在任何静电场中移动时，静电场力对试验电荷所做的功，只取决于试验电荷的电荷量和所经路径的起点及终点的位置，而与移动的具体路径无关. 这和力学中讨论过的万有引力、弹性力等保守力做功的特性类似，所以静电场力也是保守力，静电场也是保守场.

静电场的保守性还可用另一种形式来表达. 设单位正电荷在静电场中沿某一闭合路径 L 移动一周，静电场力所做的功应为 $\oint_L \boldsymbol{E}\cdot \mathrm{d}\boldsymbol{l}$. 在 L 上任取两点 A 和 B 把 L 分成两部分 L_1 及 L_2（如图 7.21）. 有

$$\oint_L \boldsymbol{E}\cdot \mathrm{d}\boldsymbol{l} = \int_{(L_1)A}^{B} \boldsymbol{E}\cdot \mathrm{d}\boldsymbol{l} + \int_{(L_2)B}^{A} \boldsymbol{E}\cdot \mathrm{d}\boldsymbol{l}$$

$$= \int_{(L_1)A}^{B} \boldsymbol{E}\cdot \mathrm{d}\boldsymbol{l} - \int_{(L_2)A}^{B} \boldsymbol{E}\cdot \mathrm{d}\boldsymbol{l}$$

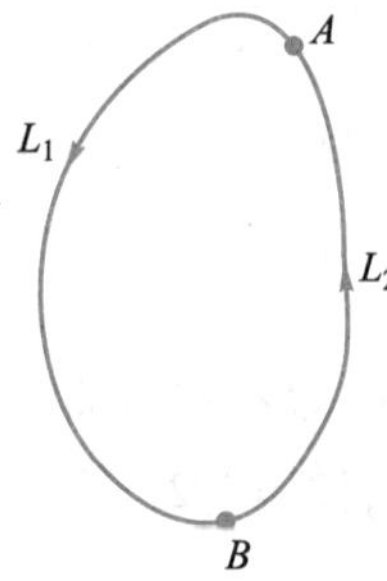

图 7.21

由静电场的保守性

$$\int_{(L_1)A}^{B} \boldsymbol{E}\cdot \mathrm{d}\boldsymbol{l} = \int_{(L_2)A}^{B} \boldsymbol{E}\cdot \mathrm{d}\boldsymbol{l}$$

故

$$\oint_L \boldsymbol{E}\cdot \mathrm{d}\boldsymbol{l} = 0 \tag{7.15}$$

可见，静电场中，电场强度沿任一闭合路径的环流积分等于零. 这是静电场中与高斯定理并列的一个重要定理，称为**静电场的环路定理**. 通常把环流为零的场称为无旋场，故**静电场是无旋场**. 环路定理说明，静电场的电场线不可能是闭合的. 由于静电场的这种特性，我们才能在静电场中引入电势能和电势的概念.

* 二、环路定理的微分形式

根据矢量场的斯托克斯公式

$$\oint_L \boldsymbol{E}\cdot \mathrm{d}\boldsymbol{l} = \int_S (\nabla\times\boldsymbol{E})\cdot \mathrm{d}\boldsymbol{S}$$

电场强度沿任意闭合环路 L 的线积分，可以与该闭合环路 L 所包围的曲面 S 上电场强度的旋度 $\nabla\times\boldsymbol{E}$ 的通量联系起来. 因此，由静电场的环路定理

$$\oint_L \boldsymbol{E}\cdot \mathrm{d}\boldsymbol{l} = 0$$

可得

$$\int_S (\nabla\times\boldsymbol{E})\cdot \mathrm{d}\boldsymbol{S} = 0$$

由于该等式对任意大小的面积 S 都成立，所以被积函数应为零，即

$$\nabla\times\boldsymbol{E} = 0$$

这就是静电场的环路定理的微分形式. 通常我们把旋度处处为零的矢量场，称为无旋场，否则就称为有旋场. 静电场是**有源无旋场**，即静电场满足

$$\nabla\cdot\boldsymbol{E} = \frac{\rho}{\varepsilon_0} \quad 和 \quad \nabla\times\boldsymbol{E} = 0$$

三、电势能

由于静电场是保守场,所以可以引入电势能的概念来描述静电场的性质.

设试验电荷 q_0 在电场中的 A、B 点处的电势能分别为 E_{pA}、E_{pB};则电场力做功 A_{AB} 就可作为电荷 q_0 在 A、B 两点电势能改变量的量度,即

$$E_{pA}-E_{pB}=A_{AB}=\int_A^B q_0\boldsymbol{E}\cdot \mathrm{d}\boldsymbol{l} \tag{7.16}$$

电势能也与重力势能相似,是一个相对的量,而从上式只能确定电荷在 A、B 两点的电势能之差,不能确定电荷在某点的电势能的量值. 若要确定电荷在某点的电势能的量值,必须先选定一个电势能为零的参考点,从而可以确定电荷在某点相对于参考点的电势能的量值. 和力学中势能"零点"的选取一样,电势能"零点"也是可以任意选取的. 如选定电荷在 B 点的电势能为零,亦即令 $E_{pB}=0$,可知电荷 q_0 在电场中 A 点的电势能为

$$E_{pA}=A_{A0}=\int_A^{(0)} q_0\boldsymbol{E}\cdot \mathrm{d}\boldsymbol{l} \tag{7.17}$$

即电荷 q_0 在电场中某点 A 处的电势能 E_{pA},在量值上等于电荷 q_0 从 A 点处移到电势能零参考点时,静电场力所做的功.

通常情况下,对于有限大带电体,我们常取无穷远处为电势能的零参考点(即 $E_{p\infty}=0$). 有时在实际应用中,也常取地球为电势能的零参考点.

最后应当指出,静电场力所做的功有正有负,所以,电势能也有正有负;与重力势能相似,电势能也是属于一定系统的. (7.17)式表示的电势能是试验电荷 q_0 与电场之间相互作用能量,电势能是属于试验电荷 q_0 和电场这整个系统的.

四、电势

从(7.17)式可以看出,电势能不仅与电场的性质有关,而且还与引入电场中的试验电荷 q_0 的电荷量有关. 但我们注意到,电荷在电场中某点的电势能与电荷量的比值$\left(即\dfrac{E_{pA}}{q_0}\right)$与电荷 q_0 无关,只取决于电场的性质以及电场中给定点 A 的位置. 所以这一比值是表征静电场中给定点电场性质的物理量. 我们就把这一比值定义为电场在该点的电势. 用 U_A 表示 A 点的电势,为

$$U_A=\frac{E_{pA}}{q_0}=\frac{A_{A0}}{q_0}=\int_A^{(0)}\boldsymbol{E}\cdot \mathrm{d}\boldsymbol{l} \tag{7.18}$$

若令式中 $q_0=+1\ \mathrm{C}$,则 U_A 在数值上与 E_{pA} 相等,即电场中某点的电势,其数值等于放在该点处的单位正电荷的电势能,或等于把单位正电荷从该点经过任意路径移动到电势能零参考点处时静电场力所做的功. 由此可见,电势是从功、能的角度来描述电场性质的物理量.

电势是标量,其值的正负由该点将单位正电荷移动到电势能零参考点时静电场力做功的正负决定,其值是相对于零参考点而言的. 可见要确定电场中各点的电

势值,同样必须先选取零参考点. 电势零参考点的选择与电势能的零参考点的选择一样,原则上可以任意选取,主要视讨论问题的方便而定.

静电场中,任意两点 A 和 B 的电势之差称为电势差,常称为电压①. 用符号 U_{AB} 表示,即可得

$$U_{AB}=U_A-U_B=\frac{E_{pA}}{q_0}-\frac{E_{pB}}{q_0}=\frac{A_{AB}}{q_0}=\int_A^B \boldsymbol{E}\cdot \mathrm{d}\boldsymbol{l} \tag{7.19}$$

上式说明:电场中 A、B 两点电势差,在数值上等于把单位正电荷从 A 点经过任意路径移到 B 点时,静电场力所做的功. 因此,当任一电荷 q_0 在电场中从 A 点移到 B 点时,静电场力所做的功也可用电势差来表示,即

$$A_{AB}=q_0(U_A-U_B) \tag{7.20}$$

电势差与电势的零参考点的选择无关,(7.18)式和(7.19)式称为电场强度与电势的积分关系式.

五、电势叠加原理

设有点电荷 q 产生的电场,电场强度的分布见(7.3)式,为

$$\boldsymbol{E}=\frac{1}{4\pi\varepsilon_0}\frac{q}{r^2}\boldsymbol{e}_r$$

将其代入电势的定义(7.18)式,选取无穷远处为电势零参考点,则电场中距点电荷 q 为 r 处的 A 点的电势为

$$\begin{aligned}U_A&=\int_A^\infty \boldsymbol{E}\cdot \mathrm{d}\boldsymbol{l}=\int_r^\infty \frac{1}{4\pi\varepsilon_0}\frac{q}{r^2}\mathrm{d}r\\&=\frac{1}{4\pi\varepsilon_0}\frac{q}{r}\end{aligned} \tag{7.21}$$

由此可见,如果点电荷 $q>0$,电势为正值,离点电荷 q 越远,电势越低,在无穷远处为零;反之,当 $q<0$ 时,电势为负,离点电荷 q 越远,电势越高,在无穷远处为零.

在点电荷系 $q_1,q_2,\cdots,q_n$ 激发的电场中,某点 A 处的电势可由(7.18)式

$$U_A=\int_A^{(0)} \boldsymbol{E}\cdot \mathrm{d}\boldsymbol{l}$$

计算得出,式中 $\boldsymbol{E}$ 为点电荷系产生的合电场强度,即

$$\boldsymbol{E}=\boldsymbol{E}_1+\boldsymbol{E}_2+\cdots+\boldsymbol{E}_n=\sum \boldsymbol{E}_i$$

代入上式得

$$\begin{aligned}U_A&=\int_A^{(0)} \sum \boldsymbol{E}_i\cdot \mathrm{d}\boldsymbol{l}=\sum\int_A^{(0)} \boldsymbol{E}_i\cdot \mathrm{d}\boldsymbol{l}\\&=\sum U_{Ai}\end{aligned} \tag{7.22}$$

由此可见,点电荷系产生的电场中,某点的电势是各个点电荷单独存在时,在该点

---

① 在一般情况下,把单位正电荷由场点 A 沿某个任意路径移到场点 B 时,电场力的功 $\int_A^B \boldsymbol{E}\cdot \mathrm{d}\boldsymbol{l}$ 称为 A、B 两点间的电压,只有在静电场或恒定电场中,电压才等于电势差,而在交变电磁场中,电压与路径有关(见本书第十章电磁感应部分).

产生的电势的代数和. 这一结论称为电势叠加原理.

对电荷连续分布的带电体所产生的电场,根据电势叠加原理,可以设想把带电体分割为许多电荷元 dq,每个电荷元在场中 A 点处的电势之和即为电场中 A 点处的电势,即

$$U_A=\int\frac{1}{4\pi\varepsilon_0}\frac{\mathrm{d}q}{r} \tag{7.23}$$

上面的积分遍及整个带电体,该积分是标量积分,所以电势的计算比电场强度的计算往往较为简便.

通过以上的讨论可知,计算电场中电势的分布,有两种方法:(1) 根据已知的电荷分布,由电势的定义和电势叠加原理来计算,见(7.23)式;(2) 根据已知的电场强度分布,由电势与电场强度的积分关系来计算,见(7.18)式. 下面举例说明电势的计算.

(1) 从电荷分布求电势

[例 7.14] 在点电荷 Q 产生的静电场中,有一电荷量为 q 的点电荷,如图 7.22 所示,求点电荷 q 在 A、B 两点的电势能及两点电势能之差 E_{pAB}.

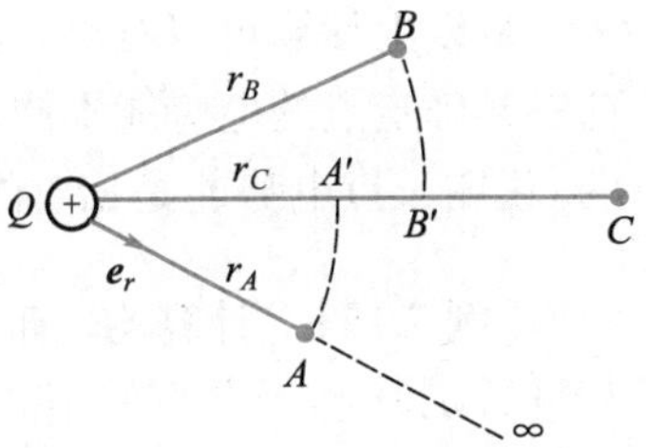

图 7.22

[解] 选无穷远处为电势能零参考点. 根据电势能的定义,由(7.17)式可得

$$E_{pA}=\int_A^{\infty}q\boldsymbol{E}\cdot\mathrm{d}\boldsymbol{l}$$

$$=\int_A^{\infty}q\frac{Q}{4\pi\varepsilon_0r^2}\boldsymbol{e}_r\cdot\mathrm{d}\boldsymbol{l}$$

因为电场力做功与路径无关,故选择沿 $\boldsymbol{e}_r$ 方向移动电荷. 即 $\mathrm{d}\boldsymbol{l}=\mathrm{d}\boldsymbol{r}$,故 $\boldsymbol{e}_r\cdot\mathrm{d}\boldsymbol{l}=\boldsymbol{e}_r\cdot\mathrm{d}\boldsymbol{r}=\mathrm{d}r$,所以

$$E_{pA}=\frac{qQ}{4\pi\varepsilon_0}\int_{r_A}^{\infty}\frac{1}{r^2}\mathrm{d}r=\frac{qQ}{4\pi\varepsilon_0r_A}$$

同理可得

$$E_{pB}=\frac{qQ}{4\pi\varepsilon_0r_B}$$

所以

$$E_{pAB}=E_{pA}-E_{pB}=\frac{qQ}{4\pi\varepsilon_0}\left(\frac{1}{r_A}-\frac{1}{r_B}\right)$$

如果选场中的 C 点(如图 7.22 中所示)为电势能零参考点. 则根据电势能的定义,可知圆弧上的各点电势能相等(即电场力沿圆弧移动电荷时,由于电荷 q 的受力方向与位移方向垂直,因而电场力做的功为零). 即

$$E_{pA}=E_{pA'},\quad E_{pB}=E_{pB'}$$

所以有

$$E_{pA}=\int_A^{A'} q\boldsymbol{E}\cdot \mathrm{d}\boldsymbol{l}+\int_{A'}^{C} q\boldsymbol{E}\cdot \mathrm{d}\boldsymbol{l}$$

$$=\int_{A'}^{C} q\boldsymbol{E}\cdot \mathrm{d}\boldsymbol{l}$$

$$=\int_{r_{A'}}^{r_C} \frac{qQ}{4\pi\varepsilon_0 r^2}\mathrm{d}r$$

$$=\frac{qQ}{4\pi\varepsilon_0}\left(\frac{1}{r_A}-\frac{1}{r_C}\right)$$

同理可得

$$E_{pB}=\frac{qQ}{4\pi\varepsilon_0}\left(\frac{1}{r_B}-\frac{1}{r_C}\right)$$

所以

$$E_{pAB}=E_{pA}-E_{pB}=\frac{qQ}{4\pi\varepsilon_0}\left(\frac{1}{r_A}-\frac{1}{r_B}\right)$$

从以上计算可以看出，在一定的电场中，选取不同的电势能零点，则某一电荷在某确定点的电势能不同. 但电荷在场中两确定点具有的电势能之差是相同的. 说明某点电势能是相对的，两点电势能之差是绝对的.

［**例 7.15**］ 计算均匀带电圆环轴线上任一点 P 的电势，设圆环半径为 R，电荷量为 q，环心距 P 点的距离为 x，如图 7.23 所示.

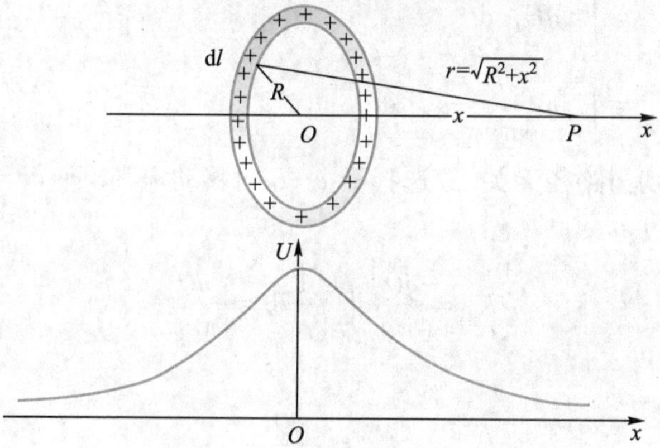

图 7.23

［**解**］ 解法一 从电荷分布求电势.

将圆环分割为许多电荷元 $\mathrm{d}q$，则$\mathrm{d}q=\lambda\mathrm{d}l=\dfrac{q}{2\pi R}\mathrm{d}l$ 在圆环轴线上 P 点产生的电势为

$$\mathrm{d}U_P=\frac{\mathrm{d}q}{4\pi\varepsilon_0 r}=\frac{q\mathrm{d}l}{8\pi^2\varepsilon_0 R(R^2+x^2)^{1/2}}$$

因此整个带电圆环在 P 点产生的电势就等于各个电荷元在 P 点产生的电势之和：

$$U_P = \int \mathrm{d}U_P = \int_0^{2\pi R} \frac{q}{8\pi^2\varepsilon_0 R(R^2+x^2)^{1/2}}\mathrm{d}l$$

$$= \frac{q}{4\pi\varepsilon_0}\frac{1}{(R^2+x^2)^{1/2}}$$

解法二 从电场强度分布求电势.

由例题 7.6 可知,带电圆环在其轴线上任意一点 P 处所产生的电场强度为

$$\boldsymbol{E} = \frac{qx}{4\pi\varepsilon_0(R^2+x^2)^{3/2}}\boldsymbol{i}$$

根据电势定义(7.17)式,选取无穷远处为电势零参考点. 并取 x 方向为积分路径,则 P 点的电势可写为

$$U_P = \int_x^{\infty} \frac{q}{4\pi\varepsilon_0}\frac{x}{(R^2+x^2)^{3/2}}\mathrm{d}x$$

$$= \frac{q}{4\pi\varepsilon_0}\frac{1}{(R^2+x^2)^{1/2}}$$

从以上计算可以看出,两种方法所得结果一致. 在解法(1)中,应用了点电荷电势的公式 $\mathrm{d}U = \dfrac{\mathrm{d}q}{4\pi\varepsilon_0 r}$,它是在选无穷远处为电势零参考点的条件下成立的. 因此两种解法所得结果,都是 P 点相对无穷远处的电势.

由所得结果我们还可得到:当 $x=0$ 时,即圆环中心 O 处的电势为

$$U_O = \frac{1}{4\pi\varepsilon_0}\frac{q}{R}$$

当 $x \gg R$ 时,因为 $(R^2+x^2)^{1/2} \approx x$,所以

$$U_P \approx \frac{1}{4\pi\varepsilon_0}\frac{q}{x}$$

可见,圆环轴线上足够远处的某点的电势,相当于把圆环所带电荷量 q 集中在环心 O 处的一个点电荷产生的电势. 图 7.23 中给出了电势分布的 U-x 曲线.

[例 7.16] 已知半径为 R 的均匀带电圆板,电荷量为 $Q\left(\text{其电荷面密度 } \sigma = \dfrac{Q}{\pi R^2}\right)$,如图 7.24 所示. 求其轴线上任一点 P 处的电势.

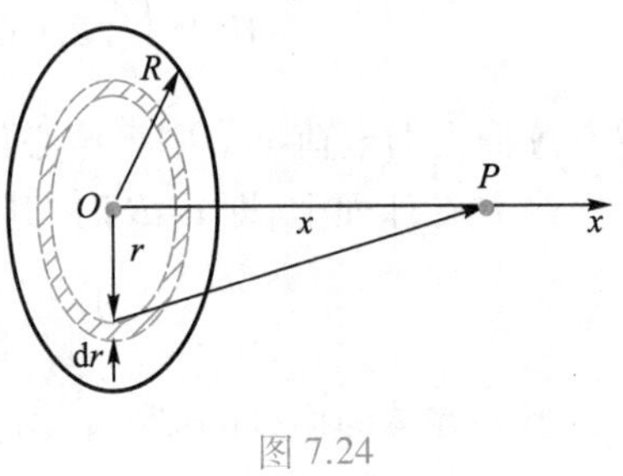

图 7.24

[解] 将带电圆板分割为一系列半径为 r,宽度为 $\mathrm{d}r$ 的同心带电圆环,选无穷远处为电势零参考点,利用上例所得结果,该带电圆环在 P 点产生的电势为

$$\mathrm{d}U_P=\frac{1}{4\pi\varepsilon_0}\frac{\mathrm{d}q}{(r^2+x^2)^{1/2}}$$
$$=\frac{1}{4\pi\varepsilon_0}\frac{\sigma\cdot 2\pi r\mathrm{d}r}{(r^2+x^2)^{1/2}}$$

由电势叠加原理，整个带电圆板在 P 点产生的电势就是这一系列同心带电圆环产生的电势之和，即

$$U_P=\int \mathrm{d}U_P=\int_0^R\frac{2\pi\sigma r\mathrm{d}r}{4\pi\varepsilon_0(r^2+x^2)^{1/2}}$$
$$=\frac{\sigma}{2\varepsilon_0}(\sqrt{R^2+x^2}-x)$$

讨论：① 当 $x=0$ 时，即 P 点为圆板的中心 O 处时，有

$$U_0=\frac{\sigma R}{2\varepsilon_0}$$

② 当 $x\gg R$ 时，利用级数展开 $(R^2+x^2)^{1/2}=x(1+R^2/x^2)^{1/2}\approx x+\frac{R^2}{2x}+\cdots$，所以

$$U_P\approx\frac{\sigma}{2\varepsilon_0}\frac{R^2}{2x}=\frac{\sigma\pi R^2}{4\pi\varepsilon_0 x}=\frac{1}{4\pi\varepsilon_0}\frac{Q}{x}$$

即为点电荷产生的电势.

（2）从电场强度分布求电势

[例 7.17] 试计算均匀带电球面（半径为 R，总电荷量为 $+q$）电场中任一点 P 的电势.

[解] 应用高斯定理可以很容易地求出电场强度分布（见例 7.11）为

$$E=\begin{cases}0 & (r<R)\\ \dfrac{1}{4\pi\varepsilon_0}\dfrac{q}{r^2} & (r>R)\end{cases}$$

其方向沿径向. 现取径向为积分路线，选无穷远处为电势零参考点，则可得球面外（$r>R$）任意一点 P 处的电势为

$$U_P=\int_r^\infty \boldsymbol{E}\cdot\mathrm{d}\boldsymbol{l}=\int_r^\infty\frac{1}{4\pi\varepsilon_0}\frac{q}{r^2}\mathrm{d}r=\frac{1}{4\pi\varepsilon_0}\frac{q}{r}$$

这和球面上的电荷都集中于球心作为点电荷在 P 点产生的电势相同.

当 P 在球面上，即 $r=R$ 时，其电势为

$$U_P=\int_R^\infty \boldsymbol{E}\cdot\mathrm{d}\boldsymbol{l}=\frac{1}{4\pi\varepsilon_0}\frac{q}{R}$$

当 P 在球面内，即 $r<R$ 时，由于电场强度不连续，因此要分段积分，其电势为

$$U_P=\int_r^\infty \boldsymbol{E}\cdot\mathrm{d}\boldsymbol{l}=\int_r^R \boldsymbol{E}\cdot\mathrm{d}\boldsymbol{l}+\int_R^\infty \boldsymbol{E}\cdot\mathrm{d}\boldsymbol{l}$$

对于上式第一项,由于球面内任一点的电场强度为零,所以此项积分为零,因此

$$U_P=\int_r^{\infty}\boldsymbol{E}\cdot\mathrm{d}\boldsymbol{l}=\int_R^{\infty}\boldsymbol{E}\cdot\mathrm{d}\boldsymbol{l}$$
$$=\frac{1}{4\pi\varepsilon_0}\frac{q}{R}$$

此结果表明,球面内任一点的电势都等于球面上的电势,即均匀带电球面及其内部是一个等电势的区域.

综上所述,均匀带电球面产生的电势分布为

$$U=\begin{cases}\dfrac{1}{4\pi\varepsilon_0}\dfrac{q}{R} & (r\leqslant R)\\[2ex] \dfrac{1}{4\pi\varepsilon_0}\dfrac{q}{r} & (r>R)\end{cases}$$

图 7.25 给出了电势分布 $U-r$ 曲线.

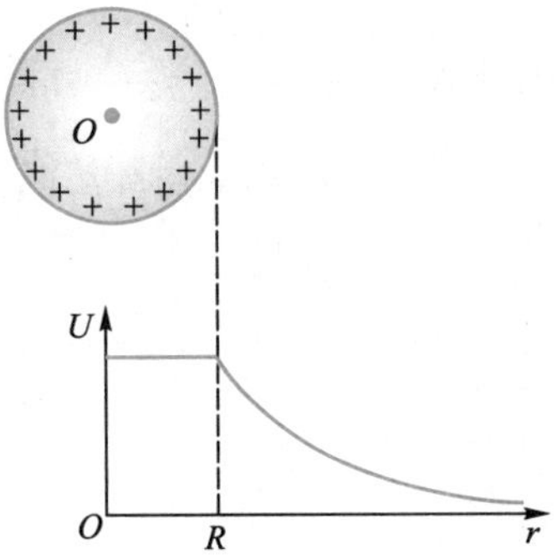

图 7.25

［例 7.18］ 如图 7.26 所示,一对无限长共轴直圆筒(圆柱面),半径分别为 R_1、R_2($R_2>R_1$),内圆筒带正电,外筒带负电,电荷线密度沿轴线方向分别为$+\lambda$、$-\lambda$,试求下列情况下的电势分布及两筒的电势差:(1) 设外柱面 R_2 处为电势零参考点;(2) 设共轴圆筒的轴线($r=0$)处为电势零参考点.

［解］ 先由高斯定理求出电场强度分布

$$E=\begin{cases}0 & (r<R_1)\\[1ex] \dfrac{\lambda}{2\pi\varepsilon_0 r} & (R_1<r<R_2)\\[1ex] 0 & (r>R_2)\end{cases}$$

再由电势定义式(7.17)式求电势分布.

(1) 设 $r=R_2$ 处为电势零参考点.

当 $r<R_1$ 时,

$$U_1=\int_r^{R_2}\boldsymbol{E}\cdot\mathrm{d}\boldsymbol{l}=\int_r^{R_1}\boldsymbol{E}\cdot\mathrm{d}\boldsymbol{l}+\int_{R_1}^{R_2}\boldsymbol{E}\cdot\mathrm{d}\boldsymbol{l}$$
$$=\int_{R_1}^{R_2}\frac{\lambda}{2\pi\varepsilon_0 r}\mathrm{d}r=\frac{\lambda}{2\pi\varepsilon_0}\ln\frac{R_2}{R_1}$$

当 $R_1<r<R_2$ 时,

$$U_2=\int_r^{R_2}\boldsymbol{E}\cdot\mathrm{d}\boldsymbol{l}=\int_r^{R_2}\frac{\lambda}{2\pi\varepsilon_0 r}\mathrm{d}r$$

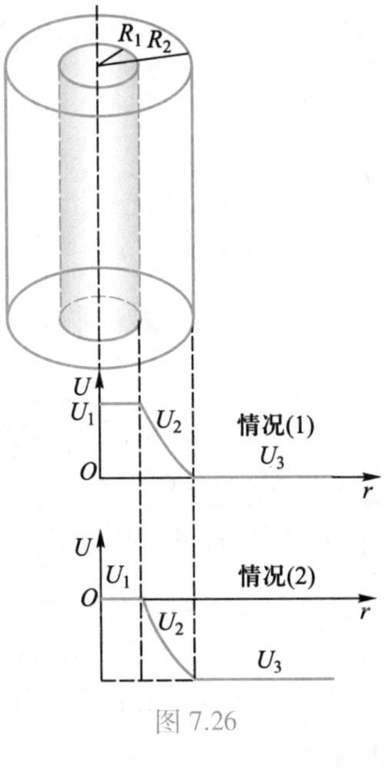

图 7.26

$$=\frac{\lambda}{2\pi\varepsilon_0}\ln\frac{R_2}{r}$$

当 $r>R_2$ 时,

$$U_3=\int_r^{R_2}\boldsymbol{E}\cdot d\boldsymbol{l}=0$$

因此 $\Delta U=U_{R_1}-U_{R_2}=\frac{\lambda}{2\pi\varepsilon_0}\ln\frac{R_2}{R_1}$.

(2) 设圆筒轴线处($r=0$)处为电势零参考点.

当 $r<R_1$ 时,

$$U_1=\int_r^0\boldsymbol{E}\cdot d\boldsymbol{l}=0$$

当 $R_1<r<R_2$ 时,

$$\begin{aligned}U_2&=\int_r^0\boldsymbol{E}\cdot d\boldsymbol{l}\\&=\int_r^{R_1}\boldsymbol{E}\cdot d\boldsymbol{l}+\int_{R_1}^0\boldsymbol{E}\cdot d\boldsymbol{l}\\&=\int_r^{R_1}\frac{\lambda}{2\pi\varepsilon_0 r}dr\\&=\frac{\lambda}{2\pi\varepsilon_0}\ln\frac{R_1}{r}\end{aligned}$$

当 $r>R_2$ 时,

$$\begin{aligned}U_3&=\int_r^0\boldsymbol{E}\cdot d\boldsymbol{l}=\int_r^{R_2}\boldsymbol{E}\cdot d\boldsymbol{l}+\int_{R_2}^{R_1}\boldsymbol{E}\cdot d\boldsymbol{l}+\int_{R_1}^0\boldsymbol{E}\cdot d\boldsymbol{l}\\&=\int_{R_2}^{R_1}\frac{\lambda}{2\pi\varepsilon_0 r}dr=\frac{\lambda}{2\pi\varepsilon_0}\ln\frac{R_1}{R_2}\end{aligned}$$

因此 $\Delta U=U_{R_1}-U_{R_2}=0-\frac{\lambda}{2\pi\varepsilon_0}\ln\frac{R_1}{R_2}=\frac{\lambda}{2\pi\varepsilon_0}\ln\frac{R_2}{R_1}$.

从以上计算可以看出,三个区域内电势的值随电势零参考点的不同而不同,但 U-r 曲线的形状不变,对于不同的电势零参考点,U-r 曲线只是做了平移. 这说明电势的值与电势零参考点的选择有关,而任意两点的电势差与电势零参考点无关.

复习思考题

7.12 如果电场力做功与路径有关,能否根据下式

$$A_{AB}=\int_A^B q_0\boldsymbol{E}\cdot d\boldsymbol{l}$$

引入电势能的概念?为什么?

7.13 当产生电场的全部电荷分布在有限空间内时，选取无穷远处为电势零参考点，试说明下列两种情况中，点电荷 q 的电势能的正负：

(1) 点电荷 q 在同号电荷产生的电场之中；

(2) 点电荷 q 在异号电荷产生的电场之中.

7.14 试说明静电场环路定理是能量守恒定律的必然结果.

§7.5 等势面 电势与场强的微分关系

一、等势面

我们曾用电场线来形象地描绘电场强度的分布. 下面介绍如何用等势面来形象地描绘电场中各点的电势.

一般情况下，静电场中各点的电势是逐点变化的，但是可以注意到，场中有许多点的电势相等. 这些电势相等的点所连成的面称为等势面. 图 7.27 是几种典型的带电系统所形成的电场的电场线和等势面分布图.

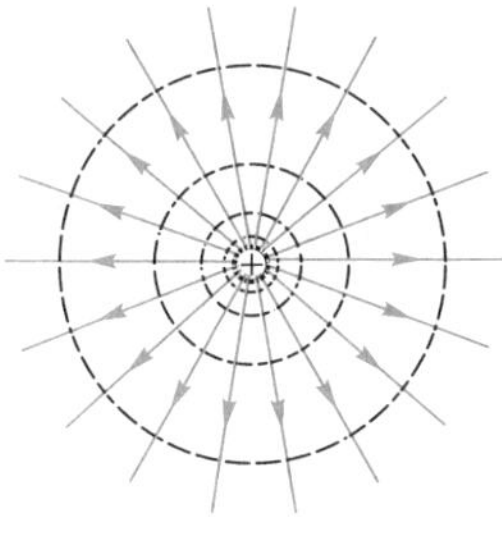

(a) 正点电荷

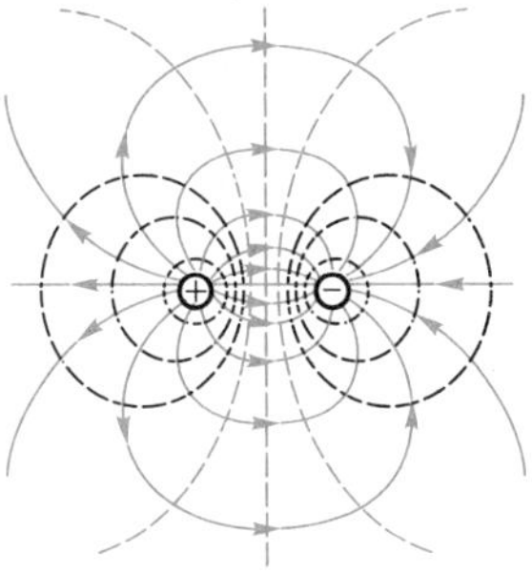

(b) 电偶极子

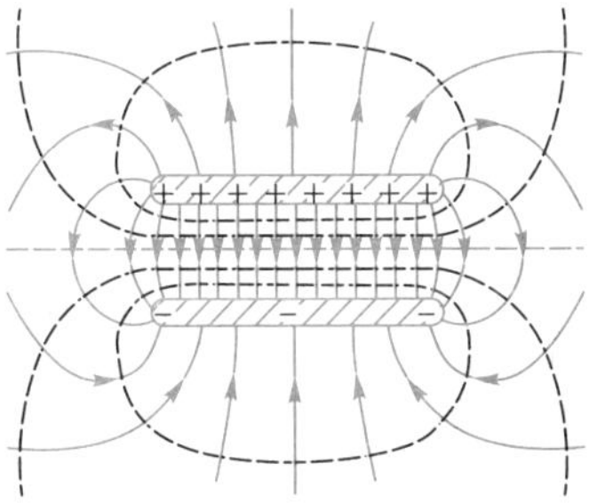

(c) 带正负电荷的平行板

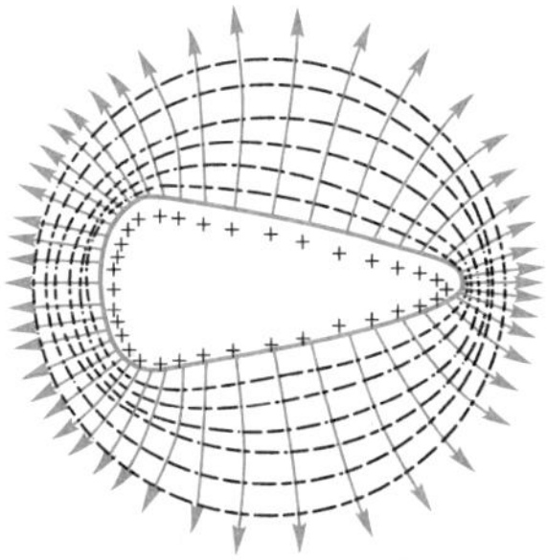

(d) 不规则形状的带电导体

图 7.27

现在我们从点电荷电场开始，来研究等势面的性质. 在点电荷 q 所产生的电场中，与电荷 q 相距为 r 处的各点的电势均为

$$U=\frac{q}{4\pi\varepsilon_0 r}$$

由此可见,点电荷电场中 r 相同的点组成了同一等势面,即点电荷场中的等势面是以点电荷为中心的一系列同心球面. 又由于点电荷场中的电场线是由正电荷沿径矢方向发出(或向负电荷会集)的一系列直线,所以在这一特殊情况下场中电场线与等势面处处正交,电场线总是指向电势降低的方向(参看图 7.27).

在任何带电系统所产生的静电场中,设想有一试验电荷 q_0 沿某一等势面做微小位移 $\mathrm{d}\boldsymbol{l}$,这时电场对试验电荷虽有力的作用,但根据等势面的定义,电场力所做的功为零,即

$$\mathrm{d}A=q_0E\cos\theta\mathrm{d}l=q_0\mathrm{d}U=0$$

式中 E 为 q_0 所在处的电场强度大小,θ 为 $\boldsymbol{E}$ 与 $\mathrm{d}\boldsymbol{l}$ 之间的夹角. 因为 q_0、E 和 $\mathrm{d}l$ 都不为零,所以 $\cos\theta=0$,即 $\theta=\dfrac{\pi}{2}$,这说明等势面上试验电荷在任一点处所受的力总是与等势面垂直,亦即电场线的方向总是与等势面正交. 此外,沿电场线由电势较高的一点移到电势较低的一点时,电场对试验电荷恒做正功,可见电场线总是指向电势降落的方向.

由此,我们可以得到两点结论:

(1) 在静电场中,沿等势面移动时,电场力所做的功为零.

(2) 在静电场中,电场线与等势面正交,电场线的方向指向电势降落的方向.

与电场线相似,等势面的疏密程度也能表示出电场强度的大小. 在画等势面时,通常规定相邻两等势面间的电势差都相同. 按这样的规定画出等势面图(如图 7.27 所示),等势面愈密的区域,电场线愈密,电场强度也愈大,反之亦然.

*二、电势与电场强度的微分关系

电场强度和电势是从不同角度描述电场性质的物理量,它们之间必然存在一定的联系. (7.18)式、(7.19)式给出了它们之间的积分关系. 电势与电场强度的关系还可以用微分形式表示,下面将给出这一关系.

设在静电场中任取两个相距很近的等势面 1 和 2(图 7.28),其电势分别为 U 和 $U+\mathrm{d}U$,且 $\mathrm{d}U>0$,在电势为 U 的等势面上一点 P_1 作垂直于等势面的法线矢量 $\boldsymbol{n}$,与电势为 $U+\mathrm{d}U$ 的等势面交于 P_2 点,令 $P_1P_2=\mathrm{d}n$ 并规定法线的正方向指向电势升高的方向. 如图 7.27 所示,因为电场线总是与等势面正交的,所以 P_1 点的电场强度 $\boldsymbol{E}$ 的方向一定是沿着法线方位,且指向电势降落的方向,亦即 P_1 点的电场强度 $\boldsymbol{E}$ 应与 $\boldsymbol{n}$ 的方向相反. 将单位正电荷 q_0 从 P_1 点经法线方向移动到 P_2 点时,电场力做功为

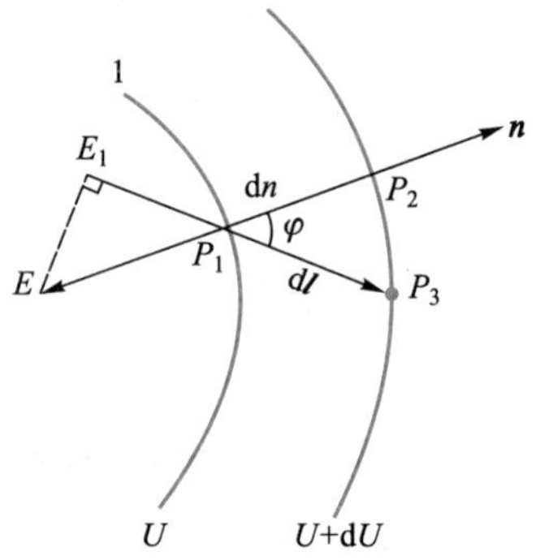

图 7.28

$$\mathrm{d}A=q_0U-q_0(U+\mathrm{d}U)=q_0E\mathrm{d}n$$

所以

$$E\mathrm{d}n=-\mathrm{d}U$$

则
$$E=-\frac{\mathrm{d}U}{\mathrm{d}n} \tag{7.24}$$
显然,式中负号正是说明 $\boldsymbol{E}$ 的方向与 $\boldsymbol{n}$ 的方向相反.

若将单位正电荷 q_0 自 P_1 点沿另一路径 $\mathrm{d}\boldsymbol{l}$ 移至等势面 $U+\mathrm{d}U$ 上的 P_3 点,此时电场力做功
$$\mathrm{d}A=q_0U-q_0(U+\mathrm{d}U)=q_0E\cos\varphi\mathrm{d}l$$
所以
$$E\cos\varphi=-\frac{\mathrm{d}U}{\mathrm{d}l}$$
而 $E\cos\varphi$ 等于电场强度 $\boldsymbol{E}$ 在 $\mathrm{d}\boldsymbol{l}$ 方向的分量,用 E_l 表示,所以有
$$E_l=-\frac{\mathrm{d}U}{\mathrm{d}l} \tag{7.25}$$

(7.24)式说明电场中给定点电场强度大小等于过该点等势面沿法线方向上电势的变化率,负号表示电场强度方向指向电势降落的方向. (7.25)式表示电场中给定点电场强度沿某一方向 l 的分量 E_l 等于电势在这一点沿该方向的变化率的负值. 这就是电势与电场强度的微分关系.

由(7.24)式、(7.25)式比较可得
$$E=-\frac{\mathrm{d}U}{\mathrm{d}n}=-\frac{\mathrm{d}U}{\mathrm{d}l\cos\varphi}=-\frac{\mathrm{d}U}{\mathrm{d}l}\frac{1}{\cos\varphi}=\frac{E_l}{\cos\varphi}$$
说明静电场中各点电场强度的大小等于该点电势空间变化率的最大值.

将(7.24)式写成矢量式为
$$\boldsymbol{E}=-\frac{\mathrm{d}U}{\mathrm{d}n}\boldsymbol{e}_n \tag{7.26}$$
我们定义式中右边的矢量$\frac{\mathrm{d}U}{\mathrm{d}n}\boldsymbol{e}_n$ 为 P_1 点处的电势梯度矢量,记作 grad U,即
$$\mathrm{grad}\ U=\frac{\mathrm{d}U}{\mathrm{d}n}\boldsymbol{e}_n \tag{7.27}$$
上式说明,**电场中某点的电势梯度矢量,在方向上与电势在该点处空间变化率最大的方向相同,在量值上等于沿该方向上的电势的空间变化率.**

所以,(7.26)式可改写为
$$\boldsymbol{E}=-\mathrm{grad}\ U \tag{7.28}$$
上式表明:静电场中各点的电场强度等于该点电势梯度的负值. 也就是说,静电场中各点电场强度的大小等于该点电势空间变化率的最大值,方向则平行于使空间变化率为最大的方向,指向电势降落的一侧.

如果把直角坐标系中的 x 轴、y 轴和 z 轴的方向分别取作 $\mathrm{d}\boldsymbol{l}$ 的方向,那么就可得到电场强度 $\boldsymbol{E}$ 沿这三个方向的分量分别为
$$E_x=-\frac{\partial U}{\partial x},\quad E_y=-\frac{\partial U}{\partial y},\quad E_z=-\frac{\partial U}{\partial z}$$
写成矢量式

$$\boldsymbol{E}=-\left(\frac{\partial U}{\partial x}\boldsymbol{i}+\frac{\partial U}{\partial y}\boldsymbol{j}+\frac{\partial U}{\partial z}\boldsymbol{k}\right)$$

上式右边 $\left(\frac{\partial U}{\partial x}\boldsymbol{i}+\frac{\partial U}{\partial y}\boldsymbol{j}+\frac{\partial U}{\partial z}\boldsymbol{k}\right)$ 为电势的梯度，简写作 grad U 或 ∇U，因此，上式说明在电场中任意一点，电场强度等于该点处电势梯度的负值.

电势梯度的单位是 $\mathrm{V\cdot m^{-1}}$，所以电场强度也常用这个单位.

电场强度和电势的微分关系，在实际应用中很重要. 在计算电场强度时，常可先计算电势，再利用电场强度和电势之间的微分关系来计算电场强度.

[例 7.19] 已知均匀带电圆环轴线上的电势分布(见例 7.15)为

$$U=\frac{1}{4\pi\varepsilon_0}\frac{q}{(R^2+x^2)^{1/2}}$$

试求电场强度在轴线上的分布.

[解] 由(7.25)式可知

$$E=-\frac{\mathrm{d}U}{\mathrm{d}l}=-\frac{\mathrm{d}U}{\mathrm{d}x}=-\frac{\mathrm{d}}{\mathrm{d}x}\left[\frac{1}{4\pi\varepsilon_0}\frac{q}{(R^2+x^2)^{1/2}}\right]$$

$$=\frac{1}{4\pi\varepsilon_0}\frac{qx}{(R^2+x^2)^{3/2}}$$

可以看出结果与例 7.6 应用叠加法算出的结果完全相同.

复习思考题

7.15 如果只知道电场中某点的电场强度 E，能否算出该点的电势？如果不能，还应该知道些什么？

7.16 静电场中任意两点间的电势差与试验电荷的正、负有无关系？把试验电荷从一点移动到另一点，电场力做功与试验电荷的正、负有无关系？为什么？

7.17 给出一幅静电场的等势面分布图，你能定性地判断各处电场强度的方向和比较各处电场强度的大小吗？

7.18 试判断下列说法是否正确：

(1) 电场强度为零的地方，电势也必定为零；电势为零的地方，电场强度也必定为零.

(2) 电场强度大小相等的地方，电势必定相同；电势相同的地方，电场强度大小也必定相等.

(3) 电场强度较大的地方，电势必定较高；电场强度较小的地方，电势必定较低.

(4) 带正电的物体电势一定是正的；带负电的物体电势也一定是负的.

(5) 不带电的物体电势一定为零；电势为零的物体也一定不带电.

习题

7.1 选择题

(1) 题 7.1(1) 图为一具有球对称分布的静电场的 $E-r$ 关系曲线,请指出该静电场由下列哪种带电体产生的: [ ]

(A) 半径为 R 的均匀带电球面;

(B) 半径为 R 的均匀带电球体;

(C) 半径为 R,电荷体密度为 $\rho=Ar$(A 为常量)的非均匀带电球体;

(D) 半径为 R,电荷体密度为 $\rho=\dfrac{A}{r}$(A 为常量)的非均匀带电球体.

(2) 点电荷 Q 被曲面 S 所包围,从无穷远处引入另一点电荷 q 至曲面外一点,如题 7.1(2) 图所示,则引入 q 前后: [ ]

(A) 曲面 S 的电场强度通量不变,曲面上各点电场强度不变;

(B) 曲面 S 的电场强度通量变化,曲面上各点电场强度不变;

(C) 曲面 S 的电场强度通量变化,曲面上各点电场强度变化;

(D) 曲面 S 的电场强度通量不变,曲面上各点电场强度变化.

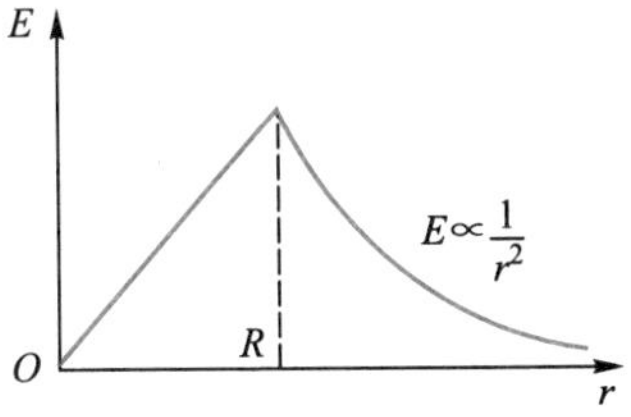

题 7.1(1) 图

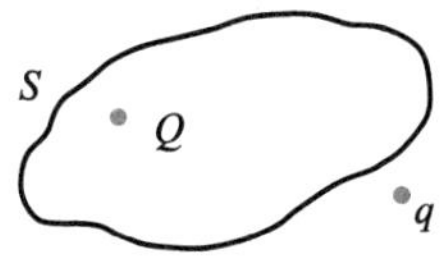

题 7.1(2) 图

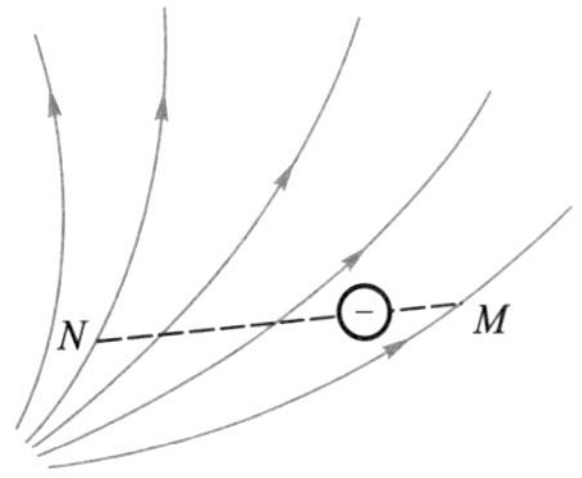

题 7.1(3) 图

(3) 某电场的电场线分布情况如题 7.1(3) 图所示. 一负电荷从 M 点移到 N 点,有人根据这个图作出下列几点结论,其中哪点是正确的? [ ]

(A) 电场强度大小 $E_M>E_N$;

(B) 电势 $U_M>U_N$;

(C) 电势能 $E_{pM}>E_{pN}$;

(D) 电场力的功 $A>0$.

(4) 静电场中某点电势的数值等于: [ ]

(A) 试验电荷 q_0 置于该点时具有的电势能;

(B) 单位试验电荷置于该点时具有的电势能;

(C) 单位正电荷置于该点时具有的电势能;

(D) 把单位正电荷从该点移到电势零点,外力所做的功.

(5) 题 7.1(5) 图中所示为一球对称静电场的电势分布曲线,r 表示距离对称中心的距离,请指出该电场是由下列哪种带电体产生的: [ ]

(A) 半径为 R 的均匀带正电球壳；

(B) 半径为 R 的均匀带正电球体；

(C) 正点电荷；

(D) 负点电荷.

(6) 如图所示，在点电荷 q 的电场中，选取以 q 为中心，R 为半径的球面上一点 P 处作为电势零点，则与点电荷 q 距离为 r 的 P' 点的电势为 [ ]

(A) $\dfrac{q}{4\pi\varepsilon_0 r}$； (B) $\dfrac{q}{4\pi\varepsilon_0}\left(\dfrac{1}{r}-\dfrac{1}{R}\right)$；

(C) $\dfrac{q}{4\pi\varepsilon_0}\left(\dfrac{1}{r-R}\right)$； (D) $\dfrac{q}{4\pi\varepsilon_0}\left(\dfrac{1}{R}-\dfrac{1}{r}\right)$.

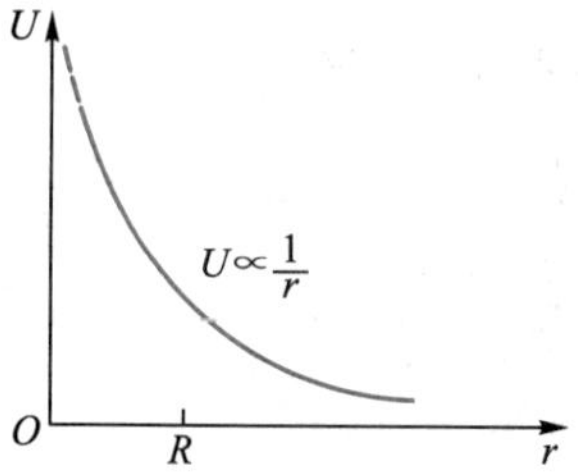

题 7.1(5)图

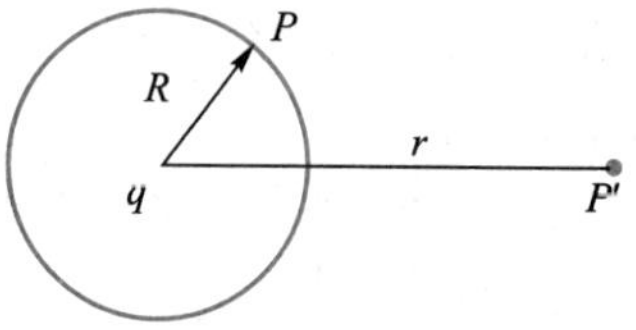

题 7.1(6)图

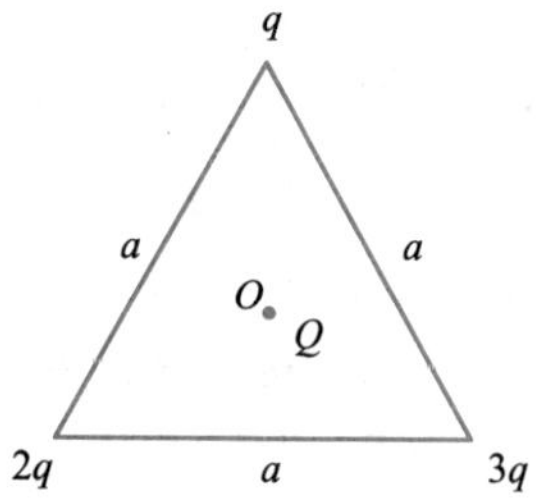

题 7.1(7)图

(7) 如图所示，边长为 a 的等边三角形的三个顶点上，放置着三个正的点电荷，电量分别为 q、$2q$、$3q$. 若将另一正点电荷 Q 从无穷远处移到三角形的中心 O 处. 外力所做的功为 [ ]

(A) $\dfrac{2\sqrt{3}qQ}{4\pi\varepsilon_0 a}$； (B) $\dfrac{4\sqrt{3}qQ}{4\pi\varepsilon_0 a}$；

(C) $\dfrac{6\sqrt{3}qQ}{4\pi\varepsilon_0 a}$； (D) $\dfrac{8\sqrt{3}qQ}{4\pi\varepsilon_0 a}$.

(8) 半径为 r 的均匀带电球面 1，电荷量为 q；其外有一同心的半径为 R 的均匀带电球面 2，电荷量为 Q，则两球面之间的电势差 U_1-U_2 为 [ ]

(A) $\dfrac{q}{4\pi\varepsilon_0}\left(\dfrac{1}{r}-\dfrac{1}{R}\right)$； (B) $\dfrac{Q}{4\pi\varepsilon_0}\left(\dfrac{1}{R}-\dfrac{1}{r}\right)$；

(C) $\dfrac{q}{4\pi\varepsilon_0}\left(\dfrac{q}{r}-\dfrac{Q}{R}\right)$； (D) $\dfrac{q}{4\pi\varepsilon_0 r}$.

(9) 如图所示，两无限大平行板，电荷面密度都为 $+\sigma$，图中 a,b,c 三处的电场强度的大小分别为 [ ]

(A) $0,\dfrac{\sigma}{\varepsilon_0},0$； (B) $\dfrac{\sigma}{\varepsilon_0},0,\dfrac{\sigma}{\varepsilon_0}$；

(C) $\dfrac{\sigma}{2\varepsilon_0},\dfrac{\sigma}{\varepsilon_0},\dfrac{\sigma}{2\varepsilon_0}$； (D) $0,\dfrac{\sigma}{2\varepsilon_0},0$.

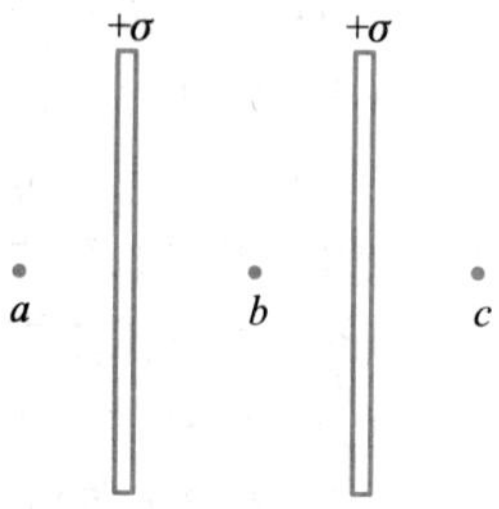

题 7.1(9)图

7.2 填空题

(1) 一半径为 R 的带有一缺口的细圆环，缺口长度为 $d(d\ll R)$，环上带均匀正电荷，总电荷量为 q，如题 7.2(1) 图所示，则圆心 O 处的电场强度大小 $E=$__________，电场强度方向为__________.

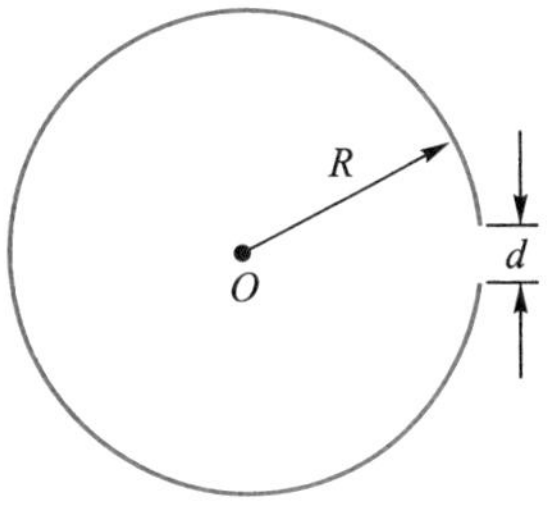

题 7.2(1)图

(2) 一半径为 R、长为 L 的均匀带电圆柱面，其电荷线密度为 λ，在带电圆柱的中垂面上有一点 P，它到轴线距离为 $r(r>R)$，则 P 点的电场强度的大小：当 $r\ll L$ 时，$E=$______，当 $r\gg L$ 时，$E=$__________.

(3) 把一个均匀带电荷量 $+Q$ 的球形肥皂泡由半径 r_1 吹胀到 r_2，则球心重合的半径为 $R(r_1<R<r_2)$ 的高斯球面上任一点的电场强度大小 E 由______变为________；电势 U 由________变为________(选无穷远处为电势零点).

(4) 一点电荷的电荷量 $q=10^{-9}$ C，A、B、C 三点分别距离电荷 10 cm、20 cm、30 cm，若选 B 点的电势为零，则 A 点的电势为________，C 点的电势为________.($\varepsilon_0=8.85\times10^{-12}\ \mathrm{C^2\cdot N^{-1}\cdot m^{-2}}$.)

(5) 静电场的环路定理数学表示式为_____________. 该式的物理意义是___________________________. 该定理表明，静电场是______________场.

(6) 静电场中有一质子(电荷量 $q=1.6\times10^{-19}$ C)沿题 7.2(6) 图所示路径从 A 点经 C 点移动到 B 点时，电场力做功 8×10^{-19} J，则当质子从 B 点沿另一路径回到 A 点过程中，电场力做的功=________，若设 A 点电势为零，B 点电势 $U_B=$________.

(7) 如题 7.2(7) 图，在真空中 A 点与 B 点间距离为 $2l$，OCD 是以 B 点为中心，以 l 为半径的半圆路径，A、B 两处各放有一点电荷，电荷量分别为 $+q$ 和 $-q$，则把另一电荷量为 $Q(Q<0)$ 的点电荷从 D 点沿路径 DCO 移到 O 点的过程中，电场力所做的功为________.

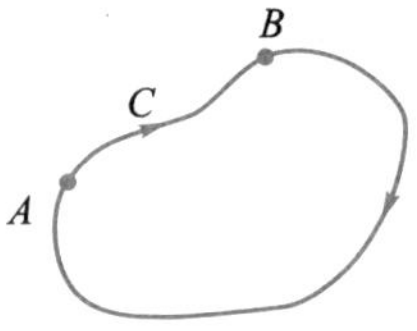

题 7.2(6)图

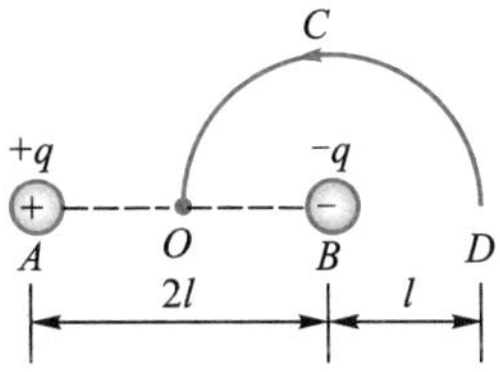

题 7.2(7)图

(8) 半圆弧导线 AB 带电，电荷分布线密度为 λ_1，直导线 BC 也均匀带电，如题 7.2(8) 图. 已知：圆心 O 处电势为 U_O，P 点电势为 U_P，则：导线 AB 和 BC 在 P 点产生的电势分别为 $U_{AB}=$_________和 $U_{BC}=$_________.

(9) A、B 为真空中两个平行的"无限大"均匀带电平面，已知两平面间的电场强度大小为 E_0，两平面外侧电场强度大小为 $E_0/3$，方向见图，则 A、B 两平面上的电荷面密度分别为 $\sigma_A=$_________，$\sigma_B=$_________.

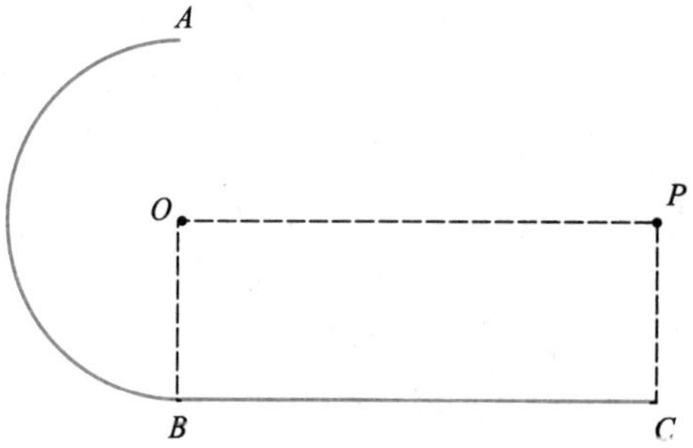

题 7.2(8)图

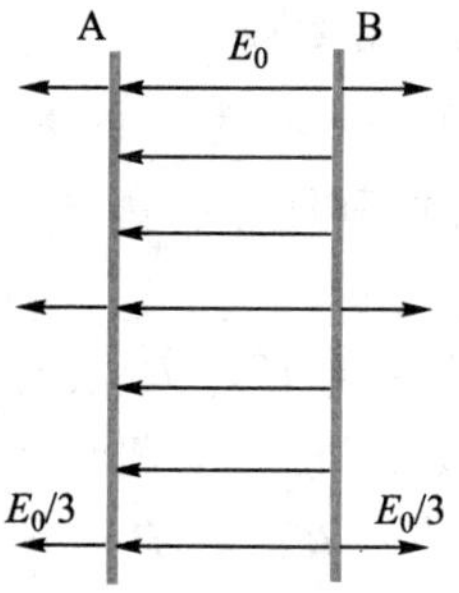

题 7.2(9)图

(10) 在点电荷$+q$与$-q$的静电场中,作出如图所示的三个闭合面S_1、S_2、S_3,则通过这些闭合面的电场强度通量分别是:Φ_{e1} = ________, Φ_{e2} = ________, Φ_{e3} = ________.

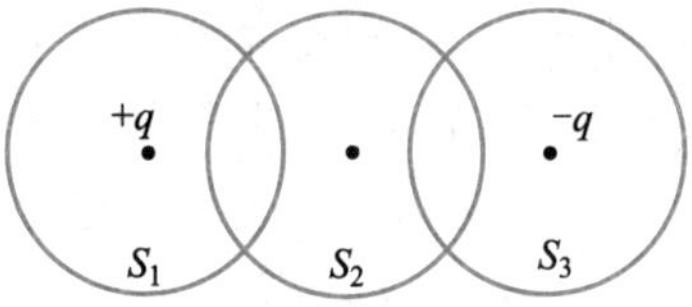

题 7.2(10)图

(11) 一电荷量为Q的点电荷固定在空间某点上,将另一电荷量为q的点电荷放在与Q相距r处,若设两点电荷相距无限远时电势能为零,则此时的电势能W_e = ________.

7.3 电荷量和符号都相同的三个点电荷q放在等边三角形的顶点上,为了不使它们因为斥力的作用而散开,可在三角形的中心放一符号相反的点电荷q',试求q'的电荷量.

7.4 在边长为a的正六角形的六个顶点都放有电荷,如题 7.4 图所示,试求六角形中心O处的电场强度.

7.5 一长为l的均匀带电直导线,其电荷线密度为λ,试求导线延长线上距离近端为a处一点的电场强度.

7.6 如题 7.6 图所示的一半圆柱面,高和直径都是l,均匀地带有电荷,其电荷面密度为σ,试求其轴线中点O处的电场强度.

7.7 一宽为b的无限长均匀带电平面薄板,其电荷面密度为σ,如题 7.7 图所示.试求:

(1) 平板所在平面内,距薄板边缘为a处的电场强度.

(2) 通过薄板的几何中心的垂直线上与薄板的距离为h处的电场强度.

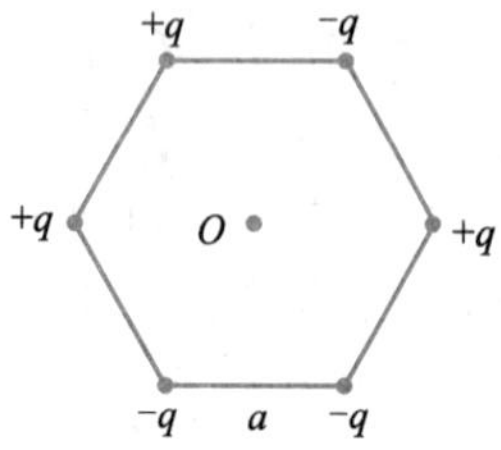

题 7.4 图

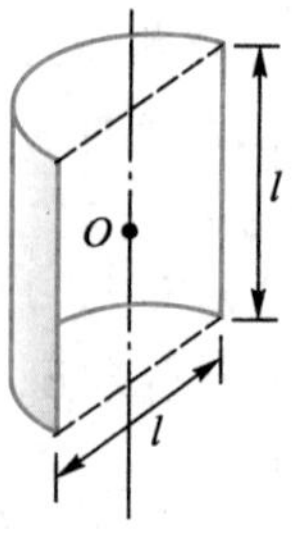

题 7.6 图

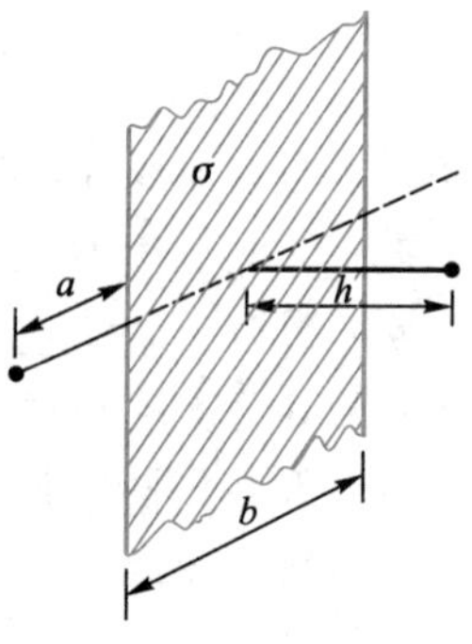

题 7.7 图

7.8 如题7.8图所示，一半径为R、长为l的圆柱薄片，其上电荷均匀分布，电荷量为q，试求在其轴线上与近端距离为h处的电场强度. 并讨论当$R \to 0$时，其结果如何？并与7.5题的结果比较一下.

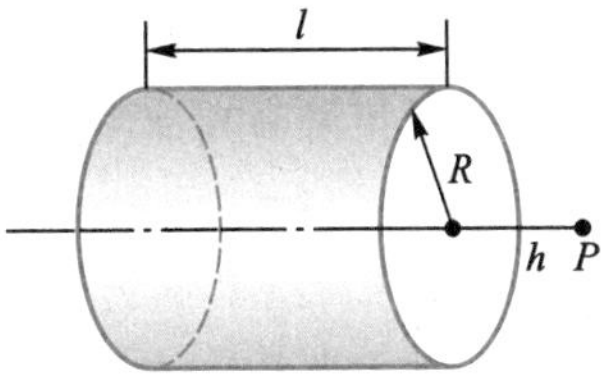

题7.8图

7.9 长为l的带电细导体棒，沿x轴放置，棒的一端在原点. 设电荷线密度为$\lambda = Ax$，A为常量. 求x轴上坐标为$x = l + b$处的电场强度大小.

7.10 半径为b的细圆环，圆心在Oxy坐标的原点上. 圆环所带电荷线密度$\lambda = A\cos\theta$，其中A为常量，如题7.10图所示. 求圆心处电场强度的x、y分量.

7.11 两个同心的均匀带电球面，半径分别为R_1和R_2，带电荷量分别为$+q$和$-q$，求电场强度的分布.

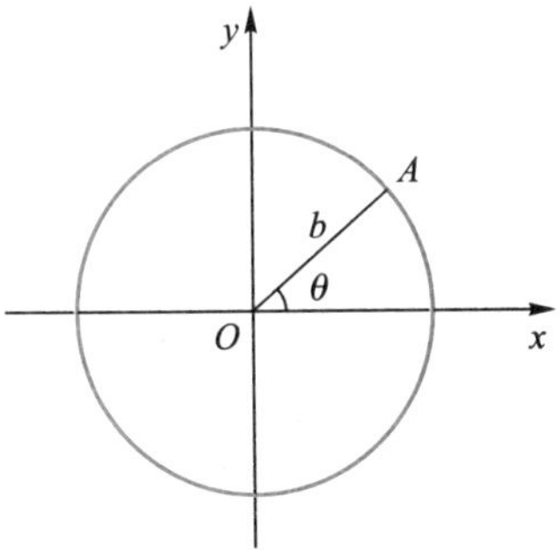

题7.10图

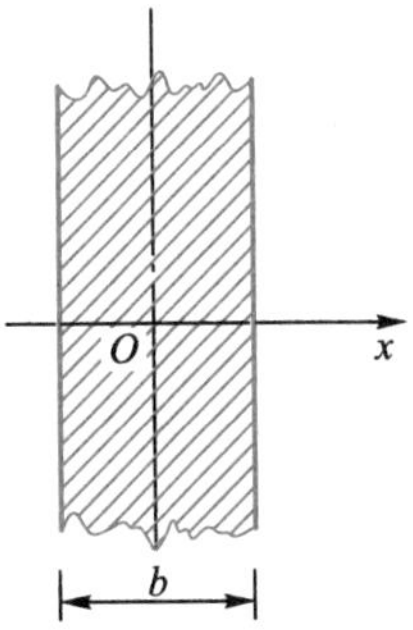

题7.12图

7.12 如题7.12图所示厚度为b的“无限大”均匀带电平板，其电荷体密度为ρ. 求板外任一点的电场强度.

7.13 电荷均匀分布在半径为R的球形空间内，电荷体密度为ρ. 试求球内、外及球面上的电场强度.

7.14 半径为$2R$的均匀带电球，电荷体密度为ρ，球心为O_1，设想在球内有一个半径为R的球形空腔，球心为O_2，$O_1O_2 = R$，如题7.14图所示. 根据叠加原理求O_1、O_2、P_1、P_2四点的电场强度的大小. P_1和P_2在O_1O_2的连线上，且$P_1O_1 = R$，$P_2O_1 = 2R$.

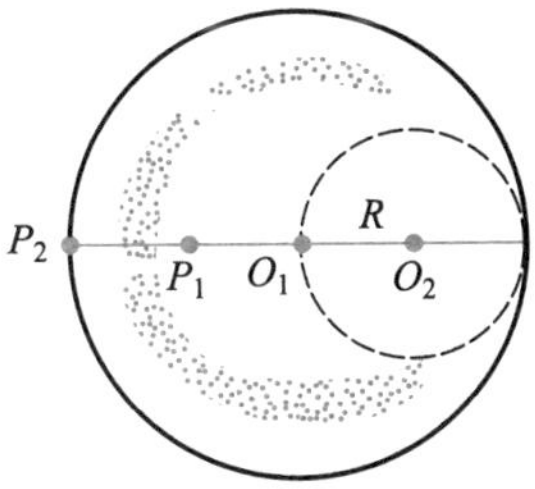

题7.14图

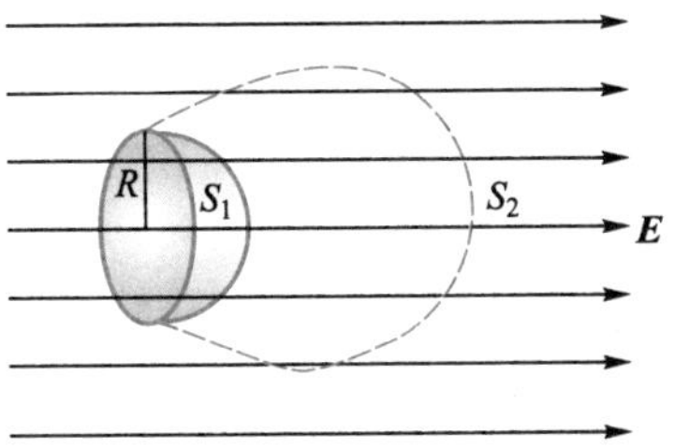

题7.15图

7.15 如题7.15图所示，设均匀电场的电场强度$\boldsymbol{E}$与半径为R的半球面的对称轴平行，试计算通过此半球面S_1的电场强度通量. 若以半球面的边线为边线，另作一个任意形状的曲面 S_2,则通过 S_2 面的电场强度通量又是多少?

7.16 用高斯定理重解 7.11 题,并画出电场线.

7.17 一对"无限长"的同轴直圆筒,半径分别为 R_1 和 $R_2(R_1<R_2)$,筒面上都均匀带电,沿轴线单位长度的电荷量分别为 λ_1 和 λ_2,试求空间的电场强度的分布.

7.18 半径为 R 的"无限长"的均匀带电直圆柱体,其电荷体密度为 ρ,试求圆柱体内和圆柱体外任一点的电场强度.

7.19 "无限长"的同轴圆柱与圆筒均匀带电,圆柱的半径为 R_1,其电荷体密度为 ρ_1,圆筒的内外半径分别为 R_2 和 $R_3(R_1<R_2<R_3)$,其电荷体密度为 ρ_2.(1) 试求空间任一点的电场强度. (2) 若当 $r>R_3$ 区域中的电场强度为零,则 ρ_1 与 ρ_2 应有什么样的关系?

7.20 用高斯定理重新解题 7.12.

7.21 把单位正电荷从电偶极子轴线的中点 O 沿任意路径移到无穷远处,如题 7.21 图所示,求电场力对它所做的功.

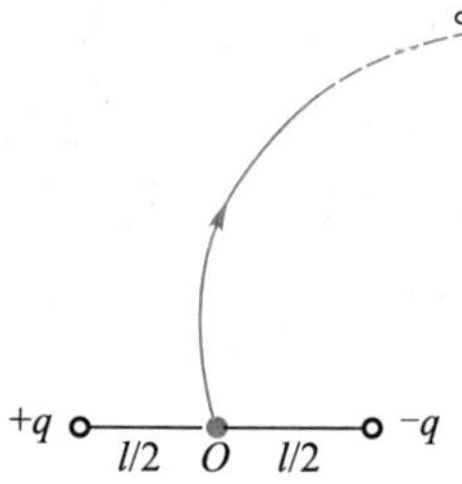

题 7.21 图

7.22 求与点电荷 $q=2.0\times10^{-8}$ C 分别相距 $a=1.0$ m 和 $b=2.0$ m 的两点的电势差.

第7章习题参考答案

7.23 一半径为 R 的均匀带电球体,其电荷体密度为 ρ. 求:(1) 球外任一点的电势;(2) 球表面上的电势;(3) 球内任一点的电势.

7.24 用电势叠加原理求题 7.10 中 O 点的电势.

第八章

静电场中的导体和电介质

前一章我们讨论了真空中的静电场，实际上，静电场中总有导体或电介质存在，它们在静电场中表现出来的特性在科学实验和工程技术中有许多的应用. 因此，研究导体和电介质的静电特性，具有很重要的实际意义. 本章主要讨论在静电场中有导体和电介质存在时所发生的现象、导体和电介质与电场之间的相互作用及所遵循的规律，最后讨论静电场的能量，这从一个侧面反映了电场的物质性.

§ 8.1 静电场中的导体

一、导体静电平衡条件

文档：电子的发现

金属导体的重要特征是在它的内部存在大量的自由电子. 当导体不带电也不受外电场作用时，自由电子做微观热运动，没有电荷做宏观定向运动，整个导体不显电性. 当将导体放在电场强度为 $\boldsymbol{E}_0$ 的外电场中，在最初极短的时间内（约 10^{-6} s），导体内会有电场存在. 导体内自由电子在电场的作用下做宏观的定向运动，引起导体内正、负电荷的重新分布，在导体的两端出现等量异号电荷，如图 8.1 所示. 这种现象就是静电感应现象，由静电感应产生的电荷称为感应电荷，由感应电荷产生的电场称为附加电场，用 $\boldsymbol{E}'$ 表示，方向和 $\boldsymbol{E}_0$ 相反. 因此，导体内部的电场强度应为上述两种电场强度的叠加，即

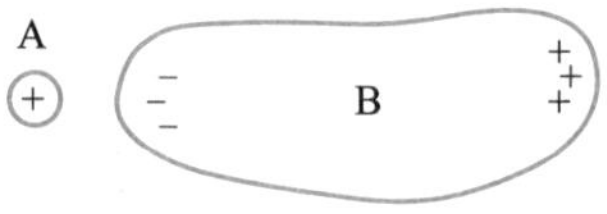

图 8.1

$$\boldsymbol{E}=\boldsymbol{E}_0+\boldsymbol{E}'$$

只要导体内 $\boldsymbol{E}\neq 0$，即附加电场 $\boldsymbol{E}'$ 不足以将 $\boldsymbol{E}_0$ 完全抵消时，自由电子仍要在电场作用下做宏观的定向运动，直至 $\boldsymbol{E}'$ 增大到使导体内部的电场强度 $\boldsymbol{E}=\boldsymbol{E}_0+\boldsymbol{E}'=\boldsymbol{0}$ 时，自由电子的宏观定向运动才完全停止，这时我们称导体处于静电平衡状态.

显然，只有当导体中任意一处的自由电子所受的合力为零时，它才不做宏观的定向运动. 自由电子所受的静电力 $\boldsymbol{F}=-e\boldsymbol{E}$，当 $\boldsymbol{F}=\boldsymbol{0}$ 时，必定有导体内任意一点的电场强度 $\boldsymbol{E}=\boldsymbol{0}$. 因此，导体静电平衡的必要条件是导体内任一点的电场强度都等于零.

根据导体静电平衡条件，可以得出以下推论.

(1) 导体是等势体，其表面是等势面.

在导体中（包含导体表面）任取两点 A 和 B，因导体内部电场强度处处为零，所以由 A 点经导体内部任意路径到 B 点的线积分为零，可知两点的电势差

$$U_A-U_B=\int_A^B \boldsymbol{E}\cdot \mathrm{d}\boldsymbol{l}=0$$

$$U_A=U_B$$

这就是说导体上各点电势都相等.

(2) 导体表面的电场强度垂直于导体表面.

因为静电平衡时，导体表面的电场强度一般不等于零，但导体表面是等势面，而电场线与等势面处处正交，可知导体表面的电场强度必与它的表面垂直. 如果电场强度有沿导体表面的切向分量 $\boldsymbol{E}_t$，如图 8.2 所示，那么，导体表面层的自由电子将在静电力 $-e\boldsymbol{E}_t$ 的作用下沿表面做宏观定向运动，从而破坏静电平衡，所以，只有导体内部的电场强度处处为零，且导体表面的电场强度 $\boldsymbol{E}$ 垂直导体表面时，才能达到静电平衡状态.

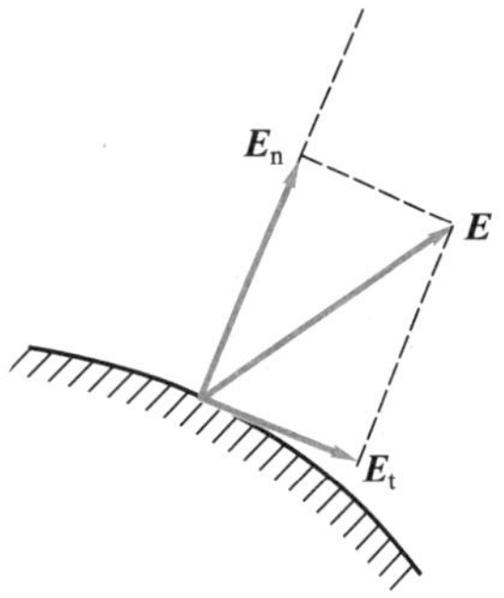

图 8.2

二、导体上的电荷分布

静电平衡的导体上的电荷分布规律，可利用高斯定理来进行讨论.

(1) 当导体处于静电平衡时，其电荷只能分布在导体的表面，导体内部没有净电荷存在.

下面分三种情况来说明.

① 实心导体. 一实心导体处于静电平衡状态，在其内任取一点 P，包围它作一闭合曲面 S，如图 8.3 所示. 由于导体内电场强度处处为零，根据高斯定理有

$$\oint_S \boldsymbol{E}\cdot \mathrm{d}\boldsymbol{S}=0$$

可知，在这一闭合曲面 S 内没有电荷或电荷代数和为零. 由于 P 点是任取的，而且所取的闭合曲面也可取任意的小，所以当导体处于静电平衡时，导体内部没有净电荷存在，其电荷只能分布在导体表面.

② 腔内没有电荷的空腔导体. 如图 8.4 所示，在导体内部作一包围空腔的高斯面 S（用虚线表示）. 由于导体内 $\boldsymbol{E}=0$，故通过 S 面的电场强度通量为零，由高斯定理可知，在空腔内表面上或者没有电荷，或者分布着等量异号电荷. 假设在空腔内表面分布着等量异号电荷，那么在腔内电场线将从正电荷发出，终止于负电荷，因此沿电场线 $\boldsymbol{E}$ 的线积分将不为零，于是两点间就存在电势差. 这与静电平衡时的导体为等势体相矛盾，所以空腔内表面不可能分布等量异号电荷. 这就是说，腔内无电荷的空腔导体，其电荷只能分布在导体的外表面.

③ 腔内有电荷的空腔导体. 设导体带电为 Q，腔内有电荷 q，如图 8.5 所示，由

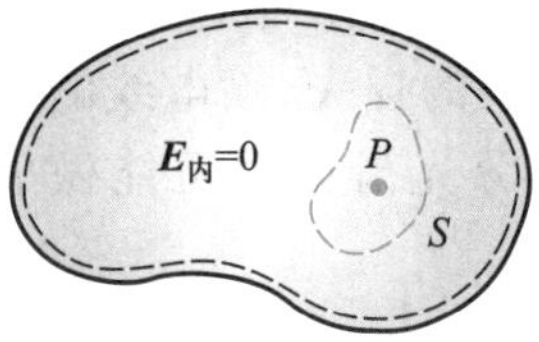

图 8.3

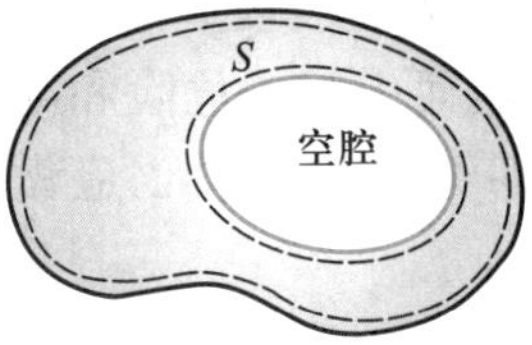

图 8.4

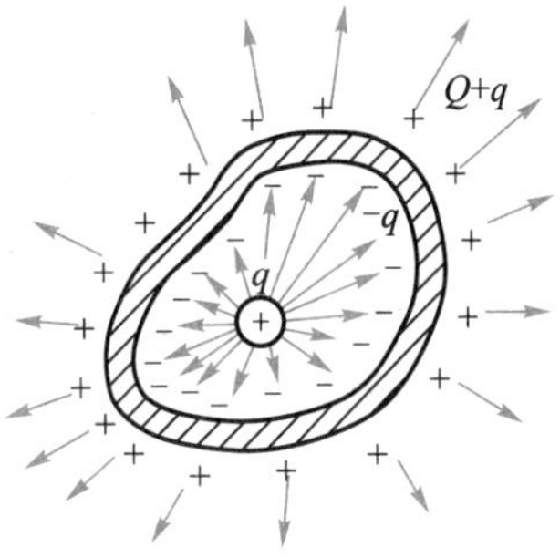

图 8.5

高斯定理可知空腔内表面必定分布有$-q$的电荷量，根据电荷守恒定律，外表面上必然分布有$Q+q$的电荷量.

由上述讨论可知，导体空腔内没有电荷，空腔内$\boldsymbol{E}=0$，可见，导体空腔内部不受外面静止电荷电场的影响；当导体空腔内有电荷q，在导体空腔内外表面会感应出等量异号电荷，导体外表面感应电荷会对导体外部电场产生影响，如果将导体接地，则导体外表面的感应电荷由于接地而中和，导体空腔内的电荷对导体外部不产生影响. 所以，一个接地的导体空腔可屏蔽内、外电场的相互影响，在技术上用来作静电屏蔽.

电子仪器中，用金属网罩把电路包起来，使其不受外界带电体的干扰. 传送微弱电信号的导线，其外表就是用金属丝编成的网包起来的，这样的导线叫屏蔽线.

(2) 处于静电平衡的导体，其表面上各处的电荷密度与该处紧邻处的电场强度大小成正比. 如图 8.6 所示，在导体表面紧邻处取一点P，以$\boldsymbol{E}$表示该点的电场强度，过P点作一个平行于导体表面的小面积元ΔS，ΔS足够小，使得ΔS上电荷面密度σ可视为常量，则其上所带电荷量为$\sigma\Delta S$，以ΔS为上底面，以过P点的导体表面法线为轴作一个封闭的扁圆柱面，其下底面$\Delta S'$在导体的内部. 通过整个扁圆柱面的电场强度通量，等于通过上底、下底和侧面的电场强度通量之和，因下底在导体内，面上电场强度为零，所以通过它的电场强度通量为零；在侧面上，电场强度为零或与侧面平行，所以通过侧面的电场强度通量亦为零，只有上底面有电场强度通量，其大小为$E\Delta S$，这也就是通过整个扁圆柱面的电场强度通量.

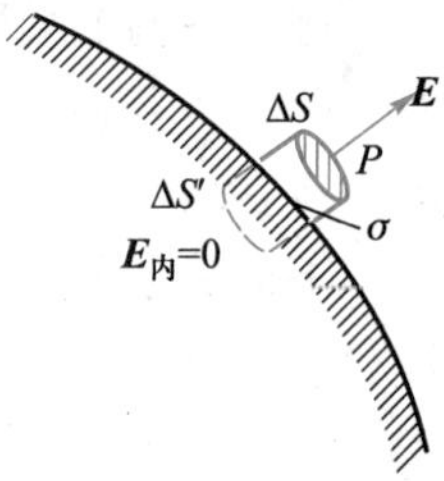

图 8.6

演示实验：法拉第圆筒

演示实验：尖端放电系列

由高斯定理，有

$$E\Delta S=\frac{\sigma\Delta S}{\varepsilon_0}$$

$$E=\frac{\sigma}{\varepsilon_0} \tag{8.1}$$

上式说明处于静电平衡的导体表面紧邻处的电场强度的大小与该处导体表面的电荷面密度σ成正比. 值得注意的是，导体表面紧邻处的电场强度是所有电荷的贡献之和，而不只是该处表面上的电荷产生的.

(3) 孤立的导体处于静电平衡时，它的表面各处的电荷面密度与各处表面的曲率有关，曲率越大的地方，电荷面密度也越大. 导体表面有尖端的地方，该处曲率很大，导体带电时尖端处电荷密度就很大，所以它周围的电场很强，容易产生尖端放电现象. 避雷针就是利用尖端的缓慢放电而避免“雷击”的. 与此相反，在高压设备中，为了防止因尖端放电而引起的危险和漏电造成的损失，输电线的表面应是光滑的. 具有高电压的零部件的表面也应做得十分光滑并尽可能做成球面.

[例8.1] 有一外半径 $R_1=10$ cm,内半径 $R_2=7$ cm 的金属球壳,在球壳中放一半径 $R_3=5$ cm 的同心金属球(如图8.7).若使球壳和球均带有 $q=10^{-8}$ C 的正电荷,问两球体上的电荷如何分布?球心的电势为多少?

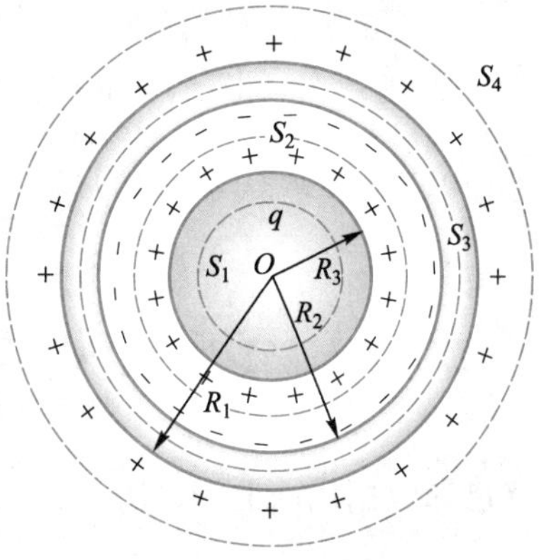

图8.7

[解] 为了计算球心的电势,必须先计算出各点的电场强度.由于在所讨论的范围内,电场具有球对称性,因此可用高斯定理计算各点的电场强度.

我们先从球内开始.如取以 $r<R_3$ 的球面 S_1 为高斯面(如图8.7所示),则由导体的静电平衡条件,球内的电场强度为

$$E_1=0 \quad (r<R_3) \tag{1}$$

在球与球壳之间,作 $R_3<r<R_2$ 的球面 S_2 为高斯面,在此高斯面内的电荷仅是半径为 R_3 的球上的电荷 $+q$.由高斯定理,有

$$\oint_{S_2} \boldsymbol{E}_2 \cdot \mathrm{d}\boldsymbol{S}=\frac{q}{\varepsilon_0}$$

或

$$E_2 4\pi r^2=\frac{q}{\varepsilon_0}$$

得球与球壳间的电场强度

$$E_2=\frac{1}{4\pi\varepsilon_0}\frac{q}{r^2} \quad (R_3<r<R_2) \tag{2}$$

球壳内的电场强度为

$$E_3=0 \quad (R_2<r<R_1) \tag{3}$$

由高斯定理可知,其内所含有电荷的代数和应为零,即

$$\oint_{S_3} \boldsymbol{E}_3 \cdot \mathrm{d}\boldsymbol{S}=\frac{\sum q}{\varepsilon_0}=0$$

已知球的电荷为 $+q$,所以球壳内的表面上的电荷必为 $-q$.这样,球壳的外表面上的电荷则应是 $+2q$.

再在球壳外面取 $r>R_1$ 的球面 S_4 为高斯面,从而由高斯定理有

$$\oint_{S_4} \boldsymbol{E}_4 \cdot \mathrm{d}\boldsymbol{S}=\frac{\sum q}{\varepsilon_0}$$

其中 $\sum q=q-q+2q=2q$.所以 $r>R_1$ 处的电场强度为

$$E_4=\frac{1}{4\pi\varepsilon_0}\frac{2q}{r^2} \quad (r>R_1) \tag{4}$$

取无穷远处为电势零参考点,由电势的定义式(7.18)式,球心 O 的电势为

$$U_O=\int_0^{\infty}\boldsymbol{E}\cdot\mathrm{d}\boldsymbol{l}$$

$$=\int_0^{R_3}\boldsymbol{E}_1\cdot\mathrm{d}\boldsymbol{l}+\int_{R_3}^{R_2}\boldsymbol{E}_2\cdot\mathrm{d}\boldsymbol{l}+\int_{R_2}^{R_1}\boldsymbol{E}_3\cdot\mathrm{d}\boldsymbol{l}+\int_{R_1}^{\infty}\boldsymbol{E}_4\cdot\mathrm{d}\boldsymbol{l}$$

把(1)式、(2)式、(3)式、(4)式代入上式,可得

$$U_O=0+\int_{R_3}^{R_2}\frac{1}{4\pi\varepsilon_0}\frac{q}{r^2}\mathrm{d}r+0+\int_{R_1}^{\infty}\frac{1}{4\pi\varepsilon_0}\frac{2q}{r^2}\mathrm{d}r$$

$$=\frac{q}{4\pi\varepsilon_0}\left(\frac{1}{R_3}-\frac{1}{R_2}+\frac{2}{R_1}\right)$$

将已知数据代入上式,且$\frac{1}{4\pi\varepsilon_0}=9\times10^9\ \mathrm{V\cdot m\cdot C^{-1}}$,有

$$U_O=9\times10^9\times10^{-8}\left(\frac{1}{0.05}-\frac{1}{0.07}+\frac{2}{0.1}\right)\ \mathrm{V}=2.31\times10^3\ \mathrm{V}$$

[例 8.2] 有两块大的金属平板 A 和 B,平行放置,面积为 S,电荷量分别为 Q_A、Q_B. 求静电平衡时,金属板上的电荷分布及周围空间的电场分布. 如果将金属板 B 接地,情况又如何?(忽略金属板的边缘效应.)

[解] 由于静电平衡时导体内部无净电荷,所以,净电荷只能分布在两金属板的表面上. 忽略金属板的边缘效应,金属板表面的电荷可视为均匀分布的. 设四个表面上的电荷面密度分别为 $\sigma_1,\sigma_2,\sigma_3$ 和 σ_4,如图 8.8 所示. 根据电荷守恒定律可知

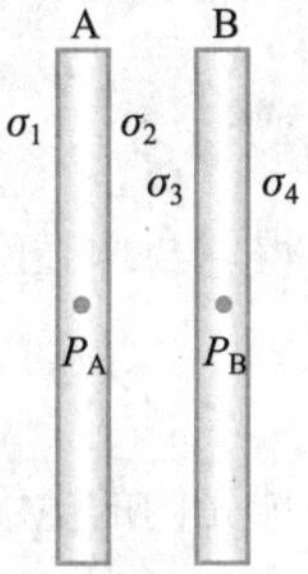

图 8.8

$$(\sigma_1+\sigma_2)S=Q_A \tag{1}$$

$$(\sigma_3+\sigma_4)S=Q_B \tag{2}$$

在金属板 A 内一点 P_A 的电场强度应该是四个带电面的电场的叠加,因而有(设 $\boldsymbol{E}$ 向右为正方向)

$$E_A=\frac{\sigma_1}{2\varepsilon_0}-\frac{\sigma_2}{2\varepsilon_0}-\frac{\sigma_3}{2\varepsilon_0}-\frac{\sigma_4}{2\varepsilon_0}$$

由于静电平衡时,导体 A 内各处电场强度为零,故有

$$\sigma_1-\sigma_2-\sigma_3-\sigma_4=0 \tag{3}$$

同理在金属板 B 内一点 P_B 的电场强度

$$E_B=\frac{\sigma_1}{2\varepsilon_0}+\frac{\sigma_2}{2\varepsilon_0}+\frac{\sigma_3}{2\varepsilon_0}-\frac{\sigma_4}{2\varepsilon_0}$$

且有

$$\sigma_1+\sigma_2+\sigma_3-\sigma_4=0 \tag{4}$$

将(1)式、(2)式、(3)式、(4)式联立求解得

$$\sigma_1=\sigma_4=\frac{Q_A+Q_B}{2S}$$

$$\sigma_2=-\sigma_3=\frac{Q_A-Q_B}{2S}$$

可见金属板 A、B 相背的两面带等量同号电荷,相对的两面带等量异号电荷. 金属板 A 的左侧电场强度大小为 E_1:

$$E_1=\frac{|\sigma_1|}{\varepsilon_0}=\frac{|Q_A+Q_B|}{2\varepsilon_0 S}$$

当 $\sigma_1>0$,E_1 的方向向左,否则向右.

金属板 A、B 之间电场强度大小为 E_2:

$$E_2=\frac{|\sigma_2|}{\varepsilon_0}=\frac{|Q_A-Q_B|}{2\varepsilon_0 S}$$

当 $\sigma_2>0$,E_2 的方向向右,否则向左.

金属板 B 的右侧电场强度大小为 E_3:

$$E_3=\frac{|\sigma_4|}{\varepsilon_0}=\frac{|Q_A+Q_B|}{2\varepsilon_0 S}$$

当 $\sigma_4>0$,E_3 的方向向右,否则向左.

如果把金属板 B 接地,它就与地球这个大导体连成一体. B 板右表面上的电荷就会分散到更远的地球表面上而使 σ_4 实际上消失. 因而有

$$\sigma_4=0 \tag{5}$$

金属板 A 上的电荷仍给出

$$(\sigma_1+\sigma_2)S=Q_A \tag{6}$$

由于金属板处于静电平衡状态,仍有 $E_A=0$,$E_B=0$,即

$$\sigma_1-\sigma_2-\sigma_3=0 \tag{7}$$

$$\sigma_1+\sigma_2+\sigma_3=0 \tag{8}$$

将(5)式、(6)式、(7)式、(8)式联立求解得

$$\sigma_1=\sigma_4=0$$

$$\sigma_2=-\sigma_3=\frac{Q_A}{S}$$

和未接地前相比,电荷分布改变了. 这一变化是通过接地线中和了 B 板上原来电荷 Q_B,还使得 $-Q_A$ 电荷跑到 B 板上,且 $\pm Q_A$ 电荷分布在 A、B 两板相对的两表面上.

这时的电场分布可根据上面求得的电荷分布求出为

$$E_1=E_3=0$$

$$E_2=\frac{|\sigma_2|}{\varepsilon_0}=\frac{|Q_A|}{\varepsilon_0 S}$$

$Q_A>0$,方向向右,否则向左.

复习思考题

8.1 导体的静电平衡条件是什么？处于静电平衡状态的导体具有哪些基本性质？

§8.2 电容和电容器

一、孤立导体的电容

孤立导体是指与其他物体距离足够远的导体. 这里的"足够远"是指其他物体的电荷在该导体上激发的电场强度小到可以忽略. 因此,物理上就可以说孤立导体之外没有其他物体.

先讨论孤立导体球,由对称性可知,孤立导体球的电荷均匀分布于球面上,若电势零点选在无限远处,其电势为

$$U=\frac{q}{4\pi\varepsilon_0 R}$$

式中 q 及 R 分别是球的电荷量和半径. 此式说明孤立导体球的电势与电荷量成正比. 可以证明,电势与电荷量的正比关系对任何形状的孤立导体都成立,因此可以写出

$$q=CU$$

即

$$C=\frac{q}{U} \tag{8.2}$$

式中 C 为与 q、U 无关的常量,其值仅取决于导体的大小、形状等因素. C 被定义为孤立导体的电容.

电容的国际单位制单位由(8.2)式规定,称为 F(法拉),实际应用中法拉太大,常以它的 10^{-6} 倍(μF)甚至 10^{-12} 倍(pF)为单位,即

$$1\ \mu\text{F}=10^{-6}\ \text{F}$$
$$1\ \text{pF}=10^{-12}\ \text{F}$$

二、电容器及其电容

当一个带电导体附近置入其他导体时,这个带电导体的电势也会因外界环境变化而变化. 电势与电荷量的正比关系就不再成立. (8.2)式只适用于孤立导体,然而孤立导体实际上并不存在,用得最多的是由两个导体组成的所谓电容器. 常见电容器有平行板电容器、圆柱形电容器以及球形电容器. 它们通常用两块彼此绝缘而且靠得很近的导体薄板、导体薄柱面、导体薄球面构成,这两块导体薄板称为电容器的极板. 当电容器充有电荷时,电场相对集中在两极板间狭小空间内,这样,外界

对两极板间的电势差的影响就会很小，以至可以忽略不计. 当电容器的两极板分别带有等值异号电荷$\pm q(q>0)$时，电荷q与两极板A、B间的电势差(U_A-U_B)的比值定义为电容器的电容，即

$$C=\frac{q}{U_A-U_B} \tag{8.3}$$

电容C只与组成电容器的极板大小、形状、两极板的相对位置以及其间所充的电介质有关.

三、电容器电容的计算

下面，根据电容器的定义，计算几种常用的电容器的电容.

1. 平行板电容器的电容

平行板电容器是由两块相距很近，平行放置的导体薄板组成的. 设两极板的面积均为S，其间距为d，且$S\gg d^2$，这样可以忽略边缘效应的影响. 当两极板上电荷量分别为$+q$和$-q$时，电荷均匀分布在相对的两个表面上，电荷面密度为$+\sigma$和$-\sigma$，如图8.9所示. 两极板间匀强电场的电场强度大小为$E=\frac{\sigma}{\varepsilon_0}$，两极板间的电势差$U_A-U_B=Ed=\frac{\sigma}{\varepsilon_0}d=\frac{q}{S}\frac{d}{\varepsilon_0}$，根据(8.3)式有

$$C=\frac{q}{U_A-U_B}=\varepsilon_0\frac{S}{d} \tag{8.4}$$

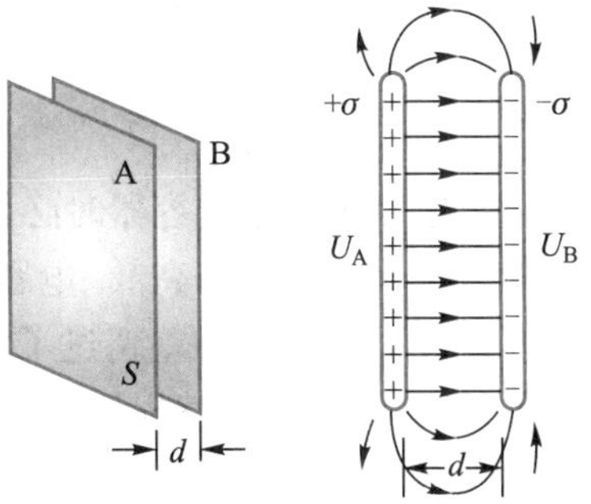

图 8.9

可以看出平行板电容器的电容，与极板的面积成正比，与极板间的距离成反比.

2. 圆柱形电容器的电容

圆柱形电容器是由两个同轴的金属圆柱面A、B组成的. 设它们的半径分别为R_1和R_2，长度为L，且$L\gg(R_2-R_1)$，如图8.10所示. 两圆柱面所带电荷量分别为$+q$和$-q$，电荷线密度分别为$+\lambda$和$-\lambda$. 由于$L\gg(R_2-R_1)$，可近似地把圆柱形电容器视为“无限长”. 由高斯定理不难求出，两圆柱面间的电场强度大小为$E=\frac{\lambda}{2\pi\varepsilon_0 r}$，方向沿着径向，则两圆柱面间的电势差为

$$U_A-U_B=\int \boldsymbol{E}\cdot d\boldsymbol{l}=\int_{R_1}^{R_2}\frac{\lambda}{2\pi\varepsilon_0 r}dr=\frac{q}{2\pi\varepsilon_0 L}\ln\frac{R_2}{R_1}$$

根据(8.3)式有

$$C=\frac{q}{U_A-U_B}=\frac{2\pi\varepsilon_0 L}{\ln(R_2/R_1)} \tag{8.5}$$

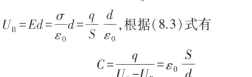

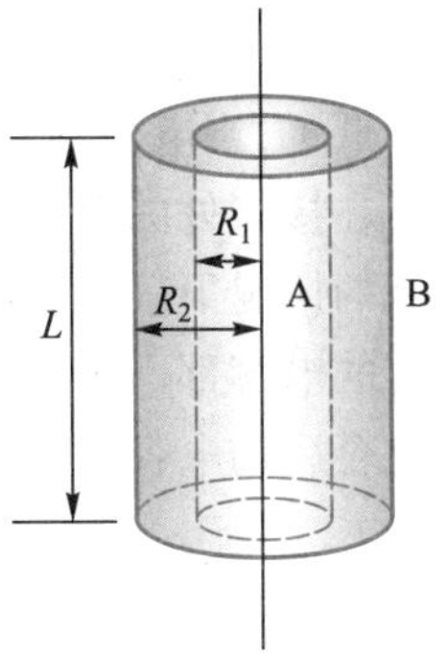

图 8.10

可以看出圆柱形电容器的电容与两圆柱面的半径及其长度等因素有关.

由以上两例可以看出，电容器的电容与其上是否带电无关. 因此，在计算电容

器的电容时,常假设两极板上带等量异号的电荷. 根据所设的电荷量来计算两极板间的电场强度,从而计算出两极板间的电势差 ΔU,最后再根据电容器电容的定义式,求出电容. 按此计算电容器电容的一般思路和方法可计算出球形电容器的电容为

$$C=4\pi\varepsilon_0\frac{R_1R_2}{R_2-R_1}$$

在后面的章节中将要证明,在电容器的两个导体之间充入电介质可以使电容增大. 实用中利用这个方法增大电容器的电容,按所充电介质的不同,电容器可分为空气电容器、纸介电容器、油浸纸介电容器、云母电容器、涤纶电容器、电解电容器等. 电容器是储存电荷和电能的“容器”,是电工和电子设备中广泛应用的基本元件. 它在电路中起到容纳电荷,调节电流的作用,和其他元件一起可组合成不同用途的特殊电路和组合器件. 每个电容器的成品,除了标明型号外,还标有两个重要的性能指标——电容和耐压值,例如 100 μF/25 V,470 pF/60 V.

四、电容器的连接

在电路中使用电容器时必须注意两个指标,一个是它的电容的大小,另一个是它所能承受的电压的高低. 电容不足或过大当然不符合电路的要求. 若电路加在电容器两极板上的电势差超过了它所能承受的量值,电容器极板间所填充的电介质就要被击穿,电容器就损坏了. 因此,当单个电容器不能同时满足这两个要求时,可将多个电容器串联或并联起来使用.

若 n 个电容器 $C_1,C_2,\cdots,C_n$ 串联,其等值电容 C 满足下式:

$$\frac{1}{C}=\frac{1}{C_1}+\frac{1}{C_2}+\cdots+\frac{1}{C_n} \tag{8.6}$$

若 n 个电容器 $C_1,C_2,\cdots,C_n$ 并联,其等值电容 C 满足下式:

$$C=C_1+C_2+\cdots+C_n \tag{8.7}$$

以上两式请读者自行证明之.

应该指出,当电容器串联时,总电容降低了,但加在每个电容器上的电势差也降低了;当电容器并联时,总电容增加了,而加在每个电容器上的电势差都等于电路在接点处的电势差. 所以,在每个电容器的电容都过大、而所能承受的电压却偏低的情况下,可以采用串联的方法,使组合后的电容达到电路的要求. 在每个电容器的电容都不足、而所能承受的电压都比较高的情况下,可以采用并联的方法,使组合后的电容达到电路的要求.

复习思考题

8.2 电容器的电容是如何定义的? 根据电容器的电容定义(8.3)式能否说“电容器的电容与其所带电荷量成正比,与两极板间的电势差成反比?”

§ 8.3 静电场中的电介质 电介质的极化

一、电介质 电介质对电容器电容的影响

电介质是指在通常条件下,导电能力极差的物质,云母、塑料、橡胶、陶瓷等都是常见的电介质.

电容为 C_0 的平行板电容器(不计边缘效应),充电后两极板间电势差为 U_0,这时极板上电荷量为 $Q_0=C_0U_0$,断开电源,并在两极板间注满均匀的各向同性的电介质(如绝缘油),再测量两极板间电势差 U,实验发现 U 减少为 U_0 的$\frac{1}{\varepsilon_r}$. 即

$$U=\frac{U_0}{\varepsilon_r}$$

并且相应地有

$$E=\frac{E_0}{\varepsilon_r}$$

式中 E_0 和 E 分别为注入电介质前后两极板间的电场强度的大小.

由于有无电介质极板上的电荷量 Q_0 不变,故有电介质时电容器的电容 C 应为

$$C=\frac{Q_0}{U}=\frac{\varepsilon_r Q_0}{U_0}=\varepsilon_r C_0 \tag{8.8}$$

ε_r 称为该介质的相对电容率. 对一定的各向同性均匀电介质,ε_r 为一常量,它是一个量纲为 1 的量. 实验表明,除真空中 $\varepsilon_r=1$ 外,所有电介质的 ε_r 均大于 1.(8.8)式表明,充满电介质后,电容器的电容增大为真空时电容的 ε_r 倍. 通常正是用在极板间填充电介质的方法来提高电容器电容. 表 8.1 给出了不同电介质的相对电容率.

表 8.1 电介质的相对电容率

电介质	相对电容率	电介质	相对电容率
空气	1.000 58	云母	6~7
纯水	78	瓷	5.7~6.3
纸	3.5	玻璃	5.5~7
硫黄	4	煤油	2
聚乙烯	2.3	钛酸钡	10^3~10^4

二、电介质分子的电结构

电介质的主要特征在于它的原子或分子中的电子和原子核的结合力很强,电子处于束缚状态. 在一般条件下,电子不能挣脱原子核的束缚,因而导电能力极弱,我们忽略电介质的微弱导电性,把它看作绝缘体. 分子中正、负电荷分布在一个线

度为 10^{-10} m 的数量级的体积内，是个复杂的带电系统. 但是，在考虑这些电荷离分子较远处所产生的电场时，或是考虑一个分子受外电场的作用时，都可以认为其中正电荷集中于一点，这一点叫分子正电荷的中心. 而负电荷也被认为集中于另一点，这一点叫分子负电荷中心. 对于中性分子，其正电荷和负电荷的电荷量相等，但分子的正电荷和负电荷的中心不一定重合. 因此将电介质可以分成两类. 在第一类电介质中，每个分子的正、负电荷中心在没有外电场时彼此重合，因此与这分子等效的电偶极子的偶极矩（简称为分子偶极矩）为零. 这样的分子叫做无极分子. 氢、甲烷、石蜡等属于无极分子电介质. 在第二类电介质中，每个分子的正、负电荷中心在没有外电场时并不重合，因此分子偶极矩并不为零. 这样的分子叫做有极分子. 水、纤维素、聚氯乙烯等属于有极分子电介质. 虽然每个有极分子在没有外电场时偶极矩并不为零，但由于分子不断做无规则的热运动，各个分子偶极矩的方向杂乱无章，因此宏观看来也不显电性.

三、电介质的极化

当把一块均匀的各向同性的电介质放到静电场中时，在电介质内部的微小区域内，正、负电荷的电荷量仍相等，因而它仍表现为中性，但在电介质的表面上却出现了只有正电荷，或只有负电荷的电荷层，因为电介质中电子与原子核结合得非常紧密，电子处于被束缚的状态，它不能像自由电子那样用传导的方法移走，这种出现在电介质表面的电荷叫面束缚电荷. 在外电场作用下，电介质表面出现束缚电荷的现象，称为电介质的极化现象，极化分为位移极化和取向极化两种，分别介绍如下.

1. 无极分子的位移极化

在外电场 $\boldsymbol{E}$ 的作用下，无极分子中正、负电荷的中心向相反方向作一个微小位移，两个中心不再重合，于是分子的偶极矩不再为零，其方向与电场强度 $\boldsymbol{E}$ 的方向一致，显然，外电场越强，正、负电荷的中心的相对位移就越大，这时电介质被极化的程度就越高. 如图 8.11 所示，图中黑点代表分子正电荷中心，小圆圈代表分子负电荷中心. 分子在外电场作用下的这种变化叫做位移极化.

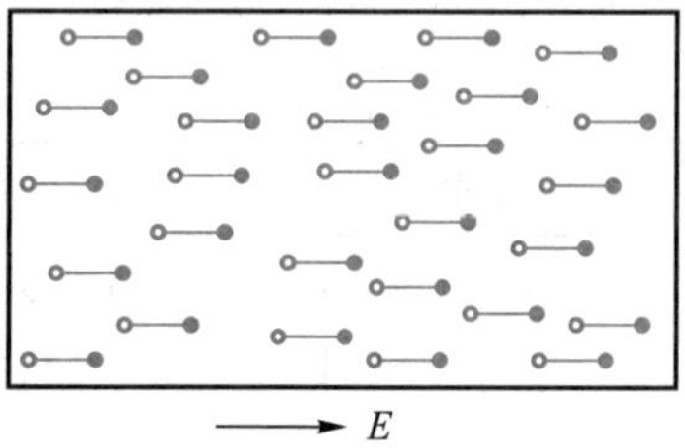

图 8.11

2. 有极分子的取向极化

在没有外电场时，介质内部各个有极分子的分子偶极矩的方向是杂乱无章的. 当外电场 $\boldsymbol{E}$ 存在时，每个分子偶极子由于受到力矩作用而转向（这个力矩力图使每个偶极子的偶极矩转向与外电场一致的方向）. 如果每个有极分子的偶极矩都转到与外场一致的方向，这将是一种非常强烈的极化，这些偶极子激发的电场强度互相加强，其强度将非常可观. 不过，由于分子的无规则热运动等因素的干扰，一般来说，每个分子的偶极矩方向离完全一致相差较远. 不过，外电场越强，各个偶极矩转向外场方向的程度就越大. 这种由于偶极矩转向外电场方向而造成的极化叫做取向极化，如图 8.12 所示.

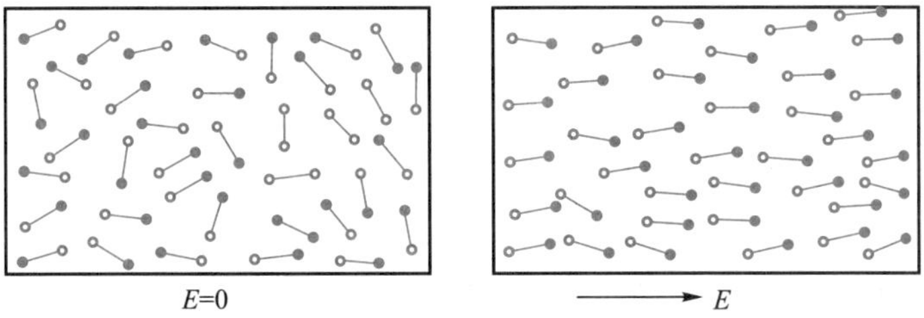

图 8.12

实际上，有极分子在外电场作用下除了发生取向极化外，还要发生位移极化，只是在通常情况下后者比前者弱得多.

四、电介质中的电场

均匀的各向同性的电介质在外电场作用下，不论是位移极化还是取向极化，其结果都是在电介质表面出现束缚电荷，束缚电荷也会激发电场，我们称为附加的电场，并用 $\boldsymbol{E}'$表示.

为简单起见，以充满各向同性均匀电介质的平板电容器为例，来研究电介质内部的电场. 设电容器极板上自由电荷面密度为 $\pm\sigma_0$，电介质表面束缚电荷面密度为 $\pm\sigma'$，如图 8.13. 由于不计边缘效应，同时电介质是均匀且各向同性的，因此束缚电荷的产生不会影响电容器极板上自由电荷面密度的均匀分布和极板间电场的均匀性. 电介质内部任意一点的电场强度 $\boldsymbol{E}$，应等于极板上自由电荷在该点产生的电场强度 $\boldsymbol{E}_0$ 与分布在电介质两平行端面上的束缚电荷在该点产生的电场强度 $\boldsymbol{E}'$的矢量和，即

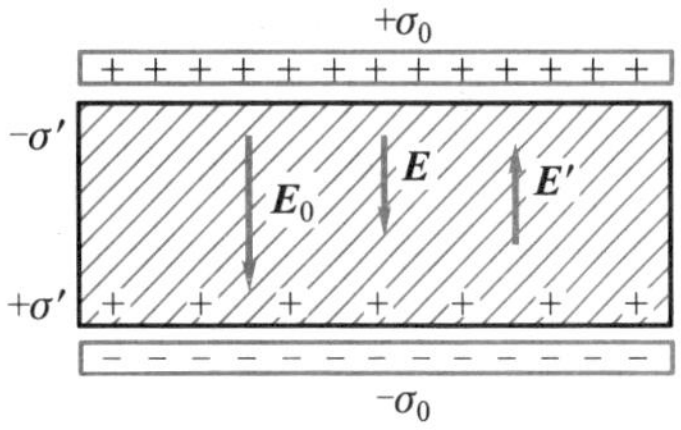

图 8.13

$$\boldsymbol{E}=\boldsymbol{E}_0+\boldsymbol{E}'$$

自由电荷面密度 σ_0 和束缚电荷面密度 σ'产生的电场强度大小分别为 $E_0=\dfrac{\sigma_0}{\varepsilon_0}$，$E'=\dfrac{\sigma'}{\varepsilon_0}$. $\boldsymbol{E}'$的方向与 $\boldsymbol{E}_0$ 相反，因此有 $E=\dfrac{\sigma_0}{\varepsilon_0}-\dfrac{\sigma'}{\varepsilon_0}$，从上式不难看出，在电介质内部，总电场强度 E 总是小于自由电荷产生的电场强度 E_0.

如前所述均匀无限大各向同性电介质中，$E=\dfrac{E_0}{\varepsilon_r}$，代入 $E=\dfrac{\sigma_0}{\varepsilon_0}-\dfrac{\sigma'}{\varepsilon_0}$得

$$\sigma'=\left(1-\frac{1}{\varepsilon_r}\right)\sigma_0 \tag{8.9}$$

上式表明，电介质表面束缚电荷面密度 σ'是极板上自由电荷面密度 σ_0 的 $\left(1-\dfrac{1}{\varepsilon_r}\right)$倍.

§8.4 有电介质时的高斯定理 电位移

一、有电介质时的高斯定理

前面已讨论过真空中的高斯定理，现在把它推广到有电介质存在时的静电场中去，从而可以得到有电介质时的高斯定理.

为简单起见，我们仍以充满均匀的各向同性电介质的无限大平板电容器为例来进行讨论. 在图 8.14 所示平板电容器中，作一封闭圆筒形高斯面 S，使得面积为 S_0 的两个圆端面平行于电容器极板，且一个端面在导体极板内，另一个端面在电介质中.

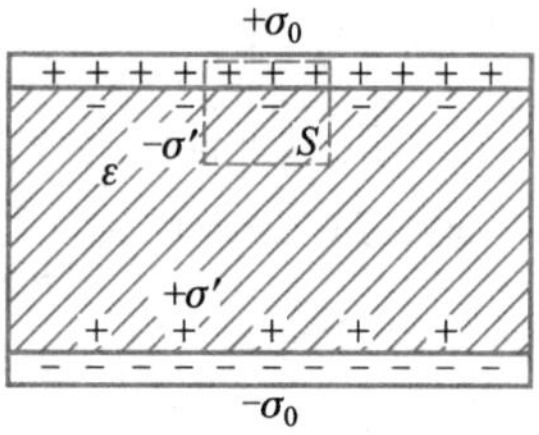

图 8.14

设自由电荷和束缚电荷面密度分别为 σ_0 和 σ'，对所作高斯面应用高斯定理，有

$$\oint_S \boldsymbol{E}\cdot \mathrm{d}\boldsymbol{S}=\frac{1}{\varepsilon_0}(\sigma_0-\sigma')S_0 \tag{8.10}$$

式中 $\boldsymbol{E}$ 为自由电荷和束缚电荷共同产生的电场强度. 由于 σ' 通常不能预先知道，且 $\boldsymbol{E}$ 又与 σ' 有关，因此，(8.10)式应用起来是很困难的. 如果能设法使 σ' 不在(8.10)式中出现，问题就较容易解决了.

在充满各向同性均匀电介质的平板电容器问题中，根据已有的(8.9)式可得

$$\frac{1}{\varepsilon_0}(\sigma_0-\sigma')=\frac{\sigma_0}{\varepsilon_0\varepsilon_r}$$

代入(8.10)式得

$$\oint_S \boldsymbol{E}\cdot \mathrm{d}\boldsymbol{S}=\frac{1}{\varepsilon_0\varepsilon_r}\sigma_0 S_0$$

或写成

$$\oint_S \varepsilon_0\varepsilon_r\boldsymbol{E}\cdot \mathrm{d}\boldsymbol{S}=\sigma_0 S_0=q_0 \tag{8.11}$$

令

$$\boldsymbol{D}=\varepsilon_0\varepsilon_r\boldsymbol{E} \tag{8.12}$$

$\boldsymbol{D}$ 称为电位移，也称电通量密度，采用电位移 $\boldsymbol{D}$ 后，(8.11)式可写成

$$\oint_S \boldsymbol{D}\cdot \mathrm{d}\boldsymbol{S}=q_0 \tag{8.13}$$

式中 q_0 为高斯面内包围的自由电荷. 仿照电场强度通量的定义式，左边就是在电介质中通过所作高斯面的电位移通量. (8.13)式表明，通过在电介质中所作高斯面的电位移通量等于该高斯面所包围的自由电荷的代数和. (8.13)式的优点在于等式右边没有明显地出现束缚电荷，这就为它的应用带来了方便. (8.13)式称为电介质中的高斯定理，它是通过特例得到的，但理论研究表明(8.13)式所表述的电介质中的高斯定理是普遍适用的. 因此，电介质中的高斯定理可表述为：通过任意闭合曲

面 S 的电位移通量等于该闭合曲面所包围的自由电荷的代数和,与束缚电荷以及闭合曲面之外的自由电荷无关.

二、电位移

在电场不是太强时,各向同性电介质中任意一点的电位移 $\boldsymbol{D}$,可表示为该点的电场强度 $\boldsymbol{E}$ 与该点的电容率 ε 的乘积,有

$$\boldsymbol{D}=\varepsilon\boldsymbol{E}=\varepsilon_0\varepsilon_r\boldsymbol{E} \tag{8.14}$$

(8.14)式中 $\varepsilon=\varepsilon_0\varepsilon_r$ 为电介质的电容率. 对均匀各向同性电介质来说,ε 为取决于电介质种类的常量. 如果介质不均匀,则各处的 ε 值一般不同,但只要是各向同性介质,$\boldsymbol{D}$ 与 $\boldsymbol{E}$ 总是同方向的. 对各向异性电介质,ε 不再是一个普通常量,而是一个张量,$\boldsymbol{D}$ 与 $\boldsymbol{E}$ 方向一般并不相同,(8.14)式的关系也不再成立,但(8.13)式仍然适用,本教材不讨论这类问题. 电位移的单位是 $\mathrm{C\cdot m^{-2}}$.

[例 8.3] 平行板电容器两极板 A、B 的面积为 S,如图 8.15 所示,两极板之间有两层平行放置的电介质,电容率分别为 ε_1 和 ε_2,厚度分别为 d_1 和 d_2,电容器两极板上自由电荷面密度为$\pm\sigma$. 求:(1) 在各电介质内的电位移和电场强度;(2) 电容器电容.

[解] (1) 设这两层电介质中的电场强度分别为 $\boldsymbol{E}_1$ 和 $\boldsymbol{E}_2$,电位移分别为 $\boldsymbol{D}_1$ 和 $\boldsymbol{D}_2$,并在电介质中作一圆柱形高斯面 S_1,高斯面的两端面平行于极板,面积为 S,侧面与极板垂直,如图 8.15 中虚线所示. 在此高斯面内的自由电荷为零. 由有电介质时的高斯定理得

$$\oint_S \boldsymbol{D}\cdot \mathrm{d}\boldsymbol{S}=-D_1S+D_2S=0$$

所以

$$D_1=D_2$$

即在两种电介质内,电位移 $\boldsymbol{D}_1$、$\boldsymbol{D}_2$ 的量值相等.

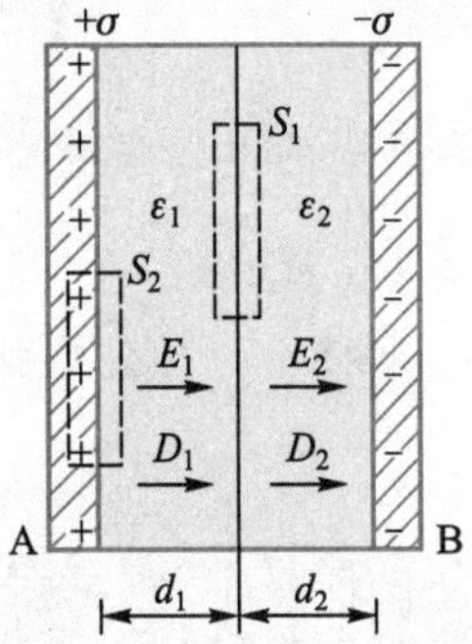

图 8.15

由于

$$D_1=\varepsilon_1E_1,\quad D_2=\varepsilon_2E_2$$

所以

$$\frac{E_1}{E_2}=\frac{\varepsilon_2}{\varepsilon_1}=\frac{\varepsilon_{r2}}{\varepsilon_{r1}}$$

可见在这两电介质中电场强度与电容率成反比.

为了求出电介质中电位移和电场强度的大小,可作一个圆柱形高斯面 S_2,高斯面的一个端面在极板导体中,另一端面在电介质中,端面面积为 S,如图 8.15 中左边的虚线框所示,这一闭合面内的自由电荷等于正极板上的电荷 $S\sigma$,按有电介质时的高斯定理,得

$$\oint_S \boldsymbol{D}\cdot \mathrm{d}\boldsymbol{S}=D_1S=S\sigma$$

$$D_1=\sigma$$

再利用 $D_1=\varepsilon_1E_1$,$D_2=D_1$,$D_2=\varepsilon_2E_2$,可求得

$$E_1=\frac{\sigma}{\varepsilon_1}=\frac{\sigma}{\varepsilon_{r1}\varepsilon_0},\quad E_2=\frac{\sigma}{\varepsilon_2}=\frac{\sigma}{\varepsilon_0\varepsilon_{r2}}$$

（2）正、负极板 A、B 间的电势差为

$$U_A-U_B=E_1d_1+E_2d_2=\sigma\left(\frac{d_1}{\varepsilon_1}+\frac{d_2}{\varepsilon_2}\right)=\frac{q}{S}\left(\frac{d_1}{\varepsilon_1}+\frac{d_2}{\varepsilon_2}\right)$$

式中 $q=\sigma S$ 是每一极板上的电荷. 所以这个电容器的电容为

$$C=\frac{q}{U_A-U_B}=\frac{S}{\frac{d_1}{\varepsilon_1}+\frac{d_2}{\varepsilon_2}}$$

复习思考题

8.3 一块电介质平板被两块导体平板夹在中间，构成一平行板电容器. 充电后电介质表面的束缚电荷与其相邻导体上电荷是异号的，两者为什么不中和掉？能不能使介质带自由电荷，能不能使导体上带束缚电荷？

8.4 设充满均匀电介质的平板电容器的电介质表面的极化电荷面密度为 σ'，甲认为极化电荷产生的附加电场强度应为 $E'=\frac{\sigma'}{\varepsilon_0\varepsilon_r}$，理由是介质中的电场强度是真空中的$\frac{1}{\varepsilon_r}$，乙认为极化电荷产生的附加电场强度应与相同分布的自由电荷在真空中产生的电场强度有相同的规律，所以 $E'=\frac{\sigma'}{\varepsilon_0}$，甲认为乙没有考虑介质的影响，你认为怎样？

8.5 为什么要引入电位移 $\boldsymbol{D}$，它和电场强度 $\boldsymbol{E}$ 有何关系？

§ 8.5 静电场的能量

若给电容器充电，电容器中有了电场，电场中储存的能量等于充电时电源所做的功. 这个功是由电源消耗其他形式的能量来完成的. 如果让电容器放电，则储存在电场中的能量又可以释放出来. 下面以平行板电容器为例，来计算静电场的能量.

平板电容器充电时，在电场力作用下不断地有正电荷元 $\mathrm{d}q$ 从 B 板上移到 A 板上去，如图 8.16 所示. 若在时间 t 内，从 B 板向 A 板迁移了电荷 $q(t)$，这时两极板间电势差为

$$U(t)=\frac{q(t)}{C}$$

此时若继续从 B 板迁移电荷元 $\mathrm{d}q$ 到 A 板，则电源必须做功

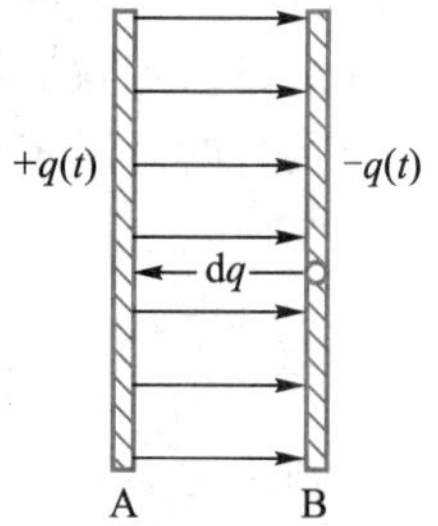

图 8.16

$$dA=U(t)\,dq=\frac{q(t)}{C}dq$$

这样,从开始极板上无电荷直到极板上所带电荷量为 Q 时,电源做的功为

$$A=\int dA=\int_0^Q\frac{q(t)}{C}dq$$
$$=\frac{1}{2C}Q^2$$

由于 $Q=CU$,所以上式也可以写作

$$A=\frac{1}{2}CU^2=\frac{1}{2}QU \tag{8.15}$$

式中 U 为极板上带电为 Q 时两极板间的电势差. 此时,电容器中电场储存的能量 W_e 就等于电源所做的功,即

$$W_e=\frac{Q^2}{2C}=\frac{1}{2}CU^2=\frac{1}{2}QU \tag{8.16}$$

在平行板电容器中,极板间充满电介质,电容率为 ε,如果忽略边缘效应,两极板间的电场是均匀的. 因此,单位体积内储存的能量,即能量密度 w 也应该是均匀的. 把 $U=Ed$, $C=\dfrac{\varepsilon S}{d}$代入(8.16)式得

$$W_e=\frac{1}{2}\varepsilon E^2Sd=\frac{1}{2}\varepsilon E^2V \tag{8.17}$$

式中 V 为电容器中的电场遍及的空间的体积. 所以能量密度为

$$w_e=\frac{W_e}{V}=\frac{1}{2}\varepsilon E^2 \tag{8.18}$$

从(8.18)式可以看出,只要空间任一处存在电场,电场强度大小为 E,该处单位体积中就储存着能量$\dfrac{1}{2}\varepsilon E^2$. 这个结果虽然是从平行板电容器中的均匀电场这个特例推出的,但可以证明它是普遍成立的.

设想在不均匀电场中,任取一体积元 dV,该处的能量密度为 w_e,则体积元 dV 中储存的静电能为

$$dW_e=w_e dV$$

整个电场中储存的静电场能为

$$W_e=\int dW_e=\int_V\frac{1}{2}\varepsilon E^2dV \tag{8.19}$$

式中的积分遍及于整个电场分布的空间.

[例 8.4] 如图 8.17 所示,球形电容器的内、外半径分别为 R_1 和 R_2,所带电荷为±Q. 若在两球壳间充以电容率为 ε 的电介质,问此电容器储存的电场能量为多少?

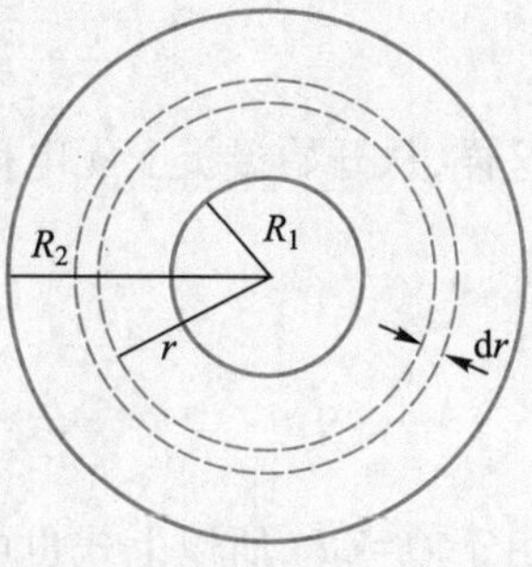

图 8.17

[解] 若球形电容器极板上的电荷是均匀分布的,则球壳间电场亦是对称分布的. 由高斯定理可求得球壳间电场强度为

$$\boldsymbol{E}=\frac{1}{4\pi\varepsilon}\frac{Q}{r^2}\boldsymbol{e}_r \quad (R_1<r<R_2)$$

故球壳内的电场能量密度为

$$w_e=\frac{1}{2}\varepsilon E^2=\frac{Q^2}{32\pi^2\varepsilon r^4}$$

取半径为 r,厚为 dr 的球壳,其体积元为 $dV=4\pi r^2 dr$.
所以,在此体积元内电场的能量为

$$dW_e=w_e dV=\frac{Q^2}{8\pi\varepsilon r^2}dr$$

电场总能量为

$$W_e=\int dW_e=\frac{Q^2}{8\pi\varepsilon}\int_{R_1}^{R_2}\frac{dr}{r^2}=\frac{Q^2}{8\pi\varepsilon}\left(\frac{1}{R_1}-\frac{1}{R_2}\right)$$
$$=\frac{1}{2}\frac{Q^2}{4\pi\varepsilon\dfrac{R_2R_1}{R_2-R_1}}$$

大家应该了解,电容器的能量是储存于电容器内的电场之中的.

如果 $R_2\to\infty$,此带电系统即为一半径为 R_1、电荷为 Q 的孤立球形导体. 由上述答案可知,它激发的电场所储存的能量为

$$W_e=\frac{Q^2}{8\pi\varepsilon R_1}$$

习题

8.1 选择题

(1) 一导体球外充满相对电容率为 ε_r 的均匀电介质,若测得导体表面附近电场强度大小为 E,则导体球面上的自由电荷面密度 σ 为 [ ]

(A) $\varepsilon_0 E$;　　(B) $\varepsilon_r E$;

(C) $\varepsilon_0\varepsilon_r E$;　　(D) $(\varepsilon_0\varepsilon_r-\varepsilon_0)E$.

(2) 当一个带电导体达到静电平衡时 [ ]

(A) 表面上电荷面密度较大处电势较高;

(B) 表面曲率较大处电势较高;

(C) 导体表面的电势比导体内部的电势低;

(D) 导体内任一点与其表面上任一点的电势差等于零.

(3) 已知厚度为 d 的"无限大"带电导体平板,两表面上电荷均匀分布,电荷面密度均为 σ,如题 8.1(3) 图所示,则板两侧的电场强度大小为 [ ]

(A) $E=\dfrac{\sigma}{2\varepsilon_0}$;　　(B) $E=\dfrac{2\sigma}{\varepsilon_0}$;

(C) $E=\dfrac{\sigma}{\varepsilon_0}$;　　(D) $E=\dfrac{\sigma d}{2\varepsilon_0}$.

(4) 同心导体球与导体球壳周围电场的电场线分布如题 8.1(4) 图所示,由电场线分布情况可知球壳上所带电荷量为 [ ]

(A) $q>0$;　　(B) $q=0$;

(C) $q<0$;　　(D) 不能确定.

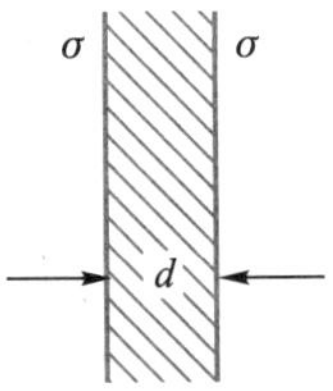

题 8.1(3) 图

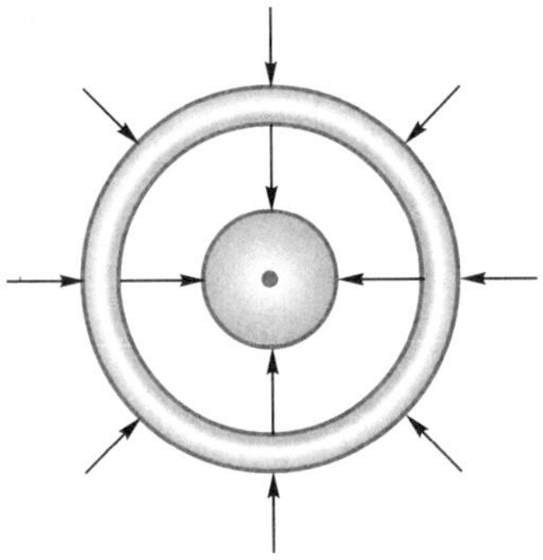

题 8.1(4) 图

(5) 关于静电场中的电位移线,下列说法中,哪一种是正确的? [ ]

(A) 起自正电荷,止于负电荷,不形成闭合线,不中断;

(B) 电位移线只出现在有电介质的空间;

(C) 起自正自由电荷,止于负自由电荷,任何两条电位移线在无自由电荷的空间不相交;

(D) 任何两条电位移线互相平行.

(6) 在一点电荷 q 产生的静电场中,一块电介质 A 如题 8.1(6) 图放置,以点电荷所在处为球心作一球形闭合面,则对此球形闭合面: [ ]

(A) 高斯定理成立,且可用它求出闭合面上各点的电场强度;

(B) 高斯定理成立,但不能用它求出闭合面上各点的电场强度;

(C) 由于电介质不对称分布,高斯定理不成立;

(D) 即使电介质对称分布,高斯定理也不成立.

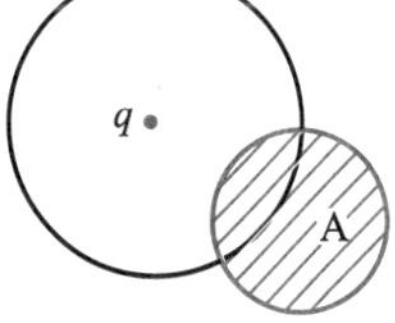

题 8.1(6) 图

(7) 如题 8.1(7) 图所示,一空心导体球壳,其内外半径分别为 R_1 和 R_2,带电荷量 q,当球壳中心处再放一电荷量为 q 的点电荷时,则导体球壳的电势(设无穷远处为电势零参考点)为 [ ]

(A) $\dfrac{q}{4\pi\varepsilon_0 R_1}$; (B) $\dfrac{q}{4\pi\varepsilon_0 R_2}$;

(C) $\dfrac{q}{2\pi\varepsilon_0 R_1}$; (D) $\dfrac{q}{2\pi\varepsilon_0 R_2}$.

(8) 一带电荷量 q,半径为 r 的金属球 A,放在内外半径分别为 R_1 和 R_2 的不带电金属球壳 B 内任意位置,如题 8.1(8) 图所示,A 与 B 之间及 B 外均为真空,若用导线把 A、B 连接,则 A 球电势为(设无穷远处为电势零点) [ ]

(A) 0; (B) $\dfrac{q}{4\pi\varepsilon_0 r}$;

(C) $\dfrac{q}{4\pi\varepsilon_0 R_1}$; (D) $\dfrac{q}{4\pi\varepsilon_0 R_2}$;

(E) $\dfrac{q}{4\pi\varepsilon_0}\left(\dfrac{q}{R_1}-\dfrac{q}{R_2}\right)$.

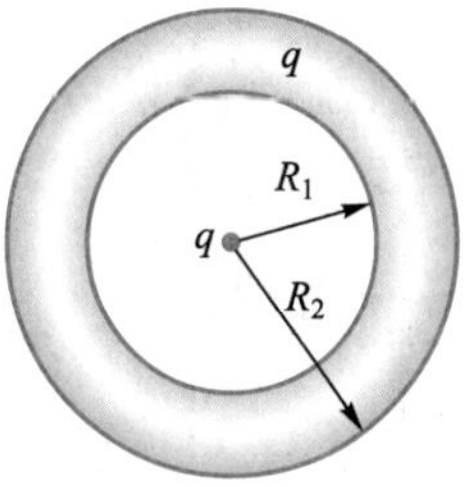

题 8.1(7) 图

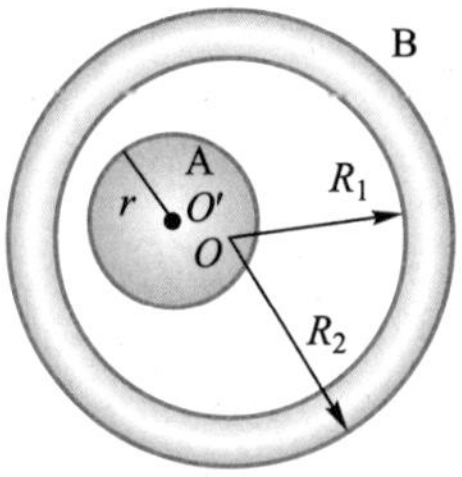

题 8.1(8) 图

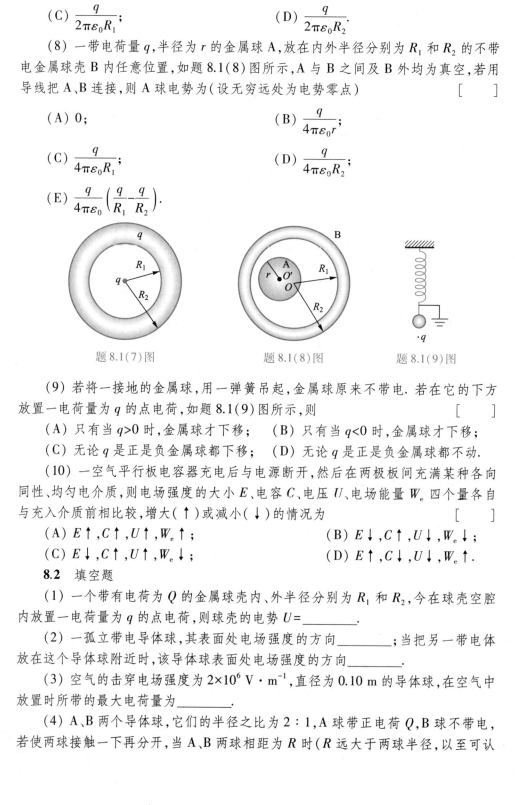

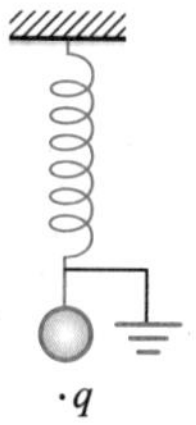

题 8.1(9) 图

(9) 若将一接地的金属球,用一弹簧吊起,金属球原来不带电. 若在它的下方放置一电荷量为 q 的点电荷,如题 8.1(9) 图所示,则 [ ]

(A) 只有当 $q>0$ 时,金属球才下移; (B) 只有当 $q<0$ 时,金属球才下移;

(C) 无论 q 是正是负金属球都下移; (D) 无论 q 是正是负金属球都不动.

(10) 一空气平行板电容器充电后与电源断开,然后在两极板间充满某种各向同性、均匀电介质,则电场强度的大小 E、电容 C、电压 U、电场能量 W_e 四个量各自与充入介质前相比较,增大(↑)或减小(↓)的情况为 [ ]

(A) E↑,C↑,U↑,W_e↑; (B) E↓,C↑,U↓,W_e↓;

(C) E↓,C↑,U↑,W_e↓; (D) E↑,C↓,U↓,W_e↑.

8.2 填空题

(1) 一个带有电荷为 Q 的金属球壳内、外半径分别为 R_1 和 R_2,今在球壳空腔内放置一电荷量为 q 的点电荷,则球壳的电势 U=________.

(2) 一孤立带电导体球,其表面处电场强度的方向________;当把另一带电体放在这个导体球附近时,该导体球表面处电场强度的方向________.

(3) 空气的击穿电场强度为 $2\times10^6\ \text{V}\cdot\text{m}^{-1}$,直径为 0.10 m 的导体球,在空气中放置时所带的最大电荷量为________.

(4) A、B 两个导体球,它们的半径之比为 2 : 1,A 球带正电荷 Q,B 球不带电,若使两球接触一下再分开,当 A、B 两球相距为 R 时(R 远大于两球半径,以至可认为 A、B 是点电荷)，则两球间的静电力 $F=$____________.

(5) 两块“无限大”平行导体板，相距为 $2d$，且都与地连接. 如题 8.2(5) 图所示，两板间充满正离子气体(与导体板绝缘)，离子数密度为 n，每一离子的带电荷量为 q. 如果气体中的极化现象不计，可以认为电场分布相对中心平面 OO' 是对称的，则在两极间的电场强度分布 $E=$____________，电势分布 $U=$__________(选地的电势为零参考点).

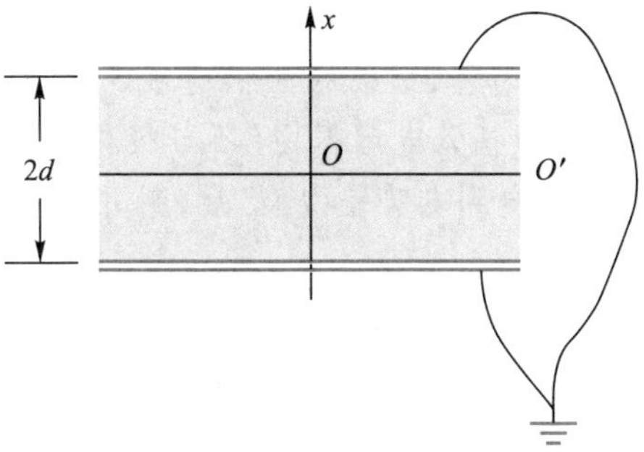

题 8.2(5)图

(6) 已知一平行板电容器，极板面积为 S，两板间隔为 d，其中充满空气，当两极板上加电压 U 时，忽略边缘效应，两极板间的相互作用力 $F=$____________.

(7) 两个同心薄金属球壳，半径分别为 R_1 和 $R_2(R_2>R_1)$，若分别带上电荷量为 q_1 和 q_2 的点电荷，则两者的电势分别为 U_1 和 U_2(选无穷远处为电势零参考点). 现用导线将两球壳相连接，则它们的电势为________.

(8) 一空气平行板电容器，极板间距为 d，电容为 C，若在两板中间平行地插入一块厚度为 $d/3$ 的金属板，则其电容值变为________.

(9) 一空气平行板电容器，极板间距为 d，充电后极板间电压为 U_0，然后将电源断开，在两板中间平行地插入一块厚度为 $d/3$ 的金属板，则板间电压变为________.

8.3 在点电荷 $+q$ 的电场中，放一不带电半径为 R 的金属球，从球心 O 到点电荷所在处的距离为 $d=3R$，求:(1) 金属球上的电势. (2) 金属球接地后的净感应电荷.

8.4 在一个孤立导体球壳的中心放一个点电荷，球壳内、外表面上的电荷分布是否均匀? 如果点电荷偏离球心，情况又如何?

8.5 两个金属球半径分别为 R_1 和 R_2，所带电荷量分别为 q_1 和 q_2. 两球相距很远，将两球用导线连接，设导线很长，两球上电荷仍可视为均匀分布. 试证:在静电平衡时，两球上的电荷面密度与它们的半径成反比.

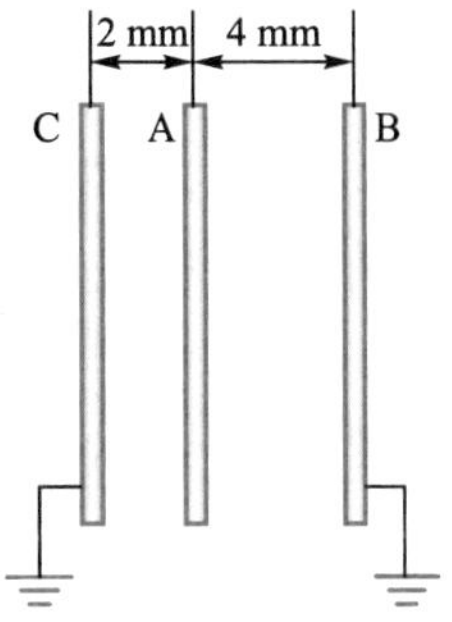

题 8.7 图

8.6 两块平行的金属板相距为 d，用一电源充电，两极板间的电势差为 ΔU. 将电源断开，在两板间平行地插入一块厚度为 l 的金属板($l<d$，且与极板不接触)，忽略边缘效应，问两金属板间的电势差改变多少? 插入的金属板的位置对结果有无影响?

8.7 三块平行金属板 A、B、C，面积均为 200 cm^2. A、B 间相距 4.0 mm，A、C 间相距2.0 mm，B 和 C 两板都接地，如题 8.7

图所示,如果使 A 板带正电 3.0×10^{-7} C,求:(1) B、C 板上感应电荷;(2) A 板电势.

8.8 两只电容分别为 $C_1=3\ \mu F$,$C_2=6\ \mu F$ 的电容器串联,用电压 $U=10$ V 的电源给它们充电,然后把电源断开,再把断开的导线两端连接起来,问每只电容器极板上最后所带的电荷量是多少?

8.9 在半径为 R 的金属球之外有一层均匀介质层,外半径为 R'. 设电介质的相对电容率为 ε_r,金属球所带电荷量为 Q,求:(1) 介质层内、外的电场强度分布;(2) 介质层内、外的电势分布;(3) 金属球的电势.

8.10 有一平行板空气电容器,极板的面积均为 S,极板间距为 d,把厚度为 d' ($d'<d$)的金属平板平行于极板插入电容器内(不与极板接触). (1) 计算插入后电容器的电容;(2) 给电容器充电到电势差为 U_0 后,断开电源,再把金属板从电容器中抽出,外界要做多少功?

8.11 在一平行板电容器的两极板上,带有等值异号电荷,板间充满 $\varepsilon_r=3$ 的电介质,电介质中的电场强度为 1.0×10^6 V/m,不计边缘效应,试求:(1) 电介质中电位移的大小和方向;(2) 极板上电荷面密度.

8.12 如题 8.12 图所示,一平行板电容器两极板相距为 d,面积为 S,其中平行于极板放有一层厚度为 d_1 的电介质,它的相对电容率为 ε_r. 设两极板间电势差为 U,略去边缘效应,试求:(1) 介质中的电场强度和电位移大小;(2) 极板上的电荷 Q;(3) 电容.

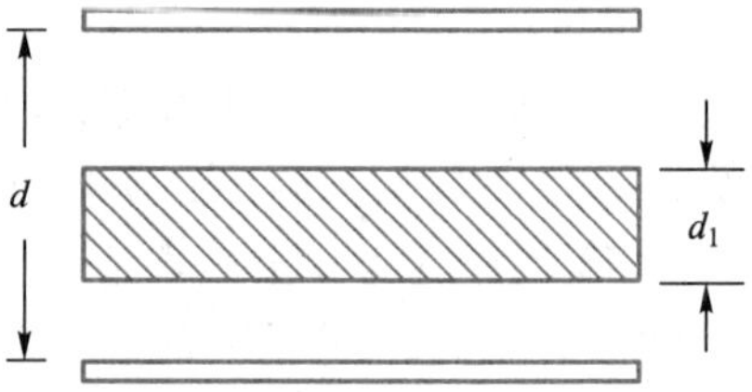

题 8.12 图

8.13 在上题中,设未放电介质时极板间电势差为 U_0,然后将电介质插入,求插入电介质后,(1) 极板上的电荷 Q;(2) 电介质中的 $\boldsymbol{D}$ 和 $\boldsymbol{E}$ 的大小;(3) 电容.

8.14 空气平板电容器电容 $C=1.0$ pF,充电到电荷量为 $Q=1.0\ \mu C$ 后,将电源切断,求:(1) 极板间电势差及此时的静电能;(2) 再将两板拉到原距离的两倍,计算拉开前后电场能量的改变,并解释其原因.

8.15 半径为 2.0 cm 的导体球,外套有同心的导体球壳,壳的内外半径分别为 4.0 cm 和 5.0 cm,球与壳之间是空气. 壳外也是空气,当内球带电荷为 3.0×10^{-8} C 时,(1) 这个系统储藏了多少电场能量? (2) 如果用导线把壳与球联在一起,结果如何?

8.16 两个同轴的圆柱,长度都是 l,半径分别为 a 及 b,这两个圆柱带有等值异号电荷 Q,两圆柱之间充满电容率为 ε 的电介质. (1) 在半径为 r($a<r<b$)厚度为 dr 的圆柱壳中任一点的静电场能量密度是多少? (2) 这柱壳中静电场总能量是多少? (3) 电介质中的静电场总能量是多少? (4) 从电介质中的静电场总能量求圆柱形电容器的电容.

第8章习题参考答案

科学家介绍

库仑(Charles Augustin de Coulomb, 1736—1806)

库仑是法国物理学家、军事工程师,他1736年6月14日生于昂古莱姆.库仑家里很富有,在青少年时期,他就受到了良好的教育.他后来到巴黎军事工程学院学习,离开学校后,他进入西印度马提尼克皇家工程公司工作.工作了8年以后,他又在埃克斯岛瑟堡等地服役多年,后因健康原因,被迫回家.这时库仑就已开始从事科学研究工作,他把主要精力放在研究工程力学和静力学问题上.法国大革命时期,他辞去公职,在布卢瓦附近乡村过隐居生活,拿破仑执政后,他返回巴黎,继续进行研究工作.

库仑的研究兴趣十分广泛,在结构力学、梁的断裂、材料力学、扭力、摩擦理论等方面都取得过成就.

1777年法国科学院悬赏,征求改良航海指南针中的磁针的方法.库仑认为磁针支架在轴上,必然会带来摩擦,要改良磁针,必须从这根本问题着手.他提出用细头发丝或丝线悬挂磁针.同时他对磁力进行了深入细致的研究,特别注意了温度对磁体性质的影响.他又发现线扭转时的扭力和指针转过的角度成比例关系,从而可利用这种装置算出静电力或磁力的大小.这导致他发明了扭秤,扭秤能以极高的精度测出非常小的力.由于成功地设计了新的指南针结构以及在研究普通机械理论方面作出了贡献,1782年,他当选为法国科学院院士.

库仑在1785年到1789年之间,通过精密的实验对电荷间的作用力作了一系列的研究,连续在皇家科学院备忘录中发表了很多相关的文章.

1785年,库仑用自己发明的扭秤建立了静电学著名的库仑定律,同年,他在给法国科学院的《电力定律》的论文中详细地介绍了他的实验装置、测试经过和实验结果.

库仑的扭秤是由一根悬挂在细长线上的轻棒和在轻棒两端附着的两只平衡球构成的.当球上没有力作用时,棒取一定的平衡位置.如果两球中有一个带电,同时把另一个带同种电荷的小球放在它附近,则会有电力作用在这个球上,球可以移动,使棒绕着悬挂点转动,直到悬线的扭力与电的作用力达到平衡时为止.因为悬线很细,很小的力作用在球上就能使棒显著地偏离其原来位置,转动的角度与力的大小成正比.库仑让这个可移动球和固定的球带上不同量的电荷,并改变它们之间的距离:

第一次,两球相距36个刻度,测得银线的旋转角度为36°.

第二次,两球相距18个刻度,测得银线的旋转角度为144°.

第三次,两球相距8.5个刻度,测得银线的旋转角度为575.5°.

上述实验表明,两个电荷之间的距离为4∶2∶1时,扭转角为1∶4∶16.由于扭转角的大小与扭力成反比,所以得到:两电荷间的斥力的大小与距离的平方成反比.库仑认为第三次的偏差是由漏电所致.

经过了这些巧妙的安排,仔细实验,反复的测量,并对实验结果进行分析,找出误差产生的原因,进行修正,库仑终于测定了等量同种电荷的小球之间的斥力.

但是,对于异种电荷之间的引力,用扭秤来测量就遇到了麻烦.因为金属丝的扭转的回复力矩仅与角度的一次方成比例,这就不能保证扭秤的稳定.经过反复的思考,库仑发明了电摆.他利用与单摆相类似的方法测定了异种电荷之间的引力也与它们的距离的平方成反比.

最后库仑终于找出了在真空中两个点电荷之间的相互作用力与两点电荷所带的电荷量及它们之间的距离的定量关系,这就是静电学中的库仑定律,即两电荷间的力与两电荷的乘积成正比,与两者的距离平方成反比.库仑定律是电学发展史上的第一个定量规律,它使电学的研究从定性进入定量阶段,是电学史中的一块重要的里程碑.

早在1781年库仑还提出过关于摩擦及滑动的定律.他在多种实验基础上研究了许多实际的静摩擦现象及其相关因素,并提出了滑动摩擦力的著名公式.他还提出了在磁化过程中,分子被极化的假设,以及电荷沿表面分布和带电体因漏电而电荷量衰减的定律.

库仑不仅在力学和电学上做出了重大的贡献,作为一名工程师,他在工程方面也做出过重要的贡献.他曾设计了一种水下作业法,这种作业法类似于现代的沉箱,它是应用在桥梁等水下建筑施工中的一种很重要的方法.

库仑还给我们留下了不少宝贵的著作,其中最主要的有《电气与磁性》一书,共7卷,于1785年至1789年先后公开出版发行.

库仑以自己一系列的著作丰富了电学与磁学研究的计量方法,将牛顿的力学原理扩展到电学与磁学中.库仑的研究为电磁学的发展、电磁场理论的建立开拓了道路.他的扭秤在精密测量及物理学的其他方面也得到了广泛的应用.

库仑于1806年8月23日在巴黎逝世.他是18世纪最伟大的物理学家之一,他的杰出贡献是不可磨灭的.

第九章

恒定磁场

电与磁是密切相关的，它们相互依存、相互转化. 我们知道，静止的电荷周围只存在静电场，但运动的电荷周围不仅有电场，还存在磁场. 电荷宏观定向移动形成电流，它是运动电荷的典型代表，而恒定电流在周围激发的磁场的空间分布不随时间变化，我们称之为恒定磁场.

文档：安培简介

本章主要内容首先是引入描述磁场的基本物理量磁感应强度 $\boldsymbol{B}$ 以及计算的方法，介绍反映磁场性质的两条规律——磁场的高斯定理和安培环路定理，然后研究磁场对运动电荷、载流导线和载流线圈的作用，最后介绍磁介质中磁场的特性及其遵循的规律.

值得注意的是恒定磁场和静电场是性质不同的两种场，但在分析问题、处理问题的方法上有许多类似之处，因此在学习时应注意与静电场对比，这样对概念及规律的理解和掌握可以起到有益的作用.

§9.1 磁场 磁感应强度

一、磁场

众所周知，天然磁石(Fe_3O_4)、人造的永久磁铁、铁氧体等能吸引铁、钴、镍等物质，这种性质被称为磁铁的磁性. 磁铁各部分的磁性强弱是不同的，磁性最强的部分称为磁铁的磁极，把一条形磁铁悬挂起来，让其在水平面内自由转动，则磁铁的磁极将自动地转向地球的南北方向. 磁铁指北的那端称为指北极或简称北极(用 N 表示)，另一端指向南极方向称为指南极或简称南极(用 S 表示). 任何一个磁铁均有两个磁极，即 N 极和 S 极，而且，无论磁铁分割得多么细小，每个很小的磁铁仍具有 N、S 两个磁极，即自然界中不可能有单独存在的 N 极或 S 极. 同号的磁极之间有相互排斥力，异号的磁极之间有相互吸引力.

文档：奥斯特简介

1820 年奥斯特发现，通电的导线或线圈也会受到磁铁的作用力，这一发现第一次揭示了电现象和磁现象的联系，对电磁学的发展起了重要的作用. 为了解释磁现象的本质，1822 年法国科学家安培提出了分子电流假说：一切磁现象的根源是电流——电荷的运动. 他认为，组成磁铁的最小单元就是环形电流，称之为分子电流. 这些分子电流定向地排列起来，在宏观上就显示出 N、S 两个磁极. 所以，有关磁的作用力均是运动电荷之间的作用力.

可见一切磁现象都是由运动电荷或电流产生的. 运动电荷在周围激发磁场，运动电荷之间的相互作用力是通过磁场来实现的，它们之间的相互作用方式可示意为

$$\boxed{\text{运动电荷}} \rightleftharpoons \boxed{\text{磁场}} \rightleftharpoons \boxed{\text{运动电荷}}$$

磁场对外作用的重要表现为：

(1) 处于磁场中的运动电荷、载流体或磁铁均受到磁力作用.

(2) 载流体在磁场中移动时,磁场的作用力会对它做功,这本身也说明磁场具有物质性.

(3) 介质在磁场中会发生磁化现象,磁场与介质相互作用、相互影响.

二、磁感应强度

在静电场中,我们通过试验电荷在电场中受到电场力这一实验事实,而引入描述电场的基本物理量电场强度 $\boldsymbol{E}$.

文档:电流的磁效应的发现

与此类似,我们将通过运动的带电粒子在磁场中受到磁场力这一事实,从而引入描述磁场的基本物理量磁感应强度 $\boldsymbol{B}$.

有一运动的带电粒子,通过磁场中某点,实验表明,当带电粒子沿不同方向通过磁场中某一确定点时,运动的带电粒子所受磁场作用力的大小和方向是不同的.但对于确定的点,皆存在唯一的特殊方向,带电粒子在该点沿该方向运动时,受到的磁场作用力为零. 我们规定:运动的带电粒子在磁场中某点受磁场力为零时的运动方向为该点磁感应强度 $\boldsymbol{B}$ 的方向,这个方向与将小磁针置于此处时小磁针 N 极的指向一致.

实验还表明,当带电粒子以某一速率沿垂直于磁感应强度 $\boldsymbol{B}$ 的方向运动时,它受到的磁场力最大,记为 $F_{\max}$. 实验证明,对于确定的点,带电粒子受到最大磁场力的大小与其所带电荷量和运动速度大小的乘积成正比,即

$$F_{\max} \propto qv$$

可见比值$\dfrac{F_{\max}}{qv}$本身与带电粒子的所带电荷量和运动速度的大小无关,即与带电粒子无关,比值反映了磁场的性质,表明了磁场的强弱,因此我们把磁场中任一点磁感应强度 $\boldsymbol{B}$ 的大小定义为

$$B=\frac{F_{\max}}{qv} \tag{9.1}$$

由上述可知,磁感应强度 $\boldsymbol{B}$ 是描述磁场性质的物理量,它是矢量,既有大小,又有方向.

在国际单位制中,磁感应强度 $\boldsymbol{B}$ 的单位是 T(特斯拉),即

$$1\ \mathrm{T}=1\ \mathrm{N}\cdot\mathrm{A}^{-1}\cdot\mathrm{m}^{-1}$$

复习思考题

9.1 为什么不把电流元受的磁力方向定义为磁感应强度 $\boldsymbol{B}$ 的方向?

9.2 怎样定义磁感应强度 $\boldsymbol{B}$ 的大小和方向?

§ 9.2 毕奥-萨伐尔定律

在静电场中,任何带电体都可视为由许多电荷元组成,带电体形成的电场是各

个电荷元分别产生的电场的叠加. 与此类似,电流在周围形成磁场,恒定电流在周围形成恒定磁场. 任何形状的电流都可以被视为由许多无限小段电流组成的集合体,这样小段电流称为电流元,用 $I\mathrm{d}\boldsymbol{l}$ 来表示,电流元是矢量,它的方向是该电流元的电流方向. 任何电流形成的磁场都可以看作各个电流元分别产生的磁场叠加而成的.

一、毕奥-萨伐尔定律

文档:毕奥简介

1820 年在奥斯特发现电流磁效应后,法国物理学家毕奥和萨伐尔等人很快对电流产生磁场的规律进行了研究. 同年在大量实验的基础上,他们分析总结出电流元产生磁场的规律——毕奥-萨伐尔定律. 定律的内容如下:

(1) 电流元 $I\mathrm{d}\boldsymbol{l}$ 在空间 P 点产生的磁感应强度 $\mathrm{d}\boldsymbol{B}$ 的大小与电流元的大小 $I\mathrm{d}l$ 成正比,与电流元 $I\mathrm{d}\boldsymbol{l}$ 所在处到 P 点的径矢 $\boldsymbol{r}$ 之间的夹角的正弦($\sin\theta$)成正比,而与电流元到 P 点的距离 r 的平方成反比,数学式表示如下:

$$\mathrm{d}B=\frac{\mu_0}{4\pi}\frac{I\mathrm{d}l\sin\theta}{r^2} \tag{9.2}$$

式中 $\mu_0=4\pi\times10^{-7}\,\mathrm{N}\cdot\mathrm{A}^{-2}$,称为真空磁导率.

(2) $\mathrm{d}\boldsymbol{B}$ 的方向垂直于 $I\mathrm{d}\boldsymbol{l}$ 与 $\boldsymbol{r}$ 所在的平面,方向可由右手螺旋定则确定. 即右手四指由 $I\mathrm{d}\boldsymbol{l}$ 经小于 π 角转向径矢 $\boldsymbol{r}$ 时,此时大拇指的指向即是 $\mathrm{d}\boldsymbol{B}$ 的方向,如图 9.1所示. $\mathrm{d}\boldsymbol{B}$ 的矢量式为

$$\mathrm{d}\boldsymbol{B}=\frac{\mu_0}{4\pi}\frac{I\mathrm{d}\boldsymbol{l}\times\boldsymbol{r}}{r^3}=\frac{\mu_0}{4\pi}\frac{I\mathrm{d}\boldsymbol{l}\times\boldsymbol{e}_r}{r^2} \tag{9.3}$$

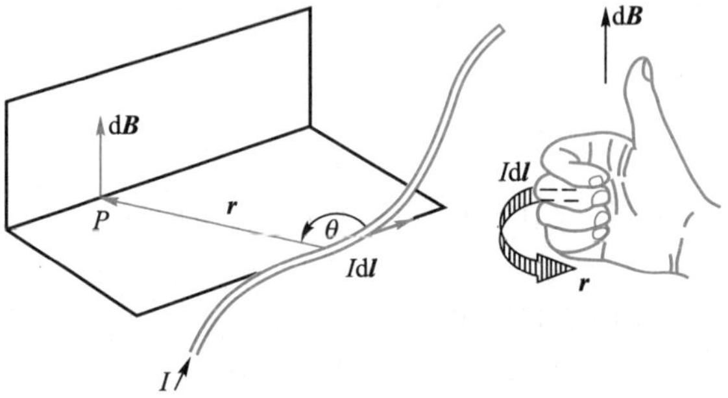

图 9.1

式中 $\boldsymbol{e}_r$ 为 $\boldsymbol{r}$ 方向上的单位矢量,$\boldsymbol{e}_r=\dfrac{\boldsymbol{r}}{r}$. (9.3)式就是毕奥-萨伐尔定律在真空中的表达式.

二、磁感应强度的叠加原理

实验表明,磁场和电场一样,描述磁场性质的物理量磁感应强度 $\boldsymbol{B}$ 遵循叠加原理,即磁场中某点的总磁感应强度等于所有电流元在该点产生的磁感应强度的矢量和,即

$$\boldsymbol{B}=\int \mathrm{d}\boldsymbol{B} \tag{9.4}$$

这个结论称为磁感应强度(或磁场)的叠加原理. 由此可知,一段有限长电流在某点产生的磁感应强度为

$$\boldsymbol{B}=\frac{\mu_0}{4\pi}\int_l \frac{I\mathrm{d}\boldsymbol{l}\times\boldsymbol{e}_r}{r^2} \tag{9.5}$$

必须指出,与点电荷不同,电流元不可能单独存在,所以毕奥-萨伐尔定律不可能由实验直接验证. 但是,由毕奥-萨伐尔定律出发的计算的总磁感应强度都与实验结果相符合,从而间接证明了毕奥-萨伐尔定律的正确性,毕奥-萨伐尔定律和磁场的叠加原理是恒定电流磁场的基本规律.

三、毕奥-萨伐尔定律的应用

作为毕奥-萨伐尔定律的应用,我们计算几种简单而典型的电流的磁场. 这些典型电流可以是一些实际情况在一定条件下的近似或简化,是有实用价值的理想模型.

[例 9.1] 求载流直导线的磁场.

[解] 根据毕奥-萨伐尔定律,载流直导线 L 上的任意电流元 $I\mathrm{d}\boldsymbol{l}$ 在点 P 处产生的元磁场 $\mathrm{d}\boldsymbol{B}$ 的方向都是一致的,如图 9.2 所示,因此,在求总磁感应强度 $\boldsymbol{B}$ 的大小时,只需求 $\mathrm{d}B$ 的代数和. 对于有限的一段导线 L 来说,有

$$B=\int_L \mathrm{d}B=\frac{\mu_0}{4\pi}\int_L \frac{I\mathrm{d}l\sin\alpha}{r^2}$$

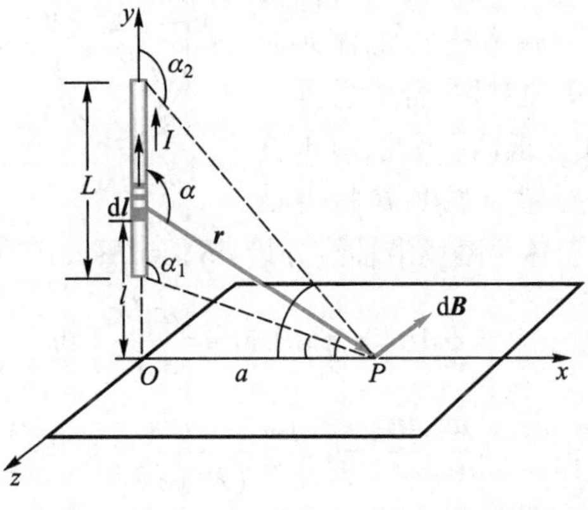

图 9.2

从 P 点作直导线的垂线 PO,其长度为 a,电流元 $\mathrm{d}l$ 到垂足 O 的距离为 l,由图 9.2 可以看出

$$r=a\csc\alpha,\quad l=a\cot(\pi-\alpha)=-a\cot\alpha,$$
$$\mathrm{d}l=a\csc^2\alpha\mathrm{d}\alpha$$

则
$$B=\frac{\mu_0 I}{4\pi a}\int_{\alpha_1}^{\alpha_2}\sin\alpha\mathrm{d}\alpha$$

即
$$B=\frac{\mu_0 I}{4\pi a}(\cos\alpha_1-\cos\alpha_2) \tag{9.6}$$

对于无限长直导线,$\alpha_1\to 0$,$\alpha_2\to\pi$,则有

$$B=\frac{\mu_0}{4\pi}\frac{2I}{a}=\frac{\mu_0 I}{2\pi a} \tag{9.7}$$

由此可见,在无限长直导线周围的磁感应强度 B 与距离 a 的一次方成反比.实际上不可能存在无限长的直导线,然而若在闭合回路中有一段长度为 l 的直导线,则在其直导线中部附近且 $a\ll l$ 的范围内,(9.7)式近似成立.

在恒定电流的情况下,载流直导线只产生磁场而不产生电场,这是因为在导体中除了运动着的电子之外,还有定位在点阵上的正离子,它们产生的电场与电子的电场大小相等,方向相反,因而净电场为零.

[**例 9.2**] 求载流圆线圈轴线上的磁场.

[**解**] 设圆线圈的中心为 O,半径为 R,如图 9.3 所示,求轴线上任一点 P 处的磁感应强度.在圆线圈上任取一电流元 $I\mathrm{d}\boldsymbol{l}$,它在 P 点所产生的磁感应强度 $\mathrm{d}\boldsymbol{B}$ 的大小为

$$\mathrm{d}B=\frac{\mu_0}{4\pi}\frac{I\mathrm{d}l\sin(I\mathrm{d}\boldsymbol{l},\boldsymbol{r})}{r^2}=\frac{\mu_0}{4\pi}\frac{I\mathrm{d}l}{r^2}$$

$\mathrm{d}\boldsymbol{B}$ 的方向垂直 $I\mathrm{d}\boldsymbol{l}$ 与 $\boldsymbol{r}$ 所在的平面,如图 9.3 所示.

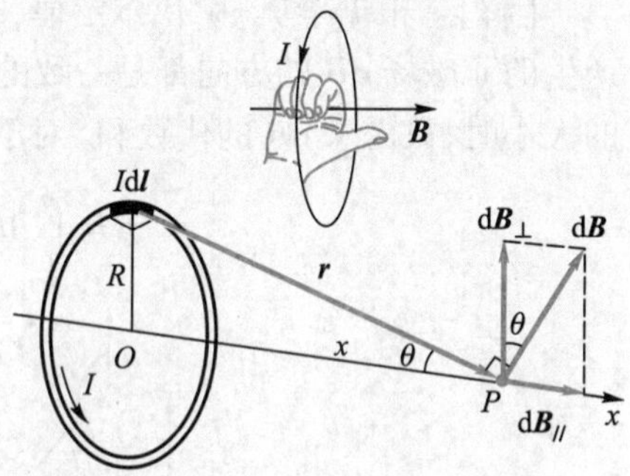

图 9.3

由于载流圆线圈具有轴对称性,在通过 $I\mathrm{d}\boldsymbol{l}$ 点的直径的另一端 $I\mathrm{d}\boldsymbol{l}'$ 处,电流元产生的元磁场 $\mathrm{d}\boldsymbol{B}'$ 与 $\mathrm{d}\boldsymbol{B}$ 轴对称,合成后垂直于轴线方向的分量相互抵消.因此,对于整个圆线圈来说,总的磁感应强度 $\boldsymbol{B}$ 将沿轴线方向,它的大小等于各元磁场沿轴线分量 $\mathrm{d}B_{/\!/}=\mathrm{d}B\sin\theta$ 的代数和,即

$$B=\oint \mathrm{d}B_{/\!/}=\oint \mathrm{d}B\sin\theta=\frac{\mu_0 IR}{4\pi r^3}\oint \mathrm{d}l$$

$$=\frac{\mu_0}{4\pi}\frac{IR}{r^3}2\pi R=\frac{\mu_0}{2}\frac{R^2 I}{(R^2+x^2)^{3/2}} \tag{9.8}$$

式中 x 是 P 点到圆心 O 的距离.$\boldsymbol{B}$ 的方向垂直于圆电流平面,且沿 Ox 轴正方向,其指向与圆电流流向符合右手螺旋定则,即用右手弯曲的四指代表电流的流向,伸直的拇指即指向轴线上 $\boldsymbol{B}$ 的方向.

下面我们讨论两个特殊情况:

(1) 当 $x=0$ 时,即在圆心处的磁场为

$$B=\frac{\mu_0 I}{2R} \tag{9.9}$$

(2) 当 $x\gg R$ 时,即圆线圈轴线上很远处的磁场为

$$B=\frac{\mu_0 R^2 I}{2x^3} \tag{9.10}$$

为了与电偶极子进行比较,下面介绍磁矩的概念. 如有一线圈载流为 I,线圈所围面积为 S,线圈平面的正法向单位矢量为 $\boldsymbol{e}_n$,定义载流线圈的**磁矩**为

$$\boldsymbol{m}=IS\boldsymbol{e}_n$$

注意,这里 $\boldsymbol{e}_n$ 与电流环绕方向符合右手螺旋定则,如图 9.4 所示. 这样(9.9)式和(9.10)式可改写成下面的形式

当 $x=0$ 时,有

$$B=\frac{\mu_0 I}{2R}=\frac{\mu_0 I\pi R^2}{2\pi R^3}=\frac{\mu_0 m}{2\pi R^3}$$

即

$$\boldsymbol{B}=\frac{\mu_0}{2\pi R^3}\boldsymbol{m}$$

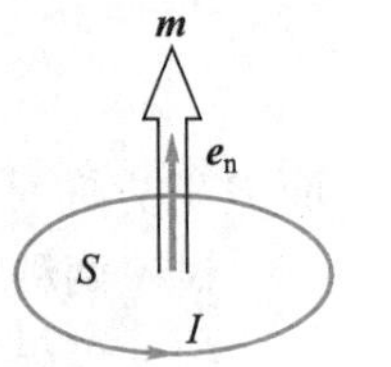

图 9.4

而当 $x\gg R$ 时,有

$$\boldsymbol{B}=\frac{\mu_0}{4\pi}\frac{2\boldsymbol{m}}{x^3}$$

与电偶极子的场强公式

$$\boldsymbol{E}=\frac{1}{4\pi\varepsilon_0}\frac{2\boldsymbol{p}}{r^3}$$

相比较可以看出,它们在形式上完全相同. 因此,当我们研究载流线圈在很远处产生的磁场时,可以把线圈看成一个**磁偶极子**.

以上直导线与圆线圈均为没有线度的、理想的几何形状,如果是有一定线度的载流体,则应将载流体分割成无限细的无数条直导线或无数个圆线圈,用以上公式进行积分即可.

[例 9.3] 求载流螺线管轴线上的磁场.

[解] 图 9.5 所示的是一个绕在圆柱面上的螺线形线圈,通常称它为螺线管,对于密绕的螺线管,在计算其轴线上的磁场时,可以把螺线管近似地看成是由一系列圆线圈紧密地并排起来构成的,设螺线管的半径为 R,总长度为 L,单位长度内的匝数 n,计算轴线上 P 点处的磁感应强度. 取 P 为原点,则在长度 $\mathrm{d}x$ 内其有 $n\mathrm{d}x$ 匝,每匝圆线圈在场点 P 产生的磁感应强度都沿轴线方向,其大小可以用(9.8)式来计算. 长度 $\mathrm{d}x$ 内各匝圆线圈的总效果是一匝圆线圈的 $n\mathrm{d}x$ 倍,即

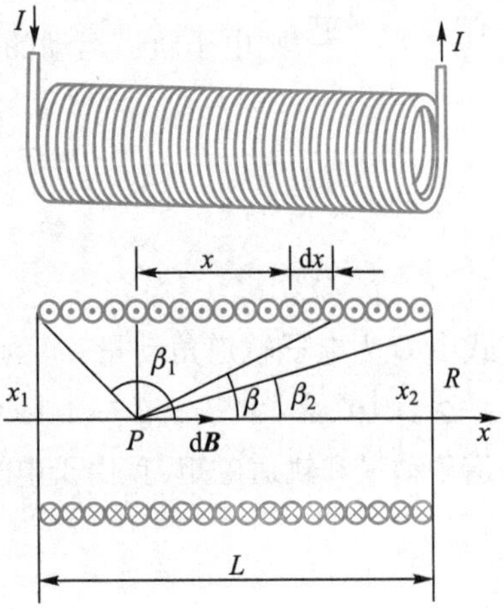

图 9.5

$$dB=\frac{\mu_0}{2}\frac{R^2I}{(R^2+x^2)^{3/2}}n\mathrm{d}x$$

其中 x 是 $\mathrm{d}x$ 的坐标. 整个螺线管在 P 点产生的总磁场为

$$B=\frac{\mu_0}{2}\int_x\frac{R^2In\mathrm{d}x}{(R^2+x^2)^{3/2}}$$

为了采用 β 角作为积分变量,可以对式 $x=R\cot\beta$ 取微分,得

$$\mathrm{d}x=-R\csc^2\beta\mathrm{d}\beta$$

再把 $R^2+x^2=R^2\csc^2\beta$ 代入积分,可得

$$B=-\frac{\mu_0}{2}nI\int_{\beta_1}^{\beta_2}\sin\beta\mathrm{d}\beta=\frac{\mu_0}{2}nI(\cos\beta_2-\cos\beta_1)$$

而 $\boldsymbol{B}$ 的方向可由右手螺旋定则确定(此处从左到右).

讨论两种特殊情况:

(1) 无限长螺线管:这时 $L\to\infty$, $\beta_1=\pi$, $\beta_2=0$,因而 $B=\mu_0nI$,即 B 的大小与 P 点在轴线上的位置无关,轴线上的磁场是均匀的.

(2) 半无限长螺线管的一端:这时 $\beta_1=\frac{\pi}{2}$、$\beta_2=0$ 或 $\beta_1=\pi$、$\beta_2=\frac{\pi}{2}$,都有

$$B=\frac{\mu_0nI}{2}$$

即在半无限长螺线管轴端点处的磁感应强度比中间减小一半.

[例 9.4] 试求氢原子中电子轨道的磁矩 $\boldsymbol{m}$.

[解] 设氢原子中电子以匀速率 v 绕原子核作半径为 r 的圆轨道运动,其电流强度为

$$I=\frac{e}{T}=\frac{ev}{2\pi r}$$

其中 $T=\frac{2\pi r}{v}$,则电子轨道运动的磁矩为

$$\boldsymbol{m}=I\boldsymbol{S}=-\frac{ev}{2\pi r}\pi r^2\boldsymbol{e}_n=-\frac{evr}{2}\boldsymbol{e}_n$$

$$=-\frac{e}{2m_e}\boldsymbol{L} \tag{9.11}$$

式中 $\boldsymbol{L}$ 为电子轨道角动量,m_e 为电子的质量,对于基态氢原子,$r=0.53\times10^{-10}$ m, $v=2.2\times10^6$ m·s^{-1},可得 $I=1.1\times10^{-3}$ A, $m=0.93\times10^{-23}$ A·m^2,注意到电子具有轨道角动量和轨道磁矩,且由于电子带负电荷,故二者方向相反.

四、运动电荷的磁场

电流是大量电荷的定向运动,所以,电流的磁场实质上是大量电荷运动所产生

的. 现在来讨论单个电荷运动时产生的磁场.

图 9.6 所示是载流导体中的任一电流元,其横截面积为 S,其单位体积内的运动电荷为 n 个,每个运动电荷所带电荷量均为 $q(q>0)$,每个电荷的定向速度大小为 v.

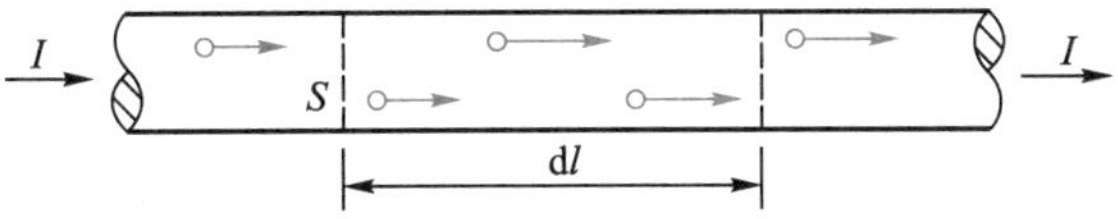

图 9.6

则单位时间内通过截面 S 的电流为

$$I=\frac{\mathrm{d}q}{\mathrm{d}t}=\frac{qnSv\mathrm{d}t}{\mathrm{d}t}=qnSv$$

则有

$$I\mathrm{d}\boldsymbol{l}=qnvS\mathrm{d}\boldsymbol{l}=qnS\mathrm{d}l\boldsymbol{v}\quad(\boldsymbol{v}/\!/\mathrm{d}\boldsymbol{l})$$

将其代入(9.3)式,得到

$$\mathrm{d}\boldsymbol{B}=\frac{\mu_0}{4\pi}\frac{qnS\mathrm{d}l\boldsymbol{v}\times\boldsymbol{e}_r}{r^2}$$

在电流元 $I\mathrm{d}\boldsymbol{l}$ 内,任何时刻都存在着 $\mathrm{d}N=nS\mathrm{d}l$ 个带电粒子以速度 v 运动着. 电流元 $I\mathrm{d}\boldsymbol{l}$ 在 $\boldsymbol{r}$ 处产生的磁场 $\mathrm{d}\boldsymbol{B}$,实质上是这 $\mathrm{d}N$ 个运动带电粒子产生的. 因此,一个以速度 $\boldsymbol{v}$ 运动,电荷量为 q 的粒子在空间 $\boldsymbol{r}$ 处产生的磁感应强度 $\boldsymbol{B}$ 为

$$\boldsymbol{B}=\frac{\mathrm{d}\boldsymbol{B}}{\mathrm{d}N}=\frac{\mu_0}{4\pi}\frac{q\boldsymbol{v}\times\boldsymbol{e}_r}{r^2}=\frac{\mu_0}{4\pi}\frac{q\boldsymbol{v}\times\boldsymbol{r}}{r^3}\qquad(9.12)$$

这里 $\boldsymbol{r}$ 是运动电荷到 P 点的径矢,$\boldsymbol{B}$ 的方向垂直于 $\boldsymbol{v}$ 和 $\boldsymbol{r}$ 所决定的平面,并符合右手螺旋定则.

运动电荷的磁场方向如图 9.7 所示.

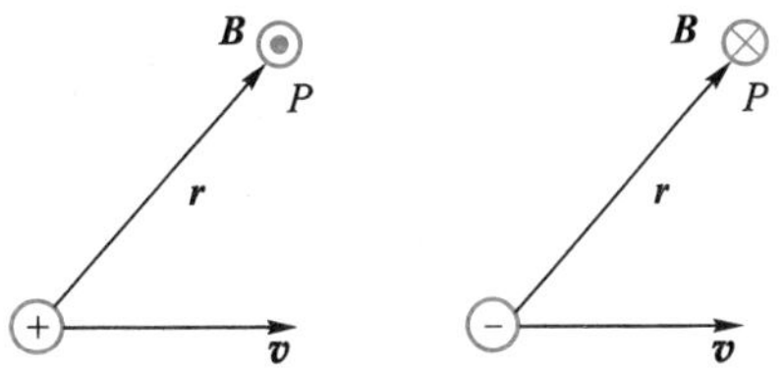

图 9.7

复习思考题

9.3 在公式 $\mathrm{d}\boldsymbol{B}=\frac{\mu_0}{4\pi}\frac{I\mathrm{d}\boldsymbol{l}\times\boldsymbol{r}}{r^3}$ 中的三个矢量,哪些矢量是始终垂直的? 哪两个矢量之间可以有任意角度?

9.4 无限长载流直导线在其周围的磁感应强度大小 $B=\frac{\mu_0 I}{2\pi a}$,问当 $a\to0$ 时,结果怎样? 如何解释?

9.5 为什么一均匀带电圆环中心处的电场强度为零,而一载流圆线圈在中心处的磁感应强度不为零?

9.6 公式 $B=\mu_0 nI$,对横截面为正方形或其他形状的无限长螺线管管内的磁场是否成立?

9.7 在应用毕奥-萨伐尔定律解题时应注意什么?

§9.3 磁场的高斯定理

一、磁通量

在研究电场时,我们用电场线来形象地描绘电场的分布,同样,在研究磁场时,我们引入磁感应线来形象地描绘磁场的分布.

磁感应线是磁场中的一系列曲线,我们规定磁感应线在任一点的切线方向与该点的磁感应强度 $\boldsymbol{B}$ 的方向一致.

为了使磁感应线不仅能描绘磁场的方向,而且能反映磁感应强度的大小,规定穿过磁场中某点垂直于磁感应强度 $\boldsymbol{B}$ 的单位面积的磁感应线的根数(磁感应线数密度),与该点 $\boldsymbol{B}$ 矢量的大小相等,即 $\dfrac{\mathrm{d}N}{\mathrm{d}S_{\perp}}=|\boldsymbol{B}|$.

磁感应线具有以下基本性质:

(1) 磁感应线是围绕激发磁场的电流的闭合线,没有起点,也没有终点,磁感应线的绕行方向和电流流向形成右手螺旋的关系,见图 9.8. 这一点与静电场中电场线是不同的.

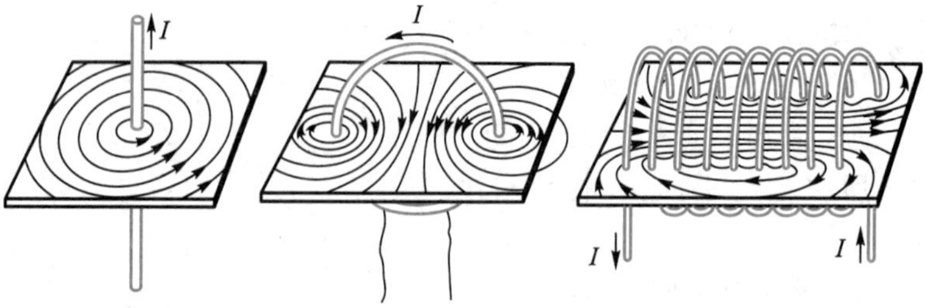

(a)直电流　　(b)圆电流　　(c)螺线管电流

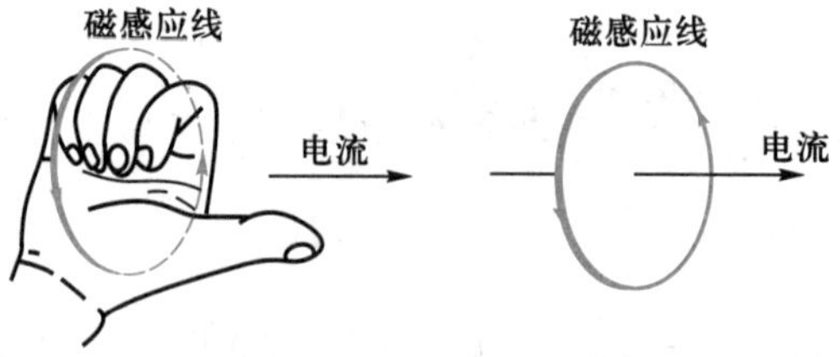

(d) 磁感应线环行方向与电流方向的关系

图 9.8

(2) 磁感应线在空间不会相交,这一点与电场线相同.

与引入电场强度通量类似,我们定义,把穿过面积为 S 的曲面的磁感应线的条数称为该曲面的磁通量,用符号 $\boldsymbol{\Phi}$ 表示,如图 9.9 所示.

在曲面 S 上取一面元矢量 $\mathrm{d}\boldsymbol{S}=\mathrm{d}S\boldsymbol{e}_{\mathrm{n}}$,$\theta$ 为其法向单位矢量 $\boldsymbol{e}_{\mathrm{n}}$ 与磁感应强度 $\boldsymbol{B}$ 之间的夹角,则通过该面元 $\mathrm{d}\boldsymbol{S}$ 的磁通量为

$$\mathrm{d}\Phi = B\cos\theta\mathrm{d}S = \boldsymbol{B}\cdot\mathrm{d}\boldsymbol{S} \qquad (9.13)$$

可见,磁通量是个代数量,其正、负取决于 θ 角. 而通过一个有限曲面 S 的磁通量为

$$\Phi = \int_S \mathrm{d}\Phi = \int_S B\cos\theta\mathrm{d}S = \int_S \boldsymbol{B}\cdot\mathrm{d}\boldsymbol{S} \qquad (9.14)$$

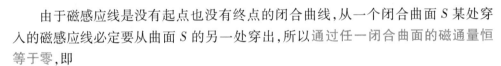

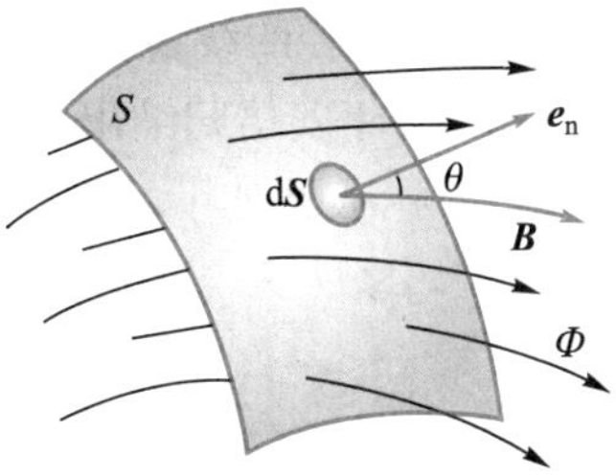

图 9.9

当曲面 S 为闭合曲面,且规定曲面法线方向为由内向外,其磁通量表示为

$$\Phi = \oint_S \boldsymbol{B}\cdot\mathrm{d}\boldsymbol{S} \qquad (9.15)$$

在国际单位制中,磁通量的单位为 Wb(韦伯),有

$$1\ \mathrm{Wb} = 1\ \mathrm{T}\cdot\mathrm{m}^2$$

二、磁场的高斯定理

由于磁感应线是没有起点也没有终点的闭合曲线,从一个闭合曲面 S 某处穿入的磁感应线必定要从曲面 S 的另一处穿出,所以通过任一闭合曲面的磁通量恒等于零,即

$$\oint_S \boldsymbol{B}\cdot\mathrm{d}\boldsymbol{S} = 0 \qquad (9.16)$$

上式称为磁场的高斯定理. 与静电场的高斯定理 $\oint_S \boldsymbol{E}\cdot\mathrm{d}\boldsymbol{S} = \frac{1}{\varepsilon_0}\sum_i q_i$ 相比较,静电场是有源场,电场线开始于正电荷,终止于负电荷,不会形成闭合曲线,而磁场的高斯定理 $\oint_S \boldsymbol{B}\cdot\mathrm{d}\boldsymbol{S} = 0$,表明磁感应线是无始末端的闭合曲线,所以磁场是无源场,这是磁场与静电场不同特性的反映.

复习思考题

9.8 公式 $\oint_S \boldsymbol{B}\cdot\mathrm{d}\boldsymbol{S} = 0$ 揭示了磁场的什么重要性质?

9.9 在同一条磁感应线上各点的 $\boldsymbol{B}$ 的大小是否一定处处相同?

§ 9.4 安培环路定理

一、安培环路定理

在静电场中,电场强度 $\boldsymbol{E}$ 沿任意闭合环路的线积分为零,它反映了静电场是保守场这样一个基本性质.

由于磁场是无源场,磁感应线是无始末端的闭合曲线,如果取某一为闭合环路的磁感应线,那么 $\boldsymbol{B}$ 沿该环路的线积分就不等于零. 可见,磁场中磁感应强度 $\boldsymbol{B}$ 沿

任意闭合路径的线积分不一定都为零.

1821 年安培归纳出磁感应强度 $\boldsymbol{B}$ 沿任意闭合环路的线积分的规律,称为安培环路定理,表述如下:在恒定磁场中,磁感应强度沿任一闭合环路 L 的线积分,等于穿过这环路所有电流的代数和的 μ_0 倍,其数学表达式为

$$\oint_L \boldsymbol{B}\cdot \mathrm{d}\boldsymbol{l}=\mu_0 \sum_i I_i \tag{9.17}$$

上式中 $\oint_L \boldsymbol{B}\cdot \mathrm{d}\boldsymbol{l}$ 称为 $\boldsymbol{B}$ 沿闭合环路 L 的环流,式中电流 I_i 的正负规定如下:当穿过环路 L 的电流方向与环路绕行方向满足右手螺旋关系时,I_i 取正数,反之 I_i 取负数. 如果电流 I_i 不穿过环路 L,则它对上式左端无贡献. 这一定理可以由毕奥-萨伐尔定律推导出来,但数学过程较为复杂,为了说明定理的正确性,我们以载流长直导线的磁场为例,归纳出这一结论.

在无限长的载流直导线周围,磁场的大小为 $B=\dfrac{\mu_0 I}{2\pi r}$,式中 r 为场点到导线的距离,这里的磁感应线是在垂直于导线的平面内的同心圆. 现在分三种情况加以说明.

首先,我们以闭合的磁感应线作为计算 $\boldsymbol{B}$ 的线积分的闭合环路 L,并且选择环路的绕行方向与电流 I 组成右手螺旋关系,则在线积分中 $\boldsymbol{B}$ 与 $\mathrm{d}\boldsymbol{l}$ 的方向处处一致,且 $\boldsymbol{B}$ 的大小处处相同,于是有

$$\oint_L \boldsymbol{B}\cdot \mathrm{d}\boldsymbol{l}=\oint_L B\mathrm{d}l=B\oint_L \mathrm{d}l=\frac{\mu_0 I}{2\pi r}2\pi r=\mu_0 I$$

由此可见,磁感应强度 $\boldsymbol{B}$ 沿闭合环路 L 的线积分与电流 I 成正比,而与环路的半径 r 无关.

然后,如图 9.10 所示,我们考虑围绕电流 I,与载流导线垂直平面内的任意闭合环路 L,这时有

$$\oint_L \boldsymbol{B}\cdot \mathrm{d}\boldsymbol{l}=\oint_L B\mathrm{d}l\cos\theta$$

其中 θ 为 $\mathrm{d}\boldsymbol{l}$ 与 $\boldsymbol{B}$ 之间的夹角. 由图 9.10 可知,$\mathrm{d}l\cos\theta=r\mathrm{d}\varphi$,代入上式可得

$$\oint_L \boldsymbol{B}\cdot \mathrm{d}\boldsymbol{l}=\oint Br\mathrm{d}\varphi=\frac{\mu_0 I}{2\pi}\oint \mathrm{d}\varphi$$

$$=\frac{\mu_0 I}{2\pi}2\pi=\mu_0 I$$

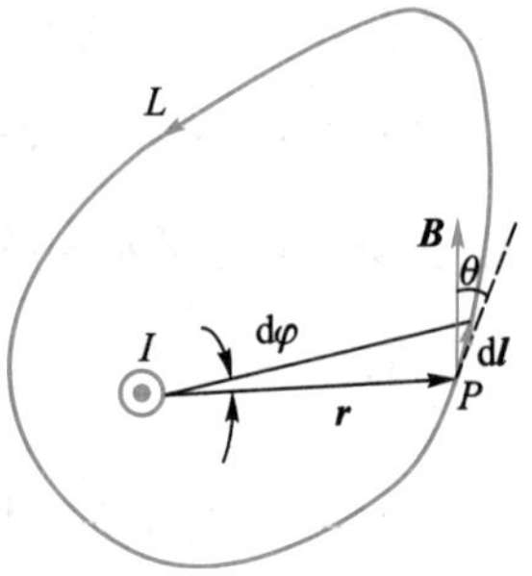

图 9.10

这个结果与上式相同. 应该注意到,如果电流与环路 L 的绕行方向组成左手螺旋关系,则上述环路积分等于 $-\mu_0 I$.

最后,我们考虑在垂直载流直导线的平面内不围绕电流 I 的任意一个闭合环路 L,如图 9.11 所示. 这时,从环路平面与载流直导线的交点处作 L 的切线,将 L 分成 L_1 和 L_2 两部分,沿图示方向计算 $\boldsymbol{B}$ 的线积分,有

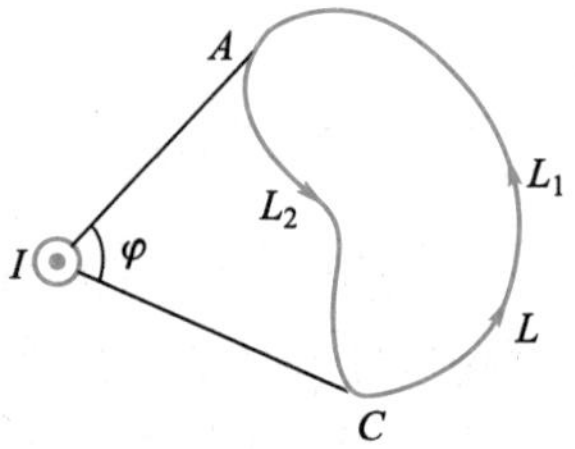

图 9.11

$$\oint_L \boldsymbol{B}\cdot \mathrm{d}\boldsymbol{l}=\oint_{L_1}\boldsymbol{B}\cdot \mathrm{d}\boldsymbol{l}+\oint_{L_2}\boldsymbol{B}\cdot \mathrm{d}\boldsymbol{l}$$
$$=\frac{\mu_0 I}{2\pi}\oint_{L_1}\mathrm{d}\varphi-\frac{\mu_0 I}{2\pi}\oint_{L_2}\mathrm{d}\varphi$$
$$=\frac{\mu_0 I}{2\pi}(\varphi-\varphi)=0$$

这就是说,不穿过闭合环路的电流 I 尽管在空间中产生了磁场,但对线积分 $\oint \boldsymbol{B}\cdot \mathrm{d}\boldsymbol{l}$ 的贡献为零.

以上我们仅对载流长直导线进行了讨论,并且把闭合环路限制在与导线垂直的平面内. 实际上,安培环路定理对任一恒定磁场中的任意闭合环路都是普遍成立的,它揭示出磁场与静电场的区别,磁场不是保守场,而是非保守场,即有旋场.

二、安培环路定理的应用

安培环路定理是恒定磁场的一条基本规律,有着深刻的含义和广泛的应用. 下面仅讨论如何利用它来求某些对称分布的电流的磁场.

[例 9.5] 求无限大平面电流的磁场分布.

[解] 如图 9.12(a)所示,无限大薄导体板,通过均匀的电流,且电流线密度大小为 α. 求导体平板周围的磁场. 根据电流分布的对称性,磁感应线如图 9.12(b)所示,磁感应线平行于板的平面,垂直于电流的方向.

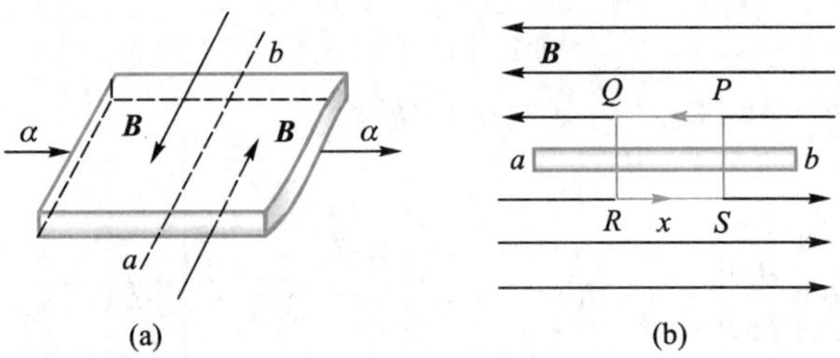

图 9.12

根据磁场分布的上述面对称性,选取安培环路 $RSPQR$ 作为积分环路 L,运用安培环路定理,即

$$\oint_L \boldsymbol{B}\cdot \mathrm{d}\boldsymbol{l}=\int_{RS}\boldsymbol{B}\cdot \mathrm{d}\boldsymbol{l}+\int_{SP}\boldsymbol{B}\cdot \mathrm{d}\boldsymbol{l}+\int_{PQ}\boldsymbol{B}\cdot \mathrm{d}\boldsymbol{l}+\int_{QR}\boldsymbol{B}\cdot \mathrm{d}\boldsymbol{l}$$
$$=Bx+0+Bx+0=2Bx=\mu_0\alpha x$$

可得

$$B=\frac{1}{2}\mu_0\alpha.$$

可见,在无限大导体平板电流的两侧磁场是均匀的,$\boldsymbol{B}$ 的大小相等,两侧的 $\boldsymbol{B}$ 的方向相反.

［例 9.6］ 求均匀载流无限长圆柱导体内外的磁场分布.

［解］ 如图 9.13(a)所示,圆柱体半径为 R,通过电流 I. 根据电流分布的对称性,磁感应线是在垂直于轴线平面内以该平面与轴线交点为中心的同心圆环,并与电流 I 组成右手螺旋,如图 9.13(b)所示.

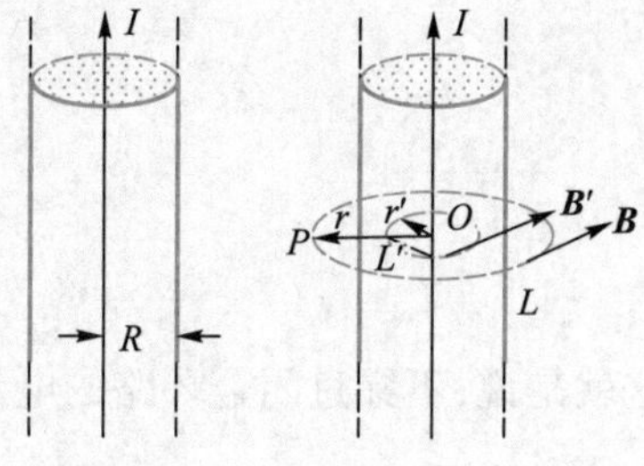

图 9.13

根据磁场分布的上述轴对称性,取通过场点 P 的以轴线为中心的圆作为积分环路 L,运用安培环路定理得

$$\oint_L \boldsymbol{B}\cdot \mathrm{d}\boldsymbol{l}=\oint_L B\mathrm{d}l=B\oint_L \mathrm{d}l$$
$$=B\cdot 2\pi r=\mu_0 I$$

可得

$$B=\frac{\mu_0 I}{2\pi r}\quad (r>R) \tag{9.18}$$

圆柱导体内(设导体内磁导率仍为 μ_0)的磁场,用同样的方法,与以上情况不同的是,当 $r<R$ 时导体中电流只有一部分通过积分环路 L',因为导体中的电流密度为 $j=I/\pi R^2$,而环路 L' 所包围的面积为 πr^2,所以穿过环路 L' 的电流为

$$\sum_{(L'内)} I_i=j\pi r^2=Ir^2/R^2$$

于是,有

$$\oint_{L'} \boldsymbol{B}\cdot \mathrm{d}\boldsymbol{l}=B\cdot 2\pi r=\mu_0\sum_{(L'内)} I_i=\mu_0 Ir^2/R^2$$

可得

$$B=\frac{\mu_0 Ir}{2\pi R^2}\quad (r<R)$$

由此可见,在圆柱导体内,B 与 r 成正比,在圆柱导体外,B 与 r 成反比,在 $r=R$ 处,B 的分布是连续的. B 随 r 的分布如图 9.14 所示.

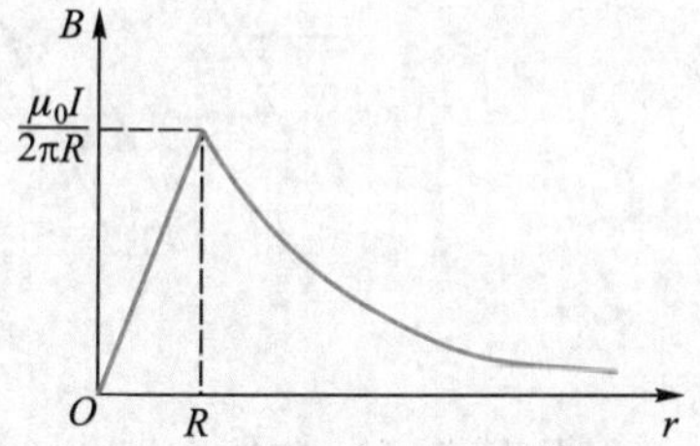

图 9.14

［例 9.7］ 求载流螺绕环的磁场分布.

［解］ 绕在圆环上的螺线形线圈称为螺绕环,如图 9.15(a)所示. 若环上线圈绕得很紧密,则磁场几乎集中在螺绕环内,环外磁场接近于零. 根据对称性,在与环共轴的圆周上,磁感应强度的大小相等,方向沿圆周的切线,即磁感应线是与环共轴的一系列同心圆,如图 9.15(b)所示. 设螺绕环的内半径为 R_1,外半径为 R_2,共有 N 匝线圈,通有电流 I. 取过场点 P 的磁感应线为积分环路 L,它是半径为 r 的圆. 由于环路 L 上各点 B 的大小相等,方向都与 $\mathrm{d}\boldsymbol{l}$ 一致(即沿圆的切线

方向)，所以根据安培环路定理有

$$\oint_L \boldsymbol{B} \cdot \mathrm{d}\boldsymbol{l} = \oint_L B\mathrm{d}l = B \cdot 2\pi r = \mu_0 NI$$

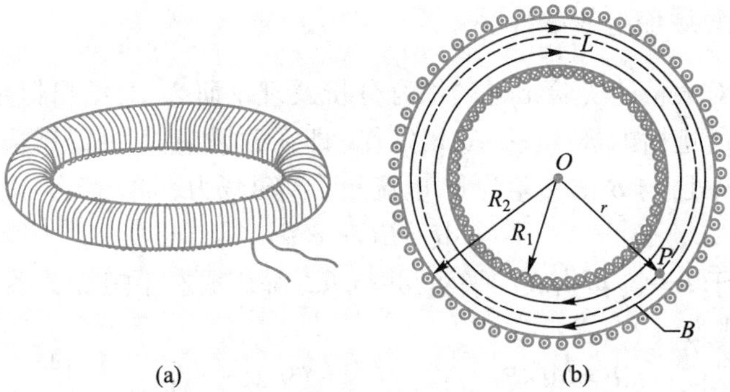

图 9.15

可得

$$B = \frac{\mu_0 NI}{2\pi r} \tag{9.19}$$

由此可见，在螺绕环的横截面上各点 $\boldsymbol{B}$ 的大小不同，B 与 r 成反比. 当 $r=R_1$ 时最大，$B_1=\mu_0 NI/2\pi R_1$；当 $r=R_2$ 时最小，$B_2=\mu_0 NI/2\pi R_2$.

当螺绕环很细时，即当 $R_2-R_1 \ll R_1$(或 R_2)时，环内各点的磁感应强度的大小近似相等，可以取 $R=(R_1+R_2)/2$ 为环的平均半径，用 $n=N/2\pi R$ 表示环上单位长度内的线圈匝数，这时(9.19)式可表示为

$$B = \frac{\mu_0 NI}{2\pi r} \approx \frac{\mu_0 NI}{2\pi R} = \mu_0 nI$$

这个结果与载流无限长直螺线管内的磁感应强度相同. 实际上，当环半径 R 趋于无限大而保持单位长度上线圈的匝数 n 不变时，螺绕环就过渡到了无限长直螺线管. 用安培环路定理可以证明，无限长直任意截面螺线管内各点均有与轴线上相同的磁感应强度 $B=\mu_0 nI$，即管内磁场是均匀的，而管外 $B=0$.

从以上讨论，可以看到安培环路定理计算电流场的磁场，要求恒定电流场要具有一定的对称性，才可能选取一个合适的安培环路 L，使线积分可积.

复习思考题

9.10 能否用安培环路定理求出一段有限长直载流导线的磁感应强度？为什么？

§9.5 磁场对电流的作用

如前所述，磁场的基本性质是对处于磁场中的运动电荷施以作用力. 在载流导

线中，电流是由自由电子的定向运动形成的，因此，如将载流导体置于磁场中，这些有定向运动的自由电子将会受到磁力作用. 通过导体内部自由电子与晶体点阵之间的相互作用，就会使导线在宏观上表现出受到了磁场的作用力.

一、磁场对载流导线的作用力

安培通过对大量的实验结果的综合分析及理论研究，总结出恒定磁场与电流元的相互作用所遵循的规律——安培定律. 即在磁场中，某处磁感应强度为 $\boldsymbol{B}$，电流元 $I\mathrm{d}\boldsymbol{l}$ 置于该处，与 $\boldsymbol{B}$ 的夹角为 φ，电流元受到磁场力，即安培力

$$\mathrm{d}F = IB\sin\varphi \mathrm{d}l \tag{9.20}$$

它的方向垂直于 $I\mathrm{d}\boldsymbol{l}$ 与 $\boldsymbol{B}$ 构成的平面，并与 $I\mathrm{d}\boldsymbol{l}$ 和 $\boldsymbol{B}$ 成右手螺旋关系，如图 9.16 所示. 写成矢量式为

$$\mathrm{d}\boldsymbol{F} = I\mathrm{d}\boldsymbol{l}\times\boldsymbol{B} \tag{9.21}$$

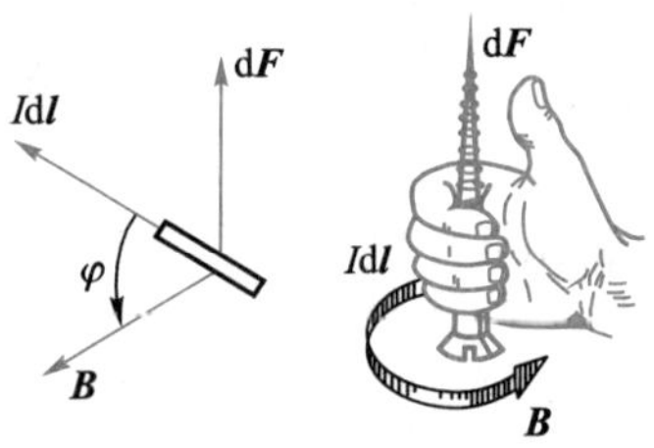

图 9.16

(9.21)式表达的电流元在恒定磁场中受到安培力遵循的规律称为**安培定律**.

对于有限长载流导线，处于恒定磁场中所受的安培力等于各电流元所受安培力的叠加，即

$$\boldsymbol{F} = \int_l \mathrm{d}\boldsymbol{F} = \int_l I\mathrm{d}\boldsymbol{l}\times\boldsymbol{B} \tag{9.22}$$

(9.22)式是矢量积分，如果导线上各电流元所受 $\mathrm{d}\boldsymbol{F}$ 的方向不一致，应先建立坐标系，写成 $\mathrm{d}\boldsymbol{F}$ 的分量式 $\mathrm{d}F_x$、$\mathrm{d}F_y$、$\mathrm{d}F_z$，再对这些分量式积分，即

$$F_x = \int \mathrm{d}F_x,\quad F_y = \int \mathrm{d}F_y,\quad F_z = \int \mathrm{d}F_z$$

最后写出 $\boldsymbol{F} = F_x\boldsymbol{i} + F_y\boldsymbol{j} + F_z\boldsymbol{k}$.

［**例 9.8**］ 在均匀磁场 $\boldsymbol{B}$ 中有一段弯曲导线 PQ，设 PQ 的有向线段为 $\boldsymbol{L}$，通有电流 I. 如图 9.17 所示. 求此段导线所受的磁场力.

［**解**］ 根据安培力公式(9.22)式

$$\boldsymbol{F} = \int_l I\mathrm{d}\boldsymbol{l}\times\boldsymbol{B}$$

$$= I\int_l \mathrm{d}\boldsymbol{l}\times\boldsymbol{B} = I\boldsymbol{L}\times\boldsymbol{B}$$

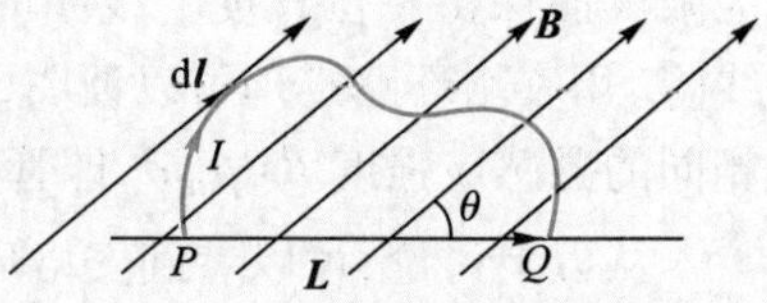

图 9.17

式中 $\int_l \mathrm{d}\boldsymbol{l}$ 是弯曲导线 PQ 上各长度元 $\mathrm{d}\boldsymbol{l}$ 的矢量和，它等于从 P 到 Q 的矢径 $\boldsymbol{L}$. 这说明整个弯曲导线在均匀磁场中所受的磁场力与路径无关，仅和始末位置有关. 在图示的情况下，$\boldsymbol{L}$ 和 $\boldsymbol{B}$ 均在纸平面内，因而，$\boldsymbol{F}$ 的大小为

$$F = ILB\sin\theta$$

$\boldsymbol{F}$ 的方向垂直纸面向外.

［例 9.9］ 如图 9.18 所示，半径为 R 的半圆形载流导线，电流强度为 I，放在磁感应强度为 $\boldsymbol{B}$ 的均匀磁场中，$\boldsymbol{B}$ 垂直于导线所在的平面. 求它所受的磁场力.

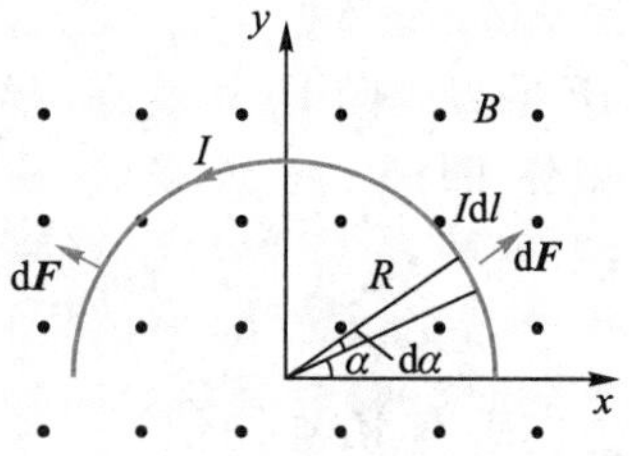

图 9.18

［解］ 在半圆电流上任取一电流元 $I\mathrm{d}\boldsymbol{l}$，它受到的磁场力大小$\left(\text{注意到 } I\mathrm{d}\boldsymbol{l} \text{ 和 } \boldsymbol{B} \text{ 之间的夹角为 } \dfrac{\pi}{2}\right)$为

$$\mathrm{d}F = BI\mathrm{d}l\sin\theta = BI\mathrm{d}l$$

$\mathrm{d}\boldsymbol{F}$ 的方向沿半径向外. 因各电流元所受磁场力 $\mathrm{d}\boldsymbol{F}$ 的方向各不相同，必须建立合适的坐标，并将 $\mathrm{d}\boldsymbol{F}$ 进行分解，见图 9.18 所示

$$\mathrm{d}F_x = \mathrm{d}F\cos\alpha = BI\mathrm{d}l\cos\alpha$$
$$= BIR\cos\alpha\mathrm{d}\alpha$$
$$\mathrm{d}F_y = \mathrm{d}F\sin\alpha = BIR\sin\alpha\mathrm{d}\alpha$$

从图 9.18 分析，根据 $\mathrm{d}F_x$的对称性

$$F_x = 0$$

整个电流在 y 方向受到的合力

$$F_y = \int \mathrm{d}F_y = BIR\int_0^{\pi}\sin\alpha\mathrm{d}\alpha = 2BIR$$

则

$$\boldsymbol{F} = F_y\boldsymbol{j} = 2BIR\boldsymbol{j}$$

直接应用例 9.8 的结论也可得到相同的结果

$$\boldsymbol{F} = I\boldsymbol{L}\times\boldsymbol{B} = I(-2R\boldsymbol{i})\times B\boldsymbol{k} = 2BIR\boldsymbol{j}$$

［例 9.10］ 一长直导线竖直放置，通有电流 I_1，其旁共面放置另一长度为 b 的刚性水平导线 MN，通有电流 I_2，M 端与竖直导线的距离为 a，如图 9.19(a)所示. 试求导线 MN 所受的作用力及对 O 点的力矩.

［解］ 如图 9.19(b)，取电流元 $I_2\mathrm{d}\boldsymbol{r}$，根据安培定律

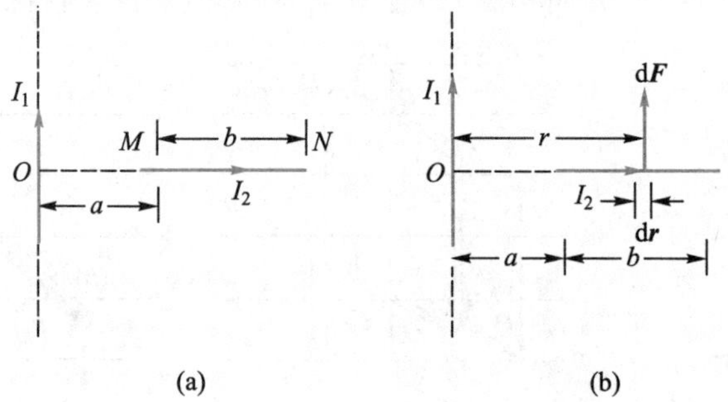

(a) (b)

图 9.19

$$\mathrm{d}F=I_2\mathrm{d}rB\sin\theta=I_2B\mathrm{d}r=\frac{\mu_0I_1I_2}{2\pi r}\mathrm{d}r$$

d$\boldsymbol{F}$ 的方向向上. 因为在 MN 导线上各电流元所受力的方向相同,求合力可用标量积分,即

$$F=\int\mathrm{d}F=\frac{\mu_0I_1I_2}{2\pi}\int_a^{a+b}\frac{\mathrm{d}r}{r}=\frac{\mu_0I_1I_2}{2\pi}\ln\frac{a+b}{a}$$

方向垂直 MN 向上.

对 O 点的力矩,首先计算 d$\boldsymbol{F}$ 对 O 点的力矩 d$\boldsymbol{M}$:

$$\mathrm{d}\boldsymbol{M}=\boldsymbol{r}\times\mathrm{d}\boldsymbol{F}$$

其大小为

$$\mathrm{d}M=r\mathrm{d}F\sin\theta=r\mathrm{d}F=r\frac{\mu_0I_1I_2}{2\pi r}\mathrm{d}r=\frac{\mu_0I_1I_2}{2\pi}\mathrm{d}r$$

d$\boldsymbol{M}$ 的方向垂直纸面向外. 由于各电流元所受的力矩 d$\boldsymbol{M}$ 的方向相同,故合力矩可用标量积分

$$M=\int\mathrm{d}M=\frac{\mu_0I_1I_2}{2\pi}\int_a^{a+b}\mathrm{d}r=\frac{\mu_0I_1I_2}{2\pi}b$$

方向垂直纸面向外.

二、磁场对载流平面线圈的作用

如果一个线圈的各个部分都处在一个平面上,则称它为平面线圈. 我们规定:若用弯曲的右手四指代表平面线圈中电流的方向,则伸直的拇指所指的方向就是载流平面线圈的法向单位矢量 $\boldsymbol{e}_n$ 的方向,如图 9.20 所示.

如图 9.21 所示,我们考虑一个边长分别为 l_1 和 l_2 的刚性载流矩形线圈,它可绕垂直磁场的轴自由转动,并设均匀磁场 $\boldsymbol{B}$ 与平面线圈的法向单位矢量 $\boldsymbol{e}_n$ 之间的夹角为 φ. 该线圈的 BC 和 DA 两边互相平行,电流方向相反,它们所受的力大小相等、方向相反,并作用在一条直线上,因此相互抵消. 然而,虽然 AB 和 CD 的两边所受到的力也是大小相等、方向相反,其合力也为零,但是由于这两个力的作用线不

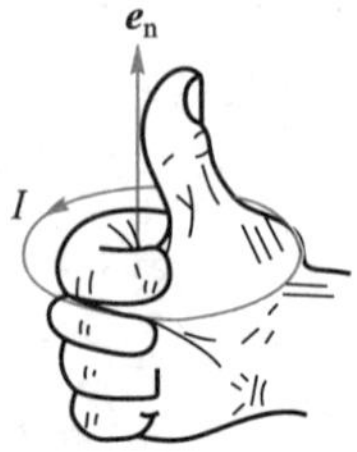

图 9.20

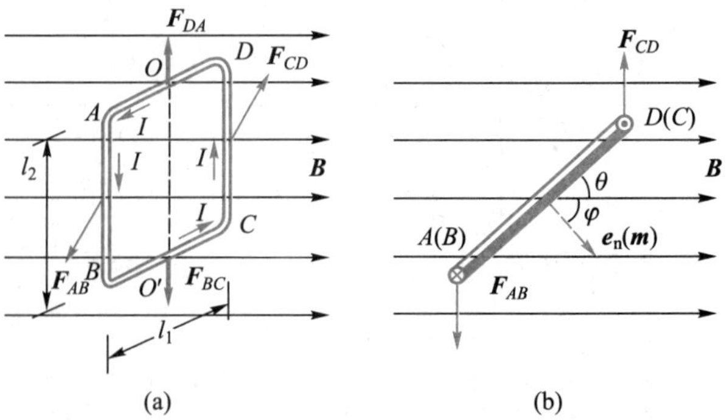

图 9.21

在一条直线上，因此形成了一个力偶．在这个力偶的作用下，线圈的法向 $\boldsymbol{e}_n$ 向磁场 $\boldsymbol{B}$ 的方向旋转．AB 和 CD 两边都与 $\boldsymbol{B}$ 垂直，它们所受的磁场力的大小为

$$F_{AB}=F_{CA}=Il_2B$$

它们形成力偶的力臂为 $l_1\sin\varphi$，因而线圈所受力矩的大小为

$$M=BIl_1l_2\sin\varphi=ISB\sin\varphi$$

其中 $S=l_1l_2$ 是平面线圈的面积．

令 $\boldsymbol{S}=S\boldsymbol{e}_n$，上式可写成矢量形式，即

$$\boldsymbol{M}=I\boldsymbol{S}\times\boldsymbol{B}=\boldsymbol{m}\times\boldsymbol{B}$$

如果是 N 匝线圈，那么线圈所受的总力矩为

$$\boldsymbol{M}=NI\boldsymbol{S}\times\boldsymbol{B}$$

上式中的 $NI\boldsymbol{S}$ 是只由线圈决定的量，称为线圈的磁矩，用 $\boldsymbol{m}$ 表示，即

$$\boldsymbol{m}=NI\boldsymbol{S}$$

所以，平面载流线圈在匀强磁场中所受到的磁力矩可以写成

$$\boldsymbol{M}=\boldsymbol{m}\times\boldsymbol{B} \tag{9.23}$$

在 SI 中，$\boldsymbol{m}$ 的单位是 $\mathrm{A\cdot m^2}$（安平方米），$\boldsymbol{B}$ 的单位是 T（特），$\boldsymbol{M}$ 的单位是 N · m（牛顿米）．

尽管(9.23)式是从矩形线圈这一特例导出的，然而可以证明，它也适用于任意形状的平面载流线圈，其原因是任意形状的平面载流线圈均可视为由无穷多个矩形平面载流线圈组成，而内部电流抵消后其总效果就是对任意平面载流线圈的电流的作用．

综上所述，任意形状的载流平面线圈，作为整体在均匀磁场中所受到的合力为零，因而不会发生平动，仅在磁力矩的作用下发生转动．而且，磁力矩总是力图使线圈的磁矩 $\boldsymbol{m}$ 转到和外磁场一致的方向上来．当 $\boldsymbol{m}$ 或 $\boldsymbol{e}_n$ 与 $\boldsymbol{B}$ 之间的夹角 $\varphi=\pi/2$ 时，所受到的磁力矩最大；当 $\varphi=0$ 或 π 时，所受到磁力矩为零．如果载流线圈处在非均匀磁场中，则线圈除了受到磁力矩的作用外，还受到合力的作用，线圈将向磁场强的地方，即 $\Delta\Phi>0$ 的方向运动．

［**例 9.11**］　求平行的无限长载流直导线间的相互作用．

［**解**］　如图 9.22 所示，两导线间的垂直距离为 a，导线中的电流分别为 I_1 和 I_2，导线 1 在导线 2 处产生的磁感应强度大小为

$$B_1=\frac{\mu_0I_1}{2\pi a}$$

方向与导线 2 垂直．根据安培定律，导线 2 的一段 $\mathrm{d}l_2$ 受到的安培力的大小为

$$\mathrm{d}F_{21}=I_2\mathrm{d}l_2B_1=\frac{\mu_0I_1I_2}{2\pi a}\mathrm{d}l_2$$

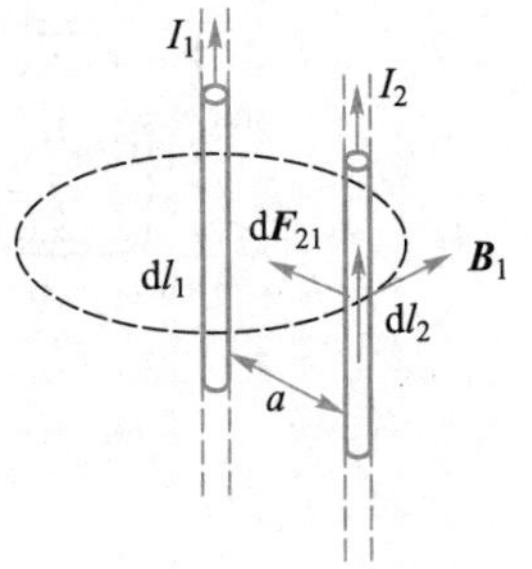

图 9.22

因此，单位长度导线所受到的作用力的大小为

$$f=\frac{dF_{21}}{dl_2}=\frac{\mu_0 I_1 I_2}{2\pi a}$$

其方向为:当两导线中的电流沿同方向时,磁相互作用力是吸引力;当电流沿反方向时,则是排斥力.

若两导线中的电流相等,即 $I_1=I_2$,则有

$$f=\frac{\mu_0 I^2}{2\pi a} \text{或} I=\sqrt{\frac{2\pi af}{\mu_0}} \tag{9.24}$$

若取 $a=1$ m,$f=2\times10^{-7}$ N · m^{-1},则有 $I=1$ A. 实际上,这就是 1948 年第 9 届国际计量大会正式规定的关于电流的单位"安培"的定义——在真空中,截面积可忽略的两根相距 1 m 的无限长平行圆直导线内通以等量恒定电流时,若导线间相互作用力在每米长度上为 2×10^{-7} N,则每根导线中的电流为 1 A.

三、磁场力的功

磁场力的功与我们的生活密切相关,因为这是电能转化为机械能的途径.

载流导线和载流线圈在磁场力和磁力矩的作用下运动时,磁场力就要做功. 下面从特例出发,导出磁场力和磁力矩做功的一般公式.

1. 载流导线在均匀磁场中运动时磁场力的功

如图 9.23(a)所示,一可滑动的通电导线在磁场力 $\boldsymbol{F}$ 的作用下,由 AB 位置移动到 $A'B'$位置时,磁场力 $\boldsymbol{F}$ 所做的功为

$$A=\boldsymbol{F}\cdot\Delta\boldsymbol{r}=F\,|AA'|=BIl\,|AA'|=BI\Delta S=I\Delta\Phi \tag{9.25}$$

ΔS 是导线扫过的面积,$\Delta\Phi$ 为导线移动过程中所切割的磁感应线的条数. 此式表明:当回路中电流不变时,磁力的功,等于回路电流乘以穿过回路所包围面积内的磁通量的增量.

2. 载流线圈在磁场中转动时磁力矩所做的功

如图 9.23(b)所示,一载流为 I 的线圈在均匀磁场中作顺时针方向转动,当线圈转动 $d\varphi$ 角时,磁力矩 $\boldsymbol{M}=\boldsymbol{m}\times\boldsymbol{B}$ 所做的元功为

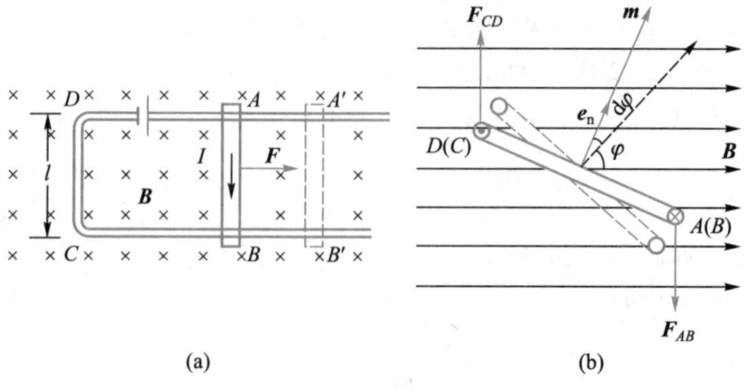

(a) (b)

图 9.23

$$dA=-Md\varphi=-BIS\sin\varphi d\varphi=Id(BS\cos\varphi)$$

负号是由于 $\boldsymbol{M}$ 的方向和角位移方向相反，或理解为因 $d\varphi<0$，而磁力矩是在做正功，所以前面加一负号．当线圈从 φ_1 转到 φ_2 时，磁力矩所做的总功为

$$A=\int dA=\int_{\Phi_1}^{\Phi_2} Id\Phi=I(\Phi_2-\Phi_1)=I\Delta\Phi \tag{9.26}$$

式中 Φ_1、Φ_2 分别表示穿过线圈始末位置时的磁通量．（9.25）式和（9.26）式含义一致．

3. 磁场力做功的一般表达式

设电流元 $I d\boldsymbol{l}$ 在磁场中 $d\boldsymbol{F}$ 的作用下发生位移 $d\boldsymbol{r}$，则磁力所做的功为

$$dA=d\boldsymbol{F}\cdot d\boldsymbol{r}=(Id\boldsymbol{l}\times\boldsymbol{B})\cdot d\boldsymbol{r}$$

上式按矢量运算法则可改写成

$$dA=(Id\boldsymbol{r}\times d\boldsymbol{l})\cdot\boldsymbol{B}=Id\boldsymbol{S}\cdot\boldsymbol{B}=Id\Phi$$

此处 $d\boldsymbol{S}=d\boldsymbol{r}\times d\boldsymbol{l}$，乃是电流元所扫过的面积元，而 $d\boldsymbol{S}\cdot\boldsymbol{B}$ 即是穿过此面元的磁通量 $d\Phi$，这一结果十分简单，因此，磁场力做功的一般表达式为

$$A=\int dA=\int_{\Phi_1}^{\Phi_2} Id\Phi \tag{9.27}$$

当 I 为常量时，（9.27）式为

$$A=I(\Phi_2-\Phi_1)=I\Delta\Phi \tag{9.28}$$

它与磁场是否均匀无关，磁场力的功是由电源提供的能量补偿的．

［例 9.12］ 一矩形载流线圈处于无限长直载流导线的磁场中，线圈平面与直导线共面，且有两边与直电流平行，如图 9.24 所示．已知 I_1、I_2、a 和 b，线圈匝数 N．试求：

（1）当矩形线圈的近边与直电流相距 d_1 时，I_1 产生的且通过线圈面积的磁通量和磁场对线圈的磁力；

（2）当线圈从离电流 d_1 平移到 d_2 过程中，磁力对线圈所做的功．

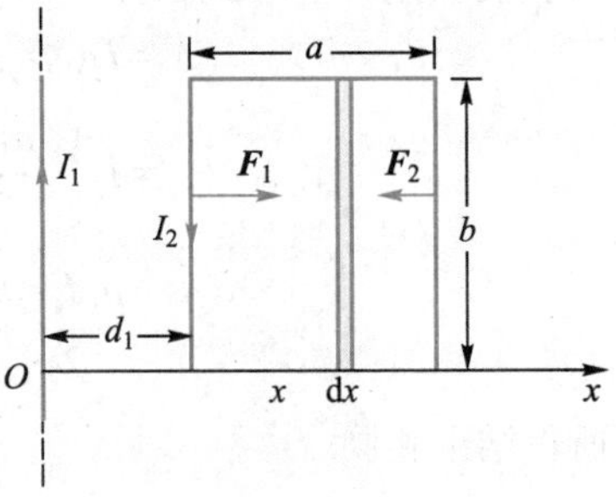

图 9.24

［解］ （1）建立如图的坐标系，在 x 处取宽度为 dx 长度为 b 的面积元，通过该面积元的磁通量为

$$d\Phi=\boldsymbol{B}\cdot d\boldsymbol{S}$$

$$=-B(x)b dx=-\frac{\mu_0 I_1}{2\pi x}b dx$$

其中负号是由于我们规定沿磁矩方向的磁通量为正．于是通过整个线圈的磁通量为

$$\Phi=\int d\Phi=-\frac{\mu_0 I_1 b}{2\pi}\int_{d_1}^{d_1+a}\frac{dx}{x}=-\frac{\mu_0 I_1 b}{2\pi}\ln\frac{d_1+a}{d_1}$$

两条垂直长直电流的电流段所受到的磁力相互抵消. 平移力等于两平行于长直电流的电流段所受的磁力之差,有

$$F=F_1-F_2=I_2b[B(d_1)-B(d_1+a)]$$

$$=\frac{\mu_0I_1I_2b}{2\pi}\left(\frac{1}{d_1}-\frac{1}{d_1+a}\right)=\frac{\mu_0I_1I_2ab}{2\pi d_1(d_1+a)}$$

(2) 从上式看出平移力 F 是变力. 当线圈近边距长直电流为 x 时,有

$$F(x)=\frac{\mu_0I_1I_2ab}{2\pi}\frac{1}{x(x+a)}$$

若该瞬时作位移 $\mathrm{d}x$,此过程中磁场力所做的元功为

$$\mathrm{d}A=F(x)\,\mathrm{d}x=\frac{\mu_0I_1I_2ab}{2\pi}\frac{\mathrm{d}x}{x(x+a)}$$

因此由 d_1 平移到 d_2 过程中,磁力所做的总功有

$$A=\int\mathrm{d}A=\frac{\mu_0I_1I_2ab}{2\pi}\int_{d_1}^{d_2}\frac{\mathrm{d}x}{x(x+a)}$$

$$=\frac{\mu_0I_1I_2ab}{2\pi}\left(-\frac{1}{a}\ln\frac{x+a}{x}\right)\Bigg|_{d_1}^{d_2}$$

$$=\frac{\mu_0I_1I_2b}{2\pi}\left(\ln\frac{d_1+a}{d_1}-\ln\frac{d_2+a}{d_2}\right)$$

或直接应用(9.28)式,有

$$A=I_2(\Phi_2-\Phi_1)$$

$$=I_2\left[\frac{\mu_0I_1b}{2\pi}\ln\frac{d_2+a}{d_2}-\left(\frac{\mu_0I_1b}{2\pi}\ln\frac{d_1+a}{d_1}\right)\right]$$

$$=\frac{\mu_0I_1I_2b}{2\pi}\left(\ln\frac{d_1+a}{d_1}-\ln\frac{d_2+a}{d_2}\right)$$

所得结果相同.

[例 9.13] 如图 9.25 所示,有一半径为 R,通有电流 I 的半圆形闭合线圈,置于均匀磁场中,磁感应强度 $\boldsymbol{B}$ 的方向与线圈平行. 求:

(1) 线圈所受的磁力矩;

(2) 在这力矩作用下线圈转过 $\frac{\pi}{2}$ 过程中,磁力矩所做的功.

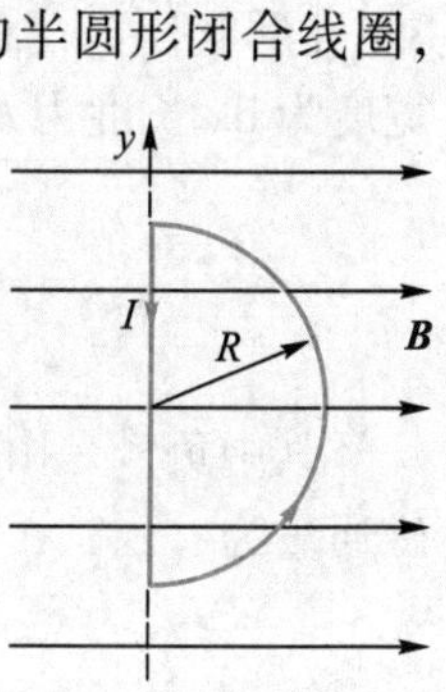

图 9.25

[解] 根据(9.23)式,有

(1) $|\boldsymbol{M}|=|\boldsymbol{m}\times\boldsymbol{B}|=|IS\boldsymbol{e}_\mathrm{n}\times\boldsymbol{B}|$

$$=I\cdot\frac{1}{2}\pi R^2B$$

方向沿 y 轴正向.

（2）根据(9.28)式,有

$$A=I\Delta\Phi=I\cdot\frac{1}{2}\pi R^2B$$

复习思考题

9.11 在均匀磁场中放置两个面积相等而且通有相同电流的线圈,一个是三角形,另一个是矩形,这两个线圈所受到的最大磁力矩是否相等？磁场力的合力是否相等？

9.12 式 $\mathrm{d}\boldsymbol{F}=I\mathrm{d}\boldsymbol{l}\times\boldsymbol{B}$ 中三个矢量,哪两个矢量始终是垂直的？哪两个矢量之间可以有任意角度？

9.13 一圆形导线回路,水平地放置在磁感应强度为 $\boldsymbol{B}$,方向竖直向上的均匀磁场中,问电流沿哪个方向流动时,导线回路处于稳定平衡状态？

§ 9.6 带电粒子在磁场中的运动

1821—1825 年法国物理学家安培提出磁场对载流导体之所以有力的作用,其关键在于导体通有电流,电流是由电荷的定向运动形成的. 因此,安培力是磁场对运动电荷作用力的宏观表现.

一、洛伦兹力

洛伦兹是荷兰物理学家,他于 1895 年提出了著名的洛伦兹力公式. 若粒子所带电荷量为 q,粒子的速度为 $\boldsymbol{v}$,磁感应强度为 $\boldsymbol{B}$,则洛伦兹力公式为

$$\boldsymbol{F}=q\boldsymbol{v}\times\boldsymbol{B} \tag{9.29}$$

文档:洛伦兹简介

$\boldsymbol{F}$ 的大小为

$$F=qvB\sin\theta$$

式中 θ 为 $\boldsymbol{v}$ 与 $\boldsymbol{B}$ 的夹角,θ 可以取 $0\sim\pi$ 之间任意大小,如图 9.26 所示. $\boldsymbol{F}$ 的方向垂直于 $\boldsymbol{v}$ 和 $\boldsymbol{B}$ 组成的平面,且对正电荷粒子,$\boldsymbol{F}$ 的方向满足右手螺旋定则. 洛伦兹力 $\boldsymbol{F}$ 的一个显著的特征,在于其方向始终与电荷的运动速度相垂直. 因而,洛伦兹力只能改变电荷速度的方向,而不能改变其大小. 由此可见,洛伦兹力是永远不会对运动电荷做功的.

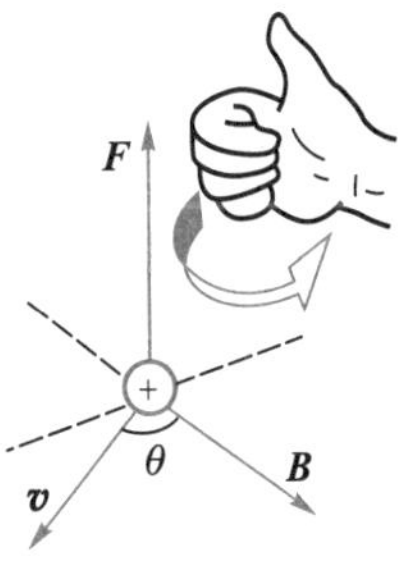

图 9.26

二、带电粒子在均匀电磁场中的运动

在均匀磁场中,带电粒子的运动状态与带电粒子进入磁场时的运动速度 $\boldsymbol{v}$ 有关,下面分别予以讨论(设带电粒子电荷量 $q>0$).

(1) 当 $\boldsymbol{v}/\!/\boldsymbol{B}$ 时夹角 $\theta=0$ 或 π,可知,$\boldsymbol{F}=q\boldsymbol{v}\times\boldsymbol{B}=0$,这时带电粒子在磁场中做匀速直线运动.

(2) 当 $\boldsymbol{v}\perp\boldsymbol{B}$ 时夹角 $\theta=\dfrac{\pi}{2}$,作用在粒子上的洛伦兹力 $\boldsymbol{F}$ 的大小为

$$F=qvB$$

由于 $\boldsymbol{F}$ 和 $\boldsymbol{v}$ 垂直,所以带电粒子进入磁场后,将作匀速圆周运动. 设圆轨道半径为 R,因此有

$$qvB=m\frac{v^2}{R}$$

所以

$$R=\frac{mv}{qB} \tag{9.30}$$

R 称为带电粒子的回转半径. 而回转周期为

$$T=\frac{2\pi R}{v}=\frac{2\pi m}{qB} \tag{9.31}$$

式中$\dfrac{q}{m}$称为带电粒子的比荷(即荷质比). 可以看出对一定的带电粒子,$\dfrac{q}{m}$是一定的,所以当 $\boldsymbol{B}$ 一定时,带电粒子的速度越大,则圆轨道半径也越大. 而带电粒子做圆周运动的周期与粒子的速度无关. 这一点在研究粒子、核物理中都有着重要的应用.

(3) v 以任意角度 θ 入射时,我们可把 $\boldsymbol{v}$ 分解成两个分矢量:平行于 $\boldsymbol{B}$ 的分矢量 $v_{/\!/}=v\cos\theta$ 和垂直于 $\boldsymbol{B}$ 的分矢量 $v_{\perp}=v\sin\theta$. 由于磁场的作用,垂直于 $\boldsymbol{B}$ 的速度分矢量不改变大小、而仅改变方向,也就是说,带电粒子在垂直于磁场的平面内做匀速圆周运动. 但由于同时有平行于 $\boldsymbol{B}$ 的速度分矢量 $v_{/\!/}$($v_{/\!/}$不受磁场的影响,保持不变),所以带电粒子的轨道是螺旋线. 螺旋线的半径是

$$R=\frac{mv_{\perp}}{qB}$$

螺距为

$$h=v_{/\!/}T=v_{/\!/}\frac{2\pi m}{qB} \tag{9.32}$$

下面讨论电场和磁场同时存在的情况.

带电粒子在均匀电场和磁场中的运动,带有电荷量 q 的粒子在静电场中受到的电场力为

$$\boldsymbol{F}_{\mathrm{e}}=q\boldsymbol{E}$$

具有速度 $\boldsymbol{v}$ 的带电粒子在磁场中受到的磁场力为

$$\boldsymbol{F}_{\mathrm{m}}=q\boldsymbol{v}\times\boldsymbol{B}$$

根据牛顿第二定律,则质量为 m 的带电粒子的运动方程(设重力可略去不计)

$$q\boldsymbol{E}+q\boldsymbol{v}\times\boldsymbol{B}=m\boldsymbol{a}$$

式中 $\boldsymbol{a}$ 表示粒子的加速度. 在一般的情况下，求解这一方程是比较复杂的. 下面我们讨论几种简单而重要的情况.

（1）磁聚焦：一电子束通过一横向电场后，进入一纵向均匀磁场，电子在磁场中的运动轨道即为一螺旋线. 通常在一组平行板上加一交变电压以产生横向电场，用一载流长直螺线管产生纵向的均匀磁场，如图 9.27 所示. 由于电子在螺线管中回转一周的周期与电子的运动速度无关，则以不同速度沿不同半径螺旋线运动的电子（电子的速度水平分量是相同的）在同一段时间里前进同一个螺距. 如果电子在磁场中运动的纵向路径长度为 l，调节 $\boldsymbol{B}$，使比值 $\dfrac{l}{v_{0x}T}=n$ 为一整数，则由于横向电场作用而散开的电子束又会聚于一点，可以在电子射线管的荧光屏上观察到一个细小的亮点，这就是磁聚焦. 电子的纵向速度 v_{0x} 可以由电子枪的加速电压 U 求得

$$\frac{1}{2}mv_{0x}^2=eU$$

$$T=\frac{2\pi m}{eB}$$

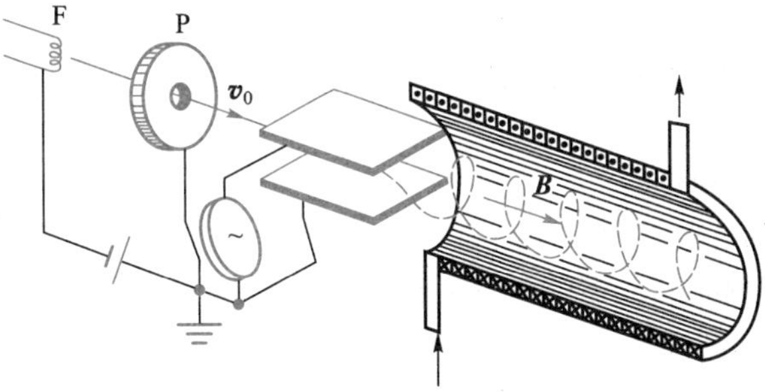

图 9.27

用此方法可以测得电子的比荷

$$\frac{e}{m}=\frac{8\pi^2n^2}{B^2l^2}U$$

（2）速度选择器：带电粒子在相互垂直的电场和磁场中运动.

在亥姆霍兹线圈中放一对平行板电极，即可形成相互垂直的均匀电场和均匀磁场（图 9.28），如果带电粒子沿图示的方向以速度 $\boldsymbol{v}$ 进入场中，则带电运动粒子同时受到电场力和磁场力的作用. 如果带电粒子的速度满足条件 $vB=E$（即 $F_{\mathrm{m}}=F_{\mathrm{e}}$），则粒子将无偏转地通过平行板电极的缝隙继续沿直线运动，好像电场与磁场并不存在一样. 其他速度的带电粒子将发生偏转而落到电极板上. 因此，这种装置称为速度选择器.

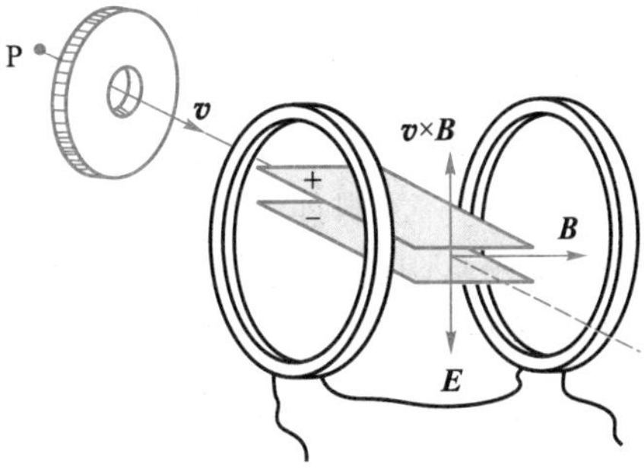

图 9.28

（3）质谱仪：倍恩勃立奇（Bainbridge）质

谱仪的构造如图 9.29 所示. 其工作原理是:离子源 P 所产生的离子,经过窄缝 S_1 和 S_2 之间的加速电场加速后射入速度选择器,速度选择器中的电场强度 $\boldsymbol{E}$ 和磁感应强度 $\boldsymbol{B}$ 都垂直于离子速度 $\boldsymbol{v}$,且 $\boldsymbol{E}\perp\boldsymbol{B}$. 通过速度选择器的离子接着进入均匀磁场 $\boldsymbol{B}_0$ 中,它们沿着半圆周运动而达到记录它们的照相底片上形成谱线. 如果测得谱线 A 到入口处 S_0 的距离 x,我们就可测出此谱线相应的离子的质量 m.

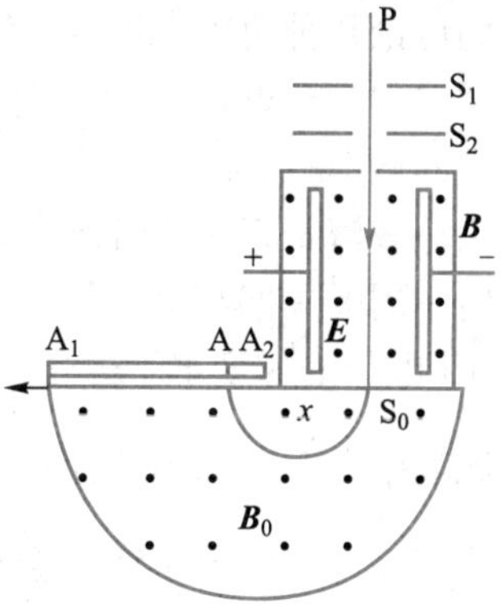

图 9.29

(i)速度选择器的作用:速度选择器是用来调节离子到入口 S_0 的速度的大小.

为使具有一定速度大小的离子沿原方向前进而通过窄缝 S_0,应调节电场强度 $\boldsymbol{E}$ 或磁感应强度 $\boldsymbol{B}$,使离子所受到的电场力和洛伦兹力互相平衡,即

$$qE=qvB$$

由此可见,通过速度选择器的离子的速率为

$$v=\frac{E}{B}$$

通过调节电场强度 E 和磁感应强度 B 就可控制通过窄缝 S_0 处入射离子的速度.

(ii)质谱分析的原理.

如图 9.29 所示,图下方为一均匀磁场,在左边配有记录离子的照相底片,其原理是测定离子的回转半径,所记录下的该离子在底片上的谱线 A 到入口处 S_0 的距离 x,恰好等于离子圆周运动的直径. 于是,利用(9.30)式可得

$$x=2R=\frac{2mv}{qB_0}=\frac{2mE}{qB_0B}$$

$$m=\frac{qB_0Bx}{2E}$$

对于质谱仪来说 $\boldsymbol{E}$、$\boldsymbol{B}$ 和 $\boldsymbol{B}_0$ 都是固定的. 假定每个离子的电荷量 q 相同时,由 x 的大小就可以确定离子的质量 m. 如果这些离子中有不同质量的同位素,它们的轨道半径就不一样,所以质量不同的离子,将分别射到底片上不同的位置,形成若干线谱状的细条纹. 每一条纹相当于一定质量的离子,从条纹的位置 x,可以推算出轨道半径 R,从而算出它们的相应质量. 所以这种仪器称为质谱仪.

演示实验:阴极射线管

[例 9.14] 电子比荷(e/m)的测定.

[解] 汤姆孙测定电子比荷(又称为荷质比)的装置示意图如图 9.30(a)所示. 电子从阴极 K 射出后,受到阴极 K 和阳极 A 之间加速电场的作用,再穿过 A′中心的小孔,而进入电场和磁场同时存在的区域. P_1、P_2 是两块平行板,加上电压后,两板间就有一个电场强度为 $\boldsymbol{E}$ 的匀强电场,$\boldsymbol{E}$ 的方向竖直向下. 在这个区域内还有一个磁感应强度为 $\boldsymbol{B}$ 的匀强磁场,磁场的方向垂直于纸面向里,显然 $\boldsymbol{E}$ 和 $\boldsymbol{B}$ 的方向相互垂直. 因此从阳极板中心小孔射出的电子流的运动方向既垂直于 $\boldsymbol{E}$

又垂直于 $\boldsymbol{B}$.

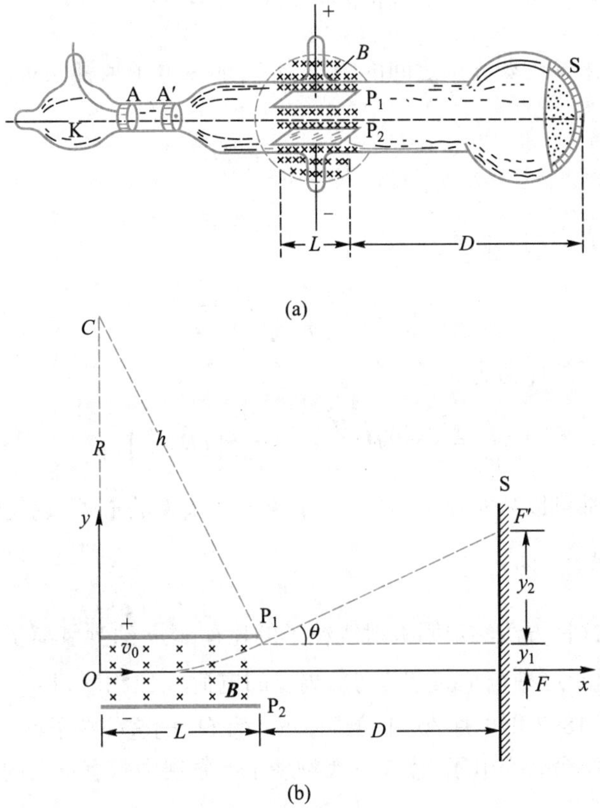

图 9.30

设电子沿 x 方向以初速 $\boldsymbol{v}_0$ 入射时. 电子若仅在电场力 $\boldsymbol{F}_e=-e\boldsymbol{E}$ 的作用下,它将向上偏转而达荧光屏 S 上的 F'点. 而电子在磁场力 $\boldsymbol{F}_m=-e\boldsymbol{v}_0\times\boldsymbol{B}$ 的作用下将向下偏转,当这两个力的方向相反且大小相等时,即

$$eE=ev_0B$$

电子受到的合外力为零,电子将以 $v_0=E/B$ 的速率到达荧屏的中点 F. ($\boldsymbol{E}$ 和 $\boldsymbol{B}$ 是可调节的.)

当质量为 m_0、速率为 v_0 的电子沿 x 方向进入 P_1、P_2 两板间时,可知在电场作用下离开两极时,在 y 方向偏离的距离为

$$y_1=\frac{1}{2}at^2=\frac{1}{2}\frac{eE}{m_0}\left(\frac{L}{v_0}\right)^2$$

电子离开两板时,在 y 方向的速度则为

$$v_y=at=\frac{eE}{m_0}\frac{L}{v_0}$$

而它的运动方向和原来的运动方向之间的夹角,即偏离 x 轴的角为

$$\theta=\arctan\frac{v_y}{v_0}=\arctan\frac{eEL}{m_0v_0^2}$$

设两板的末端到荧光屏之间的距离为 D,那么电子离开两板后,在 y 方向继续偏离的距离为

$$y_2=D\tan\theta=\frac{eELD}{m_0v_0^2}$$

电子在 y 方向的总偏离则为

$$y=y_1+y_2=\frac{eE}{m_0v_0^2}\left(LD+\frac{L^2}{2}\right)$$

从上式可得电子的比荷为

$$\frac{e}{m_0}=\frac{v_0^2}{E}y\left(LD+\frac{L^2}{2}\right)^{-1}=\frac{E}{B^2}y\left(LD+\frac{L^2}{2}\right)^{-1}$$

上式右边各量都可以从实验中测出. 对于速度不太大的电子,现代的实验结果为 $\frac{e}{m_0}=1.759\times10^{11}\ \mathrm{C\cdot kg^{-1}}$.

汤姆孙用这种方法测定阴极射线粒子的比荷 e/m 约为氢离子比荷 e_H/m_H 值的 2 000 倍. 由于这种粒子的电荷与氢离子的电荷 e_H 值相同,其质量 m 微小程度是显而易见的. 1897 年 4 月 30 日汤姆孙正式宣布,把这种粒子称为“微粒”,后来人们把这种微粒命名为电子,这在近代物理学的发展中具有重大的意义.

[**例 9.15**] 回旋加速器是获得高速粒子的一种装置,其基本原理就是利用了回旋周期与粒子速率无关的性质. 如图 9.31 所示. 回旋加速器的主要部分是两个金属半圆形盒 D_1 和 D_2 作为电极,放在高真空的容器中. 然后将它们放在电磁铁所产生的强大磁场 B 中,磁场方向与半圆形盒 D_1 和 D_2 的平面垂直. 当两电极间加上高频交流电压时,两电极缝隙之间就产生高频交变电场 $\boldsymbol{E}$,致使极缝间电场的方向在相等的时间间隔内迅速地交替改变,用以加速带电粒子. 试分析回旋加速器的基本工作原理.

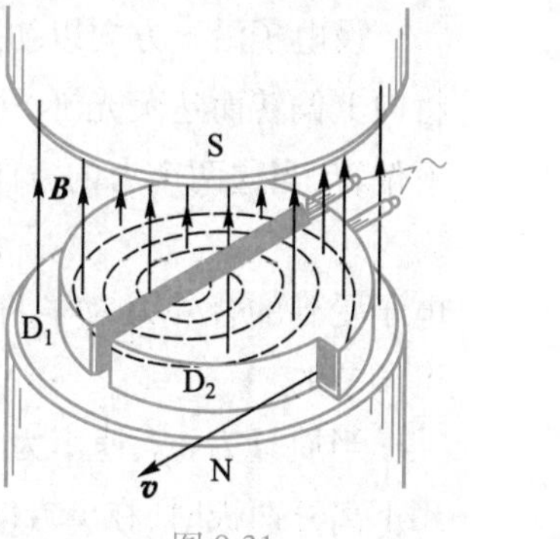

图 9.31

[**解**] 设想正当 D_2 电极的电势高于 D_1 时,从离子源 O 发出一个带正电的粒子,它在缝隙中被加速,以速率 v_1 进入 D_1 内部. 由于电屏蔽效应,在每个 D 形盒的内部电场很弱,只受到均匀磁场的作用,粒子绕过回旋半径为 $R_1=mv_1/qB$ 的半个圆周后又回到缝隙. 如果这时的电场恰好反向,即交变电场的周期恰好为 $T=2\pi m/qB$,则正粒子又将被加速,以更大的速率 v_2 进入 D_2 盒内,绕过回旋半径为 $R_2=mv_2/qB$ 的半个圆周后再次回到缝隙. 虽然 $R_2>R_1$,但绕过半个圆周所用的

时间和粒子速率无关却都是一样的，它们都等于回旋周期 T 的一半，即 $T/2=\pi m/qB$. 这样，带正电的粒子，在交变电场和均匀磁场的作用下，继续不断地被加速，沿着螺旋轨迹逐渐趋近 D 形盒的边缘，用致偏电极可以将已达到预期速率的粒子通过铝箔覆盖的小窗，被引出加速器，供实验用.

设 D 形盒的半径为 R，当粒子到达半圆盒的边缘时，此时粒子的最终速率为

$$v_{\max}=\frac{qBR}{m}$$

粒子的动能为

$$E_{\mathrm{k}}=\frac{1}{2}mv_{\max}^{2}=\frac{q^{2}B^{2}R^{2}}{2m}$$

从上式可以看出，某一带电粒子在回旋加速器中所获得的动能，与电极半径的平方成正比，与磁感应强度 $\boldsymbol{B}$ 的大小的平方成正比.

通常称这类回旋加速器为经典回旋加速器，它的最高能量限于每粒子 20 MeV，为了提高它的能量上限，发展了调频回旋加速器和等时性回旋加速器.

[例 9.16] 氢原子中的电子，以质子为中心在半径为 R 的圆轨道上运动，假设电子处在磁场 $\boldsymbol{B}_0$ 中，电子的轨道平面与 $\boldsymbol{B}_0$ 正交.

(1) 如果电子轨道运动的磁矩 $\boldsymbol{m}$ 与 $\boldsymbol{B}_0$ 平行，则电子绕转的频率是增加还是减少（假定磁场不引起轨道半径的变化）？若 $\boldsymbol{m}$ 与 $\boldsymbol{B}$ 反平行，则结果如何？

(2) 从上述的讨论，能得出什么结论？

[解] (1) 设电子电荷为 $-e$、质量为 m. 电子与质子间的库仑力大小为

$$F_{\mathrm{e}}=\frac{1}{4\pi\varepsilon_0}\frac{e^2}{R^2}$$

若无磁场的作用

$$\frac{1}{4\pi\varepsilon_0}\frac{e^2}{R^2}=m(\omega^2R)=m(2\pi\nu_0)^2R$$

所以

$$\nu_0=\frac{e}{(16\pi^3\varepsilon_0 mR^3)^{1/2}}$$

式中 ν_0 是电子在无外磁场作用下的绕转频率.

注意，电子带负电，故 $\boldsymbol{m}$ 与绕行角速度 $\boldsymbol{\omega}$ 的方向相反，$\boldsymbol{\omega}$ 的方向与电子绕行方向成右手螺旋关系.

若 $\boldsymbol{m}/\!/\boldsymbol{B}_0$ 时，电子同时还受到沿径向向外的洛伦兹力，则合力为

$$F_{\mathrm{e}}-F_{\mathrm{L}}=m\omega^2R=m(2\pi\nu)^2R$$

可知 $$\nu<\nu_0$$

若 $\boldsymbol{m}/\!/(-\boldsymbol{B}_0)$ 时，电子同时还受到沿径向向内的洛伦兹力，则合力为

$$F_e+F_L=m\omega^2R=m(2\pi\nu)^2R$$

可知 $$\nu>\nu_0$$

(2) 若 $\boldsymbol{m}/\!/\boldsymbol{B}_0$,因 $\nu<\nu_0$,则轨道电流 I 减小,故电子的轨道磁矩 $\boldsymbol{m}$ 减小,由于 $\boldsymbol{m}$ 与 $\boldsymbol{B}_0$ 同方向,所以附加磁矩 $\Delta\boldsymbol{m}$ 与 $\boldsymbol{B}_0$ 方向相反.

若 $\boldsymbol{m}/\!/(-\boldsymbol{B}_0)$,因 $\nu>\nu_0$,则轨道电流 I 增大,故电子磁矩增大,由于 $\boldsymbol{m}$ 与 $\boldsymbol{B}_0$ 的方向相反,所以附加磁矩 $\Delta\boldsymbol{m}$ 与 $\boldsymbol{B}_0$ 方向相反,如图 9.32 所示.

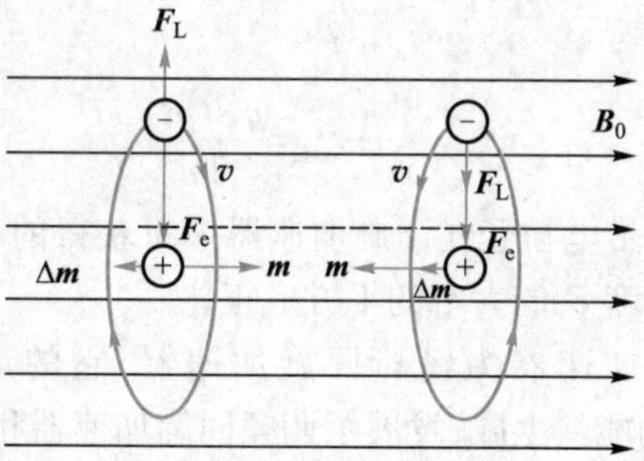

图 9.32

由此可得出结论如下:外磁场 $\boldsymbol{B}_0$ 对原子中电子所引起的附加磁矩 $\Delta\boldsymbol{m}$,总是与外磁场 $\boldsymbol{B}_0$ 的方向相反. 这一结论可用来解释抗磁效应.

三、霍尔效应

当载有电流 I 的金属导体或半导体放在磁感应强度为 $\boldsymbol{B}$ 的均匀磁场中,使磁场方向与电流方向垂直,则在与磁场和电流二者垂直的方向上出现横向电势差,见图 9.33. 这一现象早在人们认识洛伦兹力以前,于 1879 年美国科学家霍尔在实验中发现,称为霍尔效应. 把横向电势差称为霍尔电势差或霍尔电压.

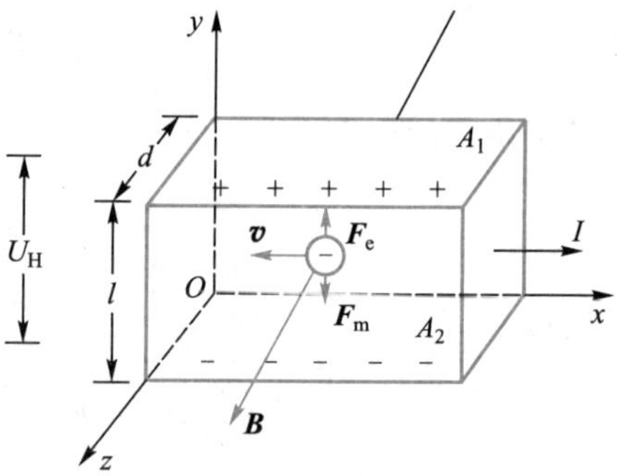

图 9.33

霍尔效应,是因外加磁场使漂移运动的电子或运动的带电粒子发生横向偏转而形成的. 若载流薄片宽为 l,厚为 d,外磁场 $\boldsymbol{B}$ 垂直于薄片表面,设载流子的电荷量 q 为负,则在洛伦兹力的作用下 A_2 面聚积负电荷,同时 A_1 面显示出有多余的正电荷,出现了横向电场,称为霍尔电场. 当电荷聚积到作用在载流子上的电场力和洛伦兹力大小相等、方向相反时,电荷就不再继续增加,由平衡条件可得

$$qvB=qE$$

即霍尔电场的大小为

$$E_H=vB$$

霍尔电压为

$$U_H = lE_H = lvB$$

若载流子的数密度为 n，则由于

$$I = nqvS = nqvld$$

故霍尔电压为

$$U_H = \frac{IB}{nqd} = R_H \frac{IB}{d} \tag{9.33}$$

式中 $R_H = \frac{1}{nq}$ 称为霍尔系数，由薄片的材料性质所决定.

通过对霍尔系数的实验测定，可以判定导电材料的性质. 对于金属，n 一般很大（约 $10^{22}\ \mathrm{m}^{-3}$），因此金属的霍尔系数很小，霍尔效应不明显. 但半导体的 n 较小，霍尔效应明显. 由测定半导体的霍尔电压的正负可以判断半导体的载流子种类，并计算出载流子浓度. 另外还可以通过霍尔电压来测定 $\boldsymbol{B}$ 的大小.

复习思考题

9.14 如果我们想让一个质子在地磁场中一直沿着赤道运动，我们是向东发射它呢？还是向西发射它呢？

9.15 在磁场方向和电流方向一定的条件下，导体所受的安培力的方向与载流子的种类有无关系？霍尔电压的正负与载流子的种类有无关系？

§9.7 磁介质及其磁化特性

我们已经知道，电介质放入电场中后，要产生附加电场，因而电介质改变空间电场的分布，电场与电介质相互作用、相互影响，与此类似，将磁介质放入磁场中，也要产生附加磁场，磁场与磁介质亦相互作用，相互影响.

一、相对磁导率 磁导率

磁介质是指放在磁场中经过磁化后能反过来影响原来磁场的物质. 实验表明，当把磁介质放入磁场中时，磁介质将被磁化，磁化后的磁介质要产生附加磁场 $\boldsymbol{B}'$，从而使有介质后的磁场 $\boldsymbol{B}$ 与真空时的磁场 $\boldsymbol{B}_0$ 不同. 根据叠加原理，有

$$\boldsymbol{B} = \boldsymbol{B}_0 + \boldsymbol{B}' \tag{9.34}$$

$\boldsymbol{B}$ 的大小和方向不仅与外磁场有关，还取决于磁介质的性质以及它在空间的分布情况.

实验还发现，对不同的磁介质，$\boldsymbol{B}$ 与 $\boldsymbol{B}_0$ 的比值不同，我们把此比值定义为该磁介质的相对磁导率，以 μ_r 表示，即

$$\mu_r = \frac{B}{B_0} \tag{9.35}$$

μ_r 取决于磁介质本身的性质，是一个量纲为 1 的物理量，可以用它描述磁介质磁化

后对磁场的影响，μ_r 与原来磁场 $\boldsymbol{B}_0$ 无关.

我们又定义 $\mu=\mu_r\mu_0$，μ 称为磁介质的**磁导率**，它是只取决于磁介质本身性质的物理量，在国际单位制中，μ 与 μ_0 的单位相同，都是 $Wb \cdot A^{-1} \cdot m^{-1}$（韦[伯]每安米）或 $H \cdot m^{-1}$（亨[利]每米）.

二、磁介质的分类

实验表明，磁介质可以分为三类：

（1）顺磁质，即 $\mu_r>1$ 的磁介质，在顺磁质中，磁化使得磁场加强，即 $\boldsymbol{B}>\boldsymbol{B}_0$，亦即 $\boldsymbol{B}'$ 与 $\boldsymbol{B}_0$ 同方向，例如空气、氧、铝、铬、铂等都是顺磁介质.

（2）抗磁质，即 $\mu_r<1$，在抗磁质中，磁化使得磁场减弱，即 $\boldsymbol{B}<\boldsymbol{B}_0$，亦即 $\boldsymbol{B}'$ 与 $\boldsymbol{B}_0$ 反方向，例如水、氢、铜、铅、水银等都是抗磁质.

（3）铁磁质，即 $\mu_r\gg1$，在铁磁质中，磁化使得磁场大大加强，B 可达到 B_0 的千倍（10^3）乃至兆倍（10^6），例如铁、钴、镍以及铁氧体等都是铁磁质.

由于铁磁质能显著地增强磁场，通常把它称为强磁性物质. 从表 9.1 可以看出，顺磁质和抗磁质对磁场的影响都极其微弱，因此常把它们称为弱磁性物质.

表 9.1 几种磁介质的相对磁导率

磁介质种类		相对磁导率
顺磁质 $\mu_r>1$	氧（293 K）	$1+344.9\times10^{-5}$
	铝（293 K）	$1+1.65\times10^{-5}$
	铂（293 K）	$1+26\times10^{-5}$
抗磁质 $\mu_r<1$	氢（101.325 kPa）	$1-0.63\times10^{-5}$
	铜（293 K）	$1-1.0\times10^{-5}$
	汞（293 K）	$1-2.9\times10^{-5}$
铁磁质 $\mu_r\gg1$	纯铁	5×10^3（最大值）
	硅钢	7×10^3（最大值）
	坡莫合金	1×10^5（最大值）

三、顺磁性和抗磁性的微观解释

物质的磁性可以用物质分子的电结构予以解释.

根据物质的电结构学说，在构成物质的分子或原子中，电子都参与两种运动，一是绕核进行轨道运动，为简单计，把它看成是一个圆电流，具有一定的轨道磁矩；二是电子本身固有的自旋，相应地也有自旋磁矩. 一个分子中所有电子的各种磁矩的矢量和构成这个分子的固有磁矩 $\boldsymbol{m}$（原子核也有自旋磁矩，但比电子磁矩小 3 个数量级，一般情况下可不加考虑）. 这个分子固有磁矩可以看成是由一个等效的圆形分子电流 $i_{分}$ 产生的. 研究表明：一般物质可能有两种情况，一种是构成物质的原子或分子,由于电子的轨道磁矩和自旋磁矩相互抵消,总磁矩为零,在外磁场中磁化,产生与外磁场相反的附加磁矩,使总磁场在介质内减小,这就是抗磁质. 另一种是构成物质的原子或分子总磁矩不为零,即原子或分子具有固有磁矩,在无外磁场时,由于分子的热运动,这些固有磁矩的取向是无规则的,因而在任意宏观小体积元内总磁矩仍为零,当有外磁场时,固有磁矩将不同程度转向外磁场方向,形成沿外磁场方向的取向磁化,使总磁场增大,这就是顺磁性产生的原因,此时虽然产生抗磁性的附加磁矩也存在,但由于附加磁矩与分子固有磁矩相比小 5 个数量级,因而总体上表现为顺磁性.

四、铁磁质磁化规律及其微观解释

铁、钴、镍和它们的一些合金具有明显而特殊的磁性,首先是它们的相对磁导率 μ_r 都比较大,其数量级为 $10^2 \sim 10^3$,有些甚至 10^6 以上,且随磁场的强弱发生变化;其次是它们都有明显的磁滞效应. 这是铁磁质所具有的明显特征.

用实验研究铁磁质的性质时通常把铁磁质试样做成环状,外面绕上若干匝线圈(图 9.34),线圈中通入电流后,磁介质就被磁化. 当这励磁电流为 I 时,环中的磁场强度 H 为

$$H=\frac{NI}{2\pi r}$$

式中 N 为环上线圈的总匝数,r 为环的平均半径. 这时环内的 B 用磁强计测定(见下一章),于是可得一组对应的 $\boldsymbol{H}$ 和 $\boldsymbol{B}$ 的值,改变电流 I,可以依次测得许多组 $\boldsymbol{H}$ 和 $\boldsymbol{B}$ 的值,这样就可以绘出一条关于试样的 $B-H$ 关系曲线以表示试样的磁化特点. 这样的曲线叫磁化曲线.

实验开始时,$I=0$,未经磁化的试样中 $H=0$,$B=0$,当逐渐增大电流 I 时,从而逐渐增大 H. 随着 H 的增大,开始时 B 增加较慢,见图 9.35(OP 段),接着 B 很快地增加(PQ 段);但过 Q 点后,B 增加减慢了;过了 S 点,再增加 H,B 几乎不再增加,这时铁磁质试样到达了一种磁饱和状态. 从 O 到达饱和状态 S 这一段$B-H$曲线,称为铁磁质试样的磁化曲线.

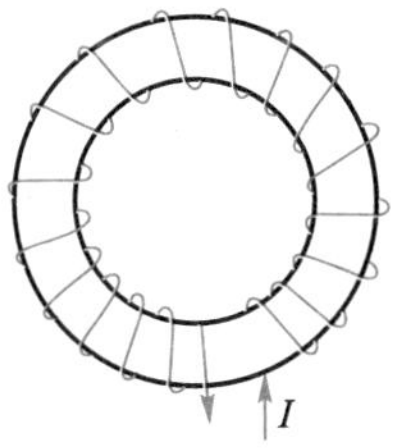

图 9.34

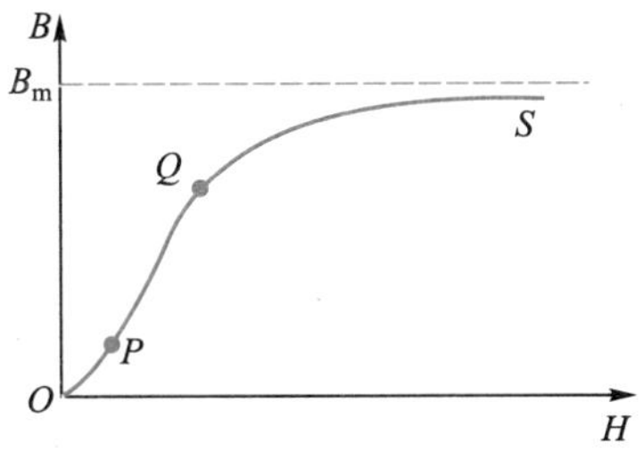

图 9.35

从图 9.35 的磁化曲线看出,对铁磁质来说,B 与 H 间不是线性关系. 若仍按 $B=\mu_0\mu_r H$ 定义相对磁导率 μ_r,则铁磁质的 μ_r 不为常量,它是随 H 的变化过程而定.

实验证明,各种铁磁质的起始磁化曲线都是"不可逆"的,即当铁磁质到达磁饱和后(见图 9.36),减小 H,这时 B 也随之减小,但是沿另一条 SR 曲线下降. 当 $H=0$ 时,B 并不为零而等于 B_r,B_r 称为剩磁. 要消除剩磁,使铁磁质中的 B 恢复为零,必须加一反向磁场,而且只有当 $H=-H_c$ 时,B 才能等于零. 这时的反向磁场强度 H_c 称为矫顽力. 从具有剩磁状态 R 到完全退磁状态 C 这一段 $B-H$ 曲线,称为退磁曲线. 铁磁质到达退磁状态后,如果反向磁场强度继续增加,则铁磁质将被反向磁化,直到饱和状态 S'. 一般说来. 反向饱和时磁感应强度的数值与正向磁化时一样. 此后,若使反向磁场强度 H 减少到零,然后又沿正方向增加,铁磁质的状态将沿 $S'R'C'S$ 曲线回到正向饱和状态 S,构成一条具有方向性的闭合曲线,此闭合曲线称为磁滞回线. 由磁滞回线可以看出,铁磁质的磁化状态并不能由励磁电流或 H 值单值地确定,它还取决于该铁磁质以前的磁化历史.

铁磁性的起源可以用"磁畴"理论来解释. 在铁磁质中,相邻电子之间存在着一种很强的"交换耦合"作用,使得在没有外磁场的情况下,它们的自旋磁矩能在一个线度约为 10^{-4} m 的小区域内"自发地"整齐排列起来. 这样形成的自发磁化的小区域称为磁畴. 在未经磁化的铁磁质中,各磁畴的磁矩的取向是无规则的,如图 9.37 所示,因而整块铁磁质在宏观上没有明显的磁性. 当在铁磁质内加上外磁场并逐渐增大时,那些自发磁化方向与外加磁场方向成小角度的磁畴的体积,随着外加磁场的逐渐增大而扩大,而另一些自发磁化方向与外加磁场方向成大角度的磁畴的体积则逐渐缩小. 这时,铁磁质也就逐渐地对外显示出宏观的磁性来. 当外加磁场继续增强,磁畴的磁化方向将在不同程度上转向外加磁场方向. 最后,当外加磁场大到一定程度后,所有磁畴的磁化方向也都指向外加磁场方向了,这时铁磁质就达到了磁饱和状态.

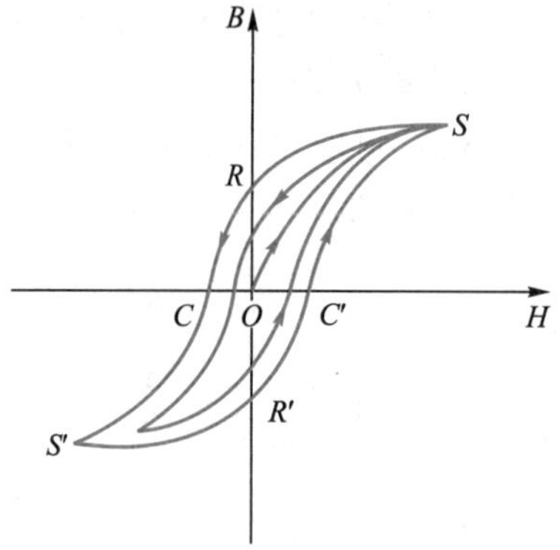

图 9.36

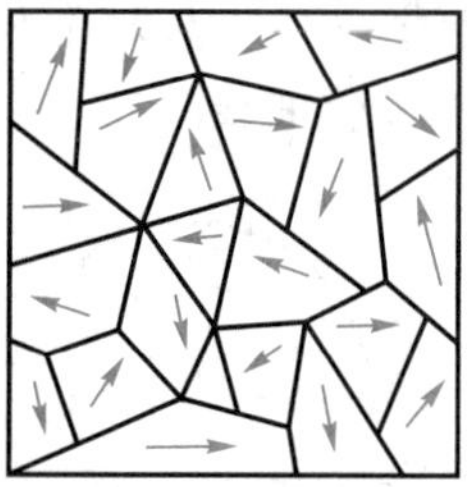

图 9.37

如果在磁化达到饱和后将外磁场撤除,铁磁质将重新分裂为许多磁畴,但由于掺杂和内应力等的作用,磁畴并不能恢复到原先的退磁状态,因而表现出磁滞现象. 磁畴自发磁化方向的改变还会引起铁磁质中晶格间距的改变,从而会伴随着发生磁化过程,铁磁体的长度和体积发生改变,这种现象称为磁致伸缩. 当铁磁质的温度超过某一临界温度时,分子热运动加剧到扰乱电子自旋磁矩的自发有序地排列的程度，铁磁质的磁畴瓦解了，使铁磁性消失而变为顺磁性. 这一温度叫居里点. 不同铁磁质有不同的居里点，纯铁的居里点为 770 ℃、超坡莫合金的居里点为 400 ℃、锰锌铁氧体的居里点大于 120 ℃.

实验指出，当铁磁性材料在交变磁场的作用下反复磁化时将要发热. 因为铁磁体反复磁化时磁内分子的状态不断改变，因此分子的振动加剧，温度升高. 这种在反复磁化过程中能量的损失称为磁滞损耗. 理论计算证明，铁磁质在缓慢磁化情况下，沿磁滞回线经历一个循环过程磁滞损耗正比于磁滞回线的面积.

不同的铁磁材料，有不同的磁滞回线，其主要区别在于矫顽力 H_c 不同. 根据矫顽力 H_c 的大小，铁磁材料可分为两类：H_c 大的称硬磁材料，它的磁滞回线肥大，如图 9.38(a) 所示，碳钢、钨钢、铝镍钴合金等材料属于这一类，它们一旦磁化后对外加的较弱磁场有较大的抵抗力，或者说它们对于其磁化状态有一定的“记忆能力”，这种材料叫硬磁材料，常用来作为永久磁体、记录磁串或电子计算机的记忆元件. H_c 小的材料称软磁材料，它的磁滞回线成细长条，如图 9.38(b) 所示，纯铁、硅钢、坡莫合金（含铁、镍）属于这一类，这些材料常用作变压器和电磁铁的铁芯.

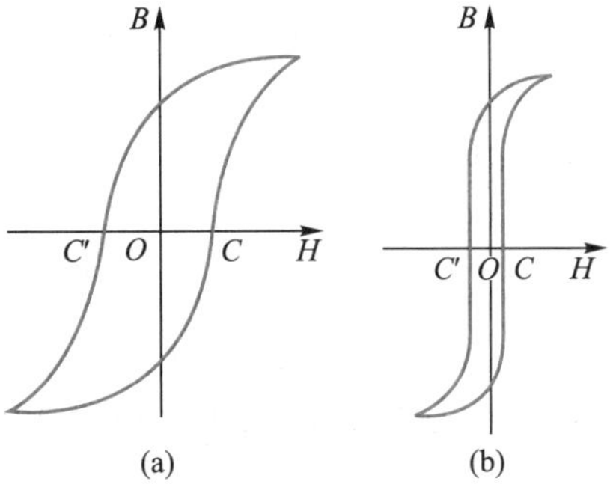

图 9.38

[例 9.17] 某种铁磁材料具有类似矩形的磁滞回线（称为矩磁材料）如图 9.39(a) 所示. 外加磁场一超过矫顽力，磁化方向就立即反转. 矩磁材料的用途是制作电子计算机中存储元件的环形磁芯，如图 9.39(b) 所示，其内、外直径分别为 0.5 mm 和 0.8 mm，高为 0.3 mm. 若磁芯原来已被磁化，方向如图所示，要使磁芯中自内到外的磁化方向全部翻转，长直导线中脉冲电流 i 的峰值至少需要多大？（设磁芯矩形材料的矫顽力 $H_c = 2\ \mathrm{A \cdot m^{-1}}$.）

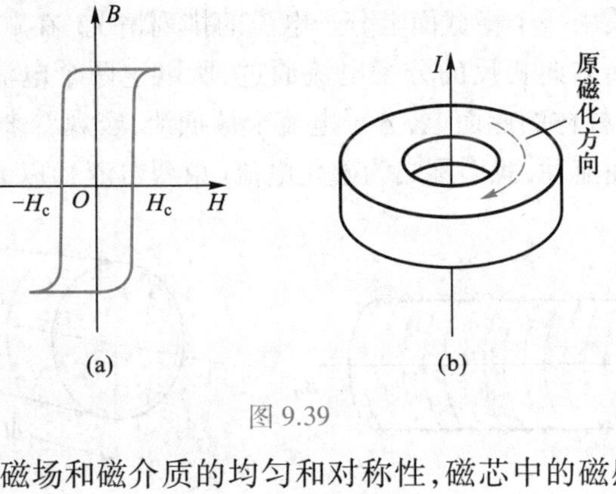

图 9.39

[解] 由于外磁场和磁介质的均匀和对称性，磁芯中的磁感应线为与磁芯共轴的同心圆，取上述的一条磁感应线为安培环路 L，则由安培环路定理，有

$$\oint_L \boldsymbol{H}\cdot \mathrm{d}\boldsymbol{l}=I$$

则载流长直导线在距导线 r 处产生的磁场强度为

$$H=\frac{I}{2\pi r}$$

方向与磁芯中原磁化方向相反. 由上式可见,若 H 一定时,则 I 与 r 成正比,因此只要磁芯外边缘处磁化方向能反转,则磁芯中自内到外的磁化方向就能全部翻转. 据此,导线中脉冲电流的最小峰值 i 由下式决定:

$$i=2\pi R_{外}H_c$$

式中 $R_{外}$ 为磁芯的外半径,代入已知数据

$$i=2\pi\times\frac{0.8\times10^{-3}}{2}\times2\ \mathrm{A}=5\times10^{-3}\ \mathrm{A}$$

当脉冲电流往返变化时,磁芯中磁化方向就来回翻转. 在实用中将 $+\boldsymbol{B}$ 和 $-\boldsymbol{B}$ 对应于二进制"1"和"0",在计算机中存储数字信息可用磁芯矩体.

§9.8 有磁介质时的安培环路定理 磁场强度

一、磁化电流

如上所述,无论哪种磁介质,磁化前介质内的分子总磁矩为零,而磁化后介质内分子的总磁矩不为零. 为简单起见,我们以充满各向同性的均匀磁介质的长直螺线管为例来讨论. 如图 9.40,给螺线管线圈通以电流 I. 当管内为真空时,管中的磁感应强度为 $\boldsymbol{B}_0$,且 $B_0=\mu_0 nI$. 现将管中充满各向同性的均匀顺磁质,则顺磁质中的分子磁矩 $\boldsymbol{m}$ 将趋向于 $\boldsymbol{B}_0$ 方向排列,分子电流平面也趋于和 $\boldsymbol{B}_0$ 垂直. 图 9.40(a)给出在圆柱形顺磁质中一个横截面上分子电流的排列情况. 在顺磁质内任一点处,都有两个大小相等而方向相反的分子电流通过,所以这两个电流的磁效应互相抵消了. 但在顺磁质圆柱体的侧面上,分子电流未被抵消,宏观看来,这些未被抵消的电流沿着介质的侧面流动,我们称之为磁化电流(束缚电流),以 I_s表示,如图 9.40(b)

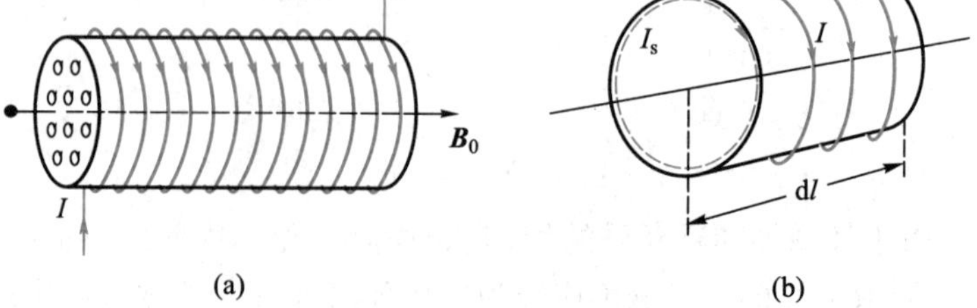

图 9.40

中的虚线所示. 对于顺磁质,磁化电流 I_s 与螺线管线圈中的传导电流 I 的方向一致,若是抗磁质,磁化电流 I_s 与传导电流 I 的方向相反.

从宏观效果来看,磁化电流 I_s 与螺线管线圈中的传导电流 I 一样,也要产生磁场——附加磁场 $\boldsymbol{B}'$. 对于顺磁质,$\boldsymbol{B}'$ 与 $\boldsymbol{B}_0$ 同向. 磁介质中任一点处磁感应强度的大小为

$$B=B_0+B' \tag{9.36}$$

设磁介质圆柱面上单位长度的磁化电流(称为磁化电流线密度)的绝对值为 j_s,把 $B_0=\mu_0 nI$ 和 $B'=\mu_0 j_s$ 代入(9.36)式

$$B=\mu_0(nI+j_s)$$

又因磁介质均匀充满螺线管时,由(9.35)式得

$$B=\mu_r B_0=\mu_r\mu_0 nI=\mu nI$$

则

$$j_s=\frac{\mu-\mu_0}{\mu_0}nI$$

注意:式中 nI 是传导电流的电流线密度 j. 所以

$$j_s=\frac{\mu-\mu_0}{\mu_0}j=(\mu_r-1)j \tag{9.37}$$

二、有磁介质时的安培环路定理 磁场强度

我们已经讨论过真空中恒定磁场的安培环路定理,现在把它推广到有磁介质存在时的恒定磁场中去,从而得到有磁介质时的安培环路定理.

有磁介质存在后,空间不仅有传导电流,而且有磁化电流,因而安培环路定理应表示为

$$\oint_l \boldsymbol{B}\cdot \mathrm{d}\boldsymbol{l}=\mu_0\left(\sum I_{内}+I_{s内}\right) \tag{9.38}$$

由于磁化电流 $I_{s内}$ 一般不能预先知道,且和磁场 $\boldsymbol{B}$ 的相互影响呈现一种比较复杂的关系. 所以上式应用起来比较困难. 为了应用方便起见,我们必须设法使 $I_{s内}$ 不在式中出现. 为了解决这一问题,我们仍以前述的长直螺线管为例进行讨论.

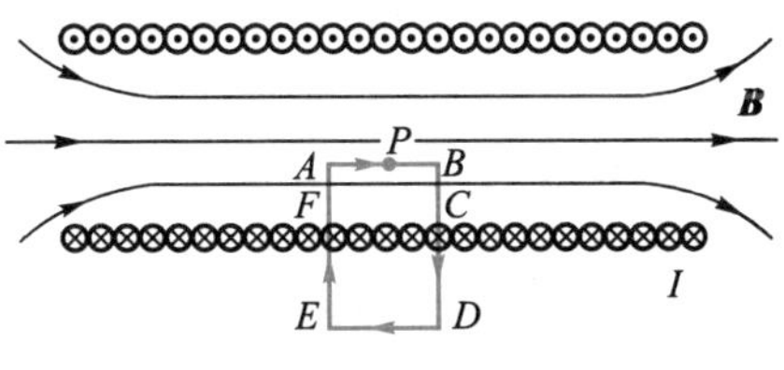

图 9.41

如图 9.41 所示,取安培环路为长方形环路 $ABCDEFA$,其中 AB 及 DE 为与螺线管轴线平行的线段,其长度为 l;BCD 和 EFA 为垂直于螺线管轴线的线段. 根据安培环路定理有

$$\oint_L \boldsymbol{B}\cdot \mathrm{d}\boldsymbol{l}=\mu_0(nlI+lj_s)$$

根据(9.37)式

$$j_s=\frac{\mu-\mu_0}{\mu_0}j=\frac{\mu-\mu_0}{\mu_0}nI$$

代入上式有

$$\oint_L \boldsymbol{B}\cdot \mathrm{d}\boldsymbol{l}=\mu_0\left(1+\frac{\mu-\mu_0}{\mu_0}\right)nIl=\mu nIl$$
$$=\mu\sum I_{内}$$

即

$$\oint_L \frac{\boldsymbol{B}}{\mu}\cdot \mathrm{d}\boldsymbol{l}=\sum I_{内}$$

在此，引入一个辅助物理量——磁场强度 $\boldsymbol{H}$，它的定义式是

$$\boldsymbol{H}=\frac{\boldsymbol{B}}{\mu} \tag{9.39}$$

这样上式就可简洁地表示为

$$\oint_L \boldsymbol{H}\cdot \mathrm{d}\boldsymbol{l}=\sum I_{内} \tag{9.40}$$

此式说明 $\boldsymbol{H}$ 矢量沿任一闭合路径的线积分，等于该闭合路径所包围的传导电流的代数和，与磁化电流以及闭合路径之外的传导电流无关. 这一关系称为**有磁介质时的安培环路定理**. 理论研究表明：该定理虽然是从特例导出，但它是普遍适用的.

应该注意：磁场强度 $\boldsymbol{H}$ 是一个辅助的物理量，真正有意义的，决定磁场性质的是磁感应强度 $\boldsymbol{B}$. 在国际单位制中磁场强度 $\boldsymbol{H}$ 的单位为安每米（$\mathrm{A\cdot m^{-1}}$）.

［**例 9.18**］ 如图 9.42 所示. 有一密绕螺绕环，单位长度的匝数 n 为 1 000 匝 · $\mathrm{m^{-1}}$（沿平均周长），通有电流 $I=1\ \mathrm{A}$，环内充满 $\mu=4.0\times10^{-4}\ \mathrm{H\cdot m^{-1}}$ 的均匀磁介质. 试求

（1）螺绕环内的磁感应强度 $\boldsymbol{B}$ 的大小；

（2）磁介质的磁化电流线密度 j_s.

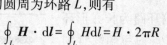

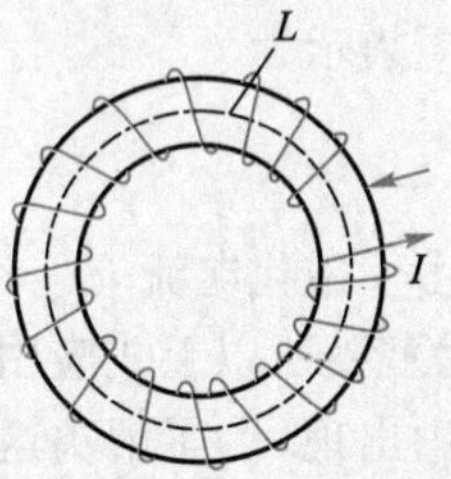

图 9.42

［**解**］（1）利用安培环路定理求磁场，必须具有一定对称性才有可能. 由于电流分布的对称性和介质的均匀性，可知 $\boldsymbol{B}$ 沿着圆周的切线方向，$\boldsymbol{H}$ 的方向与 $\boldsymbol{B}$ 的方向相同. 如图 9.42 取平均半径为 R 的圆周为环路 L，则有

$$\oint_L \boldsymbol{H}\cdot \mathrm{d}\boldsymbol{l}=\oint_L H\mathrm{d}l=H\cdot 2\pi R$$

由安培环路定理，有

$$\oint_L \boldsymbol{H}\cdot \mathrm{d}\boldsymbol{l}=\sum I=n2\pi RI$$

于是得

$$H=nI=1\ 000\times1\ \mathrm{A\cdot m^{-1}}=1\ 000\ \mathrm{A\cdot m^{-1}}$$

由（9.39）式，得磁感应强度 $\boldsymbol{B}$，其方向沿圆周切线方向，大小为

$$B=\mu H=4\times10^{-4}\times1\ 000\ \mathrm{T}=0.4\ \mathrm{T}$$

(2) 根据(9.37)式

$$j_s=\frac{\mu-\mu_0}{\mu_0}nI=\frac{4\times10^{-4}-4\pi\times10^{-7}}{4\pi\times10^{-7}}\times1\ 000\times1\ \text{A}\cdot\text{m}^{-1}$$
$$=3.18\times10^5\ \text{A}\cdot\text{m}^{-1}$$

可见磁化电流远大于传导电流,显然这不是一般的顺磁质,而是铁磁质.

[**例 9.19**]　同轴长直电缆由半径为 R_1 的圆柱导体和半径为 R_2 的导体薄圆筒构成,导体间充满相对磁导率为 μ_r 的均匀介质. 今有电流 I 均匀地流过圆柱导体的横截面并沿外壁流回,如图 9.43 所示. 求磁场分布和紧贴导体柱的介质表面上的磁化电流.

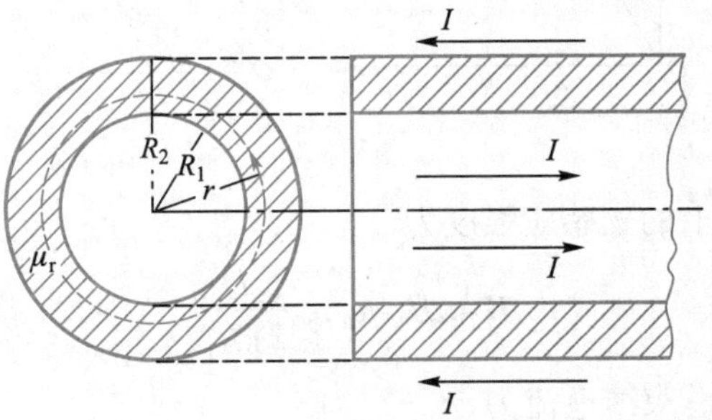

图 9.43

[**解**]　由于电流分布和磁介质分布具有轴对称性,可知磁场分布也具有轴对称性:$\boldsymbol{H}$ 和 $\boldsymbol{B}$ 线都是在垂直轴线的截面内、圆心在轴线上的同心圆. 选取半径为 r 的圆周作为安培环路 L,如图 9.43 所示,则

$$\oint_L \boldsymbol{H}\cdot\mathrm{d}\boldsymbol{l}=2\pi rH$$

由安培环路定理

$$\oint_L \boldsymbol{H}\cdot\mathrm{d}\boldsymbol{l}=\begin{cases}\dfrac{r^2}{R_1^2}I & (0\leqslant r\leqslant R_1)\\ I & (R_1<r<R_2)\\ 0 & (r>R_2)\end{cases}$$

于是可解出 $\boldsymbol{H}$ 和 $\boldsymbol{B}$,方向沿 $\boldsymbol{L}$ 的切向,大小为

$$H=\begin{cases}\dfrac{Ir}{2\pi R_1^2} & (0\leqslant r\leqslant R_1)\\ \dfrac{I}{2\pi r} & (R_1<r<R_2)\\ 0 & (r>R_2)\end{cases}$$

$$B=\begin{cases}\dfrac{\mu_0 Ir}{2\pi R_1^2} & (0\leqslant r\leqslant R_1)\\ \dfrac{\mu I}{2\pi r} & (R_1<r<R_2)\\ 0 & (r>R_2)\end{cases}$$

$\boldsymbol{H}$ 及 $\boldsymbol{B}$ 的分布如图 9.44 所示.

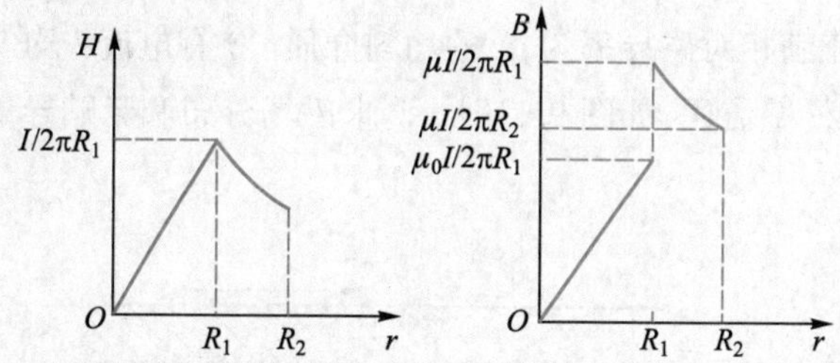

图 9.44

磁介质内表面上的磁感应强度为

$$B=\mu H=\mu_0\,\mu_r\,\frac{I}{2\pi R_1}$$

磁介质内表面上的总束缚电流为

$$\oint_L \boldsymbol{B}\cdot \mathrm{d}\boldsymbol{l}=\mu_0(I+I_s)$$

得

$$\mu_0\,\mu_r I=\mu_0 I+\mu_0 I_s$$

所以

$$I_s=(\mu_r-1)I$$

读者可类似求出 R_2 表面上的磁化电流.

复习思考题

9.16 顺磁质、抗磁质的特性如何？磁化机制有什么不同？

9.17 在恒定磁场中，若闭合曲线所包围的面积上没有任何电流穿过，则该曲线上各点的磁感应强度必为零. 在恒定磁场中，若闭合曲线上各点的磁场强度皆为零，则该曲线所包围的面积上穿过的传导电流的代数和必为零. 这两种说法对不对？

9.18 铁磁质的磁滞回线说明铁磁质有些什么特性？

9.19 为什么一块磁铁能吸引一块原来未磁化的铁块？

9.20 一块永磁铁落到地板上就可能部分退磁，为什么？把一根铁条南北放置. 敲它几下，它就可能磁化，又为什么？

习题

9.1 选择题

(1) 题 9.1(1) 图中,一锐角为 $\theta=37°$ 的直角三角形线圈通有电流 I,该电流在三个顶点处磁感应强度大小 [ ]

(A) A 点处最大; (B) B 点处最大;

(C) C 点处最大; (D) 一样大.

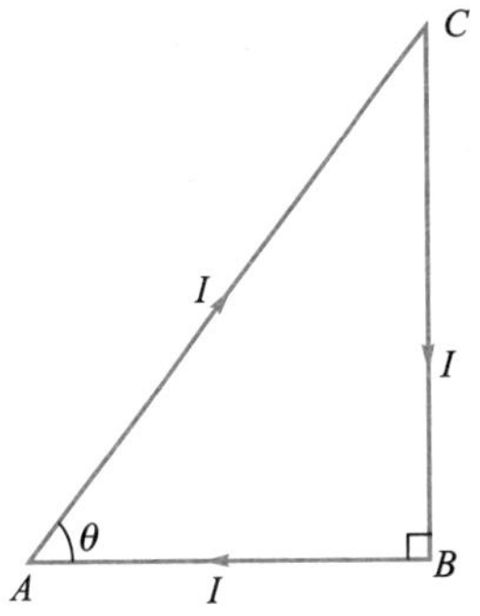

题 9.1(1) 图

(2) 无限长空心圆柱导体的内外半径分别为 a、b,电流在导体截面上均匀分布,则在空间各处 B 的大小与场点到圆柱中心轴线的距离 r 的关系对应题 9.1(2) 图中的哪幅? [ ]

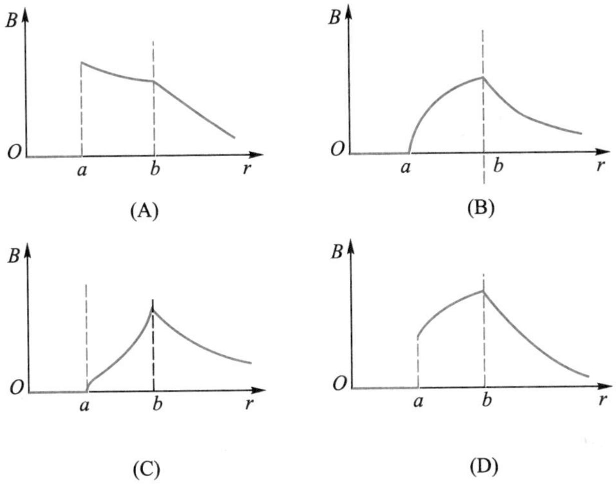

题 9.1(2) 图

(3) 如题 9.1(3) 图,流出纸面的电流为 $2I$,流进纸面的电流为 I,则下述各式中哪一个是正确的? [ ]

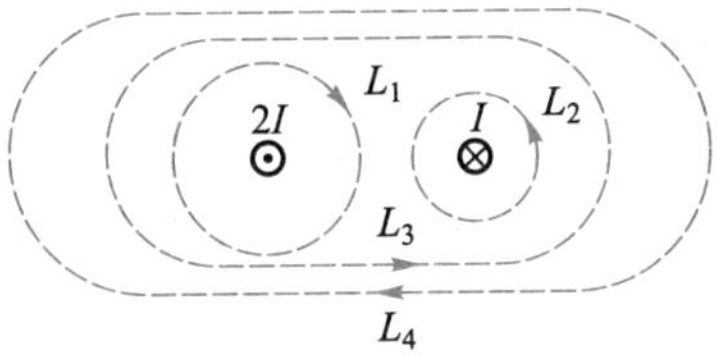

题 9.1(3) 图

(A) $\oint_{L_1} \boldsymbol{B}\cdot \mathrm{d}\boldsymbol{l}=2\mu_0 I$; (B) $\oint_{L_2} \boldsymbol{B}\cdot \mathrm{d}\boldsymbol{l}=\mu_0 I$;

(C) $\oint_{L_3} \boldsymbol{B}\cdot \mathrm{d}\boldsymbol{l}=-\mu_0 I$; (D) $\oint_{L_4} \boldsymbol{B}\cdot \mathrm{d}\boldsymbol{l}=-\mu_0 I$.

(4) 载电流为 I、磁矩为 $\boldsymbol{m}$ 的线圈,置于磁感应强度为 $\boldsymbol{B}$ 的均匀磁场中. 若 $\boldsymbol{m}$ 与 $\boldsymbol{B}$ 的方向相同,则通过线圈的磁通量 Φ 与线圈所受的磁力矩 $\boldsymbol{M}$ 的大小为 [ ]

(A) $\Phi=IBm, M=0$;　　(B) $\Phi=\dfrac{Bm}{I}, M=0$;

(C) $\Phi=IBm, M=Bm$;　　(D) $\Phi=\dfrac{Bm}{I}, M=Bm$.

(5) 如题 9.1(5) 图所示,将一无限长实心导线内部核心区域挖去,成为厚度均匀的圆管,并通以原来一样大小的电流,假设电流都是在横截面上均匀分布的,则核心区域挖去前后 [ ]

(A) 导体轴心上磁场不变,外表面也不变;

(B) 导体轴心上磁场增强,外表面也增强;

(C) 导体轴心上磁场不变,外表面增强;

(D) 导体轴心上磁场增强,外表面不变.

(6) 题 9.1(6) 图中,流出、流入纸面的四股电流中有三股大小均为 I,一股为 $2I$,方向如图所示,则下述各式中正确的是 [ ]

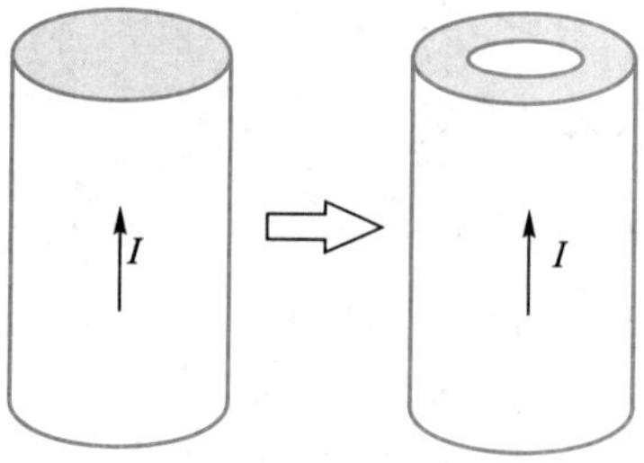

题 9.1(5) 图

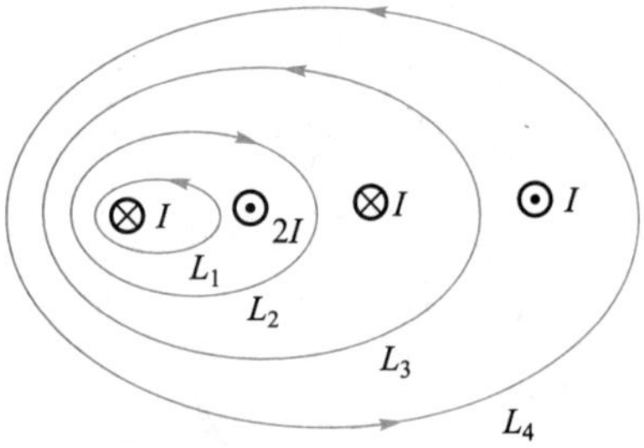

题 9.1(6) 图

(A) $\oint_{L_1} \boldsymbol{B}\cdot \mathrm{d}\boldsymbol{l}=\mu_0 I$;　　(B) $\oint_{L_2} \boldsymbol{B}\cdot \mathrm{d}\boldsymbol{l}=\mu_0 I$;

(C) $\oint_{L_3} \boldsymbol{B}\cdot \mathrm{d}\boldsymbol{l}=\mu_0 I$;　　(D) $\oint_{L_4} \boldsymbol{B}\cdot \mathrm{d}\boldsymbol{l}=\mu_0 I$;

(7) 关于恒定磁场的磁场强度 $\boldsymbol{H}$ 的下列几种说法中哪种说法是正确的? [ ]

(A) $\boldsymbol{H}$ 仅与传导电流有关;

(B) 若闭合曲线上各点 $\boldsymbol{H}$ 均为零,则该曲线所包围传导电流的代数和为零;

(C) 若闭合曲线内没有包围传导电流,则曲线上各点的 $\boldsymbol{H}$ 必为零;

(D) 以闭合曲线 L 为边缘的任意曲面的 $\boldsymbol{H}$ 通量均相等.

9.2 填空题

(1) 将导线弯成半径分别为 R_1 和 R_2 而且共面的两个半圆,圆心为 O,通过的电流强度为 I,如题 9.2(1) 图所示,则圆心 O 点 $\boldsymbol{B}$ 的大小________,方向________.

(2) 如题 9.2(2) 图所示,在宽度为 d 的导体片上有电流 I 沿此导体长度方向流过,电流在导体宽度方向均匀分布. 导体表面中线附近处的磁感应强度 $\boldsymbol{B}$ 的大小为________.

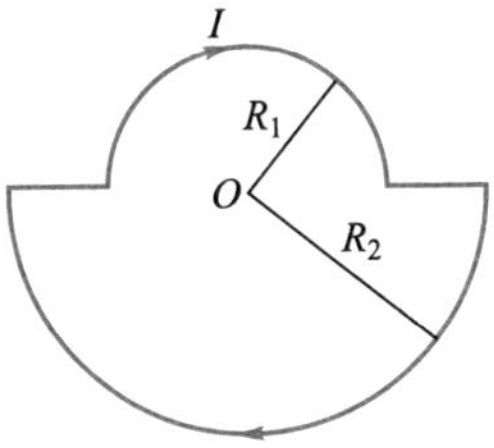

题 9.2(1)图

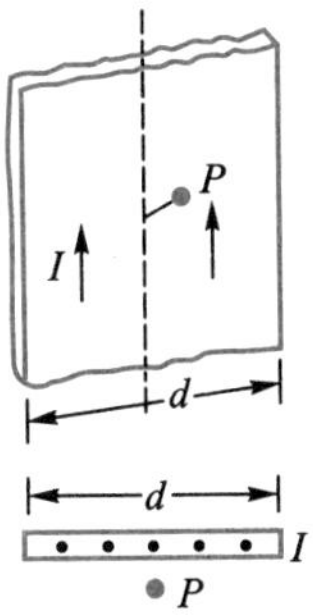

题 9.2(2)图

(3) 一磁场的磁感应强度为 $\boldsymbol{B}=(a\boldsymbol{i}+b\boldsymbol{j}+c\boldsymbol{k})$ T. 则通过一半径为 R,开口向 z 轴正方向的半球壳表面的磁通量的大小为________ Wb.

(4) 如题 9.2(4)图,无限长直载流导线与载流圆线圈共面,若长直导线固定不动,则载流圆线圈将如何运动________.

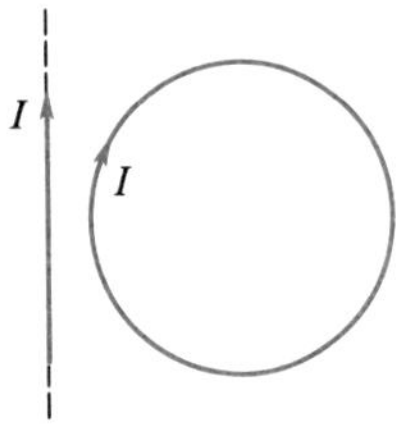

题 9.2(4)图

(5) 将一个通过电流强度为 I 的闭合回路置于均匀磁场中,回路所围面积的法线方向与磁场方向的夹角为 α,若通过此回路的磁通量为 Φ,则回路所受力矩的大小为________.

(6) 截面积为 S,截面形状为矩形的直的金属条中通有电流 I. 金属条放在磁感应强度为 $\boldsymbol{B}$ 的均匀磁场中,$\boldsymbol{B}$ 的方向垂直于金属条的左、右侧面,在题 9.2(6)图所示情况下金属条上侧面将积累________电荷,载流子所受的洛伦兹力 $F=$________(金属中单位体积内载流子数为 n).

(7) 题 9.2(7)图所示为三种不同的磁介质的 $B-H$ 关系曲线,其中虚线表示的是 $B=\mu_0 H$ 的关系,说明Ⅰ、Ⅱ、Ⅲ各代表哪一类磁介质的 $B-H$ 关系曲线:

Ⅲ代表________的 $B-H$ 关系曲线.

Ⅱ代表________的 $B-H$ 关系曲线.

Ⅰ代表________的 $B-H$ 关系曲线.

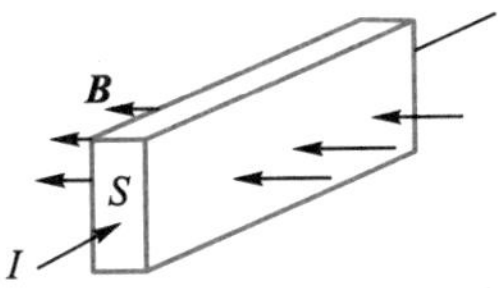

题 9.2(6)图

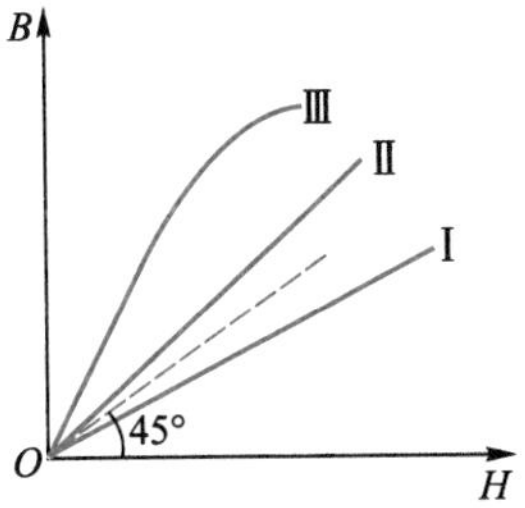

题 9.2(7)图

(8) 一个绕有 500 匝导线的平均周长为 50 cm 的细环,载有 0.3 A 电流时,铁芯的相对磁导率为 600.

(A) 铁芯中的磁场强度 H 为________.

(B) 铁芯中的磁感应强度 B 为________.

(C) 在国际单位制中,磁场强度 H 的单位是________,磁导率 μ 的单位是________.

9.3 一无限长载有电流 I 的直导线在一处折成直角,P 点位于导线所在平面内,距一条折线的延长线和另一条导线的距离都为 a,如题 9.3 图所示. 求 P 点的磁感应强度 $\boldsymbol{B}$.

9.4 如题 9.4 图所示,有一密绕平面螺旋线圈,其上通有电流 I,总匝数为 N,它被限制在半径为 R_1 和 R_2 的两个圆周之间. 求此螺旋线中心 O 处的磁感应强度.

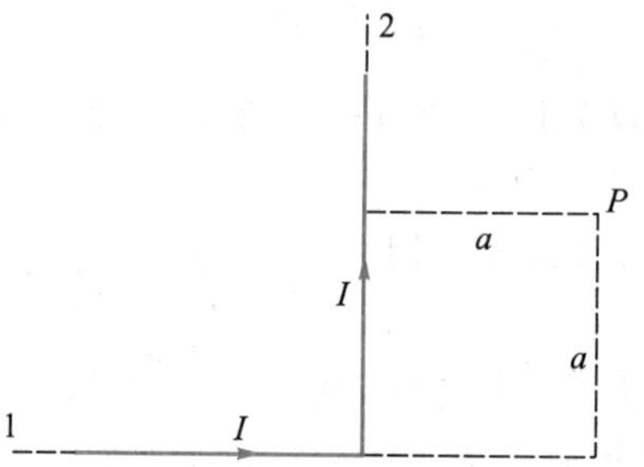

题 9.3 图

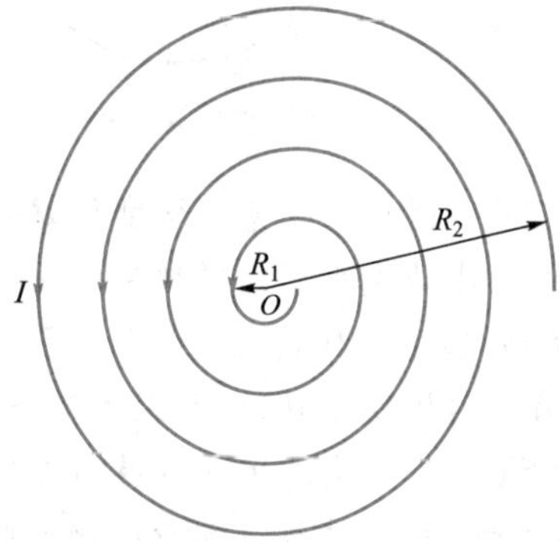

题 9.4 图

9.5 边长为 a 的立方体的六个面,分别平行于 Oxy、Oyz 和 Oxz 平面,立方体的一角在坐标原点处. 在此区域有一均匀磁场 $\boldsymbol{B}=(0.2\boldsymbol{i}+0.3\boldsymbol{j})$ T,试求穿过各面的磁通量.

9.6 通有电流 I 的无限长载流导线被折成如题 9.6 图所示的形状,试求 P 点磁感应强度 $\boldsymbol{B}$.

9.7 如题 9.7 图所示,一半径为 R 的圆片上均匀带电,其电荷面密度为 σ,若圆片以角速度 ω 绕圆片的轴线 Oy 旋转,求圆片中心 O 处的磁感应强度 $\boldsymbol{B}$.

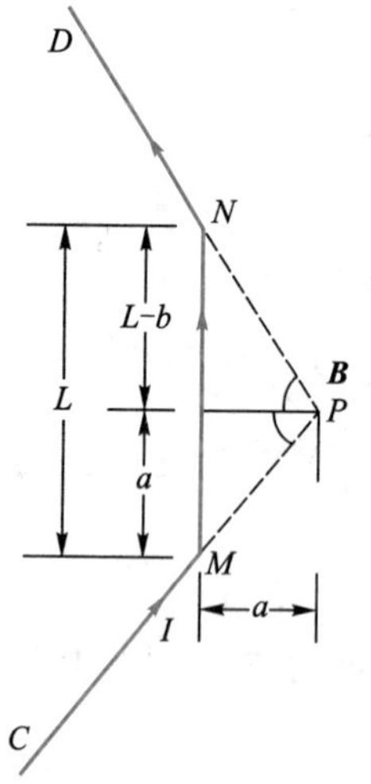

题 9.6 图

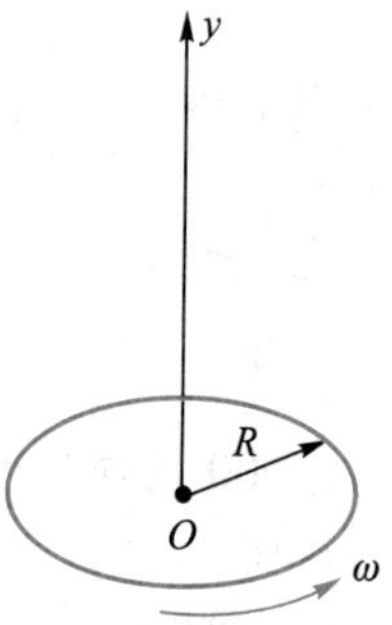

题 9.7 图

9.8 如题 9.8 图所示，一通以电流强度为 I 的无限长金属片，宽为 L. 试求距薄片平面一侧距离为 a 处 P 点的磁感应强度 $\boldsymbol{B}$.

9.9 如题 9.9 图所示，通有电流强度 I 的细导线，平行且紧密地单层缠绕在半个木球上，共有 N 匝，设木球的半径为 R，求球心 O 点处的磁感应强度.

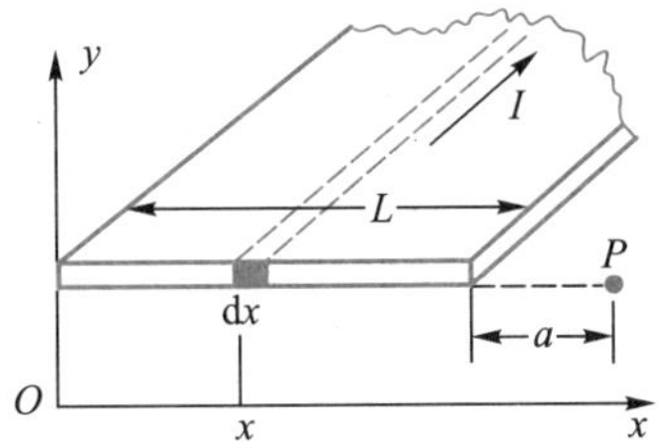

题 9.8 图

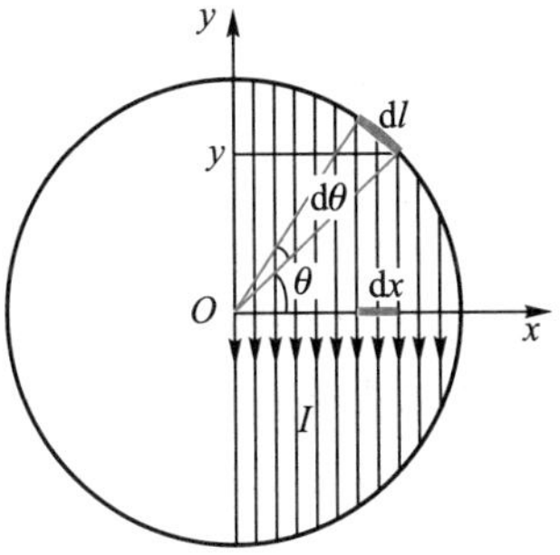

题 9.9 图

9.10 如题 9.10 图，有一闭合回路由半径为 a 和 b 两个半圆组成，其上均匀分布线密度为 λ 的电荷，当回路以匀角速度 ω 绕过 O 点垂直于回路平面的轴转动时，求圆心 O 点处的磁感应强度的大小.

9.11 无限长直导线折成 V 形，顶角为 θ，置于 Oxy 平面内，且一个角边与 x 轴重合，如题 9.11 图所示. 当导线中有电流 I 时，求 y 轴上一点 $P(0,a)$ 处的磁感应强度大小.

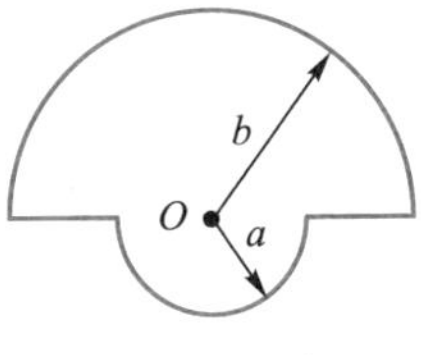

题 9.10 图

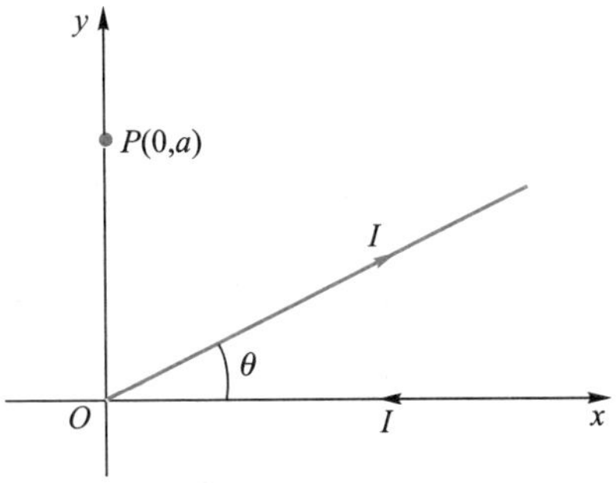

题 9.11 图

9.12 如题 9.12 图所示，半径为 R 的长直圆筒上有一层均匀分布的面电流，电流都绕着轴线流动并与轴线垂直. 面电流线密度（即沿长度方向单位长度上的电流）为 j. 求轴线上的磁感应强度 $\boldsymbol{B}$.

9.13 一对同轴的无限长空心导体直圆筒，内、外筒半径分别为 R_1 和 R_2（筒壁厚度可以忽略不计）电流 I 沿内筒流进去，沿外筒流回，如题 9.13 图所示，求：通过长度为 l 的一段截面（图中画斜线部分）的磁通量.

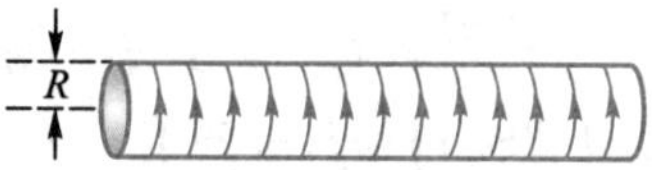

题 9.12 图

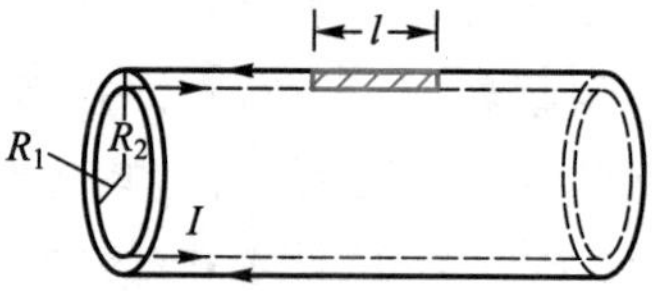

题 9.13 图

9.14 如题 9.14 图所示，同轴电缆是由一圆柱导体为芯和一圆筒导体构成. 使用时电流从一导体流去，从另一导体流回，且电流均匀分布在各导体的横截面上. 设圆柱的半径为 r_1、圆筒的内、外半径分别为 r_2 和 r_3. 求空间各点的磁感应强度.

9.15 如题 9.15 图所示，在半径为 R 的无限长直导体圆柱内有一半径为 r 的圆柱空腔，两柱体轴线平行且相距为 a，若在此导体上通以电流 I，电流沿截面均匀分布，试求导体空腔边缘上 P 点处的磁感应强度.

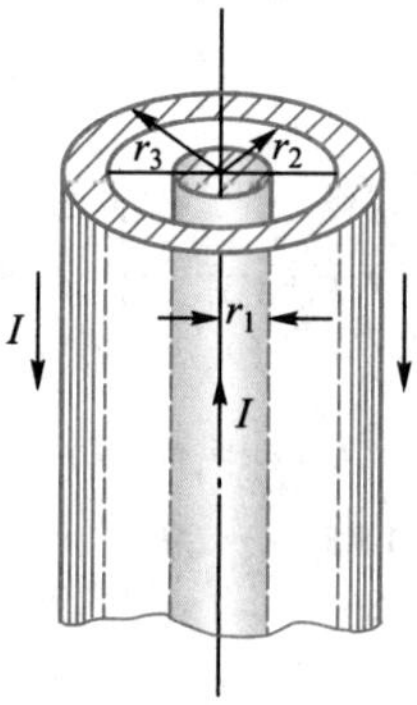

题 9.14 图

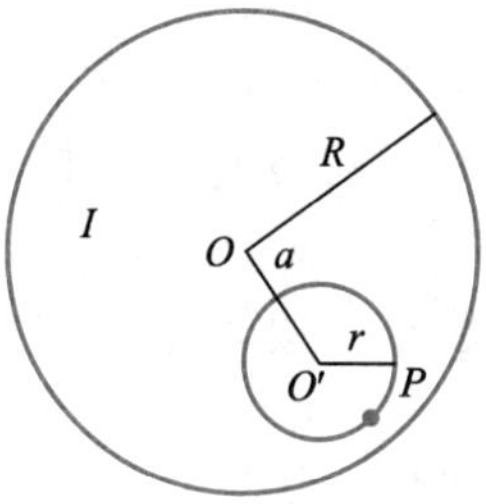

题 9.15 图

9.16 如题 9.16 图所示，一矩形截面的密绕螺绕环，通有电流 I，总匝数为 N，环内、外直径分别为 D_2 和 D_1，矩形截面的高为 h，试求截面中点处的磁感应强度及通过截面（即图中阴影部分）的磁通量.

9.17 如题 9.17 图所示，有一半径为 R 的圆形电流 I_2，在沿其直径 AB 方向上有一无限长直电流 I_1 与 AB 几乎重合. 试求整个圆电流所受磁场力的大小和方向.

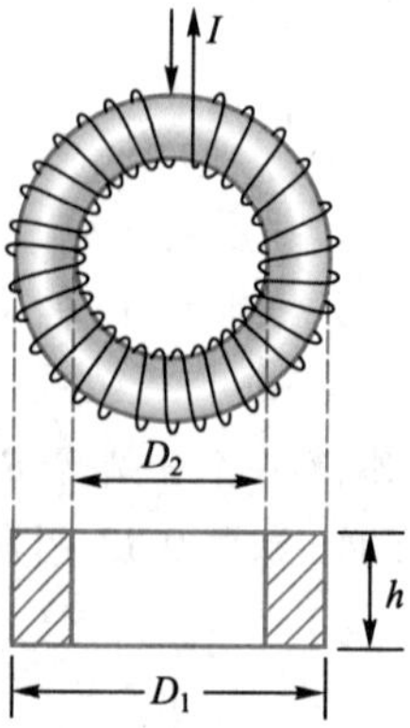

题 9.16 图

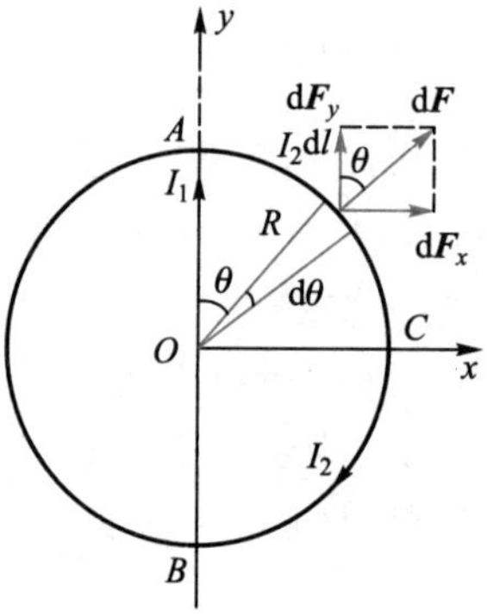

题 9.17 图

9.18 在载有电流 $I_1=20$ A 的长直导线旁，共面放一载有电流 $I_2=10$ A 的刚性导线 AB，且 AB 与 I_1 成 $\alpha=45°$ 角，$r_1=1.0$ cm，$r_2=10.0$ cm，如题 9.18 图所示，求 AB 所受磁力的大小和方向.

9.19 如题 9.19 图所示，均匀磁场中有一半径为 R，电荷面密度为 σ 的均匀带电圆盘绕中心轴以角速度 ω 转动. 若均匀磁场中 $\boldsymbol{B}$ 的方向与转轴夹角 θ，试求圆盘受到的磁力矩.

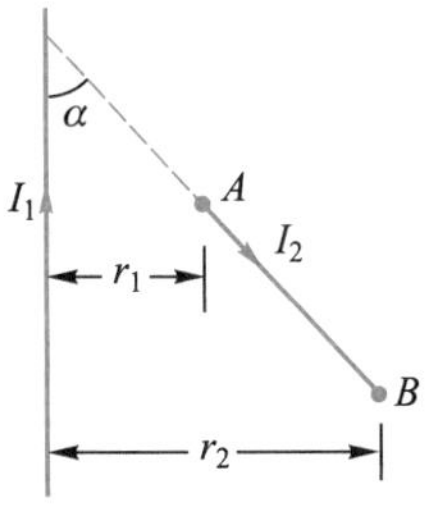

题 9.18 图

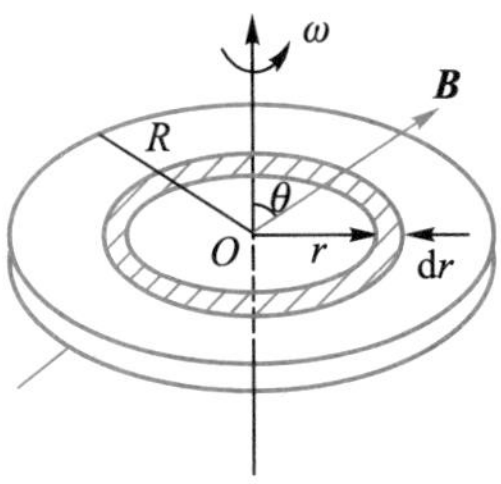

题 9.19 图

9.20 两根很长的平行直细导线，其间距离为 d，它们与电源组成回路，如题 9.20图所示，回路中电流为 I. 若保持电流 I 不变，使导线间的距离由 d 增大至 d'，求磁场对单位长度导线所做的功.

9.21 一无限长圆筒导体的内、外半径分别为 R_1、R_2，大小为 I 的电流从导体一端流入，另一端流出，设圆筒导体上电流均匀分布在其横截面积上，如题 9.21 图所示. 求：(1) 磁感应强度的分布 $B_1(r<R_1)$、$B_2(R_1<r<R_2)$、$B_3(r>R_2)$；(2) 该圆筒导体内外最强的磁场大小及其位置.

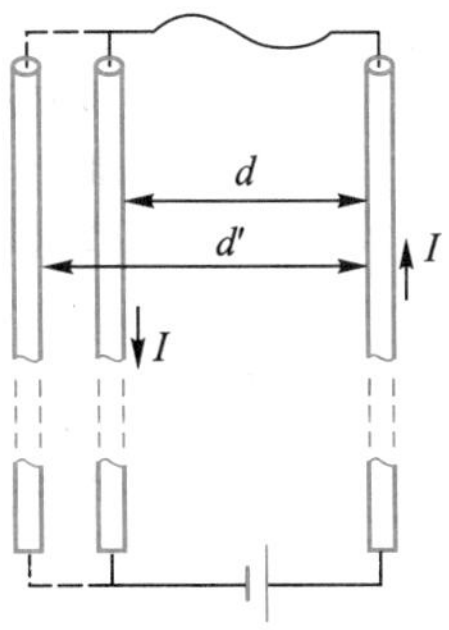

题 9.20 图

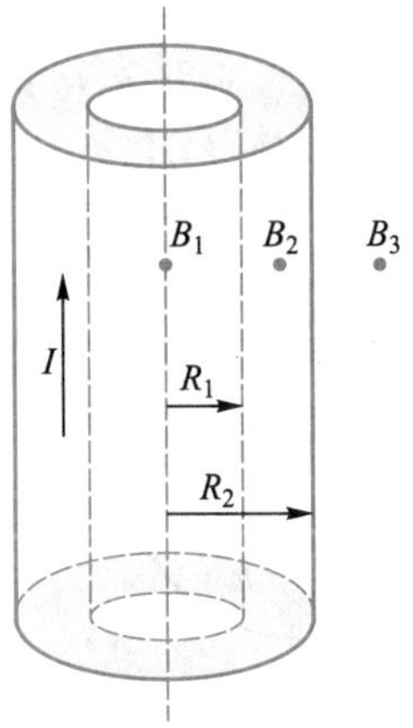

题 9.21 图

9.22 有一长直导体圆筒，内外半径分别为 R_1 和 R_2，如题 9.22 图所示. 它所载的电流 I_1 均匀分布在其横截面上. 导体旁边有一绝缘无限长直导线，载有电流 I_2，且在中部绕了一个半径为 R 的圆圈. 设导体管的轴线与长直导线平行，相距为 d，而且它们与导体圆圈共面，求圆心 O 点处的磁感应强度 $\boldsymbol{B}$.

9.23 一电子在 $B=2.0\times10^{-3}$ T 的磁场中沿半径为 $R=2.0$ cm 的螺旋线运动，螺

距为 $h=5.0$ cm,如题 9.23 图所示,试求:

(1) 该电子速度的大小;

(2) 磁场 $\boldsymbol{B}$ 的方向如何?

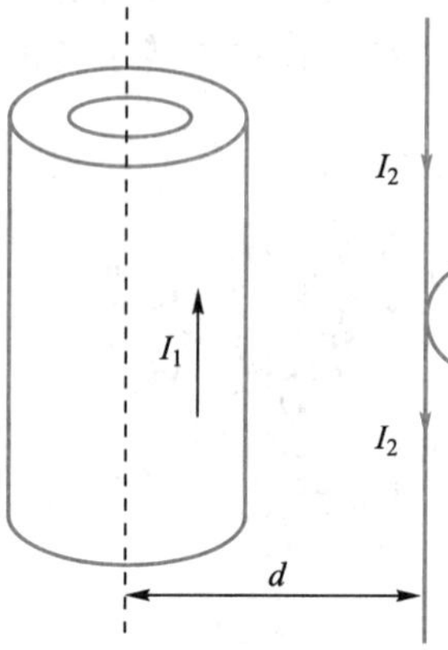

题 9.22 图

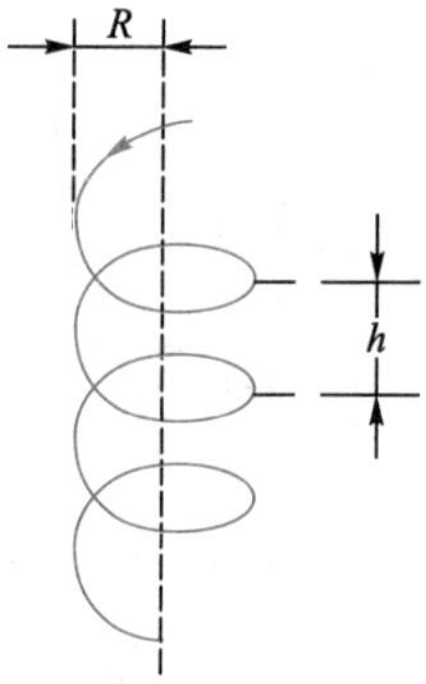

题 9.23 图

9.24 题 9.24 图为磁控管的示意图. 一群电子在垂直于均匀的磁场 $\boldsymbol{B}$ 的平面内做圆周运动. 在其运行过程中,与电极 1 和 2 最近的距离都为 r,圆周运动的轨道直径为 D,设这群电子的数目为 N(电子电荷绝对值为 e,质量为 m). 求电极 1 和 2 上的电压变化幅度和变化频率.

9.25 磁电式电流计的结构如题 9.25 图所示,线圈由 50 匝细导线绕成,长为 3.0 cm,宽为 2.0 cm,磁极间隙的磁感应强度 $B=1.0\times10^{-2}$ T,游丝的扭转常量 $D=0.1\times10^{-7}$ N · m · (°)$^{-1}$. 试求当线圈中通有 1.0 mA 的电流时,线圈所受到的磁力矩的大小以及线圈平衡时的偏转角度[(°)是度].

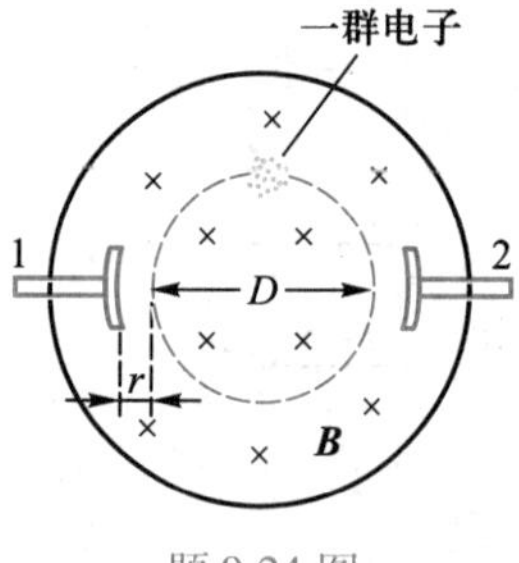

题 9.24 图

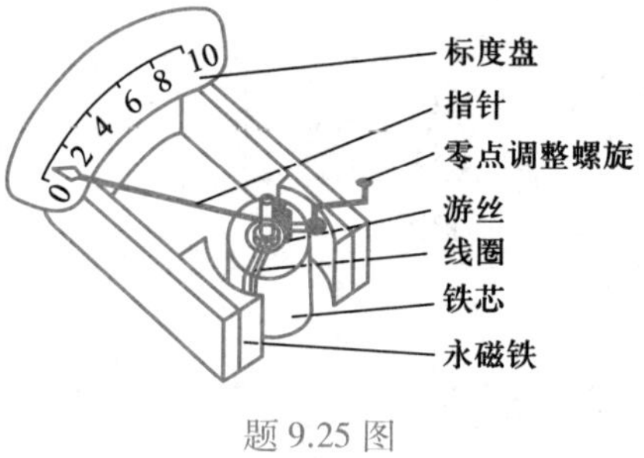

题 9.25 图

9.26 如题 9.26 图所示,一根半径为 R_1 的长直圆柱形铜导线($\mu_r=1$),外包一层相对磁导率为 μ_r 的圆筒状顺磁质,顺磁质的外半径为 R_2,导线内有电流 I 从纸面向外的方向流动,且电流 I 均匀分布在导线的横截面上,求空间的磁感应强度 $\boldsymbol{B}$ 和磁场强度 $\boldsymbol{H}$.

9.27 如题 9.27 图所示,将一直径为 10 cm 的薄铁圆盘放在 $B_0=0.4\times10^{-4}$ T 的均匀磁场中,使磁感应线垂直于盘面,已知盘中心的磁感应强度 $B_C=0.1$ T,假设盘

被均匀磁化. 磁化面电流可视为沿圆盘边缘流动的一圆电流. 求:

(1) 磁化面电流大小;

(2) 盘的轴线上距盘中心 0.4 m 处的磁感应强度.

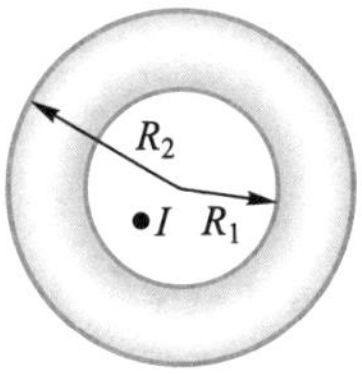

题 9.26 图

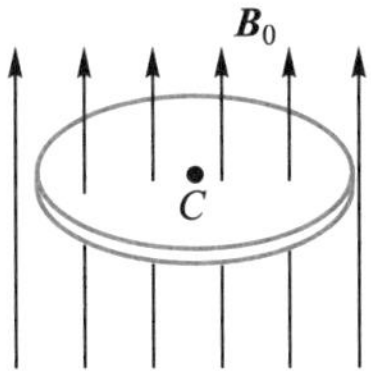

题 9.27 图

第 9 章习题参考答案

第十章

变化的电磁场

在 1820 年奥斯特发现电流可以激发磁场以后，许多科学家致力于研究其逆效应，即利用磁场产生电流. 1831 年英国物理学家法拉第首先发现变化的磁场引起感应电流的现象，随后又总结出了电磁感应的基本规律.

本章将讨论电磁感应的基本规律——法拉第电磁感应定律，以及动生电动势和感生电动势，介绍自感、互感、磁场能量和麦克斯韦关于有旋电场和位移电流的假设，最后给出积分形式的麦克斯韦方程组. 通过本章的学习，同学可以加深对电场和磁场的认识，并建立起统一的电磁场概念.

文档：法拉第简介

§ 10.1 电源 电动势

一、电源

平行板电容器两极板 A、B 分别带等量异号电荷，当用导线连接极板 A、B，由于 A、B 间存在电势差，所以 A 板的正电荷在静电力的作用下，经导线流向 B 板形成电流 I，如图 10.1 所示，A、B 两板电势差逐渐减小，直至为零，电流也逐渐变小为零. 这是电容器放电的过程，是个非常短暂的瞬间.

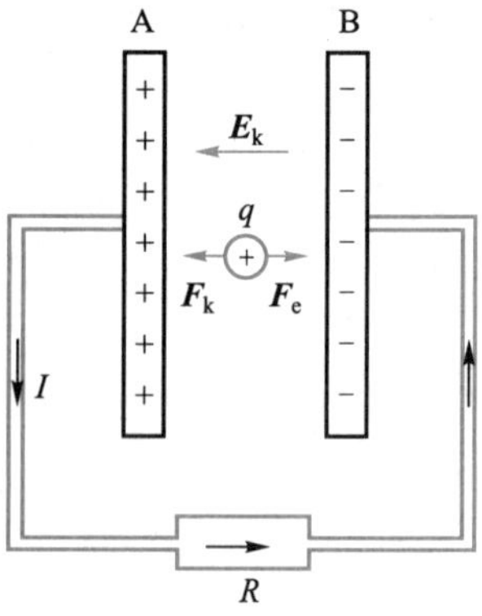

图 10.1

要保持导线中的电流持久且不为 0，需要有电源将 A 板经导线流向 B 板的正电荷，不断再从 B 板搬回 A 板，显然静电力将阻碍这样的过程，因此电源中必须存在一种力，能够克服静电力将正电荷源源不断地从 B 板（负极）搬运到 A 板（正极），从而维持 A、B 两板（即电源的正、负极）有一定的电势差，使外电路电流维持不断. 电源内部存在的这种力，我们称之为**非静电力**，它克服静电场力做正功，将 B 板正电荷（低电势处）搬回到 A 板（高电势处），从而将其他形式的能量通过非静电力克服静电力做功的形式转化成电能. 可见，电源是通过自身的非静电力克服静电力做正功，将其他形式的能量转化成电能的一种装置. 如蓄电池、发电机等，它们分别由化学力、磁力等非静电力将化学能、机械能转化成电能.

二、电动势

不同电源，各自的非静电力从负极移动相同数量的正电荷到正极所做功的大小是不同的，即不同电源将其他形式能量转化成电能的本领是不一样的. 为了定量描述非静电力做功本领的大小，或电源将其他形式的能量转化成电能本领的大小，我们引入电源电动势的概念. 电动势定义为：**非静电力把单位正电荷从负极通过电源内部移动到正极所做的功**，用符号 $\mathscr{E}$ 表示. 如果非静电力从负极移动正电荷 q 经电源内部移动到正极所做的功为 A_k，则

$$\mathscr{E}=\frac{A_{\mathrm{k}}}{q} \tag{10.1a}$$

若写成微分形式，即

$$\mathscr{E}=\frac{\mathrm{d}A_{\mathrm{k}}}{\mathrm{d}q} \tag{10.1b}$$

其中 $\mathrm{d}A_{\mathrm{k}}$ 为非静电力把正电荷 $\mathrm{d}q$ 从负极经电源内部移动到正极所做的功.

从场的观点来看，可把作用于电荷的非静电力认为是通过非静电场施加的，我们把电荷受到的非静电力认为是非静电场力，因此与静电学中电场强度定义类似，将单位正电荷所受的非静电力定义为非静电场的电场强度，用符号 $\boldsymbol{E}_{\mathrm{k}}$ 表示，即

$$\boldsymbol{E}_{\mathrm{k}}=\frac{\boldsymbol{F}_{\mathrm{k}}}{q}$$

如图 10.1 所示，而正电荷 q 经电源内部由负极移动到正极时，非静电场力对其所做的功为

$$A_{\mathrm{k}}=\int_{-(\text{电源内})}^{+}\boldsymbol{F}_{\mathrm{k}}\cdot\mathrm{d}\boldsymbol{l}=q\int_{-(\text{电源内})}^{+}\boldsymbol{E}_{\mathrm{k}}\cdot\mathrm{d}\boldsymbol{l}$$

代入(10.1a)式，可得

$$\mathscr{E}=\int_{-(\text{电源内})}^{+}\boldsymbol{E}_{\mathrm{k}}\cdot\mathrm{d}\boldsymbol{l} \tag{10.1c}$$

如果一闭合回路处处有或部分有非静电场力 $\boldsymbol{F}_{\mathrm{k}}$ 存在，那么整个闭合回路的总电动势为

$$\mathscr{E}=\oint_{L}\boldsymbol{E}_{\mathrm{k}}\cdot\mathrm{d}\boldsymbol{l} \tag{10.1d}$$

如果非静电场力 $\boldsymbol{F}_{\mathrm{k}}$ 存在于一段电路 A、B 上，则电路 AB 的电动势为

$$\mathscr{E}=\int_{A}^{B}\boldsymbol{E}_{\mathrm{k}}\cdot\mathrm{d}\boldsymbol{l} \tag{10.1e}$$

由以上讨论可知，(10.1d)式具有更大普遍性，它描述的是电源将其他形式的能量转化成电能的本领，是表征电源本身性质的物理量，它一般与外电路性质或电源所在电路是否接通无关.

电动势是标量，但与电流一样，为讨论问题方便，通常把电源内部电势升高的方向，或者从电源负极经电源内部至电源正极的方向规定为电源电动势的方向.

§ 10.2 电磁感应的基本规律

一、电磁感应现象

电磁感应定律是建立在广泛的实验基础上的. 这些实验可以归结为两类：一类是当一个不含电源的闭合导体回路与另一个载流线圈或磁铁有相对运动时，闭合回路中产生电流，如图 10.2(a)所示；另一类是当一个线圈中电流发生变化时，在它

附近的另一个不含电源的闭合导体回路中产生电流，如图 10.2(b)所示. 在这两类实验中，引起闭合导线回路 A 中产生电流的原因似乎不同，但有一个共同的特点：穿过闭合导体回路所包围的面积内的磁通量发生了变化. 我们把当穿过一个闭合回路所包围面积内磁通量发生变化时，回路中产生电流的现象称为**电磁感应现象**，所产生的电流称为**感应电流**. 感应电流的产生说明回路中有电动势的存在，这种电动势称为**感应电动势**. 应当注意，电流的大小取决于回路中的电动势和回路电阻的大小. 如果将回路断开，感应电流没有了，但感应电动势仍存在.

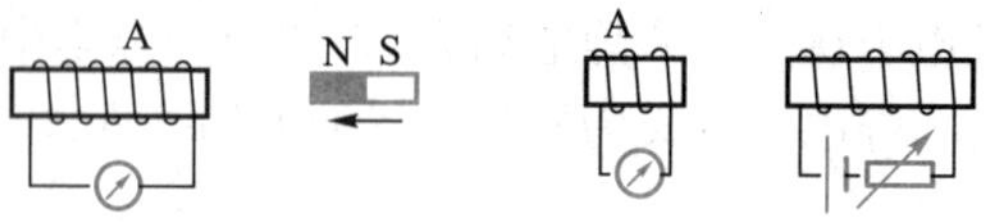

(a) (b)

图 10.2

二、法拉第电磁感应定律

文档：电磁感应现象的发现

1845 年，德国物理学家纽曼在法拉第的工作基础上，从理论上导出了电磁感应定律的定量表达式. 它可以表述为：**感应电动势的大小和通过导体回路的磁通量的变化率成正比**，感应电动势的方向依赖于磁场的方向和它变化的情况. 以 Φ 表示通过闭合导体回路的磁通量，以 $\mathscr{E}$ 表示磁通量发生变化时在导体回路中产生的感应电动势，电磁感应定律的数学表达式为

$$\mathscr{E}=-\frac{\mathrm{d}\Phi}{\mathrm{d}t} \tag{10.2}$$

这一公式是**法拉第电磁感应定律**的一般表达式，5 年后，法拉第又从实验上证实了这一公式的正确性.

(10.2)式中的负号反映感应电动势的方向与磁通量变化的关系. 在判定感应电动势的方向时，应先规定导体回路 L 的绕行正方向. 如图 10.3 所示，当回路中磁感线的方向和所规定的回路的绕行正方向有右手螺旋关系时，磁通量 Φ 是正值. 这时，如果穿过回路的磁通量增大，$\frac{\mathrm{d}\Phi}{\mathrm{d}t}>0$，则 $\mathscr{E}<0$，这表明此时感应电动势的方向和 L 的绕行正方向相反[图 10.3(a)]. 如果穿过回路的磁通量减小，即$\frac{\mathrm{d}\Phi}{\mathrm{d}t}<0$，则 $\mathscr{E}>0$，这表示此时感应电动势的方向和 L 的绕行正方向相同[图 10.3(b)].

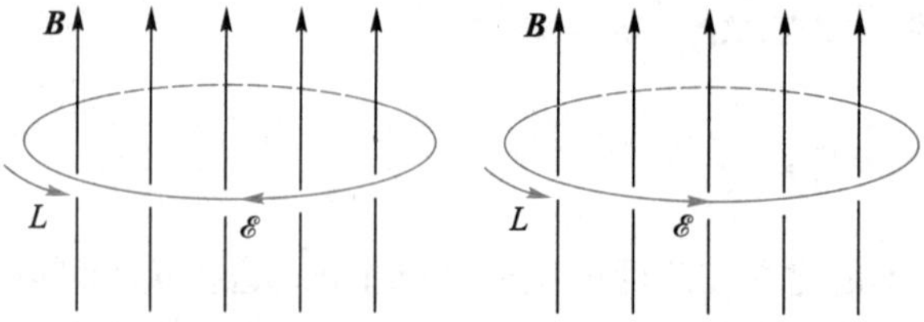

(a) Φ增大时 (b) Φ减小时

图 10.3

若闭合回路中电阻为 R,则回路中感应电流为

$$I=\frac{\mathscr{E}}{R}=-\frac{1}{R}\frac{\mathrm{d}\Phi}{\mathrm{d}t}$$

还可以计算一定时间内通过回路中任一截面的感应电荷量值

$$\mathrm{d}q=I\mathrm{d}t$$

$$q=\int_{t_1}^{t_2}I\mathrm{d}t=-\frac{1}{R}\int_{\Phi_1}^{\Phi_2}\mathrm{d}\Phi=-\frac{1}{R}(\Phi_2-\Phi_1) \qquad (10.3)$$

上式表明感应电荷量值仅与回路中磁通量的变化量成正比而与磁通量变化快慢无关. 从实验中测出电阻 R 和通过回路截面的电荷量 q 就可以计算出相应的磁通量的改变量 $\Delta\Phi=\Phi_2-\Phi_1$,这就是常用的磁通计的原理。结合 $\Phi=BS$,还可以测量磁感应强度的大小,这就是磁强计的原理。

实际上用到的线圈常常是许多匝串联而成的,在这种情况下,在整个线圈中产生的感应电动势应是每匝线圈中产生的感应电动势之和. 设通过每匝线圈的磁通量都是 Φ,则在 N 匝密绕线圈组成的回路中的总感应电动势为

$$\mathscr{E}=-N\frac{\mathrm{d}\Phi}{\mathrm{d}t}=-\frac{\mathrm{d}(N\Phi)}{\mathrm{d}t}=-\frac{\mathrm{d}\Psi}{\mathrm{d}t}$$

式中,$\Psi=N\Phi$ 称为通过整个线圈的磁通匝数. 在国际单位制中,Φ 或 Ψ 的单位是 Wb(韦伯),即 $\mathrm{T\cdot m^2}$(特斯拉平方米),$\mathscr{E}$ 的单位是 V(伏特),$1\ \mathrm{V}=1\ \mathrm{Wb\cdot s^{-1}}$.

三、楞次定律

1833 年,俄国科学家楞次总结出了判断感应电流方向的定律:闭合回路中,感应电流的方向总是使得它自身所产生的磁通量反抗引起感应电流的磁通量的变化. 这一结论称为楞次定律. 楞次定律的内容实际上已经由法拉第电磁感应定律中的负号表达了,但是由于它在确定感应电流方向时比较简捷直观,所以仍被保留为一条独立的定律.

[例 10.1] 一螺绕环,单位长度上的匝数 $n=5\ 000$ 匝 $\cdot\ \mathrm{m^{-1}}$,截面积为 $S=2\times10^{-3}\ \mathrm{m^2}$. 在环上再绕一 N 等于 5 匝的线圈 A,如图 10.4 所示. 如果螺绕环的电流以 $1.00\ \mathrm{A\cdot s^{-1}}$ 的变化率减小,试求:

(1) 线圈 A 中产生的感应电动势的大小?

(2) 若用冲击电流计测得感应电荷 $\Delta q=2\times10^{-4}$ C,穿过线圈 A 的磁通量的变化值是多少? 已知线圈 A 回路的总电阻为 $R=2\ \Omega$.

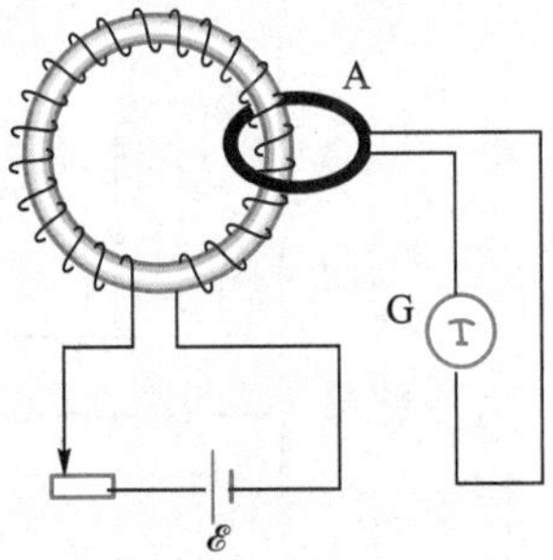

图 10.4

[解] (1) 螺绕环内的磁感应强度为

$$B=\mu_0 nI$$

因为磁场完全集中于环内,所以通过线圈 A 的磁通量 Φ 为

$$\Phi=\boldsymbol{B}\cdot\boldsymbol{S}=\mu_0 nIS$$

因此,线圈 A 中感应电动势 $\mathscr{E}$ 的量值为

$$\mathscr{E}=\left|N\frac{\mathrm{d}\Phi}{\mathrm{d}t}\right|=\mu_0 nNS\left|\frac{\mathrm{d}I}{\mathrm{d}t}\right|$$

把已知量代入

$$\begin{aligned}\mathscr{E}&=4\pi\times10^{-7}\times5\ 000\times5\times2\times10^{-3}\times1\ \mathrm{V}\\&=6.28\times10^{-5}\ \mathrm{V}\end{aligned}$$

(2) 线圈 A 接入一冲击电流计,形成闭合回路,$\mathscr{E}$ 在此回路中产生感应电流 I_i,且

$$I_i=\frac{\mathscr{E}}{R}=-\frac{N}{R}\frac{\mathrm{d}\Phi}{\mathrm{d}t}$$

感应电流与感应电荷关系为

$$\Delta q=\int_{t_1}^{t_2}I_i\mathrm{d}t=-\frac{N}{R}\int_{\Phi_1}^{\Phi_2}\mathrm{d}\Phi=-\frac{N}{R}(\Phi_2-\Phi_1)$$

式中 Φ_1 和 Φ_2 分别为 t_1 和 t_2 时刻通过线圈 A 每匝的磁通量. 由上式可得

$$\Phi_1-\Phi_2=\frac{\Delta qR}{N}=\frac{5\times10^{-4}\times2}{5}\ \mathrm{Wb}=2\times10^{-4}\ \mathrm{Wb}$$

如果 t_1 时刻为接通螺绕环的时刻,则 $\Phi_1=0$;t_2 为螺绕环中电流达到稳定值 I 的时刻,则 $\Phi_2=BS$. 利用以上关系式可得 $B=\dfrac{\Delta qR}{NS}$. 因此,用本题的装置可以测量电流为 I 时螺绕环内有铁磁质时的磁感应强度.

[例 10.2] 一长宽为 a 及 b 的矩形导线框,它的边长为 b 的边与一长直载有电流为 I 的导线平行,其中的一条边与长直导线相距为 $c(c>a)$,如图 10.5 所示. 今线框以此边为轴以角速度 ω 匀速旋转,求框中的感应电动势 $\mathscr{E}$.

[解] 长直载流导线的磁感应强度为

$$B=\frac{\mu_0 I}{2\pi r}$$

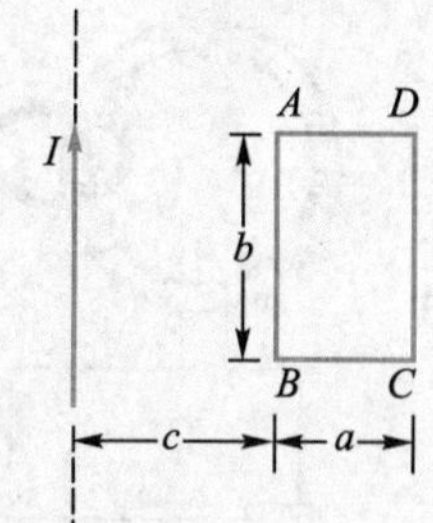

图 10.5

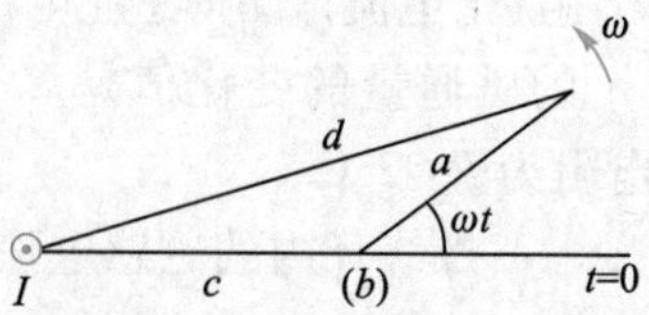

图 10.6

如图 10.6 所示,设 $t=0$ 时线圈与长直导线共面,且活动的 CD 边与长直导线相距 $a+c$,则在时刻 t,该 CD 边与长直导线的距离为

$$d=\sqrt{a^2+c^2+2ac\cos\omega t}$$

线圈中的磁通量为

$$\mathrm{d}\Phi=\boldsymbol{B}\cdot\mathrm{d}\boldsymbol{S}=\frac{\mu_0 I}{2\pi r}b\mathrm{d}r$$

$$\Phi=\int\mathrm{d}\Phi=\frac{\mu_0 Ib}{2\pi}\int_c^d\frac{\mathrm{d}r}{r}=\frac{\mu_0 Ib}{2\pi}\ln\frac{d}{c}$$

$$=\frac{\mu_0 Ib}{2\pi}\ln\frac{\sqrt{a^2+c^2+2ac\cos\omega t}}{c}$$

$$\mathscr{E}=-\frac{\mathrm{d}\Phi}{\mathrm{d}t}=\frac{\mu_0 Ib}{2\pi}\frac{ac\omega\sin\omega t}{a^2+c^2+2ac\cos\omega t}$$

复习思考题

10.1 电动势与电势差有什么区别？电场强度 $\boldsymbol{E}$ 与非静电场电场强度 $\boldsymbol{E}_{\mathrm{k}}$ 有什么不同？

10.2 感应电动势的大小由什么因素决定？引起回路中感应电动势的是回路中 $\boldsymbol{B}$ 通量变化还是 $\boldsymbol{H}$ 通量变化？说明理由.

10.3 手握磁铁插入闭合金属圆环，一次是缓慢地插入，一次是迅速地插入，在其他条件相同的情况下，试问两次产生的感应电荷大小是否相同？手对磁铁所做的功是否相等？

§ 10.3 动生电动势

按照使磁通量发生变化的不同原因，感应电动势可分为两类：

(1) 动生电动势　磁场不变，由于导体或导体回路在磁场中运动而产生的感应电动势称为动生电动势.

(2) 感生电动势　导体或导体回路不动，由于磁场变化而产生的感应电动势称为感生电动势.

本节我们讨论动生电动势.

一、产生动生电动势的物理机制

若长为 l 的导体棒 AB，在恒定的均匀磁场中以匀速度 $\boldsymbol{v}$ 沿垂直于磁场 $\boldsymbol{B}$ 的方向运动，见图 10.7(a). 这时，导体棒中的自由电子将随棒一起以速度 $\boldsymbol{v}$ 在磁场 $\boldsymbol{B}$ 中运动，因而每个自由电子都受到洛伦兹力 $\boldsymbol{F}_{\mathrm{m}}$ 的作用：

$$\boldsymbol{F}_{\mathrm{m}}=-e(\boldsymbol{v}\times\boldsymbol{B})$$

上式中力 $\boldsymbol{F}_{\mathrm{m}}$ 的方向由 B 指向 A. 在力 $\boldsymbol{F}_{\mathrm{m}}$ 的作用下，自由电子将沿棒向 A 端运动. 自由电子运动的结果，使棒 AB 两端出现了上正下负的电荷堆积. 随着两端电荷的堆

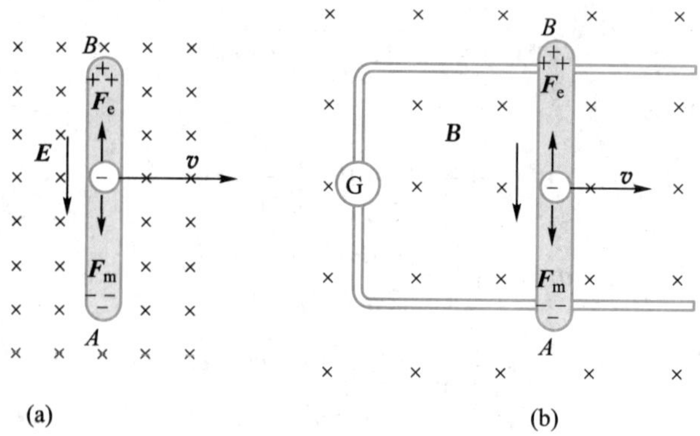

图 10.7

积在棒中产生静电场 $\boldsymbol{E}$,$\boldsymbol{E}$ 的方向由 B 指向 A. 于是电子又受到一个与洛伦兹力方向相反的静电力 $\boldsymbol{F}_e=-e\boldsymbol{E}$. 此静电力随电荷的堆积而增大. 当静电力的大小增大到等于洛伦兹力的大小时,AB 两端形成恒定的电势差. 这样一旦将 AB 两端连接起来,就有电流由 B 端流出,经外电路由 A 端流回. 电荷的运动破坏了原有的平衡,于是洛伦兹力又使自由电子不断地沿棒由 B 向 A 运动,维持 BA 两端的电势差,这时导体棒 AB 相当于一个具有一定电动势的电源. 显然,洛伦兹力是此"电源"的非静电力,它不断地在此"电源"内部把电子从高电势处搬移到低电势处,使运动导体棒内形成动生电动势,产生闭合回路中的电流.

当 AB 两端维持恒定电势差时,运动导体棒与洛伦兹力相应的非静电场电场强度 $\boldsymbol{E}_k$ 为

$$\boldsymbol{E}_k=-\frac{\boldsymbol{F}_m}{e}=(\boldsymbol{v}\times\boldsymbol{B}) \tag{10.4}$$

式中 $\boldsymbol{E}_k$ 是在电源内部作用在单位正电荷上的非静电力. 由电动势的定义,则导体棒 AB 上的动生电动势为

$$\begin{aligned}\mathrm{d}\mathscr{E}&=\boldsymbol{E}_k\cdot\mathrm{d}\boldsymbol{l}=(\boldsymbol{v}\times\boldsymbol{B})\cdot\mathrm{d}\boldsymbol{l}\\&=vB\sin\alpha\cos\theta\mathrm{d}l\end{aligned}$$

其中 α 为 $\boldsymbol{v}$ 和 $\boldsymbol{B}$ 之间的夹角,θ 为 $(\boldsymbol{v}\times\boldsymbol{B})$ 和 $\mathrm{d}\boldsymbol{l}$ 之间的夹角

$$\mathscr{E}=\int\mathrm{d}\mathscr{E}=\int_A^B(\boldsymbol{v}\times\boldsymbol{B})\cdot\mathrm{d}\boldsymbol{l} \tag{10.5}$$

由以上讨论,动生电动势只能在运动导体中产生,动生电动势的大小不仅与导体棒运动速度 $\boldsymbol{v}$ 和 $\boldsymbol{B}$ 的大小有关,还与 $\boldsymbol{v}$、$\boldsymbol{B}$ 及导体棒上线元 $\mathrm{d}\boldsymbol{l}$ 三者间夹角有关. 若由(10.5)式求得,$\mathscr{E}>0$,表示电动势 $\mathscr{E}$ 的方向与所取的积分绕行方向一致(说明 b 点电势高,a 点电势低);若 $\mathscr{E}<0$,则表示相反.

利用矢量混合积公式可以说明(10.5)式具有(10.2)式的形式.

$$(\boldsymbol{v}\times\boldsymbol{B})\cdot\mathrm{d}\boldsymbol{l}=(\mathrm{d}\boldsymbol{l}\times\boldsymbol{v})\cdot\boldsymbol{B}$$

而

$$\boldsymbol{v}=\frac{\mathrm{d}\boldsymbol{r}}{\mathrm{d}t},\mathrm{d}\boldsymbol{l}\times\boldsymbol{v}=\mathrm{d}\boldsymbol{l}\times\frac{\mathrm{d}\boldsymbol{r}}{\mathrm{d}t}$$

而

$$dS = dr \times dl$$

等于线元 dl 在位移 dr 中扫过的面积元矢量. 于是(10.5)式可改写成

$$\mathscr{E} = \int (\boldsymbol{v}\times\boldsymbol{B}) \cdot d\boldsymbol{l} = \int -\left(d\boldsymbol{r}\times\frac{d\boldsymbol{l}}{dt}\right) \cdot \boldsymbol{B}$$

$$= -\int \frac{d\boldsymbol{S}}{dt} \cdot \boldsymbol{B} = -\int \boldsymbol{B} \cdot d\boldsymbol{S}/dt = -\frac{d\Phi}{dt}$$

通过导体在磁场中运动时产生动生电动势的机制讨论看出,动生电动势的产生是导体中自由电子受到洛伦兹力作用的结果.

二、动生电动势的计算

计算动生电动势的基本方法通常有两种:(1) 根据定义用积分法求解;(2) 用法拉第电磁感应定律求解. 一般来说:对于一段任意形状导线在磁场中平动或直导线在磁场中转动的情况一般用定义式去求解;对于闭合线圈或一段曲导线在磁场中绕定轴转动的情况,直接使用 $\mathscr{E}=-d\Phi/dt$ 较方便.

解题的一般步骤如下:

(1) 选取积分路径 L 沿着导线,在其上任取元段 d$\boldsymbol{l}$.

(2) 在图上 d$\boldsymbol{l}$ 所在处给出该处磁感应强度 $\boldsymbol{B}$ 及该处导线的运动速度 $\boldsymbol{v}$ 的方向.

(3) 在图上作出($\boldsymbol{v}\times\boldsymbol{B}$)的方向.

(4) 从图上正确给出 $\boldsymbol{v}$ 和 $\boldsymbol{B}$ 矢量之间的夹角 α 和($\boldsymbol{v}\times\boldsymbol{B}$)与 d$\boldsymbol{l}$ 矢量之间的夹角 θ,则给出

$$d\mathscr{E} = (\boldsymbol{v}\times\boldsymbol{B}) \cdot d\boldsymbol{l} = vB\sin\alpha\cos\theta dl.$$

(5) 统一变量后,确定积分上下限,算出积分,得出 $\mathscr{E}$.

(6) 若 $\mathscr{E}>0$,则末端为高电势,相当于电源的正极;若 $\mathscr{E}<0$,则末端为低电势,相当于电源的负极.

[例 10.3] 如图 10.8 所示,均匀恒定磁场 $\boldsymbol{B}$ 中有一半径为 R 的圆弧形导线$\widehat{ACB}$以速度 $\boldsymbol{v}$ 沿 x 方向平动,求导线上的动生电动势.

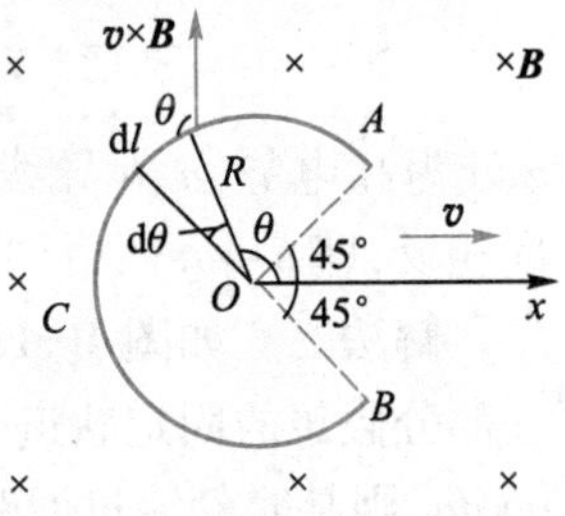

图 10.8

[解] 解法一 取 A 为参考点,选 L 绕行方向沿$\widehat{ACB}$在导线上任取 d$\boldsymbol{l}$,在图上作出($\boldsymbol{v}\times\boldsymbol{B}$)的方向,从图上看出 $\alpha=\dfrac{\pi}{2}$,θ 有如图所示的关系式,则

$$d\mathscr{E} = (\boldsymbol{v}\times\boldsymbol{B}) \cdot d\boldsymbol{l} = vB\sin\alpha\cos\theta dl$$

$$= vBR\cos\theta d\theta$$

整个圆弧导线上的动生电动势为

$$\mathscr{E}_{\widehat{ACB}} = \int d\mathscr{E} = vBR\int_{\pi/4}^{7\pi/4}\cos\theta d\theta = -\sqrt{2}BvR$$

式中负号说明 A 点是高电势，电动势的方向与绕行方向相反，即由 B 经 C 指向 A.

解法二 首先将 AB 连接起来，形成一闭合回路如图 10.9 所示：穿过整个闭合回路的磁通量不发生变化，所以

$$\mathscr{E}=\mathscr{E}_{\widehat{ACB}}+\mathscr{E}_{\overline{BA}}=0$$

$$\mathscr{E}_{\widehat{ACB}}=-\mathscr{E}_{\overline{BA}}=\mathscr{E}_{\overline{AB}}$$

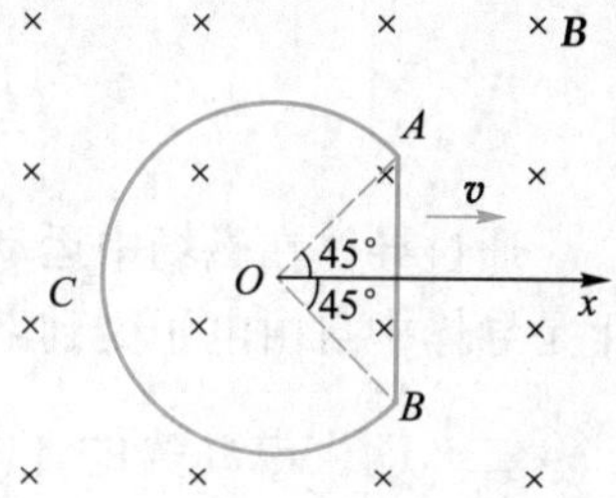

图 10.9

求 $\mathscr{E}_{\overline{AB}}$：

$$\mathrm{d}\mathscr{E}=(\boldsymbol{v}\times\boldsymbol{B})\cdot\mathrm{d}\boldsymbol{l}$$

$$=-vB\mathrm{d}l$$

$$\mathscr{E}_{\overline{AB}}=-vB\int_0^{\sqrt{2}B}\mathrm{d}l$$

$$=-\sqrt{2}BvR$$

式中负号说明 A 点是高电势

$$\mathscr{E}_{\widehat{ACB}}=-\sqrt{2}BvR$$

[**例 10.4**] 如图 10.10 所示，长为 l 的导线 ab 与一载有电流 I 的长直导线 AB 共面且相互垂直，当 ab 以速度 $\boldsymbol{v}$ 平行于电流方向运动时，求其上的动生电动势.

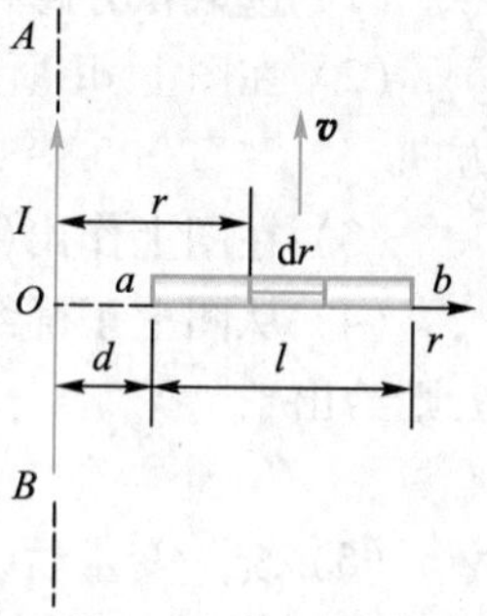

图 10.10

[**解**] 解法一 取坐标系如图 10.10 所示，L 的绕行方向沿导线 ab，在导线上任取 $\mathrm{d}\boldsymbol{l}$，$(\boldsymbol{v}\times\boldsymbol{B})$ 的方向沿 b 到 a，$\alpha=\dfrac{\pi}{2}$，$\theta=\pi$，则

$$\mathrm{d}\mathscr{E}=(\boldsymbol{v}\times\boldsymbol{B})\cdot\mathrm{d}\boldsymbol{l}=-vB\mathrm{d}l=-\frac{\mu_0 Iv}{2\pi r}\mathrm{d}r$$

ab 导线上的电动势为

$$\mathscr{E}_{ab}=\int\mathrm{d}\mathscr{E}=-\frac{\mu_0 Iv}{2\pi}\int_d^{d+l}\frac{\mathrm{d}r}{r}$$

$$=-\frac{\mu_0 Iv}{2\pi}\ln\frac{d+l}{d}$$

a 处为高电势，a、b 导线上的电动势方向和 L 的绕行方向相反，即 $b\to a$.

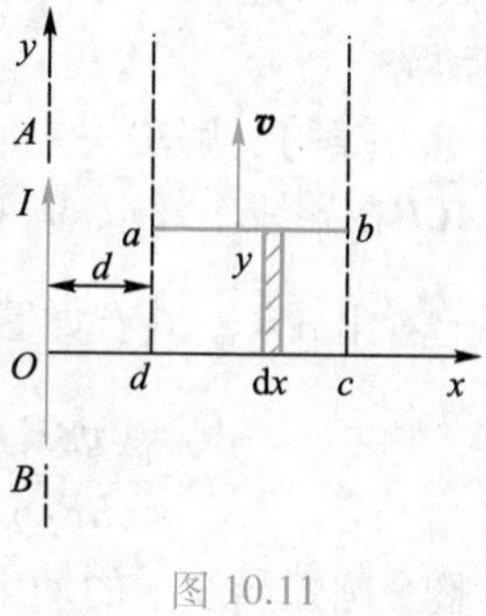

图 10.11

解法二 如图 10.11 所示建立坐标系，设想 ab 与另一部分假想的固定轨道 $bcda$ 构成回路，L 的绕行方向为 $abcda$，则某时刻通过回路的磁通量为

$$\mathrm{d}\boldsymbol{\Phi}=\boldsymbol{B}\cdot\mathrm{d}\boldsymbol{S}=By\mathrm{d}x=\frac{\mu_0 I}{2\pi x}y\mathrm{d}x$$

$$\Phi = \int \mathrm{d}\Phi = \frac{\mu_0 I y}{2\pi}\int_d^{d+l}\frac{\mathrm{d}x}{x} = \frac{\mu_0 I y}{2\pi}\ln\frac{d+l}{d}$$

$$\mathscr{E} = -\frac{\mathrm{d}\Phi}{\mathrm{d}t} = -\frac{\mu_0 I v}{2\pi}\ln\frac{d+l}{d}.$$

“-”表示 $\mathscr{E}$ 与回路方向相反，沿 $abcda$ 的电动势即 $\mathscr{E}_{ab}$，因为假设的固定轨道上，$v=0$，即动生电动势为零.

［例 10.5］　在垂直于均匀磁场 $\boldsymbol{B}$ 的某平面上，有一长为 R 的金属细棒 AB 绕 A 端在平面上以角速度 ω 转动，试求金属棒两端间的电势差. 如果以半径为 R 的金属盘取代本题的 AB 棒，仍在此平面内绕盘心而转动，盘面与平面一致，其他不变，再求盘心与边缘之间的电势差.

［解］　任取一金属棒线元 $\mathrm{d}\boldsymbol{r}$，其位置距 A 端为 r，其速度大小 $v=r\omega$，则 $\mathrm{d}r$ 上的动生电动势为

$$\mathrm{d}\mathscr{E} = (\boldsymbol{v}\times\boldsymbol{B})\cdot\mathrm{d}\boldsymbol{r} = vB\mathrm{d}r = \omega rB\mathrm{d}r$$

所以金属棒两端间有电势差. 它等于棒上电动势的负值. 即

$$\Delta U = -\mathscr{E} = -\int_0^R \omega rB\mathrm{d}r = -\frac{1}{2}B\omega R^2$$

本题如果将金属棒换为半径与其相等的金属圆盘. 可以将金属盘看成无数根相同金属棒转动各自产生的电动势并联，故电动势值没有改变，因此盘心与盘边缘之间的电势差也等于 $-\frac{1}{2}B\omega R^2$.

复习思考题

10.4　根据公式 $\mathscr{E} = \int_A^B (\boldsymbol{v}\times\boldsymbol{B})\cdot\mathrm{d}\boldsymbol{l} = \int_a^b vB\sin\theta\cos\varphi\mathrm{d}l$ 画出满足下列条件：

（1）$\theta=\frac{\pi}{2}, \varphi=\frac{\pi}{2}$；（2）$\theta=\frac{\pi}{2}, \varphi=\frac{\pi}{3}$；（3）$\theta=\frac{\pi}{3}, \varphi=0$ 时，导体棒 AB 在磁场中运动情况，并计算 $\mathscr{E}$ 的大小.你能否由以上讨论，得出只有导体作切割磁感线运动时，才产生动生电动势的结论？

10.5　思考题 10.5 图中所示为一观察电磁感应现象的装置. 左边 A 为闭合导体圆环，右边 B 为有缺口的导体圆环，两环用细杆连接支在 O 点，可绕 O 在水平面内自由转动. 用足够强的条形磁铁的任何一极插入圆环. 当插入环 A 时，可观察到环向后退；插入环 B 时，环不动，试解释所观察到的现象.

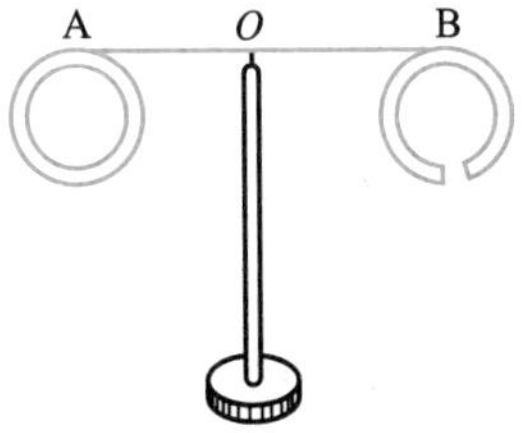

思考题 10.5 图

当用 S 极插入环 A 时，环中的感应电流方向如何？

§10.4 感生电动势 感生电场

一、感生电动势与感生电场

用洛伦兹力能很好地解释动生电动势产生的机制,但不能解释导体回路不动时,由于磁场变化产生的感生电动势的机制. 我们知道,电荷受力只可能有两种:电场力和磁场力. 现在由于导体静止已经排除了磁场力的作用,则形成感生电动势的非静电力只可能是电场力. 这说明应该存在一种不同于静电场的另一种类型的电场,该电场来源于磁场的变化. 麦克斯韦在分析和研究了这类电磁感应现象于 1861 年提出了以下假设:不论有无导体或导体回路,变化的磁场都将在其周围空间产生具有闭合电场线的电场,并称此电场为感生电场或涡旋电场. 大量的实验证实了麦克斯韦假设的正确性.

麦克斯韦假设可以圆满地解释感生电动势产生的原因:无论有无导体或导体回路,变化的磁场总要在其周围空间激发感生电场,若此空间内有闭合导体回路存在,其中的自由电子就会在感生电场力的作用下,形成感应电流. 感生电场力正是形成回路中感生电动势的非静电力. 若以 $\boldsymbol{E}_{\mathrm{V}}$ 表示感生电场,则根据电动势定义,由于磁场的变化,在任一闭合回路中产生的感生电动势应为

$$\mathscr{E}=\oint_L \boldsymbol{E}_{\mathrm{V}}\cdot \mathrm{d}\boldsymbol{l}$$

由法拉第电磁感应定律,有

$$\mathscr{E}=-\frac{\mathrm{d}\Phi}{\mathrm{d}t}=-\frac{\mathrm{d}}{\mathrm{d}t}\int_S \boldsymbol{B}\cdot \mathrm{d}\boldsymbol{S}$$

式中的面积分的区间 S 是以回路 L 为边界的曲面. 当回路不变动时,可以将对时间的微商和对曲面的积分两种运算的顺序颠倒,则得

$$\oint_L \boldsymbol{E}_{\mathrm{V}}\cdot \mathrm{d}\boldsymbol{l}=-\int_S \frac{\partial \boldsymbol{B}}{\partial t}\cdot \mathrm{d}\boldsymbol{S} \tag{10.6}$$

它表明了感生电场与变化磁场之间的关系,是电磁学的基本方程之一.

感生电场电场强度的环流不为零,说明其电场线类似于磁感应线,是无首末端的闭合曲线,即感生电场不是保守场,因此,$\boldsymbol{E}_{\mathrm{V}}$ 穿过任一封闭曲面 S 的通量必然为零:$\oint_S \boldsymbol{E}_{\mathrm{V}}\cdot \mathrm{d}\boldsymbol{S}=0$. 这就是感生电场的高斯定理,它说明感生电场是无源场.

综上所述,在自然界中存在着由静止电荷产生的静电场 $\boldsymbol{E}$ 及变化磁场产生的感生电场 $\boldsymbol{E}_{\mathrm{V}}$. 感生电场与静电场相同之点是都具有电能,都能对场中的电荷施加作用力. 但两种电场的起因和性质截然不同:静电场是一种有源无旋场(保守场);感生电场是一种无源有旋场(非保守场).

二、感生电动势的计算

感生电动势的计算方法有两种.

第一种:由电动势定义求:

$$\mathscr{E}=\oint_L \boldsymbol{E}_V \cdot \mathrm{d}\boldsymbol{l}$$

若导体不是闭合的,则

$$\mathscr{E}=\int_L \boldsymbol{E}_V \cdot \mathrm{d}\boldsymbol{l}$$

这种方法只能用于 $\boldsymbol{E}_V$ 已知或容易求出的情况.

由 $\boldsymbol{E}_V$ 计算感生电动势的一般步骤:

(1) 先求出 $\boldsymbol{E}_V$ 的大小和方向.

(2) L 的绕行方向是指导线方向,在导线上任取 $\mathrm{d}\boldsymbol{l}$ 方向和 L 绕行方向一致.

(3) 正确给出 $\mathrm{d}\mathscr{E}=\boldsymbol{E}_V \cdot \mathrm{d}\boldsymbol{l}=E_V\cos\theta\mathrm{d}l$,$\theta$ 是 $\boldsymbol{E}_V$ 和 $\mathrm{d}\boldsymbol{l}$ 之间的夹角.

(4) $\mathscr{E}=\int_L \boldsymbol{E}_V \cdot \mathrm{d}\boldsymbol{l}=\int_L E_V\cos\theta\mathrm{d}l$,统一变量,确定上下限,进行积分,得出 $\mathscr{E}$.

(5) $\mathscr{E}>0$ 说明感生电动势的方向和 L 绕行方向一致;$\mathscr{E}<0$ 则感生电动势的方向和 L 绕行方向相反.

第二种:由法拉第电磁感应定律求:

$$\mathscr{E}=-\frac{\mathrm{d}\Phi}{\mathrm{d}t}=-\int_S \frac{\partial \boldsymbol{B}}{\partial t}\cdot \mathrm{d}\boldsymbol{S}$$

采用这种方法时,如果导体不是闭合的,需要用辅助线构成闭合回路.

下面通过例题说明这两种方法. 先求一种简单对称情况下的 $\boldsymbol{E}_V$ 分布.

[例 10.6] 已知半径为 R 的长直螺线管中的电流随时间线性增大,因而管内的磁场亦随时间增大,即 $\frac{\partial \boldsymbol{B}}{\partial t}>0$ 且为常量. 求感应电场分布.

[解] 螺线管截面如图 10.12 所示,由于 $\frac{\partial \boldsymbol{B}}{\partial t}$ 在管内处处相同,螺线管磁场分布始终保持轴对称性,空间的感应电场也具有轴对称性. 感应电场线应该是以螺线管轴线为中心的一系列同心圆. 在半径为 r 的圆周上,各点 $\boldsymbol{E}_V$ 的大小相等,方向沿圆周切线方向,与 $-\frac{\partial \boldsymbol{B}}{\partial t}$ 满足右手螺旋定则,如图 10.12 所示.

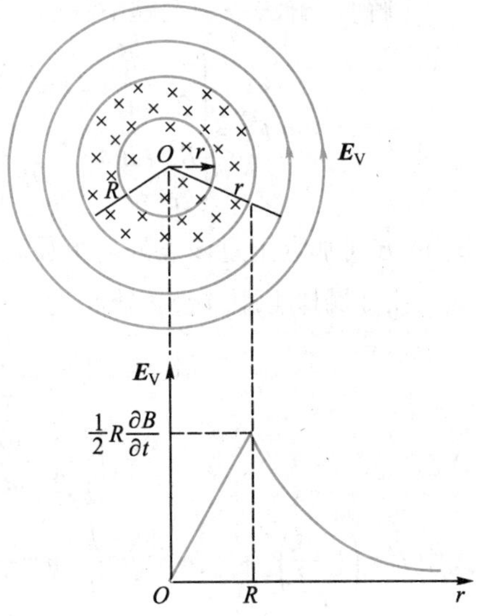

图 10.12

选以 O 为中心,半径为 r 的圆周 L 为环路,以逆时针方向为绕行方向,其回路面积

$\boldsymbol{S}$ 方向垂直于纸面向外. 则

$$\oint_L \boldsymbol{E}_{\mathrm{V}} \cdot \mathrm{d}\boldsymbol{l} = \oint_L E_{\mathrm{V}} \mathrm{d}l = E_{\mathrm{V}} \cdot 2\pi r$$

$$\int_S \frac{\partial \boldsymbol{B}}{\partial t} \cdot \mathrm{d}\boldsymbol{S} = \int_S \frac{\partial B}{\partial t} \cdot \mathrm{d}S \cdot \cos\pi = -\int_S \frac{\partial B}{\partial t} \mathrm{d}S$$

由此得

$$E_{\mathrm{V}} \cdot 2\pi r = -\int_S \frac{\partial \boldsymbol{B}}{\partial t} \cdot \mathrm{d}\boldsymbol{S} = \int_S \frac{\partial B}{\partial t} \cdot \mathrm{d}S$$

当 $r \leqslant R$ 时

$$E_{\mathrm{V}} \cdot 2\pi r = \frac{\partial B}{\partial t} \cdot \pi r^2$$

$$\boldsymbol{E}_{\mathrm{V}} = \frac{r}{2} \frac{\partial B}{\partial t}$$

当 $r > R$ 时

$$E_{\mathrm{V}} \cdot 2\pi r = \frac{\partial B}{\partial t} \cdot \pi R^2$$

$$E_{\mathrm{V}} = \frac{R^2}{2r} \frac{\partial B}{\partial t}$$

$\boldsymbol{E}_{\mathrm{V}}$ 的方向和 $E_{\mathrm{V}}-r$ 的空间分布曲线如图 10.12 所示. 注意在 $r>R$ 处, $\boldsymbol{B} \equiv 0$, 但是 $\boldsymbol{E}_{\mathrm{V}} \neq 0$. 即只要存在变化磁场, 整个空间(不管该处是否存在磁场, 是否有导体或介质)就有感应电场.

[**例 10.7**] 在上题螺线管截面内放置长为 $2R$ 的金属棒, 如图 10.13 所示. $AB = BC = R$, 求棒中感生电动势.

[**解**] 解法一 上题中我们已得出 E_{V} 分布

$$E_{\mathrm{V}} = \begin{cases} \dfrac{r}{2} \dfrac{\partial B}{\partial t} & (r \leqslant R) \\ \dfrac{R^2}{2r} \dfrac{\partial B}{\partial t} & (r > R) \end{cases}$$

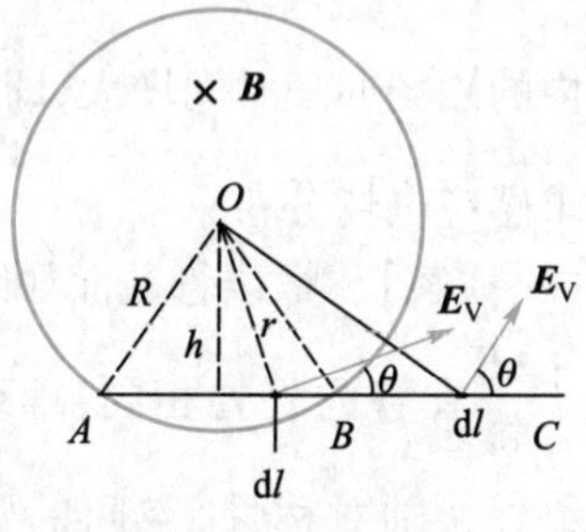

图 10.13

$\boldsymbol{E}_{\mathrm{V}}$ 的方向垂直于过该点处的半径.

在金属棒上距 A 点 l 处取线元 $\mathrm{d}\boldsymbol{l}$, 则,

$$\mathscr{E}_{AC} = \mathscr{E}_{AB} + \mathscr{E}_{BC} = \int_A^B \boldsymbol{E}_{\mathrm{V}} \cdot \mathrm{d}\boldsymbol{l} + \int_B^C \boldsymbol{E}_{\mathrm{V}} \cdot \mathrm{d}\boldsymbol{l}$$

$$= \int_A^B \frac{r}{2} \frac{\partial B}{\partial t} \mathrm{d}l \cos\theta + \int_B^C \frac{R^2}{2r} \frac{\partial B}{\partial t} \mathrm{d}l \cos\theta$$

式中 $r^2 = \left(l - \dfrac{R}{2}\right)^2 + h^2$, $\cos\theta = \dfrac{h}{r}$, $h = \dfrac{\sqrt{3}}{2}R$, 统一变量后积分

$$\mathscr{E}_{AC}=\int_0^R\frac{\sqrt{3}}{4}R\frac{\partial B}{\partial t}\mathrm{d}l+\int_R^{2R}\frac{\sqrt{3}}{4}R^3\frac{\partial B}{\partial t}\frac{\mathrm{d}l}{\left(l-\frac{R}{2}\right)^2+\frac{3}{4}R^2}$$

$$=\frac{\sqrt{3}}{4}R^2\frac{\partial B}{\partial t}+\frac{\pi R^2}{12}\frac{\partial B}{\partial t}=\frac{3\sqrt{3}+\pi}{12}R^2\frac{\partial B}{\partial t}$$

右边第二项的积分可用积分公式 $\int\frac{\mathrm{d}x}{a^2+x^2}=\frac{1}{a}\arctan\frac{x}{a}$,进行积分.

感生电动势指向为由 A 到 C.

解法二 连接 OA,OC,形成闭合回路 $OACO$.

由于 E_V 与半径方向垂直,所以

$$\mathscr{E}_{OA}=\mathscr{E}_{CO}=0$$

$$\mathscr{E}_{OACO}=\mathscr{E}_{OA}+\mathscr{E}_{AC}+\mathscr{E}_{CO}=\mathscr{E}_{AC}$$

穿过闭合回路 $OACO$ 的磁通量就等于穿过三角形 OAB 和扇形 $OBDO$ 的磁通量之和

$$\Phi=\int\boldsymbol{B}\cdot\mathrm{d}\boldsymbol{S}=B(S_1+S_2)=B\frac{3\sqrt{3}+\pi}{12}R^2$$

注意 $OB=BC$ 的条件的应用.

由法拉第电磁感应定律

$$|\mathscr{E}_{AC}|=|\mathscr{E}_{OACO}|=\left|\frac{\mathrm{d}\Phi}{\mathrm{d}t}\right|=\frac{3\sqrt{3}+\pi}{12}R^2\left|\frac{\mathrm{d}B}{\mathrm{d}t}\right|$$

$$=\frac{3\sqrt{3}+\pi}{12}R^2\left|\frac{\partial B}{\partial t}\right|$$

由楞次定律判断感生电动势指向为由 A 至 C.

[**例 10.8**] 一半径为 $r=0.20$ m,具有轴对称的电磁铁,如图 10.14 所示,在它的半径范围内磁场可以认为是均匀的,超过此半径,磁场可忽略不计,今欲在不击穿空气的情况下,使磁场的磁感应强度在尽可能短的时间 t 内,由 0 线性地升高至 10 T,试确定 t. 设空气击穿电场强度不大于 $3\times10^6\ \mathrm{V\cdot m^{-1}}$.

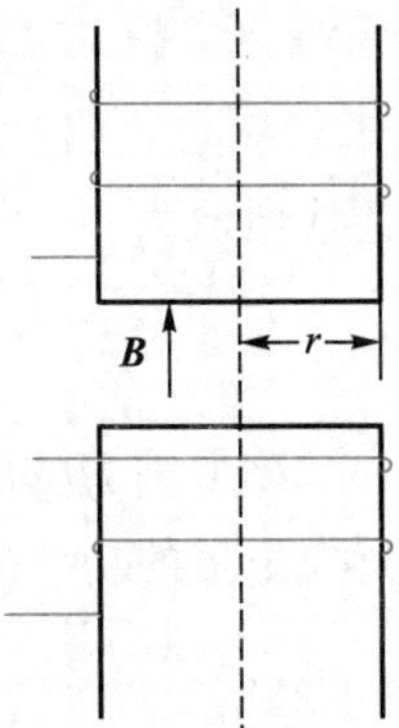

图 10.14

[**解**] 由于磁场具有轴对称性,取逆时针方向为积分绕行正方向,对以 r 为半径的圆回路应用法拉第电磁感应定律有

$$\mathscr{E}=\oint\boldsymbol{E}_V\cdot\mathrm{d}\boldsymbol{l}=-\frac{\mathrm{d}\Phi}{\mathrm{d}t}$$

$$2\pi rE_V=-\pi r^2\frac{\partial B}{\partial t}=-\pi r^2K=-\pi r^2\frac{B_{\max}}{t}$$

其中 K 为斜率.

显然,电场强度在 $r=0.2$ m 处具有极大值,故

$$t=\left|\frac{rB_{\max}}{2E_{\mathrm{V}}}\right|=\frac{0.2\times10}{2\times3\times10^{6}}\ \mathrm{s}=\frac{1}{3}\ \mu\mathrm{s}$$

三、感生电场的应用

感生电场的存在,已经由大量实验所证实并在现代科技中得到广泛应用,其中典型的例子是涡电流的存在及电子感应加速器的应用.

[例 10.9] 图 10.15 所示为利用高频感应加热方法加热电子管的阳极,用以清除其中气体的原理示意图. 阳极是一个柱形薄壁导体壳,半径为 r,高为 h,电阻为 R,放在匝数为 N,长度为 l 的密绕螺线管的中部,且 $L\gg h$. 当螺线管中通以交变电流 $I=I_0\sin\omega t$ 时.

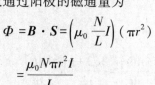

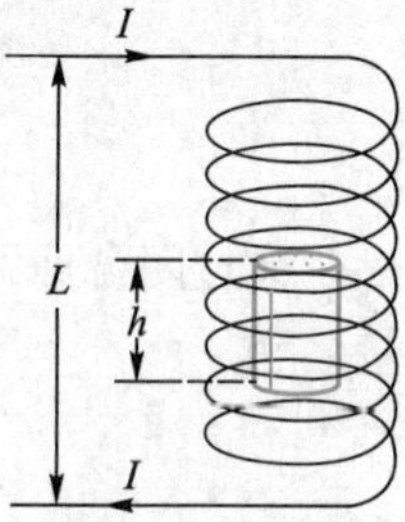

图 10.15

(1) 试求阳极中产生的感应电流;

(2) 问:怎样提高感应电流产生的焦耳热?

[解] (1) 因为 $L\gg h$,所以此螺线管对电子管阳极可视为长直螺线管,故通过阳极的磁通量为

$$\Phi=\boldsymbol{B}\cdot\boldsymbol{S}=\left(\mu_0\frac{N}{L}I\right)(\pi r^2)$$

$$=\frac{\mu_0 N\pi r^2 I}{L}$$

阳极管壁中产生的感生电动势为

$$\mathscr{E}=\oint_L \boldsymbol{E}_{\mathrm{V}}\cdot\mathrm{d}\boldsymbol{l}=-\frac{\mathrm{d}\Phi}{\mathrm{d}t}$$

$$=-\frac{\mu_0 N\pi r^2}{L}\frac{\mathrm{d}}{\mathrm{d}t}(I_0\sin\omega t)$$

$$=-\frac{\mu_0 N\pi r^2 I_0\omega}{L}\cos\omega t$$

感应电流为

$$I=\frac{\mathscr{E}}{R}=-\frac{\mu_0 N\pi r^2 I_0\omega}{LR}\cos\omega t$$

(2) 因为感应电流是交变的,为考察电流产生的焦耳热,应先求一个周期内感应电流的功率的平均值,即

$$\overline{P}=\frac{1}{T}\int_0^T I^2R\mathrm{d}t=\frac{1}{T}\int_0^T\frac{\mu_0^2N^2\pi^2r^4I_0^2\omega^2}{L^2R}\cos^2\omega t\mathrm{d}t$$

$$=\frac{\mu_0^2N^2\pi^2r^4I_0^2\omega^2}{2L^2RT}\int_0^T(1+\cos 2\omega t)\,\mathrm{d}t=\frac{\mu_0^2N^2\pi^2r^4I_0^2\omega^2}{2L^2R}$$

t 时间内,感应电流产生的焦耳热为

$$Q=\overline{P}t=\frac{\mu_0^2N^2\pi^2r^4I_0^2\omega^2t}{2L^2R}=\frac{\pi^2r^4}{2R}B^2\omega^2t$$

式中 $B=\mu_0NI_0/L$,所以,电流产生的焦耳热与 B^2 及 ω^2 成正比,即 B 值越大,磁场变化的频率越高,感应电流产生的焦耳热就越多.

实验发现,当大块金属导体在非均匀磁场中运动或处于随时间变化的磁场中时,其中会感应出涡旋电场,从而在块状导体各个薄壳层中形成一系列涡旋状感应电流,称为涡电流或涡流. 由于大块金属的电阻很小,形成的涡流一般很大,热效应显著. 涡流的热效应已经广泛用于特种合金或高纯金属的冶炼、半导体材料的提纯、焊接、封口等工艺过程. 在电机或变压器铁芯中涡电流的热效应是有害的. 通常用相互绝缘的叠片式铁芯来减小其中的热损耗.

[例 10.10] 如图 10.16 所示,将一个圆柱形金属块放在高频感应炉中加热. 设感应炉的线圈产生的磁场是均匀的,磁感应强度的方均根值为 B,频率为 f. 金属柱的直径和高分别为 D 和 h,电导率为 γ,金属柱的轴平行于磁场. 设涡流产生的磁场可忽略,试证明金属柱内涡电流产生的热功率为

$$P=\frac{1}{32}\pi^3f^2\gamma B^2D^4h$$

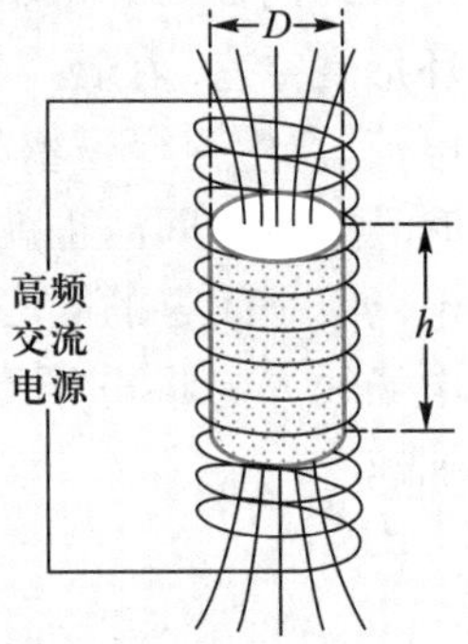

图 10.16

[证明] 按题意,可设线圈磁场的磁感应强度 $B_t=B_m\sin\omega t=B_m\sin(2\pi ft)$,$B_m$ 为最大值.

在圆柱形金属块内考虑半径为 $r\left(0<r<\dfrac{D}{2}\right)$、厚度为 $\mathrm{d}r$ 的导体圆筒,在此圆筒上涡流的瞬时功率

$$\begin{aligned}\mathrm{d}P&=\frac{\mathscr{E}^2}{R}=\left(\frac{\mathrm{d}\Phi}{\mathrm{d}t}\right)^2\bigg/\left(\rho\,\frac{\mathrm{d}l}{\mathrm{d}S}\right)\\&=\left[\left(\frac{\mathrm{d}}{\mathrm{d}t}B\right)\pi r^2\right]^2\bigg/\frac{2\pi r}{\gamma h\mathrm{d}r}\\&=2\pi^3f^2\gamma hB_m^2\cos^2(2\pi ft)r^3\mathrm{d}r\end{aligned}$$

整个金属柱内涡电流的瞬时功率

$$\begin{aligned}P&=\int\mathrm{d}P=2\pi^3f^2\gamma hB_m^2\cos^2(2\pi ft)\int_0^{\frac{D}{2}}r^3\mathrm{d}r\\&=\frac{1}{32}\pi^3f^2\gamma hD^4B_m^2\cos^2(2\pi ft)\end{aligned}$$

而在一个周期内的平均热功率

$$\overline{P}=\frac{1}{T}\int_0^T P\mathrm{d}t=\frac{1}{32}\pi^3 f^2 rhD^4\frac{1}{T}B_m^2\int_0^T\cos^2(2\pi ft)\,\mathrm{d}t$$

$$=\frac{1}{32}\pi^3 f^2\gamma hD^4 B^2$$

其中

$$B^2=\left(\sqrt{\overline{B_t^2}}\right)^2=\overline{B_t^2}=\frac{1}{T}\int_0^T B_t^2\mathrm{d}t$$

$$=\frac{1}{T}\int_0^T B_{\mathrm{m}}^2\cos^2(2\pi ft)\,\mathrm{d}t$$

即 B 为磁感应强度的方均根值.

［**例 10.11**］ 试解释电子感应加速器的基本原理.

［**解**］ 应用感应电场加速电子的电子感应加速器，是感应电场存在的最重要的例证之一，其结构示意图如图 10.17 所示. 在圆形磁铁的两极之间有一环形真空室. 在真空室内，需要保持 10^{-4} Pa 的真空度. 当电磁铁绕组通以交变电流，产生交变磁场时，在真空室所包围的区域内的磁通量也随时间变化，这时真空室空间内也就产生涡旋电场. 因磁场分布是轴对称的，所以涡旋电场的电场线是闭合的同心圆族，其中一条同环形真空室轴线一致. 如果用电子枪沿电场线方向将电子注入真空室内，那么这些电子将在感应电场作用下得到加速.

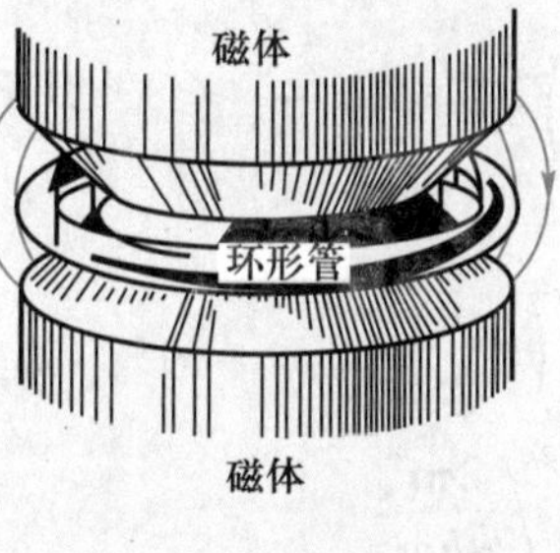

(a) 结构示意图

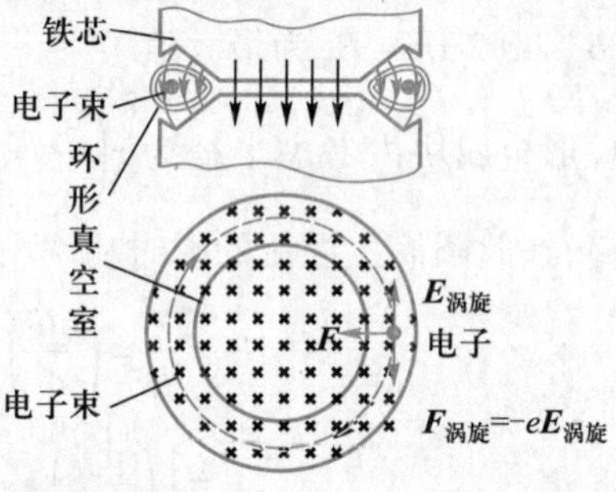

(b) 磁极及真空室中电子的轨道

图 10.17

理论证明，要使电子在不断增长的磁场中沿着一个半径不变的圆形轨道加速运动，必须保持该轨道所包围的面积内的平均磁感应强度 $\overline{B_0(t)}$ 为轨道上的磁感应强度 $B_0(t)$ 的二倍，即

$$\overline{B_0(t)}=2B_0(t)$$

这一条件称为电子感应加速器条件. 满足这一条件的圆形轨道称为平衡轨道，环形真空室的轴线设计将同平衡轨道相重合.

理论还证明，如果在平衡轨道附近的磁场分布满足

$$B(r)=B(r_0)\left(\frac{r_0}{r}\right)^n \quad (0<n<1)$$

则这一平衡轨道是稳定的. 式中 n 是常量,通常称为磁场降落指数,r_0 是平衡轨道的曲率半径,$B(r)$是轨道曲率半径为 r 处的磁感应强度,这就是说围绕该平衡轨道存在着轴向和径向的聚焦力. 由于这一聚焦力的作用,偏离平衡轨道的电子会被拉回平衡轨道,并围绕平衡轨道作振荡运动. 其振幅随着电子能量的增加而减小.

在磁场由弱变强的增长过程中,电子在真空室内可回转几兆圈,被加速而获得几兆电子伏甚至上百兆电子伏的能量. 磁场增长到最大值后下降,由强变弱恢复到初始值;这时间内它所产生的感应电场方向相反. 因此,应当在电场改变方向之前就把电子引出来. 可见,电子感应加速器的电子输出是脉冲式的,每秒钟的脉冲数就等于交变磁场的频率.

能量在数十兆电子伏以下时,电子感应加速器具有容易制造、便于调整使用、价格较便宜等优点,所以在国民经济的各方面被广泛使用,主要用于工业 γ 射线探伤和射线治疗癌症(利用电子或 γ 射线)等方面.

复习思考题

10.6 试讨论动生电动势与感生电动势的共同点和不同点.

10.7 如果将一条形磁铁插入一橡胶制成的圆环中,在插入过程中环内有无感生电动势? 有无感生电流? 为什么?

10.8 将尺寸完全相同的铜环和铅环适当放置,使通过两环内的磁通量的变化率相等. 问这两个环中的感应电流及感应电场是否相等?

§ 10.5 自感和互感

一、自感现象 自感系数 自感电动势

当回路中有电流通过时,其电流在周围空间中产生的磁场,必有一部分磁感应线将穿过回路本身. 自感现象是指:导体回路中由于自身电流的变化,而在自己回路中产生感应电动势的现象. 产生的电动势称为**自感电动势**.

自感现象可以通过图 10.18 所示的实验来观察. 当合上开关 S 后,A 灯比 B 灯先亮,就是因为在合上开关后,A、B 两支路同时接通,但 B 灯的支路中有一多匝线圈(穿过各线圈的磁通量分别为 $\Phi_1,\Phi_2,\Phi_3,\cdots$),线圈中产生自感电动势,它阻碍电流的增加,因此 B 不能立即正常发光.

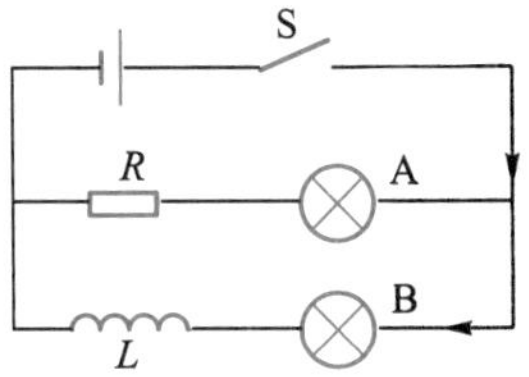

图 10.18

假设有一闭合回路,当回路通有电流 I 时,根据毕

奥-萨伐尔定律,电流 I 激发的磁感应强度与电流 I 成正比,所以穿过该回路的总磁通 Φ_{Σ}($\Phi_{\Sigma}=\Phi_1+\Phi_2+\Phi_3+\cdots$)应正比于回路中的电流 I,即

$$\Phi_{\Sigma}=LI \tag{10.7}$$

(10.7)式中比例系数 L 称为该回路的**自感系数**,简称**自感**. 如果回路周围不存在铁磁质,自感 L 是一个与电流 I 无关,仅由回路的匝数、几何形状、大小以及周围介质的磁导率而决定的物理量. 自感的物理意义是该回路中通过单位电流时穿过该回路的总磁通. 在国际单位制中自感的单位为 H(亨利).

$$1\ \mathrm{H}=\frac{1\ \mathrm{Wb}}{1\ \mathrm{A}}$$

若回路的自感 L 保持不变,则通过回路的总磁通 Φ_{Σ} 仅随回路中电流的变化而变化,由法拉第电磁感应定律知,自感电动势为

$$\mathscr{E}_L=-\frac{\mathrm{d}\Phi_{\Sigma}}{\mathrm{d}t}=-L\frac{\mathrm{d}I}{\mathrm{d}t} \tag{10.8}$$

(10.8)式中"-"号表明自感电动势 $\mathscr{E}_L$ 产生的感应电流的方向总是反抗回路中电流的变化. 由上式看出,自感系数 L 也等于当回路中电流变化率为一个单位时回路中产生的自感电动势;当电流变化率 $\frac{\mathrm{d}I}{\mathrm{d}t}$ 一定时,回路 L 越大,产生的自感电动势越大,即回路保持自身中电流不变的能力越强,所以,自感系数 L 描述了线圈电磁惯性的大小. 注意以上我们仅考虑 L 是常量的情况.

二、自感系数和自感电动势的计算

自感系数的计算一般都比较复杂,常采用实验方法测定. 只有在一些典型的、简单的情况下,才能利用公式来计算它.

[例 10.12] 计算长直螺线管的自感系数.

设已知一空心单层密绕长螺线管,长为 l,截面积为 S,单位长度上匝数为 n. 管内充满磁导率为 μ 的磁介质.

[解] 设螺线管的通有电流 I. 忽略边缘效应,螺线管内部为均匀磁场,且磁感应强度的大小为

$$B=\mu nI$$

总磁通 Φ_{Σ} 为

$$\Phi_{\Sigma}=NBS=nl\mu nIS=\mu n^2VI$$

式中 $V=lS$ 为螺线管的体积. 则

$$L=\frac{\Phi_{\Sigma}}{I}=\mu n^2V$$

所以,提高螺线管自感系数最有效的途径是采用较细的导线绕制螺线管,可增加单位长度匝数,也可在螺线管内放置磁导率大的磁介质. 但用铁磁质作为铁芯时,由于铁磁质的磁导率 μ 与 I 有关,此时 L 值与 I 有关.

下面用自感电动势的定义来进行 L 的计算

$$\mathscr{E}=-\frac{\mathrm{d}\Phi_{\Sigma}}{\mathrm{d}t}=-\frac{\mathrm{d}}{\mathrm{d}t}(\mu n^2 VI)=-\mu n^2 V\frac{\mathrm{d}I}{\mathrm{d}t}$$

$$L=-\frac{\mathscr{E}_L}{\dfrac{\mathrm{d}I}{\mathrm{d}t}}=\mu n^2 V$$

实际上,一密绕的多匝线圈常称为自感线圈,它是电子技术中的基本元件之一,多用在稳流、滤波及产生电磁振荡等电路中.

［例 10.13］ RL 电路如图 10.19 所示,由一自感线圈 L,电阻 R 与电源 $\mathscr{E}$ 组成的电路. 当开关 S 与 a 端相接触时,求接通后电流的变化情况. 待电流稳定后,再迅速将开关打向 b 端,再求此后的电流变化情况.

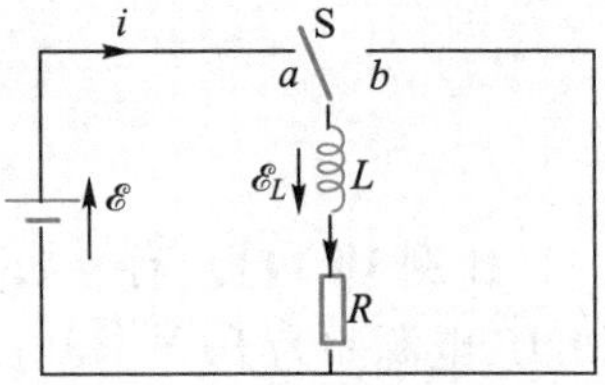

图 10.19

［解］ 当开关 S 与 a 接通时,回路中电流从无到有,线圈中产生自感电动势为

$$\mathscr{E}_L=-L\frac{\mathrm{d}i}{\mathrm{d}t}$$

由全电路欧姆定律

$$\mathscr{E}-L\frac{\mathrm{d}i}{\mathrm{d}t}=iR$$

将此方程分离变量后积分,并考虑初始条件,当 $t=0$ 时,$i=0$,得

$$\int_0^I\frac{\mathrm{d}i}{i-\dfrac{\mathscr{E}}{R}}=\int_0^t\left(-\frac{R}{L}\right)\mathrm{d}t$$

以上方程的解为

$$i=\frac{\mathscr{E}}{R}(1-\mathrm{e}^{-\frac{R}{L}t})$$

此结果表明,电流随时间按指数规律增大,其极大值为

$$I_0=\frac{\mathscr{E}}{R}$$

式中的指数 L/R 具有时间的量纲,称为此电路的时间常量. 常以 τ 表示时间常量,即 $\tau=L/R$. 开关接通后经过时间 τ,其电流为

$$I_\tau=\frac{\mathscr{E}}{R}\left(1-\frac{1}{\mathrm{e}}\right)\approx 0.632I_0$$

通常用时间 τ 来表示电路中电流增长的快慢(如图 10.20 所示).

当电流达到稳定值 I_0 后,将开关迅速拨到 b,电路中的电流变化,在线圈中产生自感电动势,其方向与电流方向相同. 所以回路中电流不是立即消失而是逐渐

衰减到零. 由

$$\mathscr{E}_L=-L\frac{\mathrm{d}i}{\mathrm{d}t}=iR$$

利用初始条件当 $t=0$ 时, $I_0=\frac{\mathscr{E}}{R}$, 这一方程的解为

$$i=\frac{\mathscr{E}}{R}\mathrm{e}^{-\frac{R}{L}t}$$

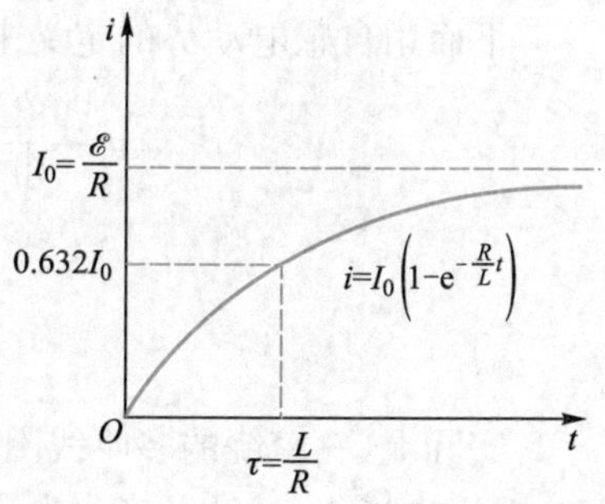

图 10.20

这一结果说明,电流随时间按指数规律减小. 当 $t=\tau$ 时

$$I_\tau=\frac{I_0}{\mathrm{e}}\approx0.368I_0$$

[例 10.14] 有一如图 10.21 所示的电路,其中电阻 $R=10\ \mathrm{k\Omega}$,线圈自感 $L=1\ \mathrm{H}$,电源 $\mathscr{E}$ 为 10 V. 当电路闭合后,电路中稳定电流为 $I_0=1\ \mathrm{mA}$,试求当开关打开后,若此电流在 1 μs 内变到零,线圈中的感生电动势为多大?

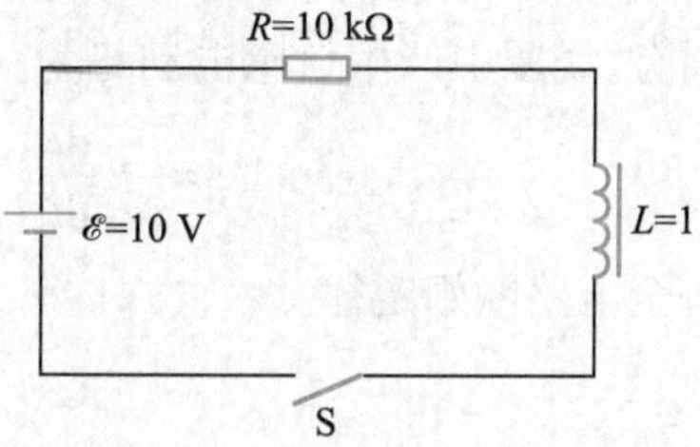

图 10.21

[解] 根据 $\mathscr{E}=-L\frac{\Delta L}{\Delta t}$,按题设数值, $L=1\ \mathrm{H}$, $\Delta I=1\ \mathrm{mA}$, $\Delta t=1\ \mu\mathrm{s}$,则

$$|\mathscr{E}_L|=L\cdot\frac{\Delta I}{\Delta t}=1\times\frac{0.001}{0.000\ 001}\mathrm{V}=1\ 000\ \mathrm{V}$$

可见,这个感生电动势要比原来电源电压大 100 倍!

在某些情况下,线圈两端感生电动势的数值远远大于原来电源电压的现象,又常常是有害的,必须避免. 如大功率的发电机、电动机等,其中线包的自感值都很大,在断电时,若电流变化率过大,则会产生很强的自感电动势,甚至击穿电闸刀间的空气间隙发生火花放电,容易引起严重事故. 为此回路中装有放电电阻,使断电时电流逐渐减小到零,借以减小电流变化率,不致发生事故.

三、互感现象 互感系数 互感电动势

由于某一个导体回路中的电流发生变化,而在邻近导体回路内产生感应电动势的现象,称为互感现象. 这种电动势叫互感电动势.

如图 10.22 所示,有两个固定的闭合电路 L_1 和 L_2. 闭合回路 L_2 中的互感电动势是由于回路 L_1 中电流 i_1 随时间的变化引起的,以 $\mathscr{E}_{21}$ 表示此电动势. 下面说明 $\mathscr{E}_{21}$ 与电流 i_1 的关系.

由毕奥-萨伐尔定律可知,电流 i_1 产生的磁场正比于 i_1,因而通过 L_2 所圈面积

的、由 i_1 所产生的总磁通 $\Phi_{\sum 21}$ 也应该和 i_1 成正比，即

$$\Phi_{\sum 21}=M_{21}i_1 \tag{10.9}$$

其中比例系数 M_{21} 叫做回路 L_1 对回路 L_2 的互感系数（简称互感），它取决于两个回路的几何形状、相对位置、它们各自的匝数以及它们周围磁介质的分布. 理论和实验都证明了：对两个固定回路 L_1 和 L_2 来说互感系数是一个常量. 法拉第电磁感应定律给出

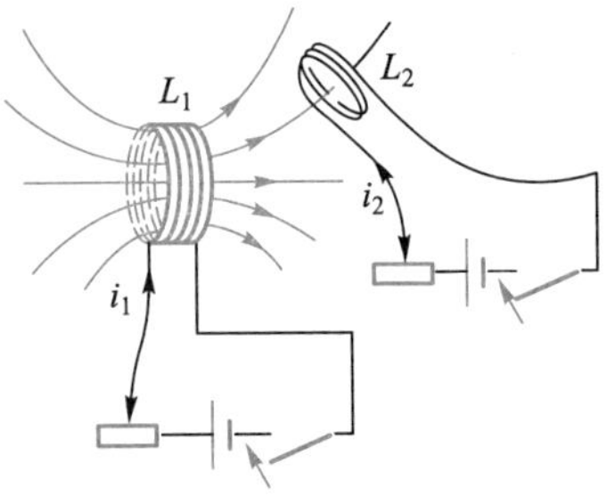

图 10.22

$$\mathscr{E}_{21}=-\frac{\mathrm{d}\Phi_{\sum 21}}{\mathrm{d}t}=-M_{21}\frac{\mathrm{d}i_1}{\mathrm{d}t} \tag{10.10}$$

同理，若回路 L_2 通以电流 i_2，则在回路 L_1 中产生的 $\Phi_{\sum 12}$、$\mathscr{E}_{12}$ 分别为

$$\Phi_{\sum 12}=M_{12}i_2 \tag{10.11}$$

$$\mathscr{E}_{12}=-\frac{\mathrm{d}\Phi_{\sum 12}}{\mathrm{d}t}=-M_{12}\frac{\mathrm{d}i_2}{\mathrm{d}t} \tag{10.12}$$

对给定的一对导体回路有

$$M_{21}=M_{12}=M$$

M 就叫做这两个导体回路的互感系数，简称它们的互感. 在国际单位制中，互感系数的单位为 H（亨利）.

（10.10）式、（10.12）式可统一表示为

$$\mathscr{E}_M=-M\frac{\mathrm{d}i}{\mathrm{d}t} \tag{10.13}$$

四、互感系数和互感电动势的计算

与自感系数 L 一样，通常互感 M 是通过实验来测定的，只有在一些简单的情况下，才能利用公式计算出 M.

［例 10.15］ 如图 10.23 所示，C_1 表示一长螺线管（称为原线圈），长为 l，截面积 S，共有 N_1 匝. C_2 表示另一长螺线管（称为副线圈），长度和截面积都与 C_1 相同，并与 C_1 共轴，共有 N_2 匝，螺线管内磁介质的磁导率为 μ，求：

（1）这两个共轴螺线管的互感系数；

（2）两个螺线管的自感系数与互感系数的关系.

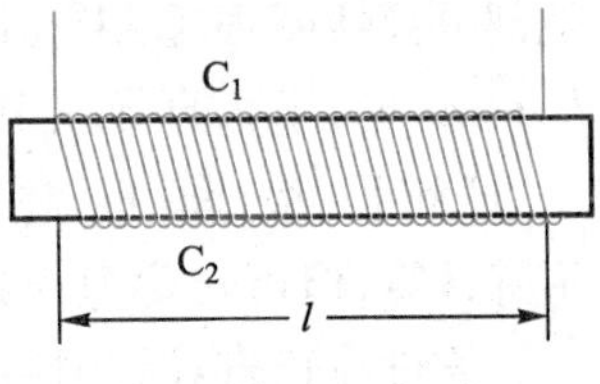

图 10.23

［解］ （1）设原线圈中通有电流 I_1，可知管内磁感应强度和磁通量分别为

$$B=\mu\frac{N_1}{l}I_1$$

$$\Phi=BS=\mu\frac{N_1}{l}I_1S$$

通过副线圈的磁通量也是 Φ，所以副线圈的总磁通为

$$\Phi_{\Sigma 21}=N_2\Phi=\mu\frac{N_1N_2I_1}{l}S$$

按互感系数的定义

$$M=\frac{\Phi_{\Sigma 21}}{I_1}=\mu\frac{N_1N_2}{l}S$$

（2）由例 10.12 知长螺线管的自感系数

$$L_1=\mu n_1^2V=\mu\frac{N_1^2}{l^2}lS=\mu\frac{N_1^2}{l}S$$

同理

$$L_2=\mu\frac{N_2^2}{l}S$$

由上式得

$$M^2=\mu^2\frac{N_1^2N_2^2}{l^2}S^2=L_1L_2$$

由此得

$$M=\sqrt{L_1L_2}$$

一般情况下，此结果可以写为

$$M=K\sqrt{L_1L_2}\quad(0\leqslant K\leqslant 1)$$

式中 K 称为两回路的耦合系数，它反映两线圈的磁耦合紧密程度，由它们的相对位置决定. 当在本例的情况下，$K=1$，称为理想耦合；当两螺线管互相垂直时，$K=0$；当 $K\ll 1$ 时，称为松耦合.

［例 10.16］ 一矩形线圈 $ABCD$，长为 l，宽为 a，匝数为 N，放在一长直导线旁边与之共面，见图 10.24. 该长直导线是一闭合回路的一部分，其他部分离线圈很远，未在图中画出. 当矩形线圈中通过电流 $i=I_0\cos\omega t$ 时，求长直导线中的互感电动势.

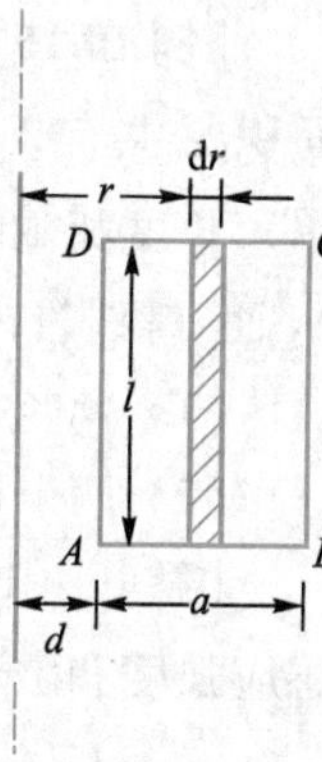

图 10.24

［解］ 根据题意，需求矩形线圈对长直导线的互感 M，此值不好计算，但可转化为计算长直导线对矩形线圈的互感 M.

假设在长直导线中通一电流 I，此电流的磁场在矩形线圈中产生的总磁通为

$$\Phi_{\Sigma}=N\int_S\boldsymbol{B}\cdot\mathrm{d}\boldsymbol{S}=N\int_d^{d+a}\frac{\mu_0 Il}{2\pi r}\mathrm{d}r$$

$$=\frac{\mu_0 NlI}{2\pi}\ln\frac{d+a}{d}$$

长直导线与矩形线圈之间互感为

$$M=\frac{\Phi_\Sigma}{I}=\frac{\mu_0 Nl}{2\pi}\ln\frac{d+a}{d}$$

矩形线圈中的电流 $i=I_0\cos\omega t$ 在长直导线中产生的互感电动势为

$$\mathscr{E}_M=-M\frac{\mathrm{d}i}{\mathrm{d}t}=-\frac{\mu_0 Nl}{2\pi}\ln\left(\frac{d+a}{d}\right)\frac{\mathrm{d}}{\mathrm{d}t}(I_0\cos\omega t)$$

$$=\frac{\mu_0 NlI_0\omega}{2\pi}\ln\left(\frac{d+a}{d}\right)\sin\omega t$$

复习思考题

10.9 怎样绕制螺线管，使其自感为零？怎样放置两个相距不远的线圈，使其互感最大？

10.10 三个线圈中心在一条直线上，相隔的距离很近，如何放置可使它们两两之间的互感系数为零？

10.11 $\mathscr{E}_L=-L\dfrac{\mathrm{d}I}{\mathrm{d}t}$ 与 $\mathscr{E}_M=-M\dfrac{\mathrm{d}I}{\mathrm{d}t}$ 两式的形式相似，试说明它们各自物理含义.

10.12 如果电路中通有强电流，当你突然打开刀闸断电时，就有一大火花跳过刀闸. 试解释这一现象.

§ 10.6 磁场的能量

一、自感磁能

从例 10.13 我们知道，图 10.19 中开关突然由 a 拨到 b 时，线圈 L 中电流不是立即消失，而是按指数规律逐渐衰减到零，即

$$I=\frac{\mathscr{E}}{R}\mathrm{e}^{-\frac{R}{L}t}$$

开关合到 b 上时电源已经不再提供能量了，线圈中电流的能量是“谁”提供的？要回答这个问题，就要分析自感线圈中电流衰减到零的过程中，是“谁”伴随着电流一起消失了？显然，伴随电流一起消失的是它所激发的磁场，消失的磁场将其能量转化为电流的能量. 我们称储存在自感线圈中的磁场能量为自感磁能. 它应该等于线圈 L 中电流 I 逐渐消失过程中自感电动势做的功

$$\mathrm{d}A=\mathscr{E}_L I\mathrm{d}t=-L\frac{\mathrm{d}I}{\mathrm{d}t}I\mathrm{d}t=-LI\mathrm{d}I$$

$$A=\int\mathrm{d}A=\int_I^0 -LI\mathrm{d}I=\frac{1}{2}LI^2$$

因此，具有自感 L 的线圈，通有电流 I 时所具有的自感磁能为

$$W_{\mathrm{m}}=\frac{1}{2}LI^2 \tag{10.14}$$

W_{m}称为自感磁能，与电容 C 储能作用一样，自感线圈 L 也是一个储能元件.

二、磁场能量　磁场能量密度

储存在线圈中的能量可以用描述磁场的物理量来表示它. 下面，以长直螺线管为例，由于其自感系数 $L=\mu n^2V$，管内磁感应强度 $B=\mu nI$，所以其磁能为

$$W_{\mathrm{m}}=\frac{1}{2}LI^2=\frac{1}{2}\mu n^2V\left(\frac{B}{\mu n}\right)^2=\frac{B^2}{2\mu}V$$

我们把磁场单位体积内储存的能量叫做磁场的能量密度，用 w_{m} 表示，则

$$w_{\mathrm{m}}=\frac{W_{\mathrm{m}}}{V}=\frac{B^2}{2\mu}$$

或

$$w_{\mathrm{m}}=\frac{1}{2}BH \tag{10.15}$$

虽然(10.15)式是从长直螺线管这一特例得出的，但可以证明它是普遍适用的. 一般情况下，磁能密度是空间位置和时间的函数. 对于不均匀磁场，可把磁场存在的空间划分为无数个体积元 $\mathrm{d}V$，体积元 $\mathrm{d}V$ 内的磁能为

$$\mathrm{d}W_{\mathrm{m}}=w_{\mathrm{m}}\mathrm{d}V=\frac{B^2}{2\mu}\mathrm{d}V$$

有限体积 V 内的磁能则为

$$\begin{aligned}W_{\mathrm{m}}&=\int_V\mathrm{d}W_{\mathrm{m}}=\frac{1}{2\mu}\int B^2\mathrm{d}V\\&=\frac{1}{2}\int_V BH\mathrm{d}V\end{aligned}$$

[例 10.17]　一长同轴电缆由半径为 R_1 的实心圆柱形导体和半径为 R_2 的薄圆筒(忽略壁厚)构成，如图 10.25 所示. 其间充满相对磁导率为 μ_{r} 的绝缘材料. 求同轴电缆单位长度上的自感系数(设柱形导体磁导率为 μ_0).

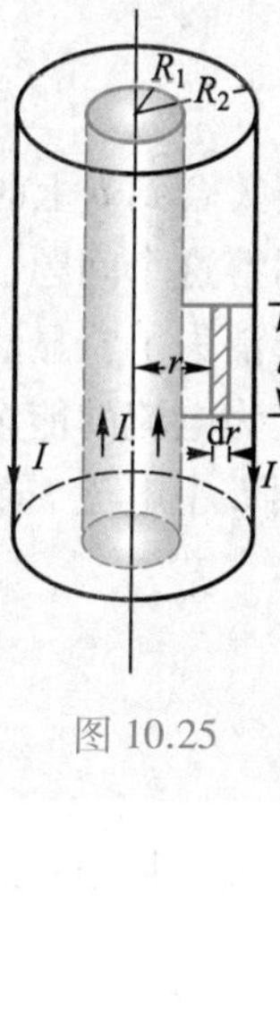

图 10.25

[解]　设电流为 I.

当 $0<r<R_1$ 时，　$H_1=\frac{rI}{2\pi R_1^2}$

磁能密度为

$$w_1=\frac{1}{2}\mu_0H_1^2=\frac{\mu_0r^2I^2}{8\pi^2R_1^4}$$

单位长度内储存的磁能为

$$W_1=\int_V w_1\mathrm{d}V=\int_0^{R_1}\frac{\mu_0 r^2 I^2}{8\pi^2 R_1^4}2\pi r\mathrm{d}r=\frac{\mu_0 I^2}{16\pi}$$

当 $R_1<r<R_2$ 时，
$$H_2=\frac{I}{2\pi r}$$

磁能密度为

$$w_2=\frac{1}{2}\mu_0\mu_r H_2^2=\frac{\mu_0\mu_r I^2}{8\pi^2 r^2}$$

单位长度内储存的磁能为

$$W_2=\int_V w_2\mathrm{d}V=\int_{R_1}^{R_2}\frac{\mu_0\mu_r I^2}{8\pi^2 r^2}\cdot 2\pi r\mathrm{d}r$$

$$=\frac{\mu_0\mu_r I^2}{4\pi}\ln\frac{R_2}{R_1}$$

单位长度内储存的总磁能为

$$W=W_1+W_2=\frac{1}{2}LI^2$$

所以

$$L=\frac{\mu_0}{8\pi}+\frac{\mu_0\mu_r}{2\pi}\ln\frac{R_2}{R_1}$$

注意:同轴电缆的内导体为实心圆柱导体或空心圆筒导体,计算出的自感系数是有差别的,其原因是实心圆柱导体在通有电流时,其内部有磁场能量.

[**例 10.18**] 如图 10.26 所示,求两相邻载流线圈的磁场能.

[**解**] 在图 10.26 中,我们先合上开关 S_1,使 L_1 中电流由 0 增大到 I_1. 这个过程中电源 $\mathscr{E}_1$ 克服 L_1 中自感电动势做功而储存在 L_1 的磁场中的能量为

$$W_1=\frac{1}{2}L_1 I_1^2$$

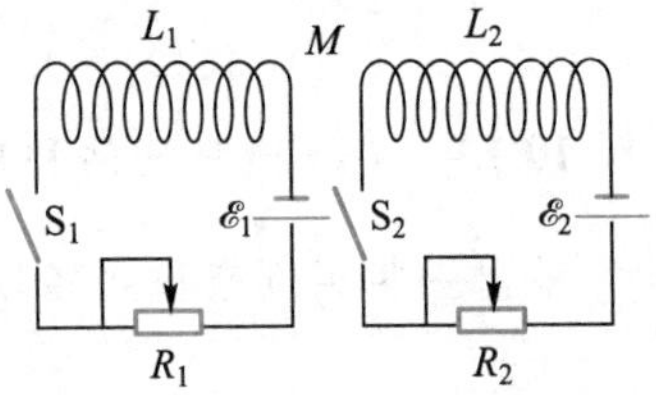

图 10.26

再合上开关 S_2,调节 R_1 使 I_1 保持不变,让 L_2 中电流由 0 增大到 I_2. 这个过程中电源 $\mathscr{E}_2$ 克服 L_2 中的自感电动势做功而储存在 L_2 的磁场中的能量为

$$W_2=\frac{1}{2}L_2 I_2^2$$

还要注意到,当线圈 I_2 中电流 i_2 由 0 增大到 I_2 的过程中,在 L_1 中会产生互感电动势

$$\mathscr{E}_{12}=-M_{12}\frac{\mathrm{d}i_2}{\mathrm{d}t}$$

要 I_1 不变,电源 $\mathscr{E}_1$ 还必须克服互感电动势做功. 这样由 $\mathscr{E}_1$ 克服 $\mathscr{E}_{12}$做功而储存到

磁场中的能量为

$$W_3 = -\int \mathscr{E}_{12} I_1 \mathrm{d}t$$

$$= \int M_{12}\frac{\mathrm{d}i_2}{\mathrm{d}t} I_1 \mathrm{d}t = \int_0^{I_2} M_{12} I_1 \mathrm{d}i_2 = M_{12} I_1 I_2$$

这时系统达到 L_1 和 L_2 中电流分别是 I_1 和 I_2 的状态. 这个过程中磁场所储存的总能量为

$$W = W_1 + W_2 + W_3$$

$$= \frac{1}{2}L_1 I_1^2 + \frac{1}{2}L_2 I_2^2 + M_{12} I_1 I_2$$

如果改变通电方式,先合上开关 S_2,然后再合上开关 S_1,同理可得出过程中磁场所储存的总能量

$$W' = W_1 + W_2 + W_3'$$

$$= \frac{1}{2}L_1 I_1^2 + \frac{1}{2}L_2 I_2^2 + M_{21} I_1 I_2$$

而这两种通电方式得到的最后状态相同,能量应和达到此状态的过程无关,即 $W = W'$. 所以

$$M_{12} = M_{21} = M$$

由此,得

$$W = \frac{1}{2}L_1 I_1^2 + \frac{1}{2}L_2 I_2^2 + M I_1 I_2$$

复习思考题

10.13 磁场能量的两种表达式:$W_m = \frac{1}{2}LI^2$,$W_m = \int_V \frac{B^2}{2\mu}\mathrm{d}V$ 的物理意义有什么不同? 举出一些实例来说明磁场具有能量?

§ 10.7 位移电流 麦克斯韦电磁场方程组

文档:麦克斯韦电磁场理论的提出

麦克斯韦在前人实践的基础上,经研究提出“变化的磁场可以产生感应电场”和“变化的电场(位移电流)可以产生磁场”两个假设,并用一组方程概括了全部电场和磁场的性质和规律,建立了完整的电磁场理论基础. 本节初步介绍麦克斯韦理论的基本概念及麦克斯韦方程组的积分形式.

一、麦克斯韦位移电流假设

我们知道,对于恒定电流,其磁场遵从安培环路定理,即

$$\oint_L \boldsymbol{H} \cdot \mathrm{d}\boldsymbol{l} = \sum_{(L内)} I_i$$

对于非恒定电流的情形又如何呢？我们来看图 10.27，在图中，将开关 S 转向 a，让电容器 C 充电，或将开关 S 转向 b，使电容器 C 放电，在上述两过程中导体中均有电荷流动，但却没有电荷在电容器两板的空间中流动，因而产生一个问题，在非恒定电流的情况下，传导电流的连续性不成立. 又如图 10.27 所示，在电容器充电过程中，做一包围载流导线的闭合回路 L，以 L 为边界作 S_1、S_2 两个曲面，按照安培环路定理，对不同曲面得到两个结果：

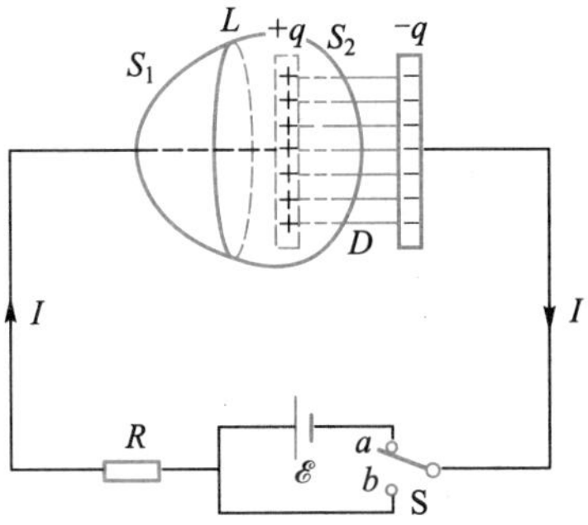

图 10.27

$$\oint_L \boldsymbol{H} \cdot \mathrm{d}\boldsymbol{l} = \sum_{S_1} I_i = I$$

$$\oint_L \boldsymbol{H} \cdot \mathrm{d}\boldsymbol{l} = \sum_{S_2} I_i = 0$$

这样又出现了第二个问题，对同一个闭合 $\boldsymbol{H}$ 的线积分，得到不同的积分结果，在这种情况下，显然，适用于恒定电流的安培环路定理，不再成立.

麦克斯韦注意到，虽然在上述情况下，电容器两极板之间没有传导电流，但却存在有变化的电场. 电容器极板上的自由电荷 q 和电荷面密度 σ 在随时间变化时，则两极板之间的电位移 $\boldsymbol{D}$ 及通过曲面 S_2 电位移通量 $\boldsymbol{\Psi}$ 也都是随时间而相应地变化. 现以电容器充电为例来进行分析，我们发现极板上：

$$I(t)=\frac{\mathrm{d}q}{\mathrm{d}t}=S\frac{\mathrm{d}\sigma}{\mathrm{d}t}，且\ I(t)=Sj$$

这里 j 是极板上的电流面密度，S 为极板的面积.

由于 $D=\sigma$，所以极板间有

$$\frac{\mathrm{d}\Psi}{\mathrm{d}t}=\frac{\mathrm{d}}{\mathrm{d}t}(\boldsymbol{D}\cdot\boldsymbol{S})=S\frac{\mathrm{d}D}{\mathrm{d}t}=S\frac{\mathrm{d}\sigma}{\mathrm{d}t}$$

从而发现，在量值上有

$$\begin{cases}\dfrac{\mathrm{d}\Psi}{\mathrm{d}t}=I(t)\\[2ex]\dfrac{\mathrm{d}D}{\mathrm{d}t}=j\end{cases}$$

可见，若把电位移通量的变化率看成是某种电流，则上述的两个问题就容易解释了. 因此麦克斯韦引入位移电流概念.

令

$$I_{\mathrm{d}}=\frac{\mathrm{d}\Psi}{\mathrm{d}t} \tag{10.16}$$

$$\boldsymbol{j}_{\mathrm{d}}=\frac{\mathrm{d}\boldsymbol{D}}{\mathrm{d}t} \tag{10.17}$$

I_d、$\boldsymbol{j}_d$分别称之为位移电流和位移电流密度.

二、安培环路定理的推广

引入位移电流概念以后，麦克斯韦又提出，在一般情况下，电流由传导电流和位移电流两部分组成，称为全电流.

$$I_{全} = \sum I_i + I_d$$

麦克斯韦认为在恒定电流的情况下的传导电流连续性方程在非恒定电流的情况下应推广为全电流的连续性方程.

同样，在非恒定电流的情况下，安培环路定理应修正为

$$\oint_L \boldsymbol{H} \cdot \mathrm{d}\boldsymbol{l} = \sum_{(L内)} I_{全} = \sum_{(L内)} I_i + \sum_{(L内)} I_d \tag{10.18}$$

(10.18) 式是安培环路定理的一般形式，它表明传导电流 I_i 可以产生磁场，位移电流 I_d 也能产生磁场. 这样，本节开始时提出的问题就得到了解决. 穿过图 10.27 中以 L 为边界的曲面 S_1 和 S_2 的电流都应该为全电流：在 S_1 处位移电流几乎为零，只剩下传导电流，而在 S_2 处不存在传导电流，只有位移电流. 于是

对 S_1 $$\oint_L \boldsymbol{H} \cdot \mathrm{d}\boldsymbol{l} = \sum_{(L内)} I_{全} = I$$

对 S_2 $$\oint_L \boldsymbol{H} \cdot \mathrm{d}\boldsymbol{l} = \sum_{(L内)} I_{全} = I_d = \frac{\mathrm{d}\Psi}{\mathrm{d}t} = I$$

这样，无论选择 S_1 和 S_2 作为以 L 为边界的曲面来计算 $\boldsymbol{H}$ 的环流都得到相同的确定的值.

位移电流实质是变化的电场，而不是运动的电荷，所以位移电流产生磁场实质是“变化的电场产生磁场”.

另一方面来看，法拉第电磁感应定律说明“变化的磁场能产生电场”，这深刻地揭示了电场和磁场是密切相关的.

同时又需指出，这种电与磁互相激发而产生的磁场、电场均是变化的场，而不是恒定的静电场和恒定磁场.

[例 10.19] 如图 10.28 所示为一平行板电容器，两极板都是半径$R=0.10$ m 的导体圆板. 当充电时，极板间的电场强度以 $\mathrm{d}E/\mathrm{d}t=10^{12}\ \mathrm{V\cdot m^{-1}\cdot s^{-1}}$的变化率增加，设两极板间为真空，略去边缘效应，求：

(1) 两极板间的位移电流 I_d；

(2) 距两极板中心连线为 $r(r<R)$ 处的 B_r，并估算 $r=R$ 处的磁感应强度的大小.

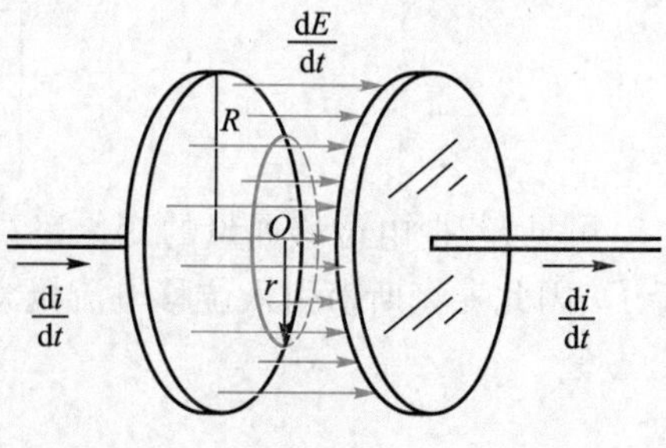

图 10.28

[解] 在忽略边缘效应时，平行板间电场可看成均匀分布.

(1) $I_d=\frac{d\Psi}{dt}=\frac{dD}{dt}S=\pi R^2\varepsilon_0\frac{dE}{dt}$

$=3.14\times0.1^2\times8.85\times10^{-12}\times10^{12}\ A=0.28\ A$

(2) 两极板间的位移电流相当于均匀分布的圆柱电流,它产生具有轴对称的感应磁场,以两极板中心连线为轴,取半径为 r 的圆形回路为闭合积分路线.

(a) 当 $r<R$ 时

$$\oint_L \boldsymbol{H}\cdot d\boldsymbol{l}=H\cdot 2\pi r=\frac{B}{\mu_0}\cdot 2\pi r=\frac{d\Psi}{dt}$$

$$=\frac{dD}{dt}\cdot\pi r^2=\varepsilon_0\frac{dE}{dt}\cdot\pi r^2$$

所以

$$B_r=\frac{\varepsilon_0\mu_0}{2}r\frac{dE}{dt}$$

(b) 当 $r>R$ 时

$$\oint_L \boldsymbol{H}\cdot d\boldsymbol{l}=\frac{B}{\mu_0}\cdot 2\pi r=\frac{dD}{dt}\pi R^2$$

$$=\varepsilon_0\frac{dE}{dt}\pi R^2$$

故 $r=R$ 时

$$B_R=\frac{\mu_0\varepsilon_0}{2}R\frac{dE}{dt}=5.56\times10^{-17}\ T$$

计算结果表明,位移电流产生的磁场是相当弱的. 一般只是在超高频的情况下,需要考虑位移电流产生的磁场.

三、麦克斯韦方程组

麦克斯韦认为:在一般情况下,电场既包括自由电荷产生的静电场 $\boldsymbol{E}^{(1)}$,$\boldsymbol{D}^{(1)}$,也包括变化磁场产生的涡旋电场 $\boldsymbol{E}^{(2)}$,$\boldsymbol{D}^{(2)}$,电场强度 $\boldsymbol{E}$ 和电位移 $\boldsymbol{D}$ 是两种电场的矢量和,即

$$\boldsymbol{E}=\boldsymbol{E}^{(1)}+\boldsymbol{E}^{(2)},\quad \boldsymbol{D}=\boldsymbol{D}^{(1)}+\boldsymbol{D}^{(2)}$$

同时,磁场既包括传导电流产生的磁场 $\boldsymbol{B}^{(1)}$,$\boldsymbol{H}^{(1)}$,也包括位移电流(变化电场)产生的磁场 $\boldsymbol{B}^{(2)}$,$\boldsymbol{H}^{(2)}$,即

$$\boldsymbol{B}=\boldsymbol{B}^{(1)}+\boldsymbol{B}^{(2)},\qquad \boldsymbol{H}=\boldsymbol{H}^{(1)}+\boldsymbol{H}^{(2)}$$

这样就得到在一般情况下的电磁场所满足的方程组为

(1) 电场的高斯定理

$$\oint_S \boldsymbol{D}\cdot d\boldsymbol{S}=\sum_i q_i=\int_V \rho dV \tag{10.19a}$$

(2) 法拉第电磁感应定律

$$\oint_L \boldsymbol{E} \cdot \mathrm{d}\boldsymbol{l} = -\frac{\mathrm{d}\Phi}{\mathrm{d}t} = -\int_S \frac{\partial \boldsymbol{B}}{\partial t} \cdot \mathrm{d}\boldsymbol{S} \tag{10.19b}$$

（3）磁场的高斯定理

$$\oint_S \boldsymbol{B} \cdot \mathrm{d}\boldsymbol{S} = 0 \tag{10.19c}$$

（4）全电流的安培环路定理

$$\oint_L \boldsymbol{H} \cdot \mathrm{d}\boldsymbol{l} = \sum I_i + \frac{\mathrm{d}\Psi}{\mathrm{d}t} = \sum I_i + \int_S \frac{\partial \boldsymbol{D}}{\partial t} \cdot \mathrm{d}\boldsymbol{S} \tag{10.19d}$$

这四个方程就称为麦克斯韦方程组的积分形式.

除麦克斯韦方程组外，另外有几个描述介质性质的方程

$$\boldsymbol{D} = \varepsilon \boldsymbol{E}$$

$$\boldsymbol{B} = \mu \boldsymbol{H}$$

$$\boldsymbol{j} = \gamma \boldsymbol{E}$$

这里 γ 是电导率.

有了这 7 个方程，原则上可以解决各种宏观电磁场的问题.

若将奥-高公式

$$\oint_S \boldsymbol{A} \cdot \mathrm{d}\boldsymbol{S} = \int_V (\nabla \cdot \boldsymbol{A}) \mathrm{d}V$$

分别应用于电场或磁场的高斯定理，可得

$$\oint_S \boldsymbol{D} \cdot \mathrm{d}\boldsymbol{S} = \int_V (\nabla \cdot \boldsymbol{D}) \mathrm{d}V = \sum_i q_i = \int_V \rho \mathrm{d}V$$

$$\oint_S \boldsymbol{B} \cdot \mathrm{d}\boldsymbol{S} = \int_V (\nabla \cdot \boldsymbol{B}) \mathrm{d}V = 0$$

故有

$$\nabla \cdot \boldsymbol{D} = \rho$$

$$\nabla \cdot \boldsymbol{B} = 0$$

若将斯托克斯公式

$$\oint_L \boldsymbol{A} \cdot \mathrm{d}\boldsymbol{l} = \int_S (\nabla \times \boldsymbol{A}) \cdot \mathrm{d}S$$

用于另两个麦克斯韦积分方程，可得

$$\oint_L \boldsymbol{E} \cdot \mathrm{d}\boldsymbol{l} = \int_S (\nabla \times \boldsymbol{E}) \cdot \mathrm{d}\boldsymbol{S} = -\int_S \frac{\partial \boldsymbol{B}}{\partial t} \cdot \mathrm{d}\boldsymbol{S}$$

$$\oint_L \boldsymbol{H} \cdot \mathrm{d}\boldsymbol{l} = \int_S (\nabla \times \boldsymbol{H}) \cdot \mathrm{d}\boldsymbol{S} = \int_S \left(\boldsymbol{j}_c + \frac{\partial \boldsymbol{D}}{\partial t}\right) \cdot \mathrm{d}\boldsymbol{S}$$

故有

$$\nabla \times \boldsymbol{E} = -\frac{\partial \boldsymbol{B}}{\partial t}$$

$$\nabla \times \boldsymbol{H} = \boldsymbol{j}_c + \frac{\partial \boldsymbol{D}}{\partial t}$$

把上面不是积分形式的麦克斯韦方程联立在一起，有

$$\left.\begin{aligned}&\nabla\cdot\boldsymbol{D}=\rho\\&\nabla\cdot\boldsymbol{B}=0\\&\nabla\times\boldsymbol{E}=-\frac{\partial\boldsymbol{B}}{\partial t}\\&\nabla\times\boldsymbol{H}=\boldsymbol{j}_{\mathrm{c}}+\frac{\partial\boldsymbol{D}}{\partial t}\end{aligned}\right\}\tag{10.20}$$

这称为麦克斯韦电磁场方程组的微分形式. 式中的“ · ”是“点乘”符号,“×”是“叉乘”符号,∇是“微分算子”符号:

$$\nabla=\boldsymbol{i}\frac{\partial}{\partial x}+\boldsymbol{j}\frac{\partial}{\partial y}+\boldsymbol{k}\frac{\partial}{\partial z}$$

麦克斯韦电磁场方程组(积分形式或微分形式)的具体计算应用将在以后的电磁场课程中见到.

麦克斯韦方程组具有重要的意义,它是宏观电磁场的理论基础,也是现代电工学、无线电电子学等不可缺少的理论基础. 在麦克斯韦方程组中,有两个方程分别指出“变化的电场能产生磁场”、“变化的磁场能产生电场”,说明变化的电场、磁场互相激发而产生不可分割的统一电磁场,且由近及远地向外传播而形成电磁波. 因此从麦克斯韦理论出发预言了电磁波的存在,这一理论概括了当时已发现的所有电磁现象和光现象的规律. 它是在牛顿建立力学理论之后物理学的又一光辉成就.

复习思考题

10.14 试从下列几方面对传导电流和位移电流进行比较:(1) 起因,(2) 量纲,(3) 与磁场关系,(4) 能在哪些物质中存在,(5) 热效应.

10.15 麦克斯韦方程组中的两个高斯定理与静电场和恒定磁场高斯定理形式相同,其物理意义是否相同? 试说明之.

§ 10.8 平面电磁波 电磁波的能流密度

一、平面电磁波

文档: 电磁波的实验检验

变化的电场和磁场相互激发发生电磁场. 这种变化的电磁场在空间传播,则称之为电磁波. 按波阵面的形状,可将电磁波分为球面电磁波和平面电磁波,而任何球面在离球心较远地方的一个不大区域可以看成是平面,因此,远离波源(球面波中心)的球面电磁波上较小的区域也可称为平面电磁波. 从数学上讲,平面电磁波所对应的场方程组形式最简单,本节亦着重讨论平面电磁波,以此为例,对电磁波的基本性质作一介绍.

由理论计算可以得到,平面简谐电磁波表达式为

$$E=E_0\cos\omega\left(t-\frac{r}{v}\right)\tag{10.21}$$

$$H=H_0\cos\omega\left(t-\frac{r}{v}\right) \tag{10.22}$$

其中 E_0 和 H_0 分别是场矢量 $\boldsymbol{E}$ 和 $\boldsymbol{H}$ 的振幅，ω 是电磁波的圆频率，r 是波源中心到某场点的距离，$v\left(=\frac{1}{\sqrt{\varepsilon\mu}}\right)$ 为电磁波在介质中的波速.

由平面简谐电磁波方程，可以得知平面简谐电磁波具有以下性质：

(1) 电磁波是横波. 场中 $\boldsymbol{E}$ 与 $\boldsymbol{H}$ 不仅互相垂直，且都垂直于电磁波的传播方向，图 10.29 画出了平面电磁波的传播情形.

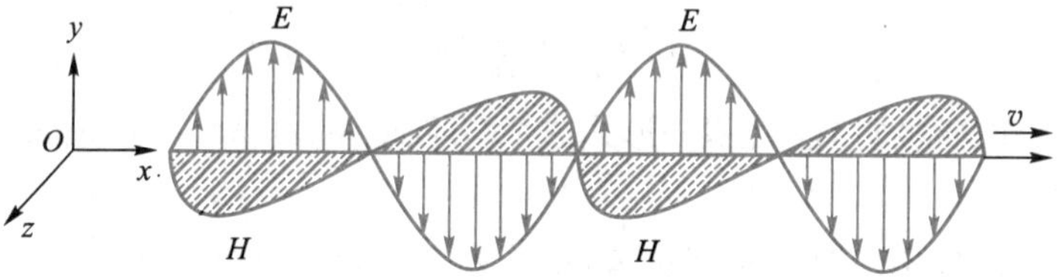

图 10.29

(2) 电磁波中 $\boldsymbol{E}$ 和 $\boldsymbol{H}$ 分别在各自的平面上振动，这一性质称为偏振性，且由 (10.21) 式和 (10.22) 式易知 $\boldsymbol{E}$ 和 $\boldsymbol{H}$ 是同位相地变化，它们同时同地达到最大，又同时同地达到最小.

(3) 任一时刻，空间同一点的 $\boldsymbol{E}$ 和 $\boldsymbol{H}$ 的大小满足下列关系：

$$\sqrt{\varepsilon}E=\sqrt{\mu}H \tag{10.23}$$

(4) 电磁波的传播速度 $\boldsymbol{v}$ 的大小取决于介质的电容率 ε 和磁导率 μ，即

$$v=\frac{1}{\sqrt{\varepsilon\mu}} \tag{10.24}$$

而真空中的电磁波波速

$$c=\frac{1}{\sqrt{\varepsilon_0\mu_0}}$$

真空中的电容率 $\varepsilon_0=8.854\ 2\times10^{-12}\ \mathrm{F\cdot m^{-1}}$，磁导率 $\mu_0=4\pi\times10^{-7}\ \mathrm{H\cdot m^{-1}}$，把它们代入可得 $c=2.997\ 9\times10^{8}\ \mathrm{m\cdot s^{-1}}$，这正是光在真空中的传播速度. 麦克斯韦由此断定光是一种电磁波.

二、电磁波的能流密度

电磁波是电磁场在空间的辐射传播过程，因此电磁波具有的电磁能量称为辐射能. 在单位时间内，通过垂直于传播方向的单位面积的辐射能，称为能流密度或辐射强度，用符号 $\boldsymbol{S}$ 表示.

由于电磁场能量也是 E 和 H 的函数，因此电磁场能量也以与电磁波相同的速度传播，且在传播空间里电磁场能量体密度应为电场能量体密度 $w_{\mathrm{e}}\left(=\frac{1}{2}\varepsilon E^2\right)$ 与磁场能量体密度 $w_{\mathrm{m}}\left(=\frac{1}{2}\mu H^2\right)$ 之和，即

$$w=w_e+w_m=\frac{1}{2}(\varepsilon E^2+\mu H^2)$$

如图 10.30 所示,设在垂直于电磁波传播方向上有一面积元 $\mathrm{d}A$,那么在 $\mathrm{d}t$ 时间内通过面积元 $\mathrm{d}A$ 的辐射能

$$\mathrm{d}W=w\mathrm{d}A\cdot v\mathrm{d}t$$

由能流密度定义可得

$$S=\frac{\mathrm{d}W}{\mathrm{d}t\mathrm{d}A}=wv$$

$$=\frac{v}{2}(\varepsilon E^2+\mu H^2)$$

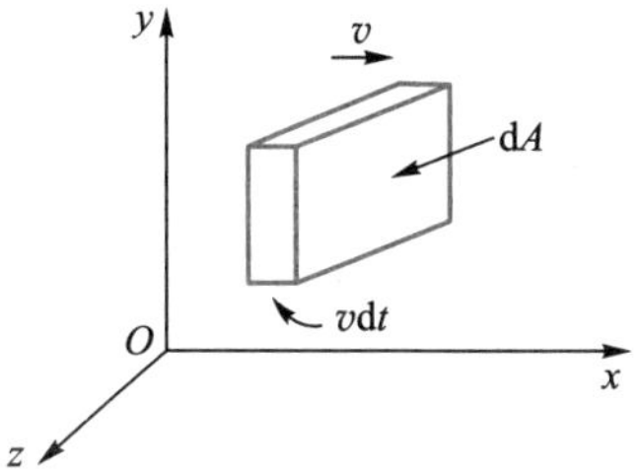

图 10.30

把(10.23)式、(10.24)式代入得

$$S=\frac{1}{2}\frac{1}{\sqrt{\mu\varepsilon}}(\sqrt{\varepsilon}E\sqrt{\mu}H+\sqrt{\mu}H\sqrt{\varepsilon}E)=EH$$

因为辐射能的传播方向与 $\boldsymbol{E}$、$\boldsymbol{H}$ 的方向三者两两垂直,且 $\boldsymbol{E}\times\boldsymbol{H}$ 所决定的方向即为辐射能的传播方向,故上式可写成矢量式

$$\boldsymbol{S}=\boldsymbol{E}\times\boldsymbol{H} \tag{10.25}$$

$\boldsymbol{S}$、$\boldsymbol{E}$ 和 $\boldsymbol{H}$ 成右手螺旋关系,如图 10.31 所示,$\boldsymbol{S}$ 称为**能流密度矢量**,又称为**坡印廷矢量**.

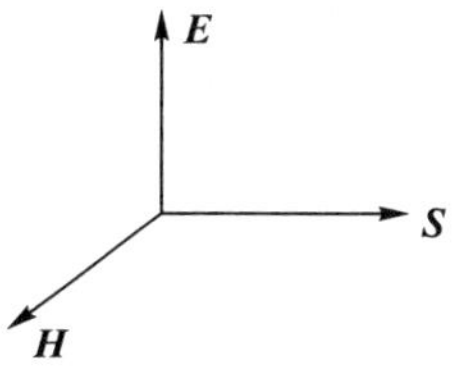

图 10.31

复习思考题

10.16 什么是平面电磁波,以平面电磁波为例简述电磁波的特性.

习题

10.1 选择题

(1) 将形状完全相同的钢环和木环静止放置,并使通过两环面的磁通量随时间的变化率相等,则 [　　]

(A) 铜环中有感应电动势,木环中无感应电动势;

(B) 铜环中感应电动势大,木环中感应电动势小;

(C) 铜环中感应电动势小,木环中感应电动势大;

(D) 两环中感应电动势相等.

(2) 如题 10.1(2)图所示,矩形区域为恒定磁场,半圆形闭合导线回路在纸面内绕轴 O 做逆时针方向匀角速转动,O 点是圆心且恰好落在磁场的边缘上,半圆形闭合导线完全在磁场外时开始计时,图(A)—(D)的 $\mathscr{E}$-t 函数图像中哪一条属于半圆形导线回路中产生的感生电动势? [　　]

(3) 在一通有电流 I 的无限长直导线所在平面内,有一半径为 r、电阻为 R 的导线环,环心距直导线为 a,如题 10.1(3)图所示,且 $a\gg r$,当直导线的电流被切断后,

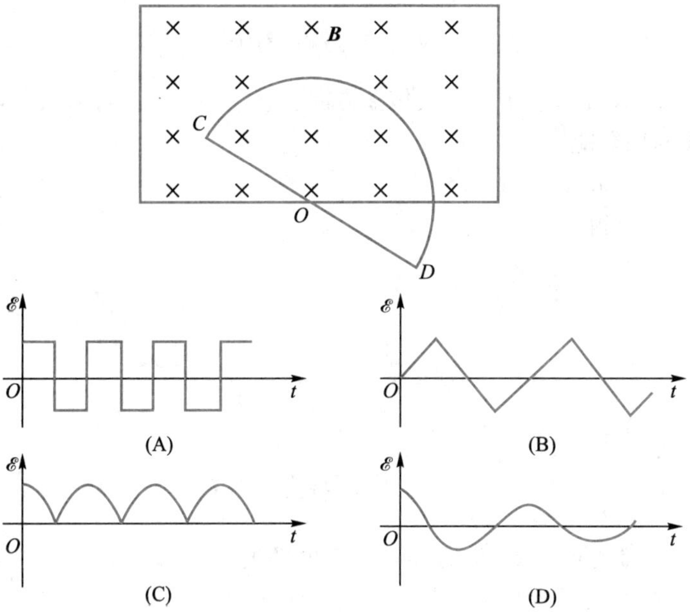

题 10.1(2)图

沿着导线环流过的电荷量约为 [ ]

(A) $\dfrac{\mu_0 Ir^2}{2\pi R}\left(\dfrac{1}{a}-\dfrac{1}{a+r}\right)$; (B) $\dfrac{\mu_0 Ir}{2\pi R}\ln\dfrac{a+r}{a}$;

(C) $\dfrac{\mu_0 Ir^2}{2aR}$; (D) $\dfrac{\mu_0 Ia^2}{2rR}$.

(4) 如题 10.1(4)图所示,直角三角形金属框架 ABC 放在均匀磁场中,磁场 $\boldsymbol{B}$ 平行于 AB 边,BC 的边长为 l,当金属框架绕 AB 边以匀角速度 ω 转动时,ABC 回路中的感应电动势 $\mathscr{E}$ 和 A、C 两点间的电势差 U_A-U_C 为 [ ]

(A) $\mathscr{E}=0$, $U_A-U_C=\dfrac{1}{2}B\omega l^2$; (B) $\mathscr{E}=0$, $U_A-U_C=-\dfrac{1}{2}B\omega l^2$;

(C) $\mathscr{E}=B\omega l^2$, $U_A-U_C=\dfrac{1}{2}B\omega l^2$; (D) $\mathscr{E}=B\omega l^2$, $U_A-U_C=-\dfrac{1}{2}B\omega l^2$.

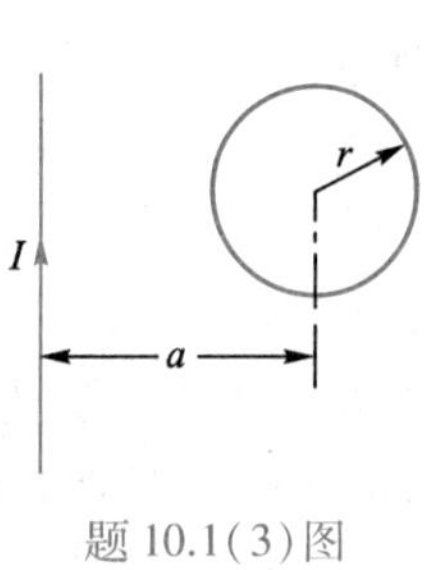

题 10.1(3)图

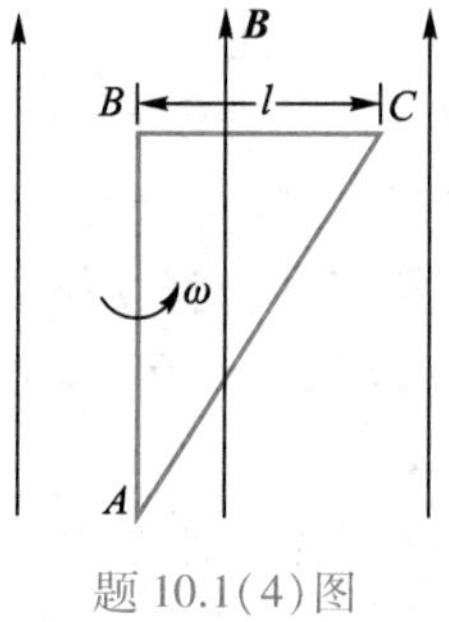

题 10.1(4)图

(5) 在圆柱形空间内有一磁感应强度为 $\boldsymbol{B}$ 的均匀磁场,如题 10.1(5)图所示,$\boldsymbol{B}$ 的大小均匀减小,有一弧形导线 $\overset{\frown}{ACB}$ 如图放置,下述正确的是 [ ]

(A) $U_A>U_B$, $\mathscr{E}$ 方向 : $A\rightarrow B$;　　　　(B) $U_A>U_B$, $\mathscr{E}$ 方向 : $B\rightarrow A$;

(C) $U_B>U_A$, $\mathscr{E}$ 方向 : $B\rightarrow A$;　　　　(D) $U_B>U_A$, $\mathscr{E}$ 方向 : $A\rightarrow B$.

(6) 用导线围成如题 10.1(6) 图所示的回路(以 O 点为圆心的圆,加一直径 l),放在轴线通过 O 点垂直于图面的圆柱形均匀磁场中,如磁场方向垂直图面向里,其大小随时间减小,则感应电流的流向为　　[　　]

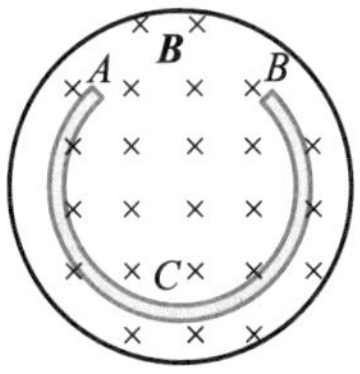

题 10.1(5)图

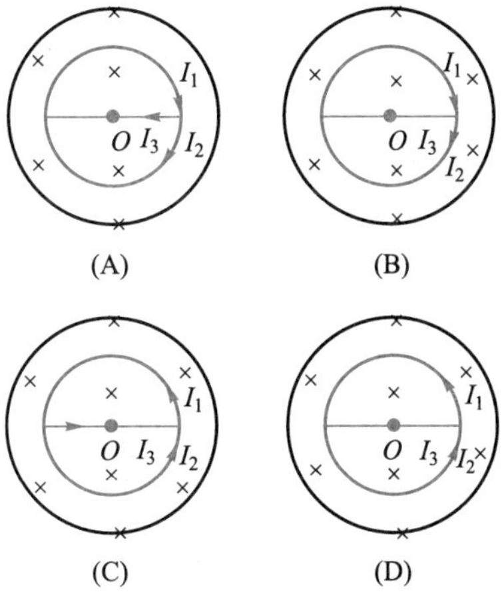

题 10.1(6)图

(7) 在一中空圆柱面上绕有两个完全相同的线圈 aa' 和 bb',当线圈 aa' 和 bb' 如题 10.1(7) 图(a)绕制及联结时,ab 间自感系数为 L_1;如题 10.1(7) 图(b)彼此重叠绕制及联结时,ab 间自感系数 L_2,则　　[　　]

(A) $L_1=L_2=0$;　　　　(B) $L_1=L_2\neq0$;

(C) $L_1=0$, $L_2\neq0$;　　　　(D) $L_1\neq0$, $L_2=0$.

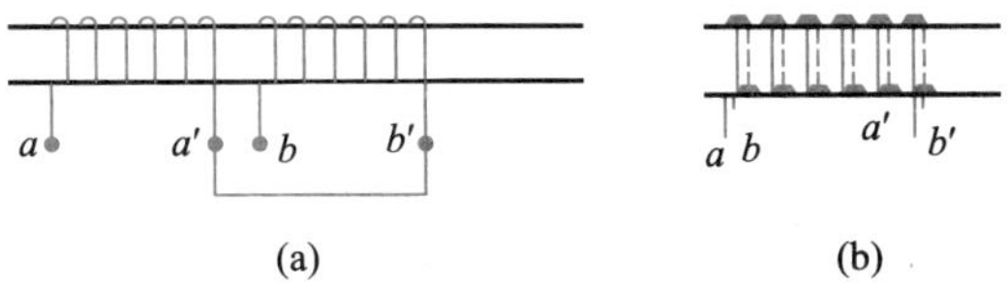

题 10.1(7)图

(8) 自感为 0.25 H 的线圈中,当电流在(1/16) s 内由 2 A 均匀减小到零时,线圈中自感电动势的大小为　　[　　]

(A) 7.8×10^{-3} V;　　　　(B) 2.0 V;

(C) 8.0 V;　　　　(D) 3.1×10^{-2} V.

(9) 真空中,两根很长的相距为 $2a$ 的平行直导线与电源组成闭合回路如题 10.1(9) 图,已知导线中的电流强度为 I,则在两导线正中间某点 P 处的磁能密度为　　[　　]

(A) $\dfrac{1}{\mu_0}\left(\dfrac{\mu_0 I}{2\pi a}\right)^2$;　　　　(B) $\dfrac{1}{2\mu_0}\left(\dfrac{\mu_0 I}{2\pi a}\right)^2$;

(C) $\frac{1}{2\mu_0}\left(\frac{\mu_0 I}{\pi a}\right)^2$; (D) 0.

(10) 如题 10.1(10) 图所示，一电荷量为 q 的点电荷，以匀角速度 ω 做圆周运动，圆周的半径为 R. 设 $t=0$ 时，q 所在点的坐标为 $(R,0)$，则圆心处 O 点的位移电流密度为 [ ]

(A) $\frac{q\omega}{4\pi R^2}\sin\omega t\boldsymbol{i}$; (B) $\frac{q\omega}{4\pi R^2}\cos\omega t\boldsymbol{j}$;

(C) $\frac{q\omega}{4\pi R^2}\boldsymbol{k}$; (D) $\frac{q\omega}{4\pi R^2}(\sin\omega t\boldsymbol{i}-\cos\omega t\boldsymbol{j})$.

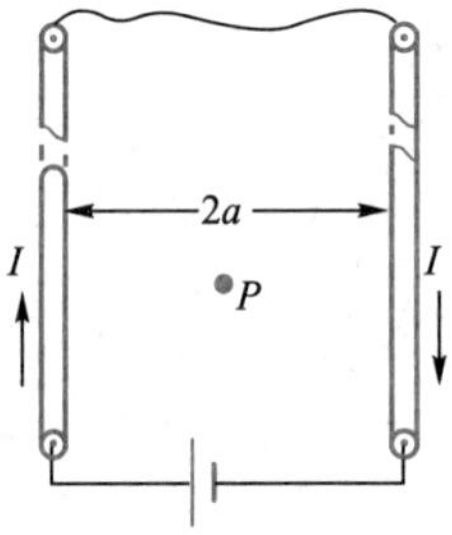

题 10.1(9) 图

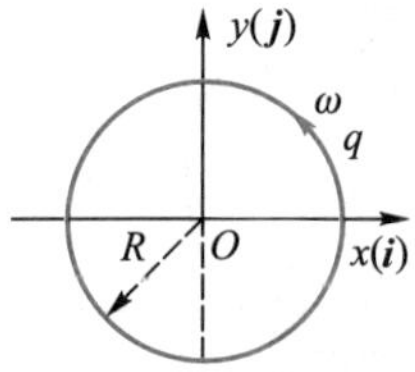

题 10.1(10) 图

10.2 填空题

(1) 半径为 a 的无限长密绕螺线管，单位长度上的匝数为 n，通以交变电流 $I=I_m\sin\omega t$，则围在管外的同轴圆形回路（半径为 r）上的感生电动势为________.

(2) 如题 10.2(2) 图所示，一段长度为 l 的直导线 MN，水平放置在载电流为 I 的竖直长导线旁与竖直导线共面，并由图示位置自由下落，则经时间 t 后导线两端的电势差 $U_M-U_N=$________.

(3) 均匀磁场 $\boldsymbol{B}$ 与导线回路法向单位矢量 $\boldsymbol{e}_n$ 的夹角 $\theta=\pi/3$，磁感应强度 B 随时间 t 线性增加，即 $B=kt(k>0)$，如题 10.2(3) 图所示，线圈边长 $AB=l$，且以速度 v 向右滑动。初始时刻 BC 间距离为 d，则任意时刻 t

动生电动势为________;

感生电动势为________;

感应电动势为________.

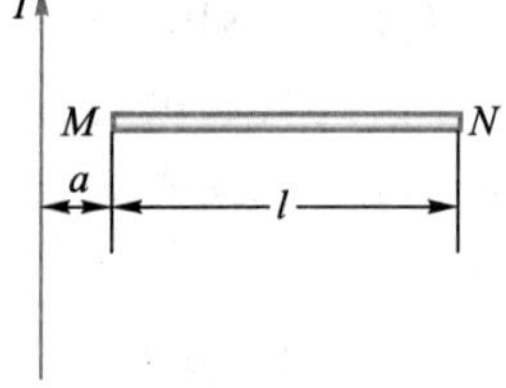

题 10.2(2) 图

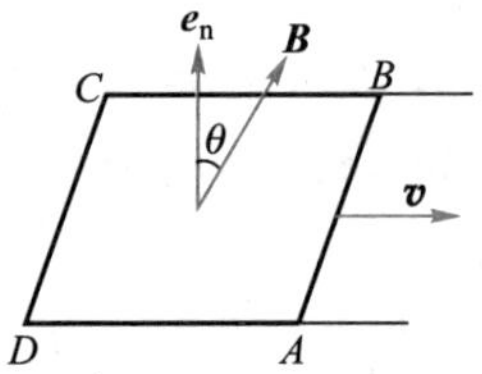

题 10.2(3) 图

(4) 如题 10.2(4)图所示,把一根导线弯成平面曲线放在匀强磁场 $\boldsymbol{B}$ 中,绕其一端 a 以角速度 ω 逆时针方向旋转,转轴与 $\boldsymbol{B}$ 平行,则整个回路的电动势为__________,ab 段的电动势为__________,a 点比 b 点电势__________.

(5) 一个薄壁纸筒,长为 30 cm、截面直径为 3 cm,筒上绕有 500 匝线圈,纸筒内由 $\mu_r=5\ 000$ 的铁芯充满,则线圈的自感系数为________.

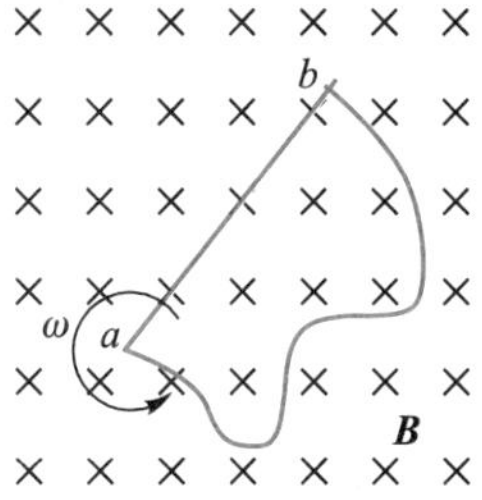

题 10.2(4)图

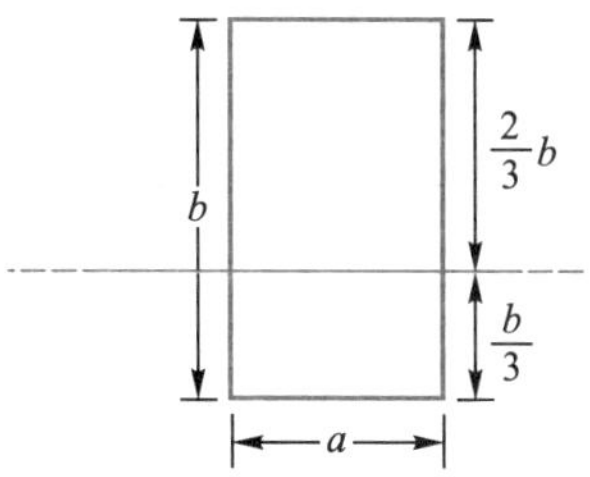

题 10.2(6)图

(6) 一宽为 a,长为 b 的矩形导线框与无限长直导线共面放置,如题 10.2(6)图所示,则线圈与无长直导线间的互感系数 $M=$________,若线圈中通以 $I=I_0\sin\omega t$ 的电流,则在 t 时刻,无限长直导线上的感应电动势 $\mathscr{E}=$________.

(7) 两个磁能密度皆为 $2.0\times10^{-7}\ \mathrm{J\cdot m^{-3}}$ 的磁场叠加,若两磁场方向相同,则叠加后的磁能密度为________.

(8) 有两个线圈,自感系数分别为 L_1 和 L_2,已知 $L_1=3$ mH,$L_2=5$ mH,串联成一个线圈后测得自感系数 $L=11$ mH,则两线圈的互感系数 $M=$________.

(9) 反映电磁场基本性质和规律的积分形式的麦克斯韦方程组为

$$\oint_S \boldsymbol{D}\cdot \mathrm{d}\boldsymbol{S}=\sum_{i=1}^{n} q_i \qquad ①$$

$$\oint_L \boldsymbol{E}\cdot \mathrm{d}\boldsymbol{l}=-\frac{\mathrm{d}\Phi}{\mathrm{d}t} \qquad ②$$

$$\oint_S \boldsymbol{B}\cdot \mathrm{d}\boldsymbol{S}=0 \qquad ③$$

$$\oint_L \boldsymbol{H}\cdot \mathrm{d}\boldsymbol{l}=\sum_{i=1}^{n} I_i+\frac{\mathrm{d}\Psi}{\mathrm{d}t} \qquad ④$$

试判断以下结论是包含于或等效于哪一个麦克斯韦方程式的. 将你确定的方程式用代号填在相应结论后的空白处.

(A) 变化的磁场一定伴随有电场;________.

(B) 磁感应线是无头无尾的;____________.

(C) 电荷总伴随有电场;____________.

(10) 题 10.2(10)图所示为一充电后的平行板电容器,A 板带正电,B 板带负电. 当将开关 S 合上时,A、B 板之间的电场方向为________,位移电流的方向为________.

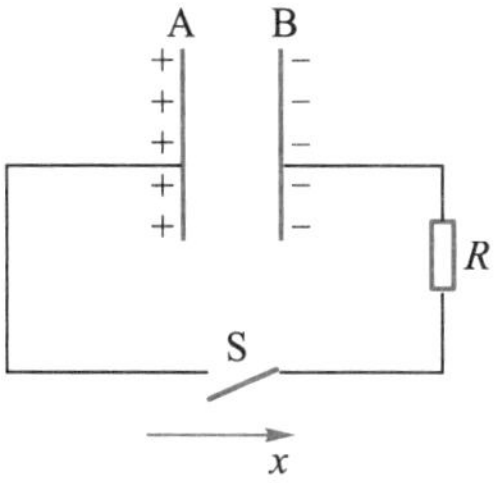

题 10.2(10)图

10.3 如题 10.3 图所示,一半径为 $a=0.10$ m,电阻 $R=$

$1.0\times10^{-3}\ \Omega$ 的圆形导体回路置于均匀磁场中，磁感应强度 $\boldsymbol{B}$ 与回路面积的法向单位矢量 $\boldsymbol{e}_n$ 之间夹角为 $\pi/3$. 若磁场变化的规律为

$$B(t)=(3t^2+8t+5)\times10^{-4}\quad(\text{SI 单位})$$

求：(1) $t=2$ s 时回路的感应电动势和感应电流；

(2) 在最初 2 s 内通过回路截面的电荷量.

10.4 如题 10.4 图所示，一通有交变电流 $i=I_0\sin\omega t$ 的长直导线旁有一共面的矩形线圈 $ABCD$，试求：(1) 穿过线圈回路的磁通量；(2) 回路中感应电动势大小.

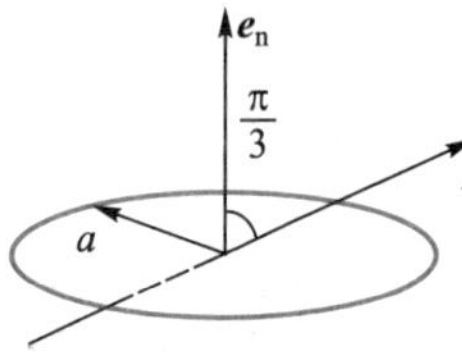

题 10.3 图

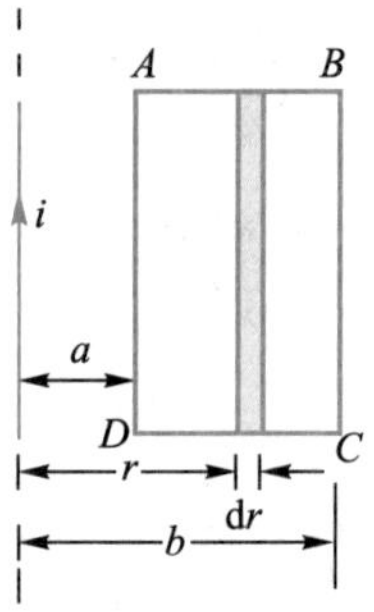

题 10.4 图

10.5 边长为 $2a$ 的正方形线圈与载有电流 I 的长直导线共面，如题 10.5 图所示，线圈可绕过线圈平面中心的 OO' 轴以匀角速度 ω 转动，OO' 轴与长直导线平行相距为 b，试求任意时刻 t 线圈中的感应电动势量值.

10.6 如题 10.6 图所示，一边长为 l 的等边三角形金属框 ABC 置于均匀磁场 $\boldsymbol{B}$ 中，AB 与 $\boldsymbol{B}$ 平行. 当金属框以角速度 ω 绕 AB 边转动时，求各边的动生电动势和回路的总电动势（以 $ABCA$ 指向的电动势为正）.

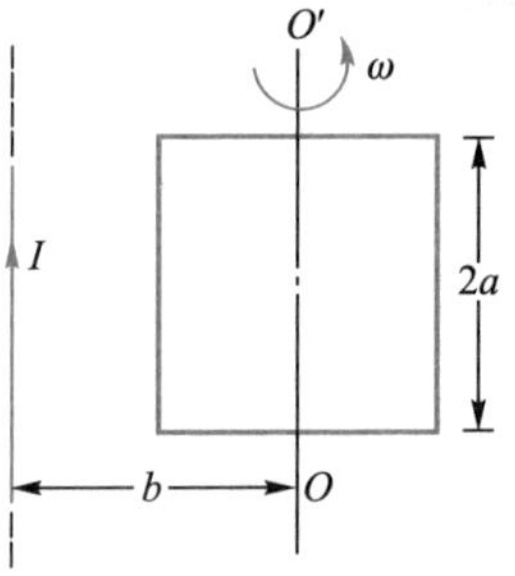

题 10.5 图

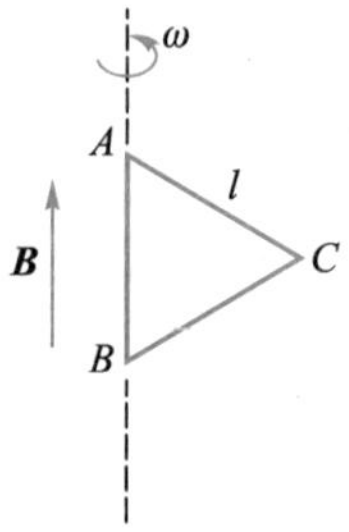

题 10.6 图

10.7 如题 10.7 图所示，一长直导线内通有恒定电流 I，导线旁有一长为 L 的金属棒 OM 与直导线共面. 金属棒可绕端点 O 在该平面内以角速度 ω 匀速转动，O 点至导线的距离为 a，当金属棒转至 OM 位置时，试求棒内感生电动势的大小和方向.

10.8 如题 10.8 图所示，长 $L=0.6$ m 的金属棒 AB 在地磁中可绕竖直轴在水平面内以 $n=10\ \text{r}\cdot\text{s}^{-1}$ 旋转，若该处地磁场竖直分量 $B=0.45\times10^{-4}$ T，竖直轴在距棒 B 端 $L/4$ 的 C 点处. 试求 A，B 两点的电势差.

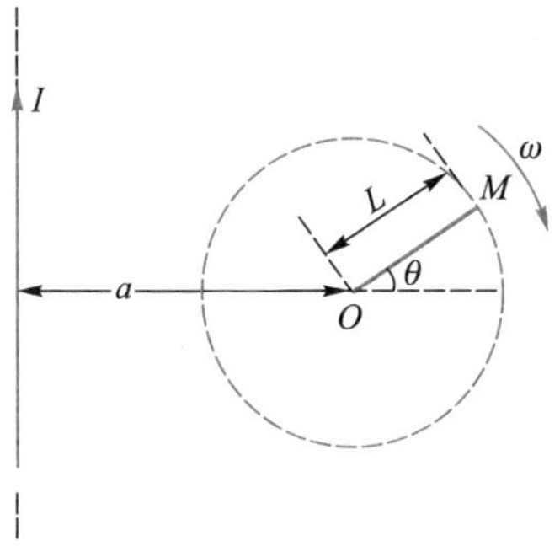

题 10.7 图

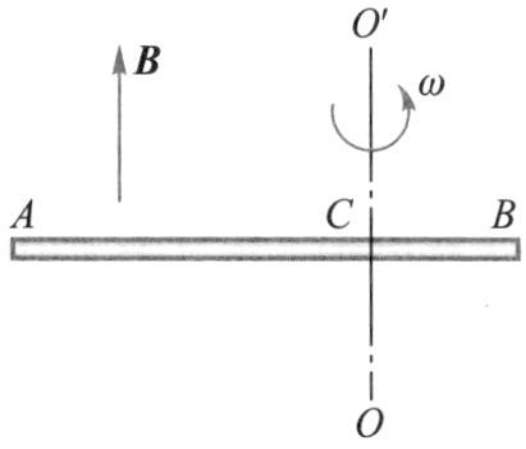

题 10.8 图

10.9 如题 10.9 图所示，在均匀磁场 $\boldsymbol{B}$ 中有扇形平面线圈回路，两半径 $OA=OB=R$，其夹角 $\theta>\dfrac{\pi}{2}$. 当线圈按图示方向以速率 v 运动时，求 OB 段和 $\overset{\frown}{AB}$ 圆弧段上的动生电动势.

10.10 设电子加速器的磁场是局限在半径 R 的圆柱体区域内的均匀磁场，一电子沿半径 $r=1.0$ m 的轨道做圆周运动($r<R$)，如题 10.10 图所示. 若它每转一周动能增大700 eV，计算该轨道内的磁通量的变化率及该轨道上各点感生电场强度.

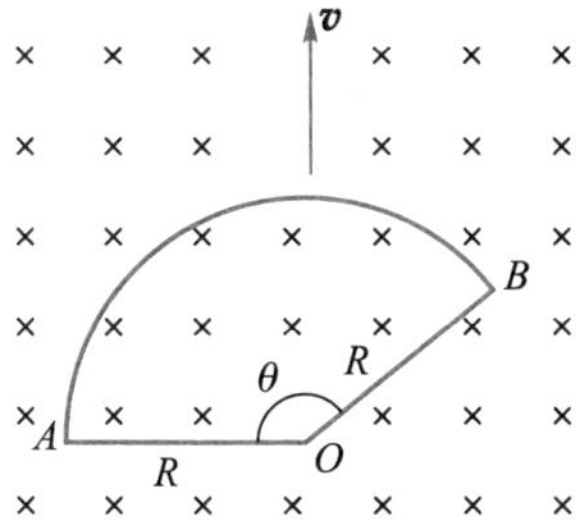

题 10.9 图

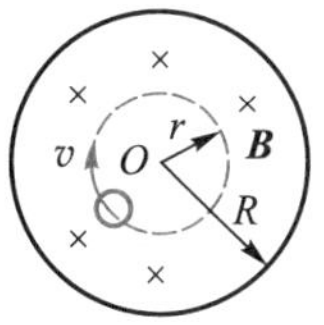

题 10.10 图

10.11 如题 10.11 图所示，半径为 r 的细长螺线管内有 $\dfrac{\mathrm{d}B}{\mathrm{d}t}>0$ 的均匀场，一直导线弯成等腰梯形闭合回路如图放置. 已知梯形上底长 r，下底长 $2r$，求各边产生的感生电动势和回路的总电动势.

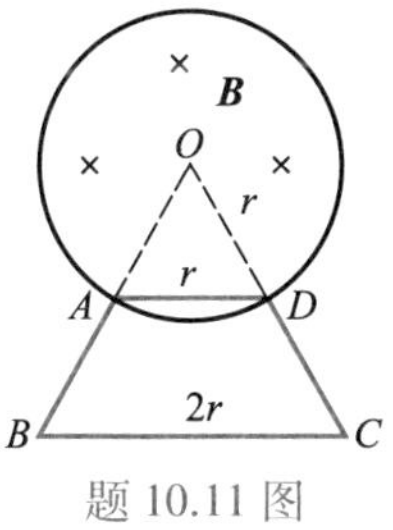

题 10.11 图

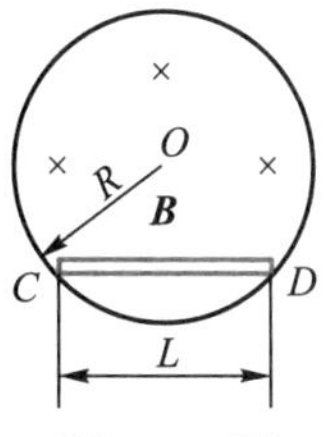

题 10.12 图

10.12 如题 10.12 图所示，半径为 R 的圆柱体内有轴向均匀磁场，且 $\dfrac{\mathrm{d}B}{\mathrm{d}t}=k$，$k$ 为大于零的常量，在垂直于圆柱体轴线平面内有一长 L 的直导线 CD，试证明导线

上的感应电动势为

$$\mathscr{E}=\frac{\mathrm{d}B}{\mathrm{d}t}\frac{L}{2}\sqrt{R^2-\left(\frac{L}{2}\right)^2}$$

10.13 如题 10.13 图所示，在半径为 **0.10 m** 的圆柱体内充满均匀磁场，磁感应强度 $\boldsymbol{B}$ 的变化率$\frac{\mathrm{d}B}{\mathrm{d}t}=-2.0\times10^{-2}\ \mathrm{T\cdot s^{-1}}$，有平行四边形金属框 $ABDO$，图中角 $\theta_1=1\ \mathrm{rad}$，$\theta_2=\frac{\pi}{2}\ \mathrm{rad}$，$OA=0.20\ \mathrm{m}$，求：

(1) 金属框中 ABD 上的感生电动势大小和方向；

(2) A 点处感应电场强度的大小和方向.

10.14 如题 10.14 图所示，一很长的长方形导体回路，电阻为 R，质量为 m，宽度为 l，若回路受恒力 $\boldsymbol{F}$ 的作用，由图示位置从静止开始向均匀磁场 $\boldsymbol{B}$ 中运动，试求回路运动的速度与时间的函数关系.

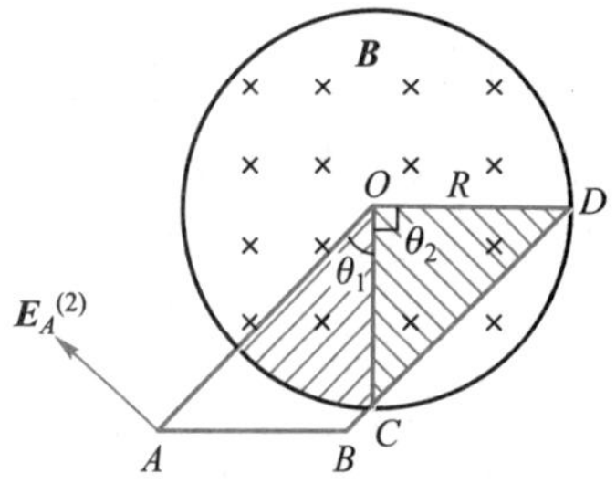

题 10.13 图

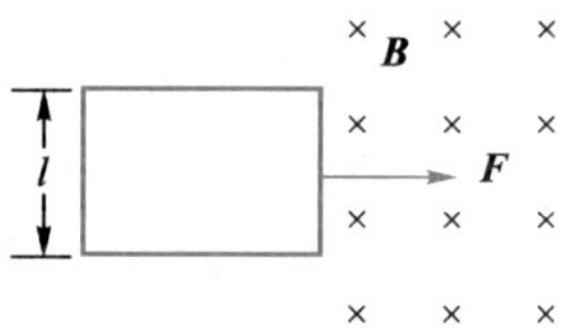

题 10.14 图

10.15 一长为 l 的长直螺线管由截面积 S、电阻率 $\boldsymbol{\rho}$、电阻 R 的铜导线绕成，证明：此螺线管自感系数为

$$L=\frac{\mu_0 S^2R^2}{4\pi l\rho^2}.$$

10.16 如题 10.16 图所示，螺线管的管心是两个套在一起的同轴圆柱体，其截面积分别为 S_1 和 S_2，磁导率分别为 $\boldsymbol{\mu}_1$ 和 $\boldsymbol{\mu}_2$，管长为 l，匝数为 N. 求螺线管的自感系数.（设管的截面很小.）

10.17 如题 10.17 图所示，一单匝等边三角形线圈与长直导线共面放置，求它们之间的互感系数.

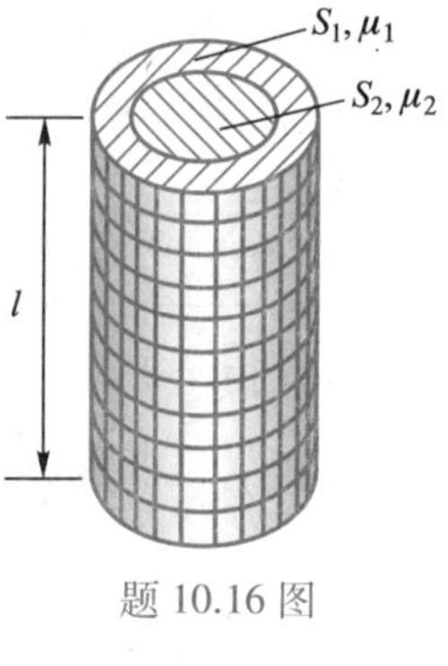

题 10.16 图

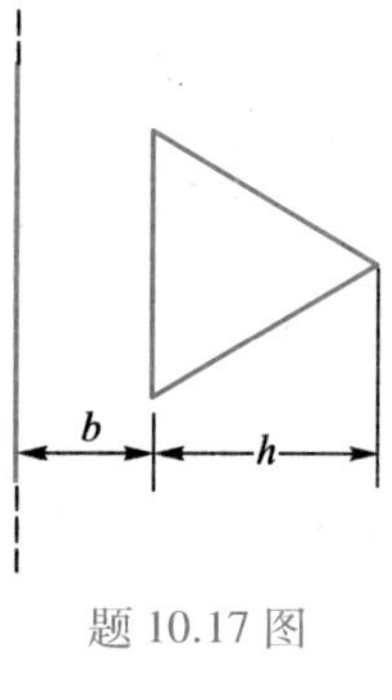

题 10.17 图

10.18 如题 10.18 图所示，一矩形截面螺绕环尺寸如图，密绕 N 匝导线并通以电流 $I=I_0\cos(2\pi ft)$，在其轴线上放一长直导线求：

(1) 二者间互感系数；

(2) 当 $t=\dfrac{1}{4f}$ 时，长直导线上的互感电动势；

(3) 若将长直导线抽走，螺绕环内通以恒定电流 I_0，且环内介质磁导率 $\mu\approx\mu_0$，求磁场能量.

10.19 同轴电缆是由半径为 a 的直导线和内、外半径分别为 b、c 的同轴圆筒导体构成，如题 10.19 图所示. 电缆工作时，电流 I 由导线流入，沿圆筒流回，而且在导体横截面上电流均匀分布，试求一段长为 l 的电缆在下列各处所储存的磁场能量：(1) 导线内；(2) 导线与圆筒之间；(3) 圆筒内；(4) 圆筒外.

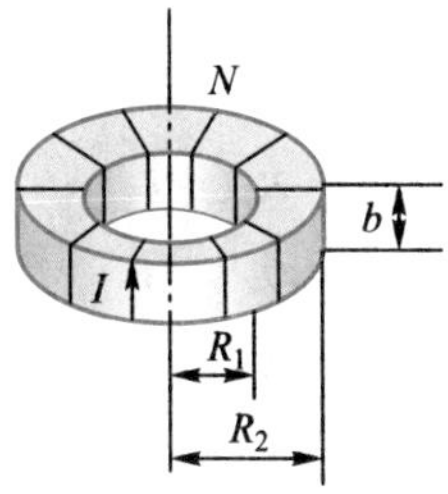

题 10.18 图

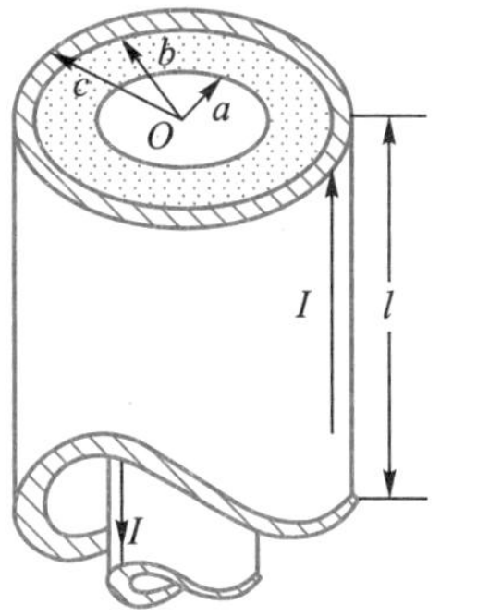

题 10.19 图

10.20 如题 10.20 图所示，连接在交变电源上的一平行板电容器，极板面积为 S，板间为真空，若极板上电荷随时间的变化规律为 $Q=Q_0\sin\omega t$(C)，试求(在忽略边缘效应的情况下)：

(1) 两极板间的位移电流 I_d；

(2) 离两极板中心轴线垂直距离为 r 的 P 点的磁感应强度 B 的大小.

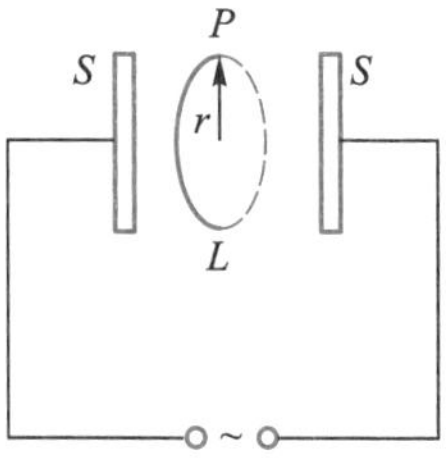

题 10.20 图

10.21 一电荷量为 q 的点电荷，以不变的角速度 ω 做圆周运动，圆周半径为 R，$t=0$ 时电荷 q 所在点的坐标 $x_0=R$，$y_0=0$，以 $\boldsymbol{i}$、$\boldsymbol{j}$ 分别表示 x 轴和 y 轴上的单位矢量. 求圆心处的位移电流密度 $\boldsymbol{j}_O$.

10.22 如题 10.22 图所示，正点电荷 q 自 P 点以速度 $\boldsymbol{v}$ 向 O 点运动，已知 $OP=x$，若以 O 点为圆心，R 为半径作一与 $\boldsymbol{v}$ 垂直的圆平面，试求：

(1) 通过圆平面的位移电流；

(2) 由全电流安培环路定理求圆周上各点的磁感应强度值.

10.23 磁换能器常用来检测微小的振动. 如题 10.23 图所示，在振动杆的一端固接一个 N 匝宽为 b 的矩形线圈，线圈的一部分在匀强磁场 $\boldsymbol{B}$ 中，设杆的微小振动规律为 $x=A\cos\omega t$，线圈随杆振动时. 求线圈中的感应电动势.

第 10 章习题参考答案

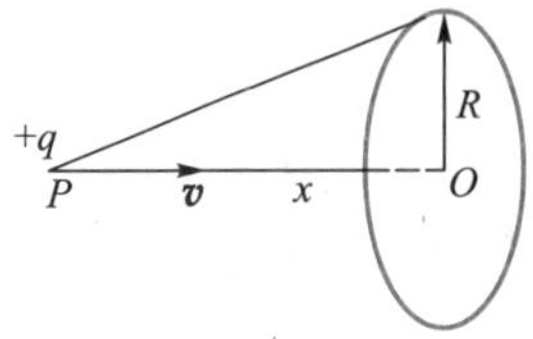

题 10.22 图

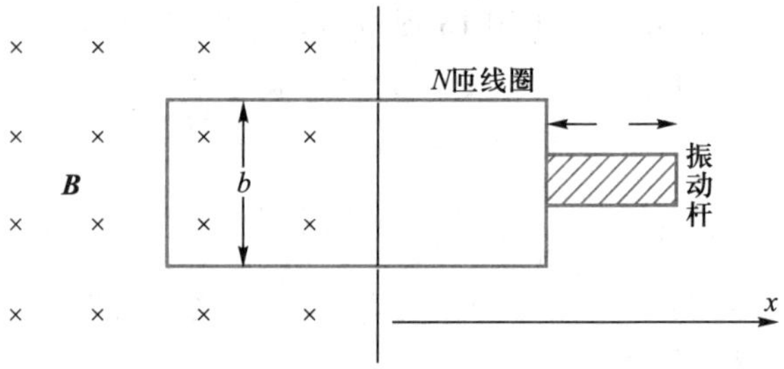

题 10.23 图

科学家介绍

麦克斯韦(James Clerk Maxwell,1831—1879)

麦克斯韦是英国物理学家、数学家. 在法拉第发现电磁感应定律那一年的 6 月 13 日,他诞生于英国爱丁堡,父亲是一位著名学者和律师. 麦克斯韦从小就聪明好学,对数学和物理有浓厚兴趣,10 岁时入爱丁堡中学,成绩出众,15 岁发表了第一篇数学论文,被刊登在《爱丁堡皇家学会学报》上,16 岁考入爱丁堡大学学习数学和物理,3 年后转入剑桥大学,专攻数学. 他 1854 年毕业留校任教,1855 年成为教授,1860 年秋,去伦敦任皇家学院教授,并结识了比他大 40 岁的法拉第,从此,麦克斯韦以他卓越的数学才能,致力于探讨电磁理论的研究. 1865 年春,麦克斯韦辞去了皇家学院职务,专门从事研究工作. 1871 年,他担任了第一任卡文迪什讲座物理教授,并设计了卡文迪什实验室. 1874 年实验室竣工,他任第一任主任,是英国皇家学会会员. 1879 年他逝世于剑桥,终年仅 48 岁.

麦克斯韦

麦克斯韦在热力学、分子物理学、天文学、流体力学,特别是电磁学方面,都取得了显著的研究成果.

麦克斯韦在电磁学方面的贡献是总结了库仑、高斯、安培、法拉第、诺伊曼、汤姆孙等人的研究成果,特别是把法拉第力线和场的概念用数学方法加以描述、论证、推广和提升,创立了一套完整的电磁学理论. 这是在电磁学发展史上具有划时代意义的一个重大突破性理论.

麦克斯韦还是分子运动论的奠基人之一. 他第一次用概率的数学概念导出了气体分子的速率分布率,并提出了“平均自由程”的概念.

为了纪念麦克斯韦的功绩,以他的名字命名了磁通量的单位——麦克斯韦(Mx),1 Mx = 10^{-8} Wb.

附录 I

国际单位制（SI）

表1 SI基本单位

量的名称	单位名称		单位符号	定义
	全称	简称		
长度	米	米	m	米是光在真空中(1/299 792 458)s时间间隔内所经路径的长度.
质量	千克(公斤)	千克(公斤)	kg	千克是质量单位,等于国际千克原器的质量.
时间	秒	秒	s	秒是Cs-133原子基态的两个超精细能级之间跃迁所对应的辐射的9 192 631 770个周期的持续时间.
电流	安培	安	A	安培是电流的单位. 在真空中,截面积可忽略的两根相距1 m的无限长平行圆直导线内通以等量恒定电流时,若导线间相互作用力在每米长度上为2×10^{-7} N,则每根导线中的电流为1 A.
热力学温度	开尔文	开	K	热力学温度开尔文是水三相点热力学温度的1/273.16.
物质的量	摩尔	摩	mol	(1) 摩尔是一系统的物质的量,该系统中所包含的基本单元数与0.012 kg碳-12的原子数目相等. (2) 在使用摩尔时,基本单位应予指明,可以是原子、分子、电子及其他粒子,或是这些粒子的特定组合.
发光强度	坎德拉	坎	cd	坎德拉是一光源在给定方向上的发光强度,该光源发出频率为540×10^{12} Hz的单色辐射,且在此方向上的辐射强度为(1/683)W/sr.

表2 包括SI辅助单位在内的具有专门名称的SI导出单位

量的名称	单位名称	单位符号	用SI基本单位和SI导出单位表示
[平面]角	弧 度	rad	1 rad=1 m/m=1
立体角	球面度	sr	$1\ sr=1\ m^2/m^2=1$
频率	赫[兹]	Hz	$1\ Hz=1\ s^{-1}$
力	牛[顿]	N	$1\ N=1\ kg\cdot m/s^2$
压力,压强,应力	帕[斯卡]	Pa	$1\ Pa=1\ N/m^2$

续表

量的名称	单位名称	单位符号	用 SI 基本单位和 SI 导出单位表示
能[量],功,热量	焦[耳]	J	1 J=1 N · m
功率,辐[射能]通量	瓦[特]	W	1 W=1 J/s
电荷[量]	库[仑]	C	1 C=1 A · s
电压,电动势,电位,(电势)	伏[特]	V	1 V=1 W/A
电容	法[拉]	F	1 F=1 C/V
电阻	欧[姆]	Ω	1 Ω=1 V/A
电导	西[门子]	S	$1\ S=1\ \Omega^{-1}$
磁通[量]	韦[伯]	Wb	1 Wb=1 V · s
磁通[量]密度,磁感应强度	特[斯拉]	T	$1\ T=1\ Wb/m^2$
电感	亨[利]	H	1 H=1 Wb/A

表 3 SI 词头

所表示的因数	词头名称	词头符号	所表示的因数	词头名称	词头符号
10^{24}	尧	Y	10^{-1}	分	d
10^{21}	泽	Z	10^{-2}	厘	c
10^{18}	艾	E	10^{-3}	毫	m
10^{15}	拍	P	10^{-6}	微	μ
10^{12}	太	T	10^{-9}	纳	n
10^{9}	吉	G	10^{-12}	皮	p
10^{6}	兆	M	10^{-15}	飞	f
10^{3}	千	k	10^{-18}	阿	a
10^{2}	百	h	10^{-21}	仄	z
10^{1}	十	da	10^{-24}	幺	y

附录Ⅱ

基本物理常量

表 1 基本物理常量 2014 年的推荐值

物理量	符号	数值及单位
真空中光速	c	$299\ 792\ 458\ \text{m}\cdot\text{s}^{-1}$
真空磁导率	μ_0	$1.256\ 637\ 061\ 4\times10^{-6}\ \text{N}\cdot\text{A}^{-2}$
真空电容率	ε_0	$8.854\ 187\ 817\times10^{-12}\ \text{F}\cdot\text{m}^{-1}$
万有引力常量	G	$6.674\ 08\times10^{-11}\ \text{m}^3\cdot\text{kg}^{-1}\cdot\text{s}^{-2}$
普朗克常量	h	$6.626\ 070\ 040\times10^{-34}\ \text{J}\cdot\text{s}$
元电荷	e	$1.602\ 176\ 620\ 8\times10^{-19}\ \text{C}$
磁通量子	Φ_0	$2.067\ 833\ 831\times10^{-15}\ \text{Wb}$
玻尔磁子	μ_B	$9.274\ 009\ 994\times10^{-24}\ \text{J}\cdot\text{T}^{-1}$
核磁子	μ_N	$5.050\ 783\ 699\times10^{-27}\ \text{J}\cdot\text{T}^{-1}$
里德伯常量	R_∞	$10\ 973\ 731.568\ 508\ \text{m}^{-1}$
玻尔半径	a_0	$0.529\ 177\ 210\ 67\times10^{-10}\ \text{m}$
电子质量	m_e	$9.109\ 383\ 56\times10^{-31}\ \text{kg}$
电子磁矩	μ_e	$-9.284\ 764\ 620\times10^{-24}\ \text{J}\cdot\text{T}^{-1}$
质子质量	m_p	$1.672\ 621\ 898\times10^{-27}\ \text{kg}$
质子磁矩	μ_p	$1.410\ 606\ 787\ 3\times10^{-26}\ \text{J}\cdot\text{T}^{-1}$
中子质量	m_n	$1.674\ 927\ 471\times10^{-27}\ \text{kg}$
中子磁矩	μ_n	$-0.966\ 236\ 50\times10^{-26}\ \text{J}\cdot\text{T}^{-1}$
阿伏伽德罗常量	N_A	$6.022\ 140\ 857\times10^{23}\ \text{mol}^{-1}$
摩尔气体常量	R	$8.314\ 459\ 8\ \text{J}\cdot\text{mol}^{-1}\cdot\text{K}^{-1}$
玻耳兹曼常量	k	$1.380\ 648\ 52\times10^{-23}\ \text{J}\cdot\text{K}^{-1}$
斯特藩常量	σ	$5.670\ 367\times10^{-8}\ \text{W}\cdot\text{m}^{-2}\cdot\text{K}^{-4}$

表 2 其他单位和标准值

物理量	符号	数值及单位
电子伏	eV	$1.602\ 176\ 620\ 8\times10^{-19}\ \text{J}$
原子质量单位	u	$1.660\ 539\ 040\times10^{-27}\ \text{kg}$
标准大气压	atm	$101\ 325\ \text{Pa}$
标准重力加速度	g_n	$9.806\ 65\ \text{m}\cdot\text{s}^{-2}$

表 3 有关太阳、地球和月亮的数据

名称	数值及单位
太阳的质量 m_S	1.99×10^{30} kg
太阳的半径 R_S	6.960×10^{8} m
太阳中心到地球中心的距离	1.496×10^{11} m(平均值)
地球的质量 m_E	5.98×10^{24} kg
地球的半径 R_E	6.37×10^{6} m(平均值) 6.378×10^{6} m(赤道半径) 6.357×10^{6} m(极半径)
地球的周期 T_E	3.156×10^{7} s
地球的平均轨道速度	2.98×10^{4} m · s^{-1}
重力加速度(海平面处)g	9.807 m · s^{-2}
地球中心到月球中心的距离	3.844×10^{8} m
月球的质量 m_M	7.35×10^{22} kg
月球的半径 R_M	1.738×10^{6} m
月球的周期 T_M	2.360×10^{6} s
月球表面的重力加速度	1.62 m · s^{-2}